高等学校生物工程专业教材

微生物学

关统伟　主编

中国轻工业出版社

图书在版编目（CIP）数据

微生物学/关统伟主编．—北京：中国轻工业出版社，2021．10
高等学校生物工程专业教材
ISBN 978-7-5184-3539-5

Ⅰ．①微…　Ⅱ．①关…　Ⅲ．①微生物学—高等学校—教材　Ⅳ．①Q93

中国版本图书馆 CIP 数据核字（2021）第 110851 号

责任编辑：马　妍　张浅予
策划编辑：马　妍　　责任终审：唐是雯　　封面设计：锋尚设计
版式设计：砚祥志远　　责任校对：宋绿叶　　责任监印：张　可

出版发行：中国轻工业出版社（北京东长安街 6 号，邮编：100740）
印　　刷：三河市万龙印装有限公司
经　　销：各地新华书店
版　　次：2021 年 10 月第 1 版第 1 次印刷
开　　本：787×1092　1/16　印张：18
字　　数：400 千字
书　　号：ISBN 978-7-5184-3539-5　定价：52.00 元
邮购电话：010-65241695
发行电话：010-85119835　传真：85113293
网　　址：http：//www.chlip.com.cn
Email：club@chlip.com.cn
如发现图书残缺请与我社邮购联系调换
200656J1X101ZBW

本书编写人员

主　　编　关统伟　西华大学

副 主 编　辜运富　四川农业大学

李光照　西华大学

刘松青　成都师范学院

参编人员　(按姓氏拼音排序)

陈　超　大连民族大学

范川文　四川大学

冯　栩　西华大学

盖宇鹏　鲁东大学

何　刚　九江学院

焦士蓉　西华大学

罗晓霞　塔里木大学

唐俊妮　西南民族大学

王　旭　河南农业大学

张晓娟　成都师范学院

前言 | Preface

本教材秉承“厚基础、宽口径、复合型”高素质本科人才的教育培养目标，与时俱进，更新知识体系。本教材由长期从事微生物学精品课程建设和微生物教学工作的教师编写而成。在内容框架上结合国际微生物学的发展前沿和架构模式，以理论基础为主线，概念清晰、强调基础、学用两益，并强调内容的启发性与前瞻性，辅助案例解读及国家实践生产需求，构建出更适合当代大学生掌握和乐于学习的微生物学教材。

在教材编写过程中，跟踪前沿，获得了较为全面和丰富的知识，也努力使其更具特色与创新性。本书共十一章，第一章绪论、第二章微生物的分类、第三章原核微生物、第四章真核微生物、第五章病毒、第六章微生物的营养、第七章微生物的生长繁殖与控制、第八章微生物的代谢、第九章微生物遗传、第十章微生物与基因工程和第十一章微生物生态。结构紧凑、阐述简练、体系稳定、知识新颖，涉及基因编辑、肠道微生物、粪便移植、病毒的感染、致病与防治、微生物组学分类、代谢工程育种等新知识点，借以拓展读者的视野并激发学生的学习兴趣与热情。

本教材由西华大学食品与生物工程学院关统伟担任主编，由四川农业大学辜运富、西华大学李光照和成都师范学院刘松青担任副主编。本书编写分工：本书第一章由唐俊妮和关统伟编写，第二章由陈超、何刚和关统伟编写，第三章由关统伟编写，第四章由关统伟和焦士蓉编写，第五章由李光照、范川文和关统伟编写，第六章由盖宇鹏和关统伟编写，第七章由辜运富编写，第八章由王旭和关统伟编写，第九章由关统伟和刘松青编写，第十章由罗晓霞编写，第十一章由冯栩、张晓娟和关统伟编写。

感谢所有的编写人员为本教材出版付出的辛勤劳动。同时，也渴望与共同致力于微生物事业发展的各界人士一起筑梦前行。

由于编写水平与能力有限，本教材会有不当或错漏之处，敬请广大师生、同行和读者批评指正。

编　者

2021 年 6 月

目录 Contents

第一章 绪论

CHAPTER 1

第一节 微生物的概念及生物学特性

一、微生物的概念

当我们吃着馒头、喝着酸奶、饮着啤酒时，我们已经在享受微生物给我们带来的好处。在这些日常的生活现象中我们并没有见到微生物在发挥作用，原因就是这些微生物是肉眼看不见的、形体微小、结构简单的单细胞或多细胞、甚至没有细胞结构的一群低等生物。当用手摸一下配制好的培养基平皿，或者对其打个喷嚏，或者放置一根头发，2d 后则可以看到一个惊奇的微生物世界。微生物（microorganism，microbe）是指个体微小，必须借助普通光学显微镜或电子显微镜才能可见，包括细菌、病毒、真菌以及一些小型的原生动物等在内的一大类生物群体。但是这里面也有例外，比如许多真菌的子实体（如常见的蘑菇、灵芝、冬虫夏草等）是肉眼可见的；类似的还有某些藻类甚至能生长几米长。如果要问世界上最大的生物是什么？可以告诉你的是：不是蓝鲸，也不是巨树，而是一种蘑菇。1998 年的时候，生物学家在美国俄勒冈州的东部发现了迄今为止最大的真菌——一个面积接近 10km^2 的蜜环菌实体，它的菌丝在地下不断延伸，甚至可以霸占整个森林。从地面上来看，它不过是一簇簇的蘑菇，然而它的地下的菌丝却是相连的，DNA 检测发现方圆 9.6km^2 的蜜环菌为同一株真菌，预估它已经生长了 2400 年，如果衡量重量的话，它长出地面的蘑菇和地下的菌丝加起来的重量将会超过 1 万 t，堆到一起将会像一座小山一样，可谓是地球上最大的生物体。

微生物学（microbiology）是生物学的分支学科之一，它是现代生物技术的理论与技术基础，是在分子、细胞或群体水平上研究自然界常见微生物的形态与结构、营养需要、生长繁殖、遗传变异以及生态分布和分类进化等规律的一门科学，并将其应用于医药卫生、工农业生产、环境污染治理和生物工程等领域。具体来讲，微生物学就是研究各类微小生物（包括细菌、放线菌、真菌、病毒、立克次氏体、支原体、衣原体、螺旋体、原生动物以及单细胞藻类等）的形态、生理、生物化学、分类和生态的一门科学。随着微生物与人类的关系日益密切，微生物学更加凸显其重要性。总之，掌握微生物学知识，并应用于工、农、林、医、环保等相关行业，可以使微生物更好地为人类服务。

二、 微生物的分类地位

微生物不是一个分类学名称，早在18世纪中叶，人们把所有生物分成两界，即动物界（animalia）和植物界（plantae）；后来发现把自然界中存在的形体微小、结构简单的低等生物笼统地归入动物界和植物界是不妥当的。于是，1866年，海克尔（E. Haeckel，1834—1919年）提出了区别动物界与植物界的第三界——原生生物界（包括藻类、原生动物、真菌和细菌）。随着新技术和新方法的发展，尤其是电子显微镜和超显微结构研究技术的应用，人们发现生物的细胞核其实具有两种类型：一种没有真正的核结构，称为原核，这类细胞不具核膜，只有一团裸露的核物质；另一种是由核膜、核仁及染色体组成的真正具有核结构的细胞，称为真核，真核生物包括动物界、植物界及原生生物界中的大部分藻类、原生动物和真菌等，而细菌和蓝细菌则属于原核生物。根据细胞核结构的不同，1969年，魏塔科（R. H. Whittaker）提出了五界系统，即动物界、植物界、原生生物界、真菌界和原核生物界。病毒和类病毒作为非细胞生物，应该归于生物还是非生物一直是长期争论未决的问题。但是病毒和细胞型生物具有某些共同特性，如：遗传物质是DNA（部分病毒是RNA），使用共同的遗传密码。1977年，我国学者王大耜等认为病毒是一类非细胞生物，应另立一个病毒界，于是，在前人基础上提出了六界系统，包括动物界、植物界、真菌界、原生生物界、原核生物界和病毒界。随着分子生物学的研究深入，沃斯（C. R. Woese）等在1977年提出了三原界学说，即古细菌原界、真核生物原界和原核真细菌原界，又称“三元界分类系统”。1979年，我国昆虫学家陈世骧将生物分为三个总界，即：非细胞总界（包括病毒界）、原核总界（包括细菌界及蓝藻界）、真核总界（包括植物界、真菌界及动物界），共六界，被称为六界系统。目前，大多数生物学家比较接受五界系统或六界系统。

三、 微生物的生物学特性

微生物与其他生物一样具有某些共同特征。但是，微生物还具有其他生物所没有的特性，如它们个体小、结构简单、数量大、分布广泛、种类繁多、繁殖快、易变异、代谢能力强等。这些特性是自然界中其他任何生物所不可比拟的。

1. 个体小，数量大

微生物的个体非常小，其大小的量度单位一般用微米（μm），甚至纳米（nm），如病毒的长度在20~1000nm，绝大多数细菌的直径在0.2~2.0μm，长度在2~8μm，而真核生物的细胞直径一般是10~100μm。通常细菌中的杆菌的平均长度为2μm，1500个杆菌首尾相连也仅相当于一粒芝麻的长度；10亿~100亿个细菌加起来重量也仅1mg。细菌肺炎支原体（*Mycoplasma Pneumoniae*）的直径约250nm，在光学显微镜下勉强可见，其基因组仅有816kb，编码689个蛋白。然而，肺炎支原体却能够独立生活，基因组能够自我复制。肺炎支原体的全蛋白质组向人们展示了一个生命所需要的最小机器。微生物虽然个体小，但其数量十分巨大，如患者的咳嗽一次含有约10万个细菌，2万个病毒。人体的皮肤表面平均每平方厘米约有10万个细菌，而人体肠道中的微生物总量更是高达100万亿。

2. 种类多，适应强

微生物不仅数量多，而且种类多，据估计微生物总数在50万~600万种。迄今为止记载过的微生物中真菌70000多种、细菌8000多种，病毒4000多种；当前发现的原核微生物的种类还不足实际微生物种类的5%，还有大约95%的原核生物我们还不熟悉。微生物的适应性很强，且分布极广，土壤、水域、大气几乎到处都有微生物的存在，可以说，凡是动植物生活的地方，都有微生物的存在；即使是动植物无法生活的地方，也有微生物的存在。在许多恶劣环境中同样有微生物在那里栖息，如寒冷的极地、干旱的沙漠、沸腾的温泉、饱和的盐湖、坚硬的岩石和几千米深的深海等。这些在极端环境中生存的微生物称为极端环境微生物（extremophiles），这表明微生物对环境的适应性极强，其资源也极其丰富，利用前景更是十分广阔。

3. 比表面积大，代谢活力强

微生物体积虽小，但有着极大的比面值（surface to volume ratio）*K*（*K*=表面积/体积）。通常体积越小，其比面值就越大。如果把人的比面值*K*看作1，那么大肠杆菌的比面值*K*就大约为30万。那么这么大的比面值有什么意义呢？可以加强微生物与环境之间进行物质交换和信息交流，增大营养物质的吸收面和代谢物的排泄面，而且有最大的代谢速率。从单位重量来看，微生物的代谢强度比高等生物大几千倍到几万倍。如发酵乳糖的细菌在1h内可分解其自重1000~10000倍的乳糖。为了适应多变的环境条件，微生物在其长期进化过程中产生了许多灵活的代谢调控机制。微生物的生理代谢类型之多也是动植物所不及的，微生物也有着多种产能方式，如细菌可利用光合作用、化能合成作用、固氮作用产能等。可见，不同的微生物有着不同的代谢方式。微生物代谢活力强的特性为它们的高速生长繁殖和产生大量代谢产物提供了充分的物质基础，从而使微生物更好地发挥“活的化工厂”作用，如一接种环的谷氨酸生产菌，经2d的扩大培养和发酵就能将8t糖和2t尿素转化为3t菌体和4t谷氨酸；一头500kg的食用公牛，24h生产0.5kg蛋白质，而同样重量的酵母菌，以质量较次的糖液和氨水为原料，24h可以生产50t优质蛋白质。而且，微生物的代谢产物也比较多，如可产生抗生素、杀虫剂、PHB、酶、色素、有机酸、蛋白质等。

4. 繁殖快，易变异

微生物的繁殖速度快，容易培养，也是其他生物所不能比的。如大肠埃希氏菌，简称大肠杆菌（*Escherichia coli*，*E. coli*），其细胞在合适的生存条件下，每分裂一次的时间仅需12.5~20.0min。按照20min分裂一次来计算，则可分裂3次/h，每昼夜就可分裂72次，其后代数可达到4722366500万亿个（重约4722t），48h则为2.2×10^{43}（约等于4000个地球的重量）。当然，这是在理想的状态下计算的，事实上，微生物的生长受多种因素（营养、空间环境、代谢物等）的限制，细菌的指数分裂速度只能维持几个小时，在液体培养中，细菌的浓度一般仅能达到10^{8}~10^{9}个/mL。当然，繁殖快的特性对于危害人、畜和植物的病原微生物或使物品发生霉腐变质的微生物来说，就会成为人类极大的麻烦。同时，对于工业发酵来说又意义重大，可显著提高发酵速度；也是育种和遗传操作的良好材料。快速的繁殖速度，带来的庞大微生物数量，也使得微生物的变异频率相对于其他生物（动植物）显得尤其高，它们可以在短时间内产生大量变异的后代。最常见的变异形式是基因突变，涉及诸如形态构造、代谢途径、生理类型以及代谢产物的质或量的变异。人们利用微生物易变异的特点进行菌种选育，可以在短时间内获得优良菌种，提高产品质量。这在工业上已有许多成功的例子。但若保存不当，菌种的优良特性易发生退化，这种易变异的特点又是工业微生物应用中不可忽视的缺点。

第二节　微生物学的发展历程

一、 微生物的发现

早在公元前1世纪罗马人就曾提出微小的、看不见的动物可通过口鼻进入人体导致疾病的观点。哲学诗人Lecretius在他的《论事物的本质》（*De Rerum Natura*）中引用了疾病“种子”一说。大约公元542年，地中海区域出现淋巴腺鼠疫（又称黑死病）大流行，造成数百万人死亡。此后的300年间欧洲有几千万人死于该病。

1665年左右，英国科学家胡克（Robert Hooke，1635—1703年）制造了一个复式显微镜（光通过两个透镜的显微镜），并且用它观察软木的小切片。他用“小室”（cell）一词来描述他所看见的、有序排列的小盒子。然而，首先制作并利用透镜看到活的微生物体的人是一个叫安东·列文虎克（Antoni van Leeuwen Hoek，1632—1723年）（图1-1）的荷兰布商，也是一个透镜研磨业余爱好者。安东·列文虎克制作的透镜质量很好，有些放大倍数可达300倍，且不会有明显失真。他在死水潭、病人身上、甚至他自己的嘴巴里都发现了这些所谓的“微动物（animalcules）”，包括原生动物，藻类，酵母菌，真菌和球形、杆形和螺旋状细菌等。1680年他被选为英国皇家学会的会员。1695年，安东·列文虎克把自己积累的大量结果汇集在《安东·列文虎克所发现的自然界秘密》一书里。这无疑开启了人类通往微生物研究的大门，给人类展现了一个梦幻般的微观世界，并为人类加深对微生物世界的理解奠定了重要基础。直到1723年去世，享年91岁。

图1-1　安东·列文虎克

后来很长一段时间，微生物的发展出现了停滞。进入19世纪后，产业革命促进了机械制造技术的发展，加上光学理论的进步，显微镜的性能有了明显的改善。这个时期德国博物学家和动物学家埃伦伯格（Christian Gottfried Ehrenberg，1795—1876年）在1838年根据所观察到的细菌形态尝试着对细菌进行分类，他当时使用的“细菌”（Bacterium）和“螺旋菌”（Spirillum）等术语至今仍在沿用。

二、 微生物学的发展史

（一） 自生论

自从有了人类，就有人相信生命是以某种方式自发起源于非生命物质。亚里士多德关于四种元素（火、土、空气和水）的理论似乎说明非生命物质以某种方式决定了生命的形成。甚至有些自然学者相信啮齿动物由潮湿的谷物变成，甲虫由灰尘而来，蠕虫和青蛙是由泥浆变成的。直到19世纪，大多数人仍认为是腐肉产生了蛆。

疾病的微生物理论（germ theory of disease）认为微生物可侵入其他生物体并引起疾病。虽然这是一个非常简单的概念，如今已被广泛接受，但在19世纪中叶提出该理论时并没有被广泛接受。许多人相信肉汤经长时间摆放后变浑浊是因为肉汤本身所含物质改变所致，甚至在证明是肉汤中的微生物造成肉汤变浑之后，人们仍相信微生物与腐肉中的蠕虫（苍蝇的幼虫或称蛆）一样，都是由非生物转化来的，这种观点就是自生论（spontaneous generation）。即使在科学界，自生论也曾被广泛接受，它妨碍了微生物学的进一步发展，以及对疾病微生物理论的接受。只要他们认为微生物可以从非生命物质演变而来，科学家们研究疾病传播或控制就失去了目标。

意大利牧师、科学家 Lazzaro Spallanzani 对自生论持怀疑态度，他煮沸含有（活的或先前是活的）生物的肉汤，并密封在烧瓶中，结果显示这当中没有生物自发出现。批判者们不接受这个自生论的反例。他们反驳道：煮沸等于赶走了氧气（他们认为这是所有生物都需要的），而密封烧瓶更是阻止了氧气的回流。法国化学家巴斯德（Louis Pasteur）和英国医生丁德尔（John Tyndall）的工作使得自生论的支持者最终败下阵来。1869年法国科学院主办了一项名为“用完善的实验对自生论提出新观点”的竞赛，巴斯德参加了这个竞赛。

巴斯德在酒厂工作多年，证实了只有在酵母菌存在时才会形成葡萄酒中的酒精，他对微生物的生长也颇有研究。巴斯德为竞赛准备的实验中用到了他那著名的“雁颈”烧瓶（图1-2）。他煮沸瓶中的混合液（食品汤料），再加热烧瓶的玻璃颈部，并将它拉成末端开口的长弯管。空气可以进入瓶中，这里的空气未经任何批评家们认为会破坏其有效性的处理；空气传播的微生物也能进入烧瓶的颈部，但是它们被弯曲的颈部拦截，不能到达混合液中。巴斯德实验中的混合液一直保持无菌状态，除非让雁颈瓶倾斜，使液体流到领部再回到瓶中。这个操作会将颈部截留的微生物洗下、进入混合液中，微生物生长并导致溶液变得浑浊。在另一个实验中，巴斯德用三个棉花塞过滤空气，接着，他将棉花塞浸到无菌的溶液中，发现棉花塞截留的微生物在溶液中生长。

（二） 微生物学发展的奠基人

1. 巴斯德的贡献

巴斯德是19世纪中叶微生物学领域的伟人。除了著名的雁颈瓶实验外，著名的“巴氏灭菌法”也是基于上述研究提出的。在他开始业余研究化学之前，巴斯德当过肖像画家和老

图 1-2 巴斯德和他的雁颈瓶实验

师。化学研究使他获得了法国几所大学化学教授的职位，也使他对酿酒业和养蚕业做出了重大贡献。他发现精选的酵母菌可以酿出好酒，但混入的其他微生物会与酵母菌竞争糖源并使酒变腻或变酸。为了解决这一问题，巴斯德发明了巴斯德灭菌法（在缺少氧气情况下，将葡萄酒加热到 56℃，维持 30min）用于杀死杂菌。在研究桑蚕时，他鉴定出三种引起不同蚕病的微生物。他将特定疾病与特定生物体相联系，尽管只是针对蚕而不是人类，但在疾病微生物理论上迈出了重要的第一步。

尽管巴斯德的个人遭遇很不幸以及脑溢血造成他永久性瘫痪，但他仍不断为疫苗的发展做出贡献。在他发明的疫苗中，最著名的就是狂犬病疫苗，该疫苗用感染狂犬病的家兔脊髓干燥制成，并在动物身上进行了试验。一天，一位被疯狗严重咬伤的 9 岁男孩被带到他面前，巴斯德经过一整夜思想斗争后，决定在孩子身上注射他的疫苗。他并不是医生，之前从没有从医经历。这个本来注定要死的男孩存活了下来，成为第一个通过人工免疫而抗狂犬病的人。巴斯德在狂犬疫苗方面研制的成功开创了免疫学。

1894 年，巴斯德成为巴斯德研究所的领导者，这个研究所是在巴黎专门为他而建的。他在研究所里指导科学家的培训和工作，直到 1895 年去世。

2. 科赫的贡献

科赫（Robert Koch，1843—1910 年）（图 1-3）于 1872 年完成医学培训后，在德国当医生。他花费了大量精力来研究细菌，特别是那些致病菌。科赫鉴定了导致炭疽热的细菌，炭疽热是一种在牛中存在、有时在人中传播的、高传染率和高致死率的疾病。不仅如此，他还鉴别出处于活跃分裂期的细胞和休眠细胞（芽孢），还开发了体外（在生物体外）研究技术。

科赫还发明了纯培养（pure culture）技术，是指培养物中只含有一种生物的技术。他尝试将细菌悬液在马铃薯薄片表面进行划线培养，后来又在固体明胶表面划线培养，但是明胶在培养温度（或体温）下会融化，某些微生物甚至在室温下也会使其液化。最后，科赫一个同事的妻子 Angelina Hesse 建议科赫在细菌培养基中加入琼脂（一种在烹饪中用的增稠剂）。这就提供了一个稳定的培养基表面，微生物可在上面铺得非常薄，部分菌体可与其他菌体拉开距离。接着，每个菌体成倍分裂，形成一个含成千上万个后代的细胞群落。科赫的纯培养

图 1-3 科赫

技术至今仍在沿用。

科赫于 1881 年开始向当时危害人类健康的头号杀手——肺结核进行研究。他基于多年的研究实践，于 1884 年总结出了确认某种特定细菌为某种特定疾病病原菌的四条原则，人们将它称为科赫法则（Koch Postulates），具体包括以下四个方面的内容：①在所有病例的发病部位都能发现这种细菌；②这种细菌可从病体中分离出来，并能在体外培养成纯菌种；③将这种纯菌种接种给健康动物后，能引起相同的疾病；④在接种纯菌种而致病的动物身上，仍能分离、纯培养出同种细菌。

科赫定理暗示一种微生物一种疾病的观点。这个观点也是疾病微生物理论发展中的一大进步。1880 年在获得波恩大学一个实验室职位后，他又发明了一种对该致病菌进行复染的方法，并反驳了关于肺结核遗传的传统观点。科赫运用显微镜及特殊染色技术在多种动物体内观察到了与人类患病部位的相同生理特征，并发现了一种只在结核病的病变组织中出现的棒状细菌，之后他在凝固的血清培养基上对这一病原菌进行大量的纯培养，制成菌悬液，注射到不同动物的腹腔内，最终发现肺部的病变反应，并确定了这就是导致肺结核的病原菌——结核分枝杆菌（*Mycobacterium tuberculosis*）。此后，科赫通过多次实验阐明了它的传染途径，论证了其致病机理，并于 1890 年研制出有效治疗肺结核的结核菌素。尽管结核菌素无法成为一种疫苗，但它的开发奠定了皮试诊断肺结核的实验基础。这一重大发现将科赫推向了他一生科研事业的巅峰，成为 1905 年诺贝尔生理学或医学奖的获得者。在生命的最后 15 年中，他开展了有关疟疾、伤寒病、昏睡病和其他几种疾病的研究，并取得了许多丰硕的成果。

（三） 微生物学发展进程中的重大事件

从 19 世纪中期到 20 世纪初（1857—1914 年），微生物学的发展迎来了第一个黄金时期。在这个阶段，微生物研究作为一门独立的学科已经形成，并因在传染病方面取得的巨大成就而迅速发展。受巴斯德研究的启发，英国的外科医师约瑟夫 · 李斯特（Joseph Lister，1827—1912 年）（图 1-4）认为，伤口化脓、术后感染很可能是由微生物从外界侵入引起的。因此，他除了坚持洗手和清洗白大褂外，还从 1867 年开始使用一种称为石炭酸的防腐剂清洗手术器具，并往手术室的空气中和墙壁上喷洒这种防腐剂消毒。此外，李斯特还使用外层夹有胶布和消过毒的纱布给创口进行包扎，以隔绝创口与空气中的微生物之间的联系。结果，李斯特所在的医院手术死亡率迅速从 45%下降到 15%。他采用的方法是最早的无菌操作技术，在他的外科诊所中的应用证明其能有效减少术后感染。在他 75 岁时，也就是他利用石炭酸后的第 37 年，李斯特因其在预防传染病传播方面的贡献而被赐予功绩勋位，也被认为是外科消毒术之父。

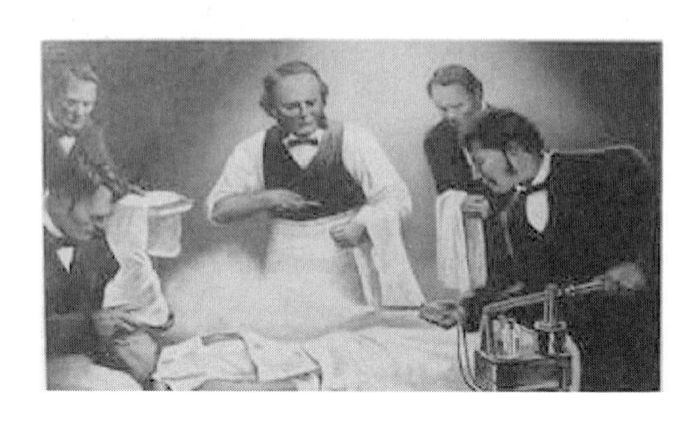

图 1-4　李斯特和他的外科消毒

德国微生物学家贝林（Emil Adolf von Behring，1854—1917 年）于 1889 年开始研发治疗白喉的药物。贝林经过多次实验，从各种动物的血液中分离出了抗白喉杆菌（*Corynebacterium diphtheriae*）的免疫血清，研发出了治疗白喉病的抗毒素。1891 年 12 月 24 日，贝林首次将白喉抗毒素应用到临床上，成功治愈了 1 例白喉患者，这一发明得到了全世界的认可。被誉为“传染病免疫治疗和疾病预防学创始人”的贝林与日本细菌学家北里柴三郎于 1901 年共同荣获首届诺贝尔生理学或医学奖。贝林不仅开启了免疫学的先河，并且由于抗毒素的发现，使人类在 20 世纪有效治愈了由细菌外毒素所引起的全部疾病，是病原微生物学发展起步的重要标志。这个时期，Beijerinck（1888 年）首次分离到根瘤菌；Sternberg 与 Pasteur（1891 年）同时发现了肺炎链球菌；Ivanowsky（1892 年）提供烟草病毒病是由病毒引起的证据；Ross（1899 年）证实疟疾病原菌由蚊子传播以及 Ricketts（1909 年）发现了立克次体等。

从 20 世纪 40 年代到 70 年代末微生物学走出了独自发展、以应用为主的研究范围，与生物学发展的主流汇合、交叉，获得全面、深入的发展，并形成了该领域的许多分支学科。如工业微生物学、农业微生物学、医学微生物学、食品微生物学、预防微生物学、环境微生物学、微生物分类学等。同时，基础微生物学也得到了快速发展，形成了微生物生理学、微生物遗传学、微生物生态学、细胞微生物学、分子微生物学、合成微生物学、微生物地球化学以及宇宙微生物学等。在微生物学发展进程中，很多科学家都做出了卓越的贡献，促进了微生物科学的发展。他们艰辛曲折的科研经历和为科学发展而献身的精神值得人们崇敬和学习。

1928 年，英国细菌学家弗莱明（Alexander Fleming，1881—1955 年）（图 1-5）无意中在培养金黄色葡萄球菌的培养皿中看到一个绿色霉菌菌落，在显微镜下经过进一步观察发现这种霉菌可以抑制葡萄球菌的活性并将其溶解。经过反复验证，这种霉菌对引起人类重大疾病感染的病菌具有强大杀伤力，而对人体正常细胞危害极小。弗莱明是首位发现青霉素及其治疗传染疾病效果的人，而进一步推动青霉素研制和生产工艺的则是在牛津工作的德国生化学家钱恩（E. B. Chain，1906—1979 年）和澳大利亚病理学家弗洛里（H. W. Florey，1898—1968 年）。他们进一步研究了细菌体内各种代谢产物的分离纯化技术，对青霉产生的活性物质进行提纯，于 1940 年研制出了可应用于临床上肌肉注射纯度的青霉素。弗莱明为微生物学的发展开辟了一条医药微生物学的新领域，与钱恩、弗洛里共享了 1945 年的诺贝尔生理学或医学奖，成为最具盛名的“抗生素之父”。

图 1-5 弗莱明

莱德伯格（Joshua Lederberg，1925—2008 年）是被誉为“细菌遗传学之父”的美国科学家，他的研究奠定了整个微生物遗传学的基础。1952 年，莱德伯格与学生津德（N. Zinder）以鼠伤寒沙门氏杆菌（*Salmonella typhimurium*）作为研究材料，发现噬菌体可介导沙门氏菌的 DNA 转移。紧接着，细菌的特异性转导也随之被发现。1953 年后，莱德伯格又发现了 F 致育因子的存在，对细菌有了性别区分，而细菌的杂交过程则是遗传物质的单向传递，更加深入地解释了基因重组的本质。由于这一系列惊人的研究和发现，1958 年莱德伯格与比德尔、泰特姆共同获得了该年度的诺贝尔生理学或医学奖，当时他年仅 33 岁。真正阐明原核生物基因调控机制的是 1961 年巴斯德研究所的 2 名微生物学家——莫诺与雅各布所提出的“操纵子学说”。1946 年莫诺（Jacques Monod，1910—1976 年）在进行有关大肠杆菌中 β-半乳糖苷酶适应性的研究中，发现了 β-半乳糖苷透过酶和硫代半乳糖苷转乙酰酶的伴随产生。此后他与雅各布（Francois Jacob，1920—2013 年）发现了表达这 3 种酶的基因处于同一功能水平上，并确定了启动区（P）、调节基因（I）和操纵基因（O）的作用，证实了 3 种结构基因的表现是受到同一机制的调节。莫诺和雅各布关于操纵子模型的研究揭示了生物体遗传信息间的作用和交流的重要关系，开创了在分子水平认识基因调控的新领域，并因此荣获了 1965 年的诺贝尔生理学或医学奖。意大利病毒学家杜尔贝克（Renato Dulbecco）在 1959 年对一种多瘤病毒侵染性细胞进行研究，培养过程中发现感染细胞发生了生理和形态上的变化，并且也会使被植入感染细胞的动物产生肿瘤，证明了病毒可以不断转化出新细胞而无限繁殖下去，从而影响宿主体的变相调节和诱变，并且在被转化细胞中起着遗传要素的作用。这一重大成果成就了杜尔贝克肿瘤病毒学奠基人的荣誉地位。美国科学家特明（Howard Temin，1934—1994 年）和巴尔迪摩（David Baltimore）于 1970 年 5 月先后报道了一种关键酶——反转录酶，进一步完善了原有的“中心法则”，而且明确揭示了肿瘤病毒与细胞遗传物质之间的相互作用。1975 年 3 人的伟大成就得到了科学界的一致认可，反转录酶的发现是整个逆转录病毒研究的分水岭，为癌症起因的研究及攻克癌症的生物技术应用铺平了道路，成为病毒微生物发展史上的重大转折点，因此这 3 位科学家共同荣获诺贝尔生理学或医学奖。

随后，又有大量科学家前赴后继，推动了当今微生物学的飞速发展。

2020年10月5日，诺贝尔生理学或医学奖揭晓。这一奖项被授予哈维·阿尔特（Harvey J. Alter）和他的美国同行查尔斯·赖斯（Charles M. Rice）以及英国生物化学家迈克尔·霍顿（Michael Houghton），以表彰他们在发现丙型肝炎病毒方面做出的努力。哈维发现了丙型肝炎；霍顿分离出丙肝病毒的RNA片段（核糖核酸），使得在分子水平检测丙肝病毒成为可能，让丙肝病毒通过血液传播基本绝迹；赖斯则获得了丙肝病毒的RNA共有序列，实现了丙肝病毒的复制，使研制丙肝药物成为可能。在医学史上，只有屈指可数的病毒性疾病能被治愈，丙肝就是其中一种，它为人类对抗病毒提供了少有的范本。

三、 我国微生物学的发展

我国是最早认识和利用微生物于生产生活的国家之一，只是早期人们对于微生物的运用是处于经验和感觉状态，比如制曲、酿酒、制作酱油、发酵泡菜、腐熟有机肥等。微生物学作为一门学科在我国起步较晚，始于20世纪初。如中国微生物学先驱伍连德在流行病学方面首次提出了飞沫传染的重要作用，而此前人们只注意到鼠疫由跳蚤传染的途径。他成为我国现代防疫事业的奠基人，他的专著《鼠疫概论》和《霍乱概论》成为以后广泛引用的经典著作。1932年他曾与王吉民合作用英文撰写了《中国医学史》（*The Medical History of China*）一书。1983年由著名的流行病学家J. M. 拉斯特（Last）主编的《流行病学词典》中，伍连德是唯一被提到的中国流行病学家。在20世纪20~30年代，汤飞凡阐明了沙眼病原体侵入宿主细胞后的发育周期，澄清了此前50年中的混乱认识，并分离出了一株病毒TE8，后来许多外国实验室将它称为“汤氏病毒”（Tang's virus）。1973年WHO将它们定名为“衣原体”，此后，在《伯杰氏鉴定细菌学手册》中增加了一个衣原体目，沙眼病原体被正式命名为沙眼衣原体。1980年6月26日，国际沙眼防治组织主席通知中国眼科学会，授予汤飞凡沙眼金质奖章。汤飞凡也成为我国现代科学家纪念邮票（1992年11月20日发行）上唯一的微生物学家。戴芳澜是我国真菌学的开山大师，他的遗著《真菌的形态与分类》是我国学者自己编写的第一本真菌学教科书，他和他的学生先后完成的《中国真菌总汇》成为中国真菌学的巨著。张宪武、樊庆笙、陈华癸等开创了我国农业微生物学，高尚荫创建了我国病毒学的基础理论研究和第一个微生物学专业。方乘是我国微生物发酵科学的先驱，在国内较早开设了“酿造学”课程，并编著出版了《酒精酿造学》《农产酿造》《饮料水标准检验法》《毒瓦斯》等专著，培养了大批人才，也以开创性的工作确立了自己在发酵界的先驱地位。进入21世纪，我国进入了微生物全面发展的新时期，在一些微生物前沿领域方面的发展也走到了世界的前列，但整体上与国际水平相比，还有待提高，这需要更多的微生物学者，付出更艰辛的努力。

第三节 微生物应用及展望

微生物作为全世界分布最广且拥有量最多的生物资源，其应用已涉及诸多领域，并展现出了巨大的经济价值和社会价值，丰富多样的微生物资源在食品工业、医药、农业、采矿、冶金、酶工程、传感器、芯片、生物计算机等方面具有广泛的应用及开发潜力。美国启动的“人类微生物组计划”已经获得了突破性的成果，其粪菌移植（fecal microbiota transplant）已经被用于多种疾病的治疗，并取得了良好的疗效。在发达国家，微生物产品的年产值占国民生产总值的6%~10%。可见，对微生物资源的开发与利用具有重要的社会意义。

微生物用于食品工业在全球已有悠久的历史。食醋、啤酒、面包等传统微生物发酵食品均已在人们的生活中占有重要的地位。利用微生物资源开发单细胞蛋白（single cell protein, SCP）食品，已经成为解决蛋白质供需矛盾的重要途径。另外，微生物在食品保鲜、益生菌生产、绿色生物合成、防腐剂等研究领域中均发挥着至关重要的作用，如安全无害的抗菌肽（antimicrobial peptides，AMPs）被认为是可用于食品工业防腐的有效途径，目前批准在食品工业中应用的微生物 AMPs 主要有乳酸链球抗菌肽 nisin、链霉菌抗菌肽（ε-polylysine）、片球菌抗菌肽（pediocin PA-1）等。大部分工业酯酶都来源于微生物，如细菌的芽孢杆菌属（*Bacillus*）、假单胞菌属（*Pseudomonas*）和不动杆菌属（*Acinetobacter*）；真菌的根霉菌属（*Rhizopus* sp.）、青霉菌属（*Penicillium*）、曲霉菌属（*Aspergillus*）以及酿酒酵母等均为工业生产中重要的产酶微生物。微生物在食品工业中的应用也远不仅如此。

近 30 年来，土壤微生物学成为地球科学与生命科学的新兴学科增长点和交叉前沿，蕴藏于土壤中的巨大微生物多样性被认为是地球元素循环的引擎，而每克土壤中数以亿万计的微生物中，高达 99%的物种及其功能尚属未知，因此被称为地球“微生物暗物质”。农业微生物是农业生产、农产品加工、农业生物技术和农业生态环境保护等相关应用微生物的总称。我国一直以来就是农业大国，农业微生物菌种资源是实现我国农业微生物产业可持续发展的根本道路。近年来，以微生物饲料、微生物肥料、微生物农药、微生物能源等为代表的新型农业生产技术的研究和开发利用取得了长足进步，如微生物饲料添加剂主要由芽孢杆菌属、乳酸菌属、链球菌属、酵母、双歧杆菌属等生产，其在动物体内的作用主要有改善微生态环境，提高饲料转化率和免疫刺激，加快酶促反应速度，利于饲料养分的吸收。微生物是土壤肥力养护、生物生长发育、生态系统循环不可替代的重要物质基础，直接关系到农业农村可持续发展及生态环境维护的方方面面。目前的宏基因组学为土壤微生物研究提供了新策略，通过将序列和功能筛选相结合，不同类型的文库相结合来进行土壤宏基因组学研究，可充分挖掘土壤微生物的多样性并发挥其潜力。研究者通过对杂草病原微生物的定向分离筛选与评价，发现了大量具有除草活性的微生物菌株，部分菌株已作为生物除草剂进行了开发。如我国开发的防治菟丝子的“鲁保一号”、美国开发的 Devine®、Collego®以及日本开发的 Camperico®都利用了杂草的病原菌并将其商业化。2019 年全球农业微生物制剂市场价值达 45.5637 亿美元。目前对农业微生物资源的开发与利用已经呈现了巨大的市场潜力。目前，世界 500 强企业中近 200 家企业涉及微生物相关产业。全球每年可用的生物固氮量为 1.4~1.7 亿 t，价值 900 亿美元。

微生物以其独特的方式在人类生产与生活中发挥着其他生物不可替代的作用，同时也不断威胁着人类。如 2010 年，英国报道的超级细菌（superbug）的出现，几乎对所有的抗生素均有抗性，并且出现了无药可救而死亡的病例。病原菌的抗药性已经成为当今最难解决的 20 个科学问题之一。另外，2020 年的新型冠状病毒至今还在肆虐，已经给全球人类的健康和生活造成了巨大的伤害。随着合成生物学技术发展，新的基因编辑工具的陆续出现，给研究者提供了更多的方法来系统探究细胞基因组综合改造，或者遗传上的重新编码对微生物发酵和生产能力的影响，如在真核细胞内，RNA 干扰技术已经发展成为一种便捷有效的调节基因表达的工具；在原核细胞内，反义 RNA 技术、小 RNA 调控技术、CRISPR 技术等也提供了有效的基因编辑工具，促进了胞内代谢网络及调控机制的解析。随着新的调控机制的阐明和调控元件的开发，动态代谢工程将会成为构建微生物细胞工厂和代谢调控的重要方法。分子生物学及其组学技术的蓬勃发展，为继续推动这一学科的进步提供了强有力的工具和绝佳的机会。磅礴发展的微生物生理学、生态学、遗传学、免疫学及其组学必将成为推动整个生命科学发展和社会进步的强大动力。21 世纪是一个大数据的时代，应该从整个系统的角度分析微生物的消长以及其背后的原因，推动微生物学科的发展，让其更好地服务于人类。

思考题

1. 简述微生物的生物学特性。
2. 简述巴斯德、科赫两位科学家在微生物学形成与发展历程中的重要贡献。
3. 思考微生物可以吃吗？
4. 列举几位我国现代著名的微生物学家，并简述他们有哪些突出成就。
5. 思考巴斯德的雁颈瓶实验是如何驳倒自生论的？
6. 为什么法国微生物学家的肉汤培养基稀释法不适于获得微生物的纯培养物？
7. 地球上没有微生物会怎样？

第二章 微生物的分类

CHAPTER 2

第一节 微生物分类的概述

一、微生物分类的概念

在科学研究中，精确而规范的命名是必需的。分类学的一个重要方面就在于它利用了生物之间的一致性和差异性的基本概念，使之富有意义。属于同一类群的生物总是具有某些普遍特征，如人类都会直立行走，大脑高度发达；大肠杆菌呈现杆状，并具有革兰氏阴性细胞壁。当然，同种生物之间的个体也存在差异。分类学的一个基本原则就是高级分类单位的共同特征要少于低级分类单位。只有在分类基础上，才可以高效、有序地进行一系列科学研究。

地球上的生物最早起源于37亿年前，至今地球上的生物之间都有远近程度不一的历史渊源。微生物是最早出现在地球上的生物之一，经过200多年的研究和实践，人类发现并命名了微生物的许多分类单元，其间又有许多分类单元经过整理又被重新划分、合并或废弃。同时，微生物也不断地融入人类生产与生活之中。Stackebrandt描述微生物多样性时谈到"在我们生活的这颗行星上，微生物无处不在"，因此，在应用庞大的微生物家族之前，认识并对其进行分类是必要的前提。

微生物分类主要包括分类、鉴定与命名三个环节，是按微生物亲缘关系把微生物归入各分类单元或分类群（taxon），以得到一个反映微生物进化的自然分类和符合逻辑命名的系统。另外，微生物的分类还涉及微生物的分离、描述、菌种保藏等。分类是根据一定的原则（特征的相似性、系统发育的相关性）对微生物进行分群归类，根据相似性或相关性水平排列成系统，并对各个分类群的特征进行描述，以便于查考和对未分类的微生物进行鉴定。鉴定（identification）是将某一特定生物，通过一系列理化特性、遗传系统的实验分析，将其归属于已确定的某一分类单元的过程。命名（nomenclature）是将不同的分类单元赋予规则相符的名称。

对微生物的分类主要从如下几个层面进行：形态特征、生理生化特征、代谢特征、化学分类特征、遗传和分子特征、全基因组序列特征等。

二、微生物的进化与分类

进化是生物进步和发展的基础，分类是人类有序认识世界、认识所有事物的基础。分类是以进化论为基础，通过分类系统来反映生物的亲缘关系，并可以进一步总结进化历史，最终助力人类探索生命的起源。在生物进化和微生物系统发育的研究中，研究学者们使用一种树状图体现各种生物间的亲缘关系，并将其称为系统进化树。因技术手段的限制，早期人类主要以动植物为研究对象来探究生物界的进化发育关系，对于原核生物很少提及。由于微生物具有形体微小、结构简单等特点，研究学者对微生物的认识较晚。在微生物分类学学科发展的早期，微生物分类学家通过一些表型特征来对微生物之间的亲缘关系进行分析。1977年，卡尔·沃斯（Carl Woese）对原核生物细胞的rRNA基因的系统进化分析后提出了“三域学说”，将生物归类为细菌域、古菌域与真核生物域。微生物系统树的构建是以待测菌株的16*S* rDNA全长序列为目标，通过专业软件进行系统进化树的构建，目前国际公认的一款方便快捷的软件是MEGA软件，现已出版MEGA X。MEGA软件使用起来非常方便，可以通过邻位相接法（neigbor-joining，NJ）、最大似然法（maximum-likelihood，ML）和最大简约法（maximum-parsimony，MP）的计算来获得相应系统进化树，再通过进一步比对分析待测菌株的初步系统分类地位。也有一些学者发现，16*S* rRNA基因在原核生物中存在多拷贝及异质性，当用16*S* rRNA来评价微生物的多样性时，会出现高估的现象。目前系统发育分析除了使用16*S* rRNA构建系统发育树外，很多研究学者还广泛使用一些看家基因、多位点序列分析等方法作为辅助分析。2016年5月4日，美国加利福尼亚大学戴维斯分校基因研究中心的乔纳森·艾森教授在《科学画报》上报道了：在海水中可能隐藏着比病毒大而比细菌小的第四域生物。因为某些采自海水中的生物样本的基因序列与我们目前已知的基因序列完全不同，但也有学者提出质疑，认为应该进一步分析该类基因是否由于快速进化或来自携带奇异基因组的已知微生物。

值得注意的是，通常一个新的微生物的分类要想得到国际的认可，还需提供来自不同国家保藏中心提供的模式菌株保藏证明。这些保藏中心有中国典型培养物保藏管理中心（CCTCC）、中国普通微生物菌种保藏管理中心（CGMCC）、法国的国家微生物菌种保藏中心（CNCM）、日本典型培养物保藏中心（JCM）、美国典型培养物保藏中心（ATCC）、德国微生物菌种保藏中心（DSMZ）等。

三、微生物分类单元与分类等级

分类单元（taxa）是指具体的分类群，如细菌域（Bacteira）、放线菌目（Actinomycetales）、红球菌属（*Rhodococcus*）等就分别代表一个分类单元。微生物的分类单元有8个分类等级，代表不同分类单元所处的等级，按照域（domain）、界（kingdom）、门（division/phylum）、纲（class）、目（order）、科（family）、属（genus）、种（species）进行划分。亚种（subspecies）或变种（variety）是指当一个种内的不同菌株存在少数明显而稳定的变异特征或遗传性状而不足以区分成新种时，可以将这些菌株细分为两个或更多的小的分类单元。在域以下至属以上分类单元都有一定的词尾如纲（-ia）、亚纲（-idae）、目（-ales）、亚目（-ineae）、科（-aceae）。每一个分类单元都具备完整的分类水平分类，现以蜡样芽孢杆菌（*Bacillus cereus*）为例阐述微生物的分类等级与分类单元。

域（domain）——————————细菌域（Bacteria）
界（kingdom）——————————原核生物界（Procaryotae）
门（phylum）——————————厚壁菌门（Firmicutes）
纲（class）——————————杆菌纲（Bacilli）
目（order）——————————芽孢杆菌目（Bacillales）
科（family）——————————芽孢杆菌科（Bacillaceae）
属（genus）——————————芽孢杆菌属（*Bacillus*）
种（species）——————————蜡样芽孢杆菌（*Bacillus cereus*）

菌株（strain）是指从自然界中分离得到的任何一种微生物的纯培养（物）。

型（form 或 type）常指亚种以下的细分。当同种或同亚种的不同菌株间的性状差异不足以分为新的亚种时，可以细分为不同的型，如表 2-1 所示：常用型有生物型（biovar）、血清型（serovar）、致病型（pathovar）、嗜菌型（phagovar）和形态型（morphovar）。

表 2-1　　常用型的术语及其含义

中文译名	推荐使用的名称	以前使用的同义词	应用于只有下列特性的菌株
生物型	biovar	biotype	特殊的生理生化特性
血清型	serovar	serotype	不同的抗原特性
致病型	pathovar	pathotype	对宿主致病性的差异
嗜菌型	phagovar	phagotype，lysotype	对噬菌体溶解反应的差异
形态型	morphovar	morphotype	特殊的形态学特性

第二节　微生物的命名

微生物的命名，现在普遍采用的是双名系统，是由瑞典植物学家卡罗路·林奈（Carolus Linnaeus）提出并创立的。真核生物的命名遵循的是《国际藻类、菌物和植物命名法规》的各项原则和规则，而原核微生物的命名则是根据《国际细菌命名法规》给每一个分类群一个专有的名称。

一、双名法

18 世纪，瑞典植物学家林奈（Linnaeus）创建了分类学，并发明了至今仍被用于生物命名的双命名法（binominal nomenclature）。

每一种微生物的学名由属名和种加词两部分组成，拉丁化、斜体表示。第一个词为属名，首字母要大写；第二个词为种加词（specific epithet 或 epithet），常用形容词，也可以用人名、地名、病名或其他名词，种加词的首字母不大写。如 *Mycobacterium tuberculosis*（结核分枝杆菌）中的 *Mycobacterium* 是属名（分枝杆菌属），是希腊词源的复合词，*tuberculosis* 是种加词，是希腊词和拉丁词组成的名词所有格形式，意为“结核病的”。大肠埃希氏菌，简称大肠杆菌（1888 年由 Theodor Escherichd 的名字命名的，在大肠中发现），学名为 *Escherichia coli*（*Migula*）*Castellani et* Chalmers 1919，使用的学名通常为 *Escherichia coli*，后边的部分省略。酿酒酵母（*Saccharomyces cerevisiae*），*Sacchar* 是指糖，*myces* 是指霉菌，*cerevisia* 是指啤酒或淡色的啤酒。

二、三名法

当某一种微生物是一个亚种（subspecies，“subsp”），或是一个变种（variety，“var”，亚种的同义词）时，使用三名法（trinominal nomenclature）。

例如：苏云金芽孢杆菌蜡螟亚种，又称蜡螟苏云金芽孢杆菌亚种，学名为 *Bacillus thuringiensis*（subsp）*galleria*，符号 subsp 用正体，但亚种或变种名的加词（如 *galleria*）要用斜体。

第三节　原核微生物的分类

1970 年，colwell 首次提出多相分类（polyphasic taxonomy）的概念，是指采用现代分类的多种方法，综合表现型和遗传型信息进行分类鉴定和系统发育研究的过程。多相分类综合了表型分类（phenotypic taxonomy）、化学分类（chemotaxonomy）和分子分类（molecular taxonomy）的运用，因而更客观的反映微生物不同分类单元之间的系统进化关系。

一、表型分类

《伯杰氏系统细菌学手册》（*Bergey's Manual of Systematic Bacteriology*）编委会要求，凡是发表微生物的“新属”“新种”和“建立新组合”时，都要附有菌种的表观描述。原核微生物的表型分类特性是微生物分类中不可缺少的组成部分。

1. 常用的形态学特征

常用的形态学特征有：①培养特征，对于某一分类单元，其在特定的培养基上具有特定的菌落形态特征；②细胞形态，对于某一分类单元，其在特定的培养基上具有典型的细胞形态，分别从细胞大小、形状及排列方式上进行描述；③特殊结构，有些细胞还带有一些特殊结构，如鞭毛、菌毛、芽孢等，可以作为支持分类的重要形态学信息；④运动性，有些细胞具有鞭毛，可以运动，其运动性及运动方式具有分类学意义；⑤细胞内含物，有些细胞具有如异染颗粒、伴孢晶体等特殊物质，可以作为分类的辅助依据；⑥革兰氏染色，是最基础的一种染色方法，将原核微生物分为革兰氏阳性和革兰氏阴性两大类，具有分类学意义。

2. 常用的生理生化特性

常用的生理生化特征有：①营养类型，区分微生物属于光能营养型还是化能营养型，是自养型还是异养型；②碳氮源利用，分析微生物对不同碳氮源的利用能力；③需氧性，分析微生物对氧气的需求情况，分类为好氧、厌氧、兼性厌氧、耐氧、微氧型等；④对环境耐受性，包括温度、pH、渗透压的适应性；⑤产酶特性；⑥产气特性；⑦抗生素敏感性，分析微生物对不同抗生素的敏感性，具有分类学意义。

生理生化鉴定工作量大，耗时长，还需要大量重复，甚至出现人为判别误差。早期的数值分类在细菌分类中也具有一定的应用，但由于其分类的理化指标多，且结果的可靠性不强，至今已经很少在细菌分类中使用。为此，许多商业公司开发了一些商业化的自动化鉴定系统，如 API 系统、Biology 系统等，极大地缩短了时间，降低了成本，提高了准确率。

API 细菌鉴定系统由生物梅里埃公司（BioMérieux SA）研发，其产品涵盖 16 个鉴定系列，覆盖范围为 600 余种临床环境可发现的细菌，微机鉴定、全屏中文软件配套。API 系统中适用于放线细菌生理生化实验分析的产品有 API Staph、API Coryne、API 20NE、API 50CH。API 自动鉴定系统已在国际上得到了广泛应用，从而成为细菌鉴定的“金标准”。

Biolog 全自动微生物鉴定系统是美国安普科技中心（ATC US）研发的一套系统。此系统适用于动、植物检疫，临床和兽医的检验，食品、饮水卫生的监控，药物生产，环境保护，发酵过程控制，生物工程研究，土壤学、生态学和其他研究工作等。此系统的商品化，开创了细菌鉴定史上新的一页。特点是自动化、快速（4~24h）、高效和应用范围广。“Biolog”鉴定系统中的关键部件是一块有 96 孔的细菌培养板。在细菌鉴定中，常用的是BIOLOG Gen Ⅲ板，其中 71 孔中各加有氧化还原指示剂和不同的发酵性碳源的培养基干燥底物，A1 孔为空白对照，A10 孔为阳性对照。鉴定前，先把待检纯种制成适当浓度的悬液，用排枪接种。在菌株生长最适温度下培养 40~48h。可以把此培养板放进检察室内直接培养并实时检测，再通过计算机统计即可鉴定该样品属何种微生物（图 2-1）；也可根据显色反应人工判读结果。

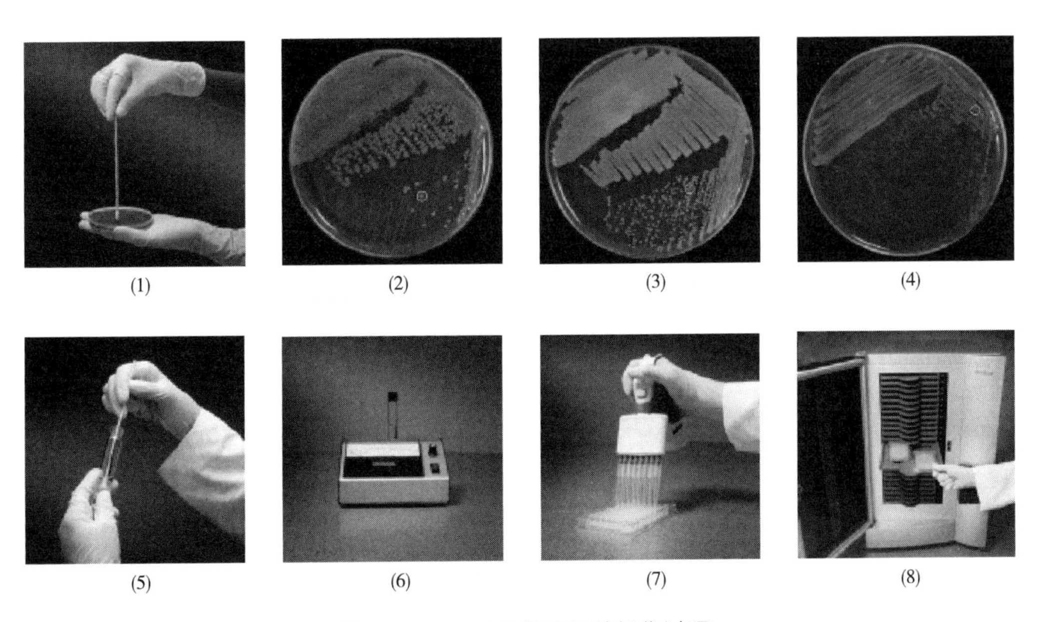
(1)　(2)　(3)　(4)　(5)　(6)　(7)　(8)

图 2-1　BIOLOG 鉴定系统操作过程

二、化学分类

化学分类主要是从微生物的化学组成成分获取信息进行的分类，是目前原核生物分类必不可少的手段之一。尤其在属及属以上的分类单元中具有重要的分类学意义，如分枝菌酸主要是诺卡氏菌类放线菌特有的成分。微生物学化学分类学的发展与现代分析技术的迅速发展密切相关。目前经常使用的细胞化学特性包括细胞壁化学组分、脂肪酸、磷酸类脂、甲基萘醌、全细胞水解糖等。

1. 细胞脂肪酸组分测定

脂肪酸（fatty acid）是细菌细胞中一种含量高、相对稳定的化学组分，主要存在于细胞膜等生物膜脂双层以及游离的糖脂、磷脂、脂蛋白等生物大分子之中。由于种类不同的原核生物其脂肪酸的种类和含量差异较大，因此可以作为微生物分类鉴定的重要指标。1963 年美国科学家 Able 首次将气相色谱技术用于细菌脂肪酸成分分析，从而创建了一个全新的细菌化学分类方法。当前，通用的方法是具有 MIDI（microbial identification system）软件的气相色谱（GC）分析系统。美国 MIDI 公司研制和开发了商品化的 Sherlock 微生物鉴定系统，建立了 2000 多种细菌的脂肪酸组成标准库，并开发了相应的软件进行数据库的检索。

2. 全细胞水解糖组分分析

原核生物的全细胞水解糖组分也是基因产物，大量放线菌物种的分类实验数据证明不同属的放线菌其糖分组成不同，具有一定的分类价值。Lechevalier 夫妇将好气性放线菌全细胞水解物的糖组分分为 4 种类型（表 2-2），其中阿拉伯糖、半乳糖、马杜拉和木糖被认为是特征性糖。随后 Stackebrandt 发现放线多孢菌属中的 *Streptosporangium viridogriseum* 等的全细胞水解物含半乳糖，定为 E 型。当前，全细胞水解物糖的测定方法多采用 Lechevalier（1980 年）等人的纤维素薄板层析法（TLC）以及近期发展起来的高效液相色谱法技术检测全细胞水解糖的方法。

表 2-2　　Lechevalier 氏放线菌全细胞的主要糖类型

糖类型	主要组分	代表属
A	阿拉伯糖（arabinose），半乳糖（galactose）	诺卡氏菌属（*Nocardia*）
B	马杜拉糖（madurose）	马杜拉放线菌属（*Actinomadura*）
C	无	高温放线菌属（*Thermoactinomyces*）
D	木糖（xylose），阿拉伯糖（arabinose）	小单孢菌属（*Micromonospora*）

菌株 *Actinopolyspora lacussalsi* 进行全细胞糖组分的提取和 TLC 分析结果如图 2-2 所示。

3. 细胞磷脂组分分析

磷脂（phospholipids，PL）种类很多，具有分类学意义的磷酸类脂有 5 种，即磷脂酰乙醇胺（phosphatidyl ethanolamine，PE）、磷脂酰胆碱（phosphatidyl choline，PC）、磷脂酰甲基乙醇胺（phosphatidylmethyl ethanolamine，PME）、磷脂酰甘油（phosphatidy glycerol，PG）及含葡萄糖胺未知结构的磷脂（phospholipids of unknown structure containing glucosamine，GluNU）。不同的细菌磷酸类脂组分有所不同，是鉴别属的重要指标之一，也是化学分类项目中不可缺少的分类指征。细胞磷脂组分分析主要参照 Komagata 等（1987 年）的方法，使用 1~4 块磷酸类脂的薄板层析（TLC）硅胶板即可完成鉴定。阮继生等（1990 年）在国内建立了 TLC 分析方法，该方法将单相展层后的 TLC 板分成 4 个区域（每个区域对应 1 个样点），分别喷不同的显色剂，根据每种磷酸类脂 R_f 值及显色的不同进行鉴定。2006 年，阮继生对磷酸类脂的提取及鉴定方法进行了改进，该法不但减少了菌体的用量，而且极大地简化了鉴定步骤。与前一方法的最大不同在于其通过 TLC 双相展层使得样品中的磷酸类脂得到较好的分离。目

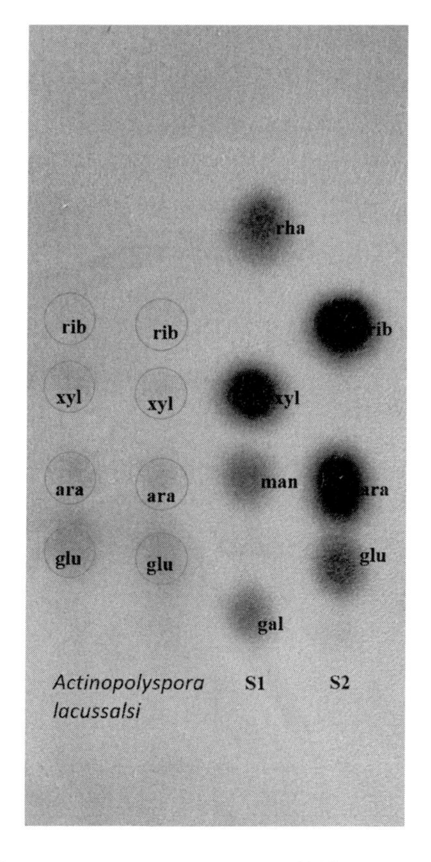

图 2-2 菌株 *Actinopolyspora lacussalsi* 糖样品 TLC 分析结果图谱

［注：S1：半乳糖（gal）、甘露糖（man）、木糖（xyl）和鼠李糖（rha）
S2：葡萄糖（glucose）、阿拉伯糖（ara）、核糖（rib）］

前对于磷酸类脂的分析仍主要采用双相薄层色谱法（two-dimensional TLC，图 2-3），对待鉴定菌株的菌龄也没有严格的要求。

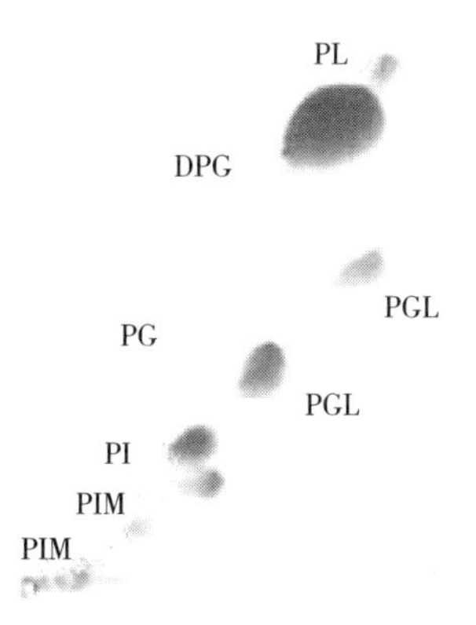

图 2-3 *Jiangella gansuensis* YIM 002^{T} 钼蓝试剂双相层析法显色结果

PL—未知的磷酸类脂 DPG—磷脂酸甘油 PGL—磷脂酰甘油酯

PI—磷脂酰肌醇 PIM—磷脂酰甲基肌醇 PG—磷脂酰甘油

4. 细胞醌组分分析

细菌细胞膜上具有泛醌（ubiquinone，辅酶 Q）和甲基萘醌（menaquinone，MK）。二者都构成大的分子类群，其分子中的多烯侧链长度为 1~14 个异戊烯单位不等。Jeffries 等人的研究表明，甲基萘醌分子中的多烯侧链长度和 3 位碳原子上多烯侧链的氢饱和度对于放线菌具有分类学意义，即多烯侧链长度不同，醌 C_3 上多烯链的氢饱和度或氢化度也不同。大多数细菌含有甲基萘醌、泛醌或二者均有，然而放线菌只含有甲基萘醌。常用来分析醌的方法有薄板层析（TLC）法和高压液相色谱法（图 2-4）等。

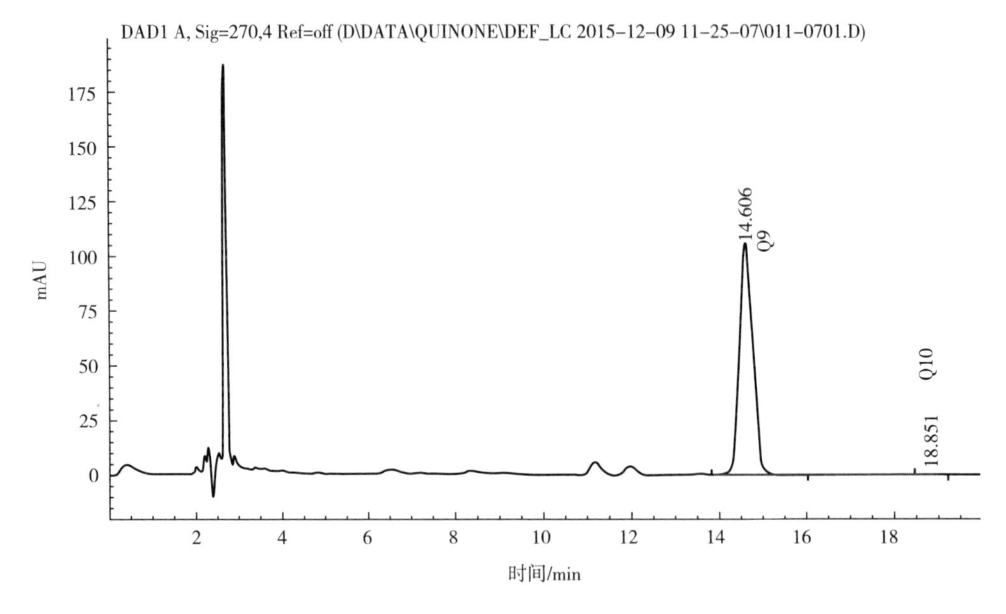

图 2-4 *Aidingimonas lacisalsi* XHU 5135 细胞醌组分分析（高压液相色谱法）

另外，其他化学分类方法，如分枝菌酸分析，肽聚糖型分析等都是一些原核生物化学分类的重要依据。

三、 分子分类

分子分类是通过检测生物大分子所包含的遗传信息，定量描述、分析这些信息在分类、系统发育和进化上的意义，从而在分子水平上解释生物的系统发育及进化规律的一类技术。现在分类学的基本观点是 DNA 序列能够反映生物间的自然关系。目前，随着全基因组测序技术的兴起，16*S* rRNA 基因序列分析仍为研究细菌系统发育，建立自然分类系统的主要依据之一。而基于基因组测序技术的研究方法，则可为研究学者们提供（G+C）mol% 含量、DNA-DNA 杂交等新物种分类必不可少的参考数据。

1. rRNA 序列分析

16*S* rRNA 序列分析使得细菌分类发展到了系统发育研究阶段，长期以来原核生物分类都是以 16*S* rRNA 核苷酸序列分析为中心进行的。虽然已有证据表明 16*S* rRNA 具有多拷贝及异质性，但是因其独特的特性，仍然为目前最佳的生物进化分子尺主要是因为：①rRNA 参与生物的蛋白质合成，其功能必不可少；②rRNA 功能十分稳定；③在 16*S* rRNA 或 18*S* rRNA

分子中，既含有高度保守的序列区域，又有可变区域，因而，适用于分析进化距离各不相同的生物间的亲缘关系（图 2-5）；④rRNA 的相对分子量大小适中（原核生物 16*S* rRNA 约 1500bp，真核生物 18*S* rRNA 约 1900bp），便于序列分析。

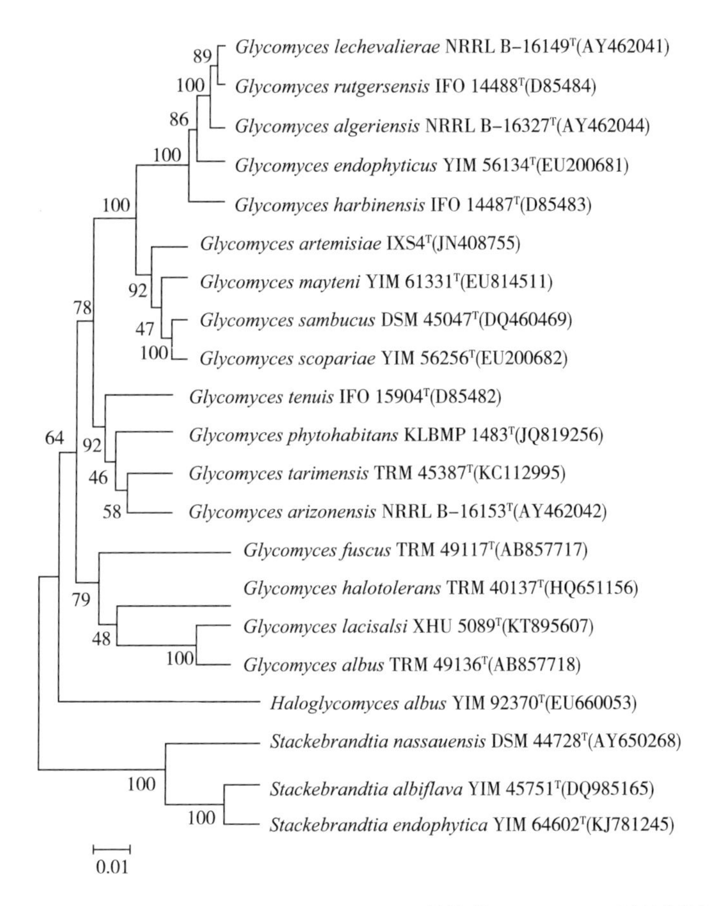

图 2-5　*Glycomyces lacisalsi* XHU 5089 菌株的 16S rRNA 系统进化树

1993 年，Goodfellow 和 O′Donnell 提出 16*S* rRNA 序列相似性≥95%的菌可归为同一属；1994 年，Stackebrandt 和 Goebel 提出 16*S* rRNA 相似性≥97%可视为同一种。2014 年，Kim 等最新提出，相似性≥98. 65%可视为同一种。

2. （G+C）%测定

每一种微生物的（G+C）含量通常是恒定的，不受菌龄、生长条件等各种外界因素的影响。亲缘关系近的微生物具有相似的碱基组成，而不同生物的（G+C）含量各不相同，故（G+C）%测定在微生物分类鉴定中有着较大的应用价值。动物和高等植物的（G+C）%为 30%～50%。而真核和原核微生物的（G+C）%变化很大，在 25%～80%。放线菌的（G+C）%在 50%～79%。通常，两个原核生物的（G+C）%相差 5%，它们属于不同的种；如果相差 10%，就应该归于不同的属。当前，基因组测序已经作为新物种分类的必要条件，因此，原核生物（G+C）%含量由基因组测序信息提供，基于测序技术提供的（G+C）%含量排除了实验中的人为干扰因素，十分准确。

3. 核酸杂交

以往传统方法中，为了确定一个菌株是否为一个新种，当测试菌株与已知模式菌株的16*S* rRNA相似性≥97%时，需要做核酸杂交。DNA分子杂交是指基于碱基互补的原则，不同来源的DNA或RNA单链，在一定条件下，只要两条链之间有一定程度的互补序列，它们又可以重新组成新的双链分子。杂交过程是高度特异性的，可以根据所使用的探针已知序列进行特异性的靶序列检测。其基本原理就是应用核酸分子的变性和复性的性质，使来源不同的DNA（或RNA）片段，按碱基互补关系形成杂交双链分子（heteroduplex）。杂交双链可以在DNA与DNA链之间，也可在RNA与DNA链之间形成。根据DNA分子解链的可逆性和碱基配对的专一性，将待测的不同来源的DNA在体外加热使其解链，并在合适的条件下使互补的碱基重新配对，然后测定杂交百分率。此百分率越高，说明两者间碱基顺序的相关性越高，即其间的亲缘关系越近。DNA的杂交值和结合率可反映出两基因组间序列的相似性，杂交值在70%时作为细菌种的界限。

当前，随着基因组测序技术在微生物分类学中的应用，现在核酸杂交通过基因组测序信息获得，利用全基因组信息进行DNA-DNA分子杂交的方法称为数字DNA-DNA杂交（digital DNA-DNA hybridization），利用基因组-基因组进化距离GGD（genome-to-genome distances）来衡量微生物间的亲缘关系。并计算平均核苷酸相似度ANI值（average nucleotide identity，平均核苷酸一致性）和数字化DDH（digital DNA-DNA hybridization，数字DNA-DNA杂交）值来分析微生物的分类地位。

四、组学分类

16*S* rRNA基因序列为原核生物的分类提供了原核系统学的系统发育主干和分类框架。但鉴于细菌菌株中发现了16*S* rRNA基因存在重组现象，以及目前16*S* rRNA基因进化树存在的长枝吸引效应和有限的分辨率等局限性，16*S* rRNA基因为主导的分类框架还需进一步完善。当前，随着基因组海量数据的出现，许多学者提议应该引入全基因组的序列分析来重新修订原核生物的系统发育框架。基于全基因组序列和相关生物信息学工具的分类，恰好满足了这些需求。因为它们基于数以百万计的单位特征，从而提供了可靠性的阶跃变化，并具有很高的bootstrap值的支持。2019年系统发育基因组学已经被广泛用于原核微生物分类鉴定中，并且也有研究依据全基因组数据对已分类的物种进行了重新分类。目前权威的分类学杂志*International Journal of Systematic and Evolutionary Microbiology*，*Antonie van Leeuwenhoek*，*Archives of Microbiology*等，均要求新物种鉴定必须提供菌株的全基因组数据。由国家微生物科学数据中心（世界微生物数据中心）建立的模式微生物基因组数据库（gcType），是为分类学家进行基因组研究、新种鉴定的一个非常有价值的工具平台。平台不仅集成了目前所有公共来源的模式微生物物种和基因组数据，还发布了大量自测模式微生物基因组数据，是目前国内外模式微生物基因组数据最为丰富的平台。并且集合了数据搜索下载、新种鉴定、基因组拼接与注释等在线分析工具，为全球各个保藏中心和广大分类学家提供了分类学研究的利器。

细菌分类的全基因组分析内容如下。

（1）菌株基因组数据的一般描述内容　测序平台、组装的软件、clean data（将测序过的数据去除接头和质量不合格的，留下的质量合格的数据）大小、基因组大小、测序深度、

N50、GC 含量、基因组的登录号。

（2）新菌株与平行菌株基因组的比较分析　一个潜在的新种，需要做新菌株与平行菌株基因组的比较分析。新物种须同时满足 ANI 值<95%，dDDH<70%，才能支持成为新物种，只要有一个不满足，则视为已知物种。

（3）构建同源菌株的全基因组系统发育树　首先将构建全基因组系统发育树用的菌株基因组数据进行分析，找到基因组中的直系同源序列，然后将直系同源序列用于构建系统发育树。直系同源序列数量通常为几百个至上千个，得到的进化树更加稳定和具有说服力。

当前，细菌的分类技术虽然比较成熟，但微生物分类学的发展仍然任重而道远。近日，美国特拉华大学的研究人员发现，细菌之间绝非简单的协同工作，不同物种的细菌可以通过融合细胞壁和细胞膜来共享细胞内物质（包括蛋白质和 RNA），从而组成独特的杂交细胞（图 2-6），也就是说，生命体可以通过这种过程交换物质并失去自己的部分身份特征。该成果 2020 年在 *mBio* 杂志上发表。这种前所未见的现象很可能在自然界广泛存在，并对物种进化和微生物群落功能具有深远影响。因为一旦不同物种之间可以共享各自的系统，它们就可以一起进化，而不仅是独立进化，这将使得物种界限崩塌，分类更加困难，且颠覆人类对生物进化的理解。

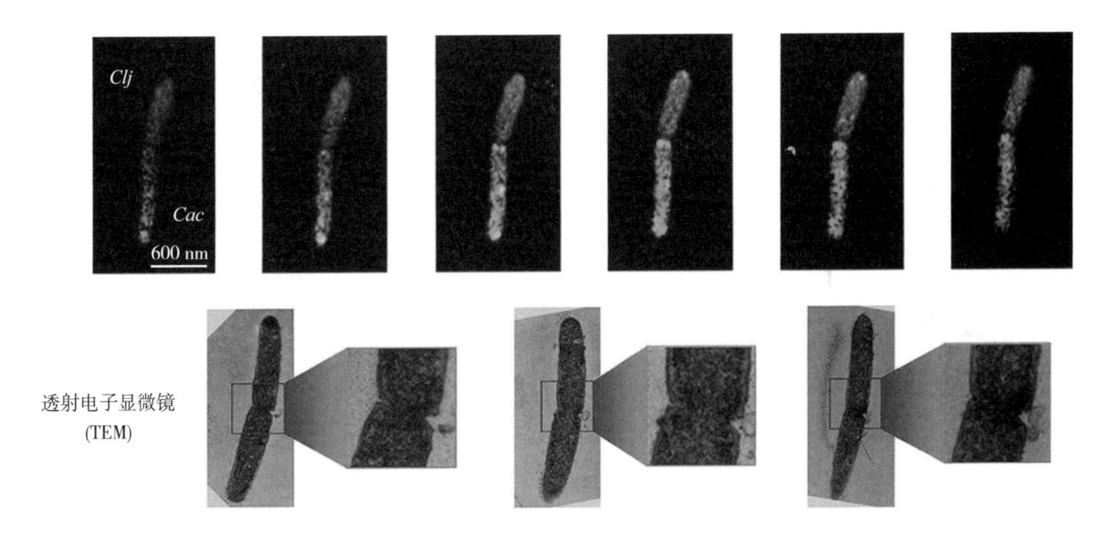

图 2-6　永达尔梭菌（Clj）与丙酮丁醇梭菌（*Cac*）细胞融合成杂交细胞

第四节　真菌的分类

真菌的英文 fungi 一词有两层含义：一方面是指广义的，包括真菌（true fungi）、卵菌及黏菌等；另一方面是指狭义的，即分类学上属于真菌界的、所谓真正的真菌（true fungi），包括子囊菌门、担子菌门、壶菌门和接合菌门等。为了以示区分，菌物学研究者提出将“fungi”用于表示广义的真菌，即“菌物”，而将“Fungi”用于特指狭义的真菌。本书中关于“真菌的分类”，我们主要讨论狭义的真菌。

一、 真菌的分类历史

据学者估计全球菌物有220万~380万种，截至2018年全世界已知14.4万种，而中国已知约1.47万种，其中真菌约1.4万种。真菌的种属繁多且形态各异，因此，真菌分类研究任重而道远。

真菌早在5000年前就已经被中国人认识和利用，但是对真菌的分类和系统性研究还不足300年的历史。早期的真菌分类学因技术条件所限依靠形态特征、生理生化特征等表型特征进行经典分类研究。然而，经典分类对研究者专业水平要求较高，鉴定结果易受研究者主观因素影响；同时，真菌各类群种类繁多且形态特征相对有限，并且常受到形态滞后和形态可塑性等问题影响，加之趋同演化、平行进化、逆向演化等各种复杂因素，使得以表型特征为基础的经典分类常出现误判并且难以真正反映各类群间亲缘关系。近30年来，随着真菌系统分类学等学科的发展与相关技术和方法的广泛应用，使得真菌分类体系更加自然、客观和高效。

真菌的系统分类主要经历了以下三个重要阶段。

（1）古真菌学时期（1860年前） 这一时期真菌分类学经历从宏观形态向微观结构的发展。早期主要依靠易于识别的宏观形态特征进行鉴别，使真菌具有相应的名称便于交流，描述的语言较为简单。此后，随着显微镜的发明和使用，微观形态结构在真菌分类研究中越来越受到重视，促使真菌分类研究由宏观时代进入微观时代。

（2）近代真菌学时期（1860—1950年） 达尔文《进化论》的问世为分类学带入了进化思想，推动了真菌系统学的发展，使真菌分类从形态学研究向系统发育方面深入。这一时期真菌分类学以形态学研究为基础进行了反映自然谱系的分类工作与系统发育探讨，建立了具有进化概念的分类系统。

（3）现代真菌学时期（1950年至今） 以分子生物学、遗传学和生物信息学为基础的分子系统学的建立和发展，以及其与分类学的有机融合，为真菌分类和系统发育研究带来了变革，将DNA序列、基因组等分子系统发育证据与形态特征、生态特征等相互结合，推动真菌分类由依靠表型特征向分子生物学数据转变。在此基础上，探讨真菌各类群物种划分、物种形成、系统发育进程、演化变迁历史、菌根生态和多样性保护等科学问题。

二、 真菌的分类系统

近年来，真菌分类学系统研究取得了显著成果。不仅建立了大量新种、新属、新科、新目乃至新门和新纲，揭示了众多真菌间亲缘关系，还探讨了真菌多样性和演化历史，相关研究结果还促使真菌高阶分类系统做出重大调整。在菌物分类领域，具有代表性的菌物分类系统主要有Ainsworth et al.（1973）、Alexopoulos & Mins（1996）、Kirk et al.（2001）和Kirk et al.（2008）。

本书关于“真菌的分类”采用当前被广泛接受的《真菌字典（第十版）》的分类系统（表2-3）。

表 2-3　《真菌字典（第十版）》分类系统

壶菌门　Chytridiomycota	担子菌门　Basidiomycata
壶菌纲　Chytridiomycetes	伞菌亚门　Agaricomycotina
单毛壶菌纲　Monoblepharidiomycetes	伞菌纲　Agaricomycetes
接合菌门　Zygomycota	花耳纲　Dacrymycetes
毛霉菌亚门　Mucoromycotina	银耳纲　Tremellomycetes
捕虫霉菌亚门　Zoopagomycotina	柄锈菌亚门　Pucciniomycotina
梳霉菌亚门　Kickxellomycotina	伞型束梗孢菌纲　Agaricostilbomycetes
子囊菌门　Ascomycota	小纺锤菌纲　Atractiellomycetes
盘菌亚门　Pezizomycotina	经典菌纲　Classiculomycetes
星裂菌纲　Arthoniomycetes	囊担子菌纲　Cystobasidiomycetes
座囊菌纲　Dothideomycetes	小葡萄菌纲　Microbotryomycetes
散囊菌纲　Eurotiomycetes	柄锈菌纲　Pucciniomycetes
虫囊菌纲　Laboulbeniomycetes	混合菌纲　Mixiomycetes
茶渍菌纲　Lacanoromycetes	隐团寄生菌纲　Cryptomycocolacomycetes
地舌菌纲　Geoglossomycetes	黑粉菌亚门　Ustilaginomycotina
锤舌菌纲　Leotiomycets	外担菌纲　Exobasidiomycetes
异极菌纲　Lichinomycetes	黑粉菌纲　Ustilaginomycetes
圆盘菌纲　Orbiliomycetes	芽枝霉门　Blastocladiomycota
盘菌纲　Pezizomycetes	芽枝霉纲　Blastocladiomycetes
粪壳菌纲　Sordariomycetes	新丽鞭毛菌门　Neocallimastigomycota
木菌纲　Xylonomycetes	新丽鞭毛菌纲　Neocallimastigomycetes
酵母菌亚门　Saccharomycotina	隐菌门　Cryptomycota
酵母菌纲　Saccharomycetes	虫霉菌门　Entomophthoromycota
外囊菌亚门　Taphrinomycotina	蛙粪霉纲　Basidiobolomycetes
古根菌纲　Archaeorhizomycetes	新接合菌纲　Neozygitomycetes
新床菌纲　Neolectomycetes	虫霉菌纲　Entomophthoromycetes
肺炎泡囊菌纲　Pneumocystidomycetes	球囊霉门　Glomeromycota
裂殖酵母菌纲　Schizosaccharomycetes	球囊霉纲　Glomeromycetes
外囊菌纲　Taphrinomycetes	

三、真菌的分类方法

真菌的鉴定与分类，二者既有联系又有区别，只有充分把握某一类真菌的分类特征，才能准确而有效地进行鉴定；同时，只有考虑进化的分类才是趋于自然合理的系统分类。近300年来，科学技术的进步与发展，使早期基于真菌的形态学特征、生理生化特征及生态习性等对真菌进行鉴定和分类的传统方法，逐渐被以表型特征和分子生物学数据相结合的多相分类所取代。尤其是分子生物学、基因组学、比较基因组学、生物信息学的迅速发展为解决真菌分类学问题提供了新技术、新方法和新方案。2018 年，Willis 等基于当前的真菌信息学数据构建了真菌界的生命之树（图 2-7）。

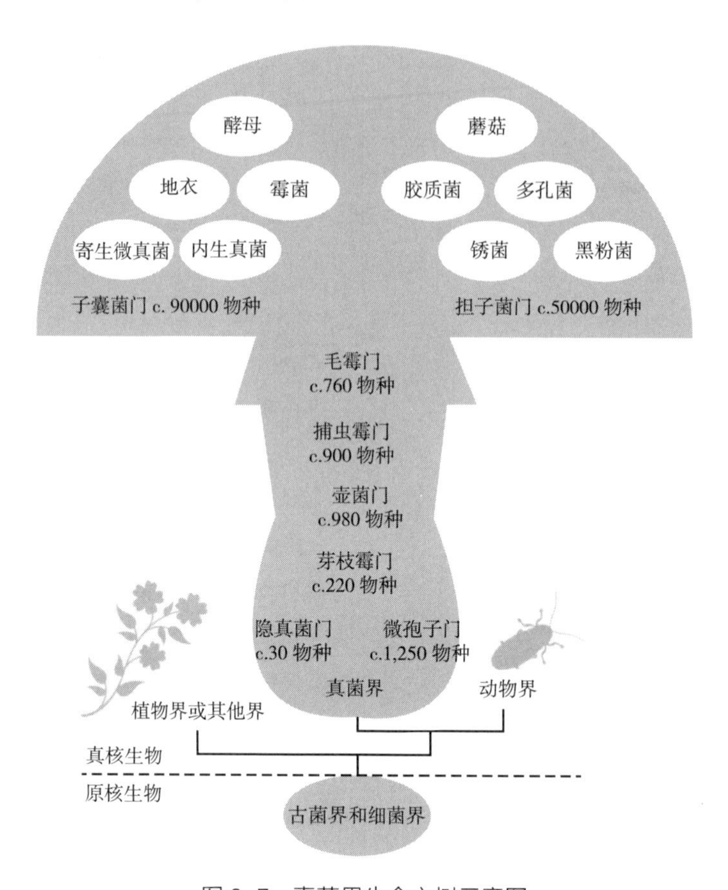

图 2-7　真菌界生命之树示意图

真菌的形态学研究主要包括宏观形态特征和微观结构特征的观察与描述两方面。形态特征是真菌分类的基础，也是表型研究的重要途径。针对所研究的类群，观察、比较、分析其形态特征，仍然是真菌鉴定的常规方法。随着显微技术发展与应用，不仅让人们能够观察到更为清晰的真菌显微结构，也为研究真菌超微结构提供了有力保障。

分子生物学技术的应用深刻影响了真菌分类学。一方面加速了真菌新物种的发现，另一方面使一些分类地位不明确、亲缘关系不清楚的物种得到了澄清。系统发育种强调系统发育的单系性，在分子系统发育分析中的单系支系是物种划分的关键依据。利用分子生物学数据，特别是以 DNA 序列为基础，并与生物信息学方法相结合的物种划分和识别，可以快速发现单系支系，为建立不同分类等级的新分类单元提供有力支持。随着多基因系谱一致性标准（genealogical concordance phylogenetic species recognition，GCPSR）的建立，多基因片段联合分析逐渐取代单基因片段分析成为真菌物种划分的主要依据。目前，在真菌分类学和系统学研究中主要采用的基因序列包括核糖体内转录间隔区（nuclear ribosomal internal transcribed spacer，nrITS）、核糖体大亚基序列（nuclear ribosomal large subunit rRNA gene，nrLSU）、RNA 聚合酶Ⅱ最大亚基（the largest subunit of RNA polymerase II，RPB1）、RNA 聚合酶Ⅱ第二大亚基（the second largest subunit of RNA polymerase II，RPB2）和翻译延长因子 1α（translation elongation factor 1-alpha，tef-1α）等。不过，基于多基因系谱一致性系统发育种识别法划分出的物种仍需要获得形态学、生态地理分布、寄主范围和生理生化特性等证据支持。受益于真菌基因组数据不断增加，使其能被用于真菌系统发育分析，为更加准确揭示真菌间亲缘关系提供了可能。此外，学者还提出在真菌高阶元分类中可将演化时间作为确定分类等级的一个新标准，认为在划分单系类群的分类等级时，相同分类等级的演化时间基本一致，高分类等级的演化时间早于低分类等级；在此基础上，2019 年 He 等学者修订了真菌界担子菌门的分类系统。

值得注意的是，真菌分类学与其他学科一样，也是一门综合的学科，不同方法各有特点，各有所长，在实际应用和研究中需要结合研究对象和拟解决的科学问题，扬长避短，选择合适的方法。

第五节　病毒的分类

一、病毒分类学的发展

病毒分类学的发展则较短，是随着病毒学尤其是分子病毒学的发展而建立起来的。1937 年，Levaditi 和 Lepine 就根据组织胚胎学和病毒的组织亲和性，对病毒进行分类。1950 年第五届国际微生物学会提出了有关病毒分类的八项原则。1958 年 Andrewes 等主张按病毒本身的理化性质进行分类的建议。1963 年国际微生物命名委员会病毒分会根据 Andrewes 提出的分类建议提出了新的八项分类原则。1966 年，第九届国际微生物学会上成立了国际病毒命名委员会（International Committee on Nomenclature of Viruses，ICNV），并通过了 Andrewes 提出的新的八项分类原则：①核酸的类型、结构和相对分子质量；②病毒粒子的形状和大小；③病毒粒子的结构；④病毒粒子对乙醚、三氯甲烷等脂溶剂的敏感性；⑤血清学性质和抗原关系；⑥病毒在细胞培养上的繁殖特性；⑦对除脂溶剂以外的理化因子的敏感性；⑧流行病学特征。1970 年 8 月，第十届国际微生物学代表大会在墨西哥城举行时，通过了国际病毒命名委员会的第一次报告。1971 年由 Wildy 整理发表于《病毒学论文集》第五卷上，这是病毒分类学的一件划时代事件。国际病毒命名委员会第一次报告——病毒的分类与命名，将当时了解得比较清楚的 500 多种病毒分为 RNA 和 DNA 病毒两大类，并划定了 43 个属（或相当于属的组、群）及其成员。1973 年，国际病毒命名委员会改名为国际病毒分类委员会（International Committee on Taxonomy of Viruses，ICTV）。

在 2012 年 ICTV 发布的病毒分类与命名第九次报告中报道了包括 6 个病毒目［有尾噬菌体目（Caudovirales）、单分子负链 RNA 病毒目（Mononegavirales）、套式病毒目（Nidovirales）、小 RNA 病毒目（Picornavirales）、芜菁黄花叶病毒目（Tymovirales）、疱疹病毒目（Herpesvirales）］，87 个病毒科，19 个病毒亚科，349 个病毒属，2284 个病毒种，例如冠状病毒属于套式病毒目、冠状病毒科（Coronaviridae）、冠状病毒属（*Coronavirus*）。经过不断修改和补充，现在的分类系统将已发现的病毒分为 dsDNA 病毒、ssDNA 病毒、DNA 和 RNA 反转录病毒、dsRNA 病毒、负义 ssRNA 病毒、正义 ssRNA 病毒、亚病毒因子 7 大类，这个系统还包括部分尚未分类的病毒，这主要原因是缺乏足够的数据和信息，同时新的病毒仍在不断被发现。

2017 年，ICTV 发布了第十次病毒分类报告，病毒分类系统包括 9 个病毒目、131 个病毒科、46 个病毒亚科、802 个病毒属和 4853 个病毒种，并且 ICTV 将不定期地在线更新病毒主要种清单。相对于第九次分类报告，2017 版分类系统增加了 3 个病毒目［Bunyavirales（布尼亚病毒目）、Ligamenvirales（线状病毒目）及 Ortervirales（转录病毒目）］、44 个病毒科、27 个病毒亚科、453 个病毒属、2569 个病毒种，病毒种类倍增。近年鉴定的病毒种类增长迅猛，主要原因是病毒宏基因组技术的广泛应用。

随着病毒学研究不断深入和多种新技术的应用，尤其分子生物学、血清学、电子显微技术的发展，分类学上依赖的特征也越来越多。如今需要考虑的因素主要有：①病毒粒子的特征（包括病毒形态学特征、病毒生理生化和物理学特征、病毒基因组、病毒蛋白质、病毒脂类、病毒糖类及病毒基因组的复制特征）；②病毒抗原性质（病毒血清学性质与其抗原的关系）；③病毒生物学性质（病毒天然宿主的范围、病毒在自然界的传播方式、病毒的地理分布、病毒致病机理，病毒组织嗜性；病毒引起的病理学和组织病理学特征）。据估算定义一个病毒必须考虑大概 500~700 个特征。因此，ICTV 计划创建一个强大高效的数据库，这将使病毒的目录详细到株。

二、 病毒的命名规则

国际病毒分类委员会于 1998 年在第 10 届国际病毒大会上提出了 41 条新的病毒命名规则，共有九个部分。病毒命名规则的主要内容如下。

病毒分类系统依次采用目（order）、科（family）、亚科（subfamily）、属（genus）、种（species）为分类等级，在未设立病毒目的情况下，科则为最高的病毒分类等级。病毒“种”是构成一个复制谱系，占据一个特定的生态环境并具有多原则分类（polythetic class）特征（包括毒粒结构、理化特性、基因组和血清学性质等）的病毒。病毒种的命名应采用少而有实意的词组成，但不应只是宿主名加病毒。种名与病毒株名一起应有明确含义，不涉及属或科名。已经广泛使用的数字、字母及其组合可以作为种名性质形容语，但新提出的数字、字母及其组合不再单独作为种名性质形容词。病毒“属”是一群具有某些共同特征的种，属名的词尾是“virus”，承认一个新属的同时，必须承认一个代表种。目的词尾是“virales”，病毒科名的词尾是“viridae”，亚科的词尾“virinae”。在亚病毒侵染因子中，除了类病毒外，其他亚病毒侵染因子不设置科和属。

国际病毒分类委员会不统一规定病毒种以下的分类和命名。关于病毒种以下的血清型、基因型、病毒株、变异株和分离株的命名由公认的国际专家小组确定。

三、 病毒的鉴定

病毒是已知的进化最成功的营寄生生物的典型代表。至今发现病毒约 5000 余种，其在形态、宿主嗜性、致病能力、基因组结构等多方面均存在异同，都可以作为鉴定的指标。为了更好地认识和研究病毒的特性，从 19 世纪第一个病毒被鉴定以来，科学家们一直在尝试对病毒进行分类。病毒的鉴定是复杂的，ICTV 分类考虑了病毒的一系列特征指标，包括宿主范围（真核或原核生物、动物或植物等），病毒粒子的形态特征（有无包膜、衣壳或核衣壳的形态等），天然状态下病毒基因组核酸（DNA 或 RNA、单链或双链、正链或负链等），亚病毒因子以及病毒的理化性质（如热、紫外线、化学药物、脂溶剂等对病毒感染性的作用）、血细胞凝聚性质、病毒的免疫学及其分子生物学指标等。比如基于病毒核酸的分类系统——巴尔的摩（Baltimore）分类方案。该分类系统是基于病毒 mRNA 的生成机制。在从病毒基因组到蛋白质的过程中，必须要生成 mRNA 来完成蛋白质合成和基因组的复制，但每一个病毒家族都采用不同的机制来完成这一过程。病毒基因组可以是双链或单链的 RNA 或 DNA，而单链 RNA 病毒可以是正义（+）或反义（-）RNA 病毒。这一分类法将病毒分为 7 类。

1. 双链 DNA 病毒（dsDNA viruses）

这类病毒需要宿主细胞核内的 DNA 聚合酶才能完成自我复制，因为病毒所利用的核内 DNA 聚合酶只有在宿主细胞进行复制时丰度最高，因此它们很大程度上受宿主细胞的细胞周期影响。此类病毒有可能诱发细胞快速裂解，导致细胞转变和癌变，如疱疹病毒、腺病毒和乳头多瘤空泡病毒等。

2. 单链 DNA 病毒（ssDNA viruses）

这类病毒中除了小 DNA 病毒外，所有物种都具有环形 DNA。其中感染真核生物的病毒大多在宿主细胞的细胞核中，通过滚环复制机制，构建双链 DNA 中间体，进行复制。如感染动物的指环病毒科、圆环病毒科、小 DNA 病毒；感染植物的双生病毒科、矮化病毒科和感染原核生物的微小噬菌体科等。

3. 双链 RNA 病毒（dsRNA viruses）

这类病毒并不需要像 DNA 病毒那样依赖宿主的聚合酶，跟大部分 RNA 病毒一样，病毒的复制在宿主细胞的细胞质中。该组病毒的基因组为单顺反子，并且有一些病毒基因组只编码一个蛋白质（不像其他病毒有较复杂的转录和翻译过程）。如双核糖核酸病毒科和呼肠孤病毒科等。

4. 正义单链 RNA 病毒［（+）ssRNA virus］

该类病毒的 RNA 可以直接被宿主细胞中的核糖体识别并立即翻译出蛋白质。本组病毒还可以根据翻译的方式细分为两类：一类病毒是由多顺反子组成的基因组，通过翻译得到一个多聚蛋白，随后剪接成多个成熟的蛋白质，这样的目的是减少基因组的大小；另一类病毒有更复杂的翻译过程，翻译过程中有核糖体移位和蛋白质水解等。包括：星状病毒科、杯状病毒科、冠状病毒科、黄病毒科、微小核糖核酸病毒科、动脉炎病毒科、披膜病毒科等。

5. 负义单链 RNA 病毒［（-）ssRNA virus］

该组病毒的 RNA 不能直接被宿主细胞中的核糖体识别，从而无法立即翻译出蛋白质，因此它们要通过自身的聚合酶合成正义 ssRNA 后，才可以被宿主核糖体识别。此类病毒又可以根据复制的方式不同细分为两类：一种病毒包含不分段的基因组反义单链 RNA 病毒，首先用 RNA 聚合酶产生单顺反子的 mRNA（编码了多个病毒的蛋白质），随后以这一条 RNA 为模板复制产生反义 ssRNA，整个过程在宿主细胞质中；另一种病毒包含分段的基因组负义单链 RNA 病毒，基因组中的每一段都各自在 RNA 聚合酶的作用下产生相应的 mRNA，而这一类病毒核酸的复制发生在宿主细胞核内。两种病毒最大的不同在于核酸复制的位置不同。此类病毒包括：沙粒病毒科、正黏液病毒科、副黏液病毒科、本雅病毒科、丝状病毒科、炮弹病毒科（狂犬病毒）等。

6. 正义单链 RNA 反转录病毒（ssRNA-RT viruses）

这类病毒一个典型的特点是使用反转录酶将（+）ssRNA 反转录成 cDNA，随后用整合酶将 cDNA 整合到宿主的基因组中，此后病毒的复制就依赖于宿主细胞核内的聚合酶，随着宿主细胞复制而复制。是一类研究较多的病毒，包括反转录病毒科的病毒，如人类嗜 T［淋巴］细胞病毒（HTLV）、人免疫缺陷病毒（HIV-1）等。

7. 双链 DNA 反转录病毒（dsDNA-RT viruses）

该类病毒包含双链不闭环的 DNA，即为线性的 DNA 在闭环成为共价闭合环状 DNA 后，作为模板转录 mRNA 和亚基因组 mRNA，随后由前基因组转录的 RNA 作为模板在病毒自身反转录酶的作用下反转录出基因组的负链 DNA 充当基因组 DNA，因为病毒自身的反转录酶缺乏校正活性，因此极易出现变异，包括肝病毒科及花椰菜花叶病毒科等。

第六节　微生物的分离纯化与保藏

尽管资源微生物学家采用各种分离技术手段挖掘环境中的微生物资源，但到目前为止，人们所知道的微生物资源的种类占实有总数的还不足 5%，有学者估计甚至还不到 1%。微生物的分离技术一直是限制微生物资源发展的一个瓶颈，也是留给全球的一个重要难题。因此，分离技术需要不断创新，才能呈现一个更加崭新、丰富的微生物世界。

一、微生物的分离纯化

培养物（culture）是指一定时间一定空间内的微生物细胞群或生长物。如微生物的平皿培养物、摇瓶培养物等。如果某一培养物是由单一微生物细胞繁殖产生的，就称为微生物的纯培养物（pure culture）。微生物菌种的分类前提是获得纯的培养物。当前，采用的纯培养方法主要有稀释倒平板法（pour plate method）、涂布平板法（spread plate method）、平板划线法（streak plate method）、稀释摇管法（shake tube method）和单细胞（孢子）分离法。

1. 稀释倒平板法

稀释倒平板法是先将待分离的材料用无菌水做一系列的稀释（如 1：10、1：100、1：1000、1：10000…），然后分别取不同稀释液少许，与已熔化并冷却至 50℃ 左右的琼脂培养基混合。摇匀后，倾入灭过菌的培养皿中，待琼脂凝固后，制成可能含菌的琼脂平板，保温培养一定时间即可出现菌落（图 2-8）。如果稀释得当，在平板表面或琼脂培养基中就可出现分散的单个菌落，后者可能就是由一个微生物细胞繁殖形成的。随后挑取该单个菌落，或重复以上操作数次，便可得到纯培养。

2. 涂布平板法

由于将含菌材料先加到还较烫的培养基中再倒入平板易造成某些热敏感菌的死亡，而且采用稀释倒平板法也会使一些严格好氧菌因被固定在琼脂中间缺乏氧气而影响其生长，因此在微生物学研究中更常用的纯种分离方法就是涂布平板法。涂布平板法是先将已熔化的培养基倒入无菌培养皿，制成无菌平板，冷却凝固后，将一定量的某一稀释度的样品悬液滴加在平板表面，再用无菌涂布棒将菌液均匀分散至整个平板表面，经培养后挑取单个菌落。

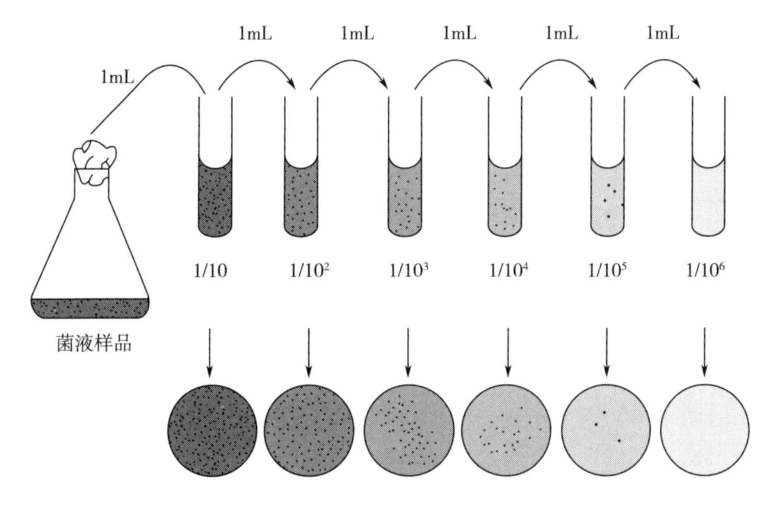

图 2-8 细菌样品悬液的梯度稀释步骤

3. 平板划线法

平板划线法即用接种环以无菌操作蘸取少许待分离的材料，在无菌平板表面进行平行划线、扇形划线或其他形式的连续划线，微生物细胞数量将随着划线次数的增加而减少，并逐步分散开来（图 2-9）。如果划线适宜的话，微生物能一一分散，经培养后，可在平板表面得到单菌落。

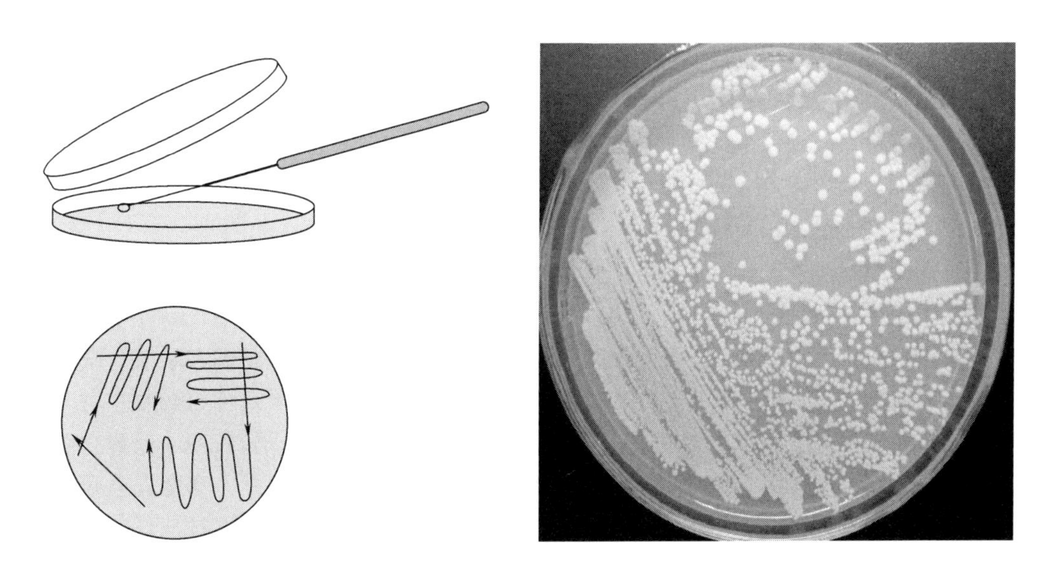

图 2-9 平板划线法分离、纯化菌落

4. 稀释摇管法

对于那些对氧气更为敏感的厌氧性微生物，纯培养的分离则可采用稀释摇管法进行，它是稀释倒平板法的一种变通形式。先将一系列盛无菌琼脂培养基的试管加热，使琼脂熔化后冷却并保持在 50℃左右，将待分离的材料用这些试管进行梯度稀释。试管迅速摇动均匀、冷凝后，再在琼脂柱表面倾倒一层灭菌液体石蜡和固体石蜡的混合物，将培养基和空气隔开。

培养后，菌落形成在琼脂柱的中间。进行单菌落的挑取和移植时，需先用一只无菌针将液体石蜡-石蜡盖取出，再用一支毛细管插入琼脂和管壁之间，吹入无菌无氧气体，将琼脂柱吸出，置放在培养皿中，用无菌刀将琼脂柱切成薄片进行观察和菌落的移植。

5. 单细胞（或单孢子）分离法

稀释法有一个重要缺点，它只能分离出混杂微生物群体中数量占优势的种类。而在自然界，很多微生物在混杂群体中都是少数。这时，可以采取显微分离法从混杂群体中直接分离单个细胞或单个个体进行培养以获得纯培养，称为单细胞（或单孢子）分离法。单细胞分离法的难度与细胞或个体的大小成反比，较大的微生物如藻类、原生动物较容易，个体很小的细菌则较难。对于较大的微生物，可采用毛细管提取单个个体，并在大量的灭菌培养基中转移清洗几次，除去较小微生物的污染。这项操作可在低倍显微镜，如立体显微镜下进行。对于个体相对较小的微生物，需采用显微操作仪，在显微镜下进行。目前，市售的显微操作仪种类很多，一般是通过机械、空气或油压传动装置来降低手的动作幅度，在显微镜下用毛细管或显微针、钩、环等挑取单个微生物细胞或孢子以获得纯培养。在没有显微操作仪时，也可采用一些变通的方法在显微镜下进行单细胞分离。例如，将经适当稀释后的样品制备成小液滴在显微镜下观察，选取只含一个细胞的液滴来进行纯培养物的分离。单细胞分离法对操作技术有比较高的要求，多限于高度专业化的科学研究中采用。

二、 菌种的保藏

菌种资源是重要的生物资源，研究和选择良好的菌种保藏方法具有重要意义。

（一） 菌种保藏目的

微生物在保藏、使用或传代过程中容易发生污染、变异、活性衰退、死亡或丢失，从而给工业菌种带来严重的威胁，也影响产业发展。菌种保藏的重要意义在于尽可能保持其原有性状和活力的稳定，确保菌种不死亡、不变异、不被污染、不丢失，以达到便于科学研究、菌种交换和工业应用等方面的要求。

（二） 菌种保藏的原理

菌种保藏时，要挑选典型菌种的优良纯种来进行保藏，最好保藏它们的休眠体，如芽孢等。其次，应根据微生物生理生化特点，人为地创造环境条件，使微生物长期处于代谢不活跃、生长繁殖受抑制的休眠状态。这些人工造成的环境主要是干燥、低温和缺氧。微生物生长的温度下限约-30℃，可是在水溶液中能进行酶促反应的温度下限则在-140℃左右。这就是即使把微生物保藏在较低的温度下，但只要有水分存在，还是难以较长期地保藏它们的一个主要原因。因此，低温必须与干燥结合，才有良好的保藏效果。当然，高度真空则可以同时达到驱除氧气和深度干燥的双重目的。另外，避光、缺乏营养、添加保护剂或酸度中和剂也能有效地提高保藏效果。

（三） 菌种保藏的方法

各种微生物由于遗传特性不同，因此采用的保藏方法也不一样。一种良好有效的保藏方法，能保持原菌种的优良性状长期不变，同时操作简便，易于掌握，且设备或材料容易获取、不昂贵。

1. 斜面低温保藏法

低温可有效减慢微生物的生长和代谢速度，这也是人们使用冰箱冷藏的实际意义。将菌种接种在适宜的斜面培养基上，待菌种生长完全后，置于4℃左右的冰箱中保藏，备用。每隔一定时间再转接至新的斜面培养基上，生长后继续保藏，如此连续操作，但要注意不宜太久。

此法简单易行，不要特殊设备，广泛适用于细菌、放线菌、酵母菌和霉菌等大多数微生物菌种的短期保藏。然而该法保藏期较短，通常为1~3个月，每到一定时间还需要继代培养，且易造成污染和生产能力的退化。

2. 液体石蜡封藏法

液体石蜡既可以使菌种与空气隔绝，造成厌氧环境，又可以防止培养基水分蒸发，从而减慢菌种的生长并提高存活率，能使保藏期达1~2年或更长。

该方法是在无菌条件下，将灭菌并已蒸发掉水分的液体石蜡倒入培养成熟的菌种斜面上，液体石蜡层高出斜面顶端1cm，使培养基与空气隔绝，加胶塞并用固体石蜡封口后，垂直放在室温或4℃冰箱内保藏。该法操作简单，对霉菌和酵母的保藏效果较好，但对很多厌氧性细菌保藏效果较差，尤其不适用于某些能分解烃类的菌种。

3. 沙土管保藏法

微生物来自于土壤，用沙土管保藏微生物实际上就是使其回归到生存环境，是一种常用的长期保藏的方法，适用于产孢子的放线菌、霉菌及形成芽孢的细菌，对于一些对干燥敏感的细菌如奈瑟氏球菌、弧菌和假单胞杆菌及酵母则不适用。沙土管法兼具低温、干燥、隔氧和无营养物等诸多条件，故保藏期较长，效果较好，且微生物移接方便，经济简便，它比液体石蜡封藏法的保藏期长，为1~10年。

该技术的制作方法：先将沙与土分别洗净、烘干、过筛，按沙与土比例为（1~2）：1混匀，分装于小试管中，沙土的高度约1cm，121℃蒸汽灭菌1~1.5h，间歇灭菌3次。50℃烘干后经检查无误后备用（也有只用沙或土做载体进行保藏的）。需要保藏的菌株先用斜面培养基充分培养，再以无菌水制成10^{8}~10^{10}个/mL菌悬液或孢子悬液滴入沙土管中，放线菌和霉菌也可直接刮下孢子与载体混合，而后置于干燥器中抽真空2~4h，用火焰熔封管口或用石蜡封口，置于干燥器皿中，在温室或4℃冰箱内保藏，后者效果更好。

4. 麸皮保藏法

麸皮保藏法又称曲法保藏，以麸皮作为载体，吸附接入的孢子，然后再低温干燥的条件下保存。此法适用于产孢子的霉菌和某些放线菌，保藏期在1年以上，操作简单、经济实惠，工厂较多采用。

制作方法是按照不同菌种对水分要求的不同将麸皮与水按照一定比例［1：（0.8~1.5）］拌均匀，装量为试管体积2/5，湿热灭菌后经冷却，接入新鲜培养的菌种，适温培养至孢子长成。将试管置于盛有氯化钙等干燥剂的干燥器中，于室温下干燥数日后移入低温下保藏，干燥后也可将试管用火焰熔封，再保藏，效果更好。

5. 丙三醇悬液保藏法

将菌种悬浮在丙三醇（甘油）蒸馏水中，置于低温下保藏，较为简便，保藏温度采用-20℃，保藏期为0.5~1年，而-70℃，保藏期可达3~5年。

6. 冷冻真空干燥保藏法

冷冻真空干燥保藏法又称冷冻干燥保藏法，简称冻干法。其原理为在较低的温度下，用无菌的脱脂牛乳或血清等作为保护剂，将菌体或孢子悬液在冻结的状态下进行真空干燥，并在真空条件下立即熔封，造成无氧真空环境，最后置于低温下，使微生物处于休眠状态，得以长期保存。常用的保护剂有脱脂牛乳、血清、淀粉、葡聚糖等高分子物质。由于此法同时具备低温、干燥、缺氧的菌种保藏条件，因此保藏期长，一般达 5~10 年，存活率高、变异率低，是目前广泛采用的较理想的方法。除了不产孢子的死状真菌不宜采用此法外，其他大多数微生物均可采用这种保藏方法。因此法操作较为烦琐，技术要求较高，需要冻干设备，费用较高，限制了其应用。

7. 液氮超低温保藏法

液氮超低温保藏法（cryo-preservation by liquid nitrogen）简称液氮保藏法或液氮法，它是以丙三醇、二甲基亚砜等为保护剂，在液氮超低温-196℃下进行保藏的方法。原理为微生物代谢在-130℃以下趋于停止，处于休眠状态。因此用此法保藏菌种可以减少死亡和变异。此法操作简便、高效，保藏期一般可达到 15 年以上，是目前公认的最有效的菌种长期保藏技术之一。除了少数对低温损伤敏感的微生物外，几乎所有微生物都可采用此法进行保藏。

液氮低温保藏保护剂一般选择甘油、二甲基亚砜、糊精、血清蛋白、聚乙烯氮戊环、聚山梨酯-80 等，最常用的是 10%~20%甘油，不同微生物需要选择不同保护剂，再通过试验确定保护剂的浓度，浓度控制在不足以造成微生物致死的浓度。

8. 宿主保藏法

此法适用于专性活细胞寄生微生物，例如病毒、立克次氏体等。它们只能寄生于活的动、植物或其他微生物体内，故可针对宿主细胞的特性进行保存。例如，植物病毒可用植物幼叶的汁液与病毒混合，冷冻或干燥保存。噬菌体可通过细菌培养扩大后，与培养基混合直接保存。动物病毒可直接用病毒感染适宜的脏器或体液，然后分装于试管中密封，低温保存。

（四）菌种保藏注意事项

（1）保证培养基、器皿等彻底灭菌，在操作过程中严格遵守无菌操作要求。

（2）被保存菌种应用新鲜培养基进行培养，需菌体健壮、孢子丰满、菌龄适宜，以应对保藏过程中干燥、缺氧、冷冻的环境，减少死亡。

（3）保存用培养基不宜营养太丰富，适宜含有机氮多，糖分少。

（4）要注意保藏菌种、保藏设备的检查，定期检查冰箱、冷库的温度和湿度，防止污染。

（5）确保保藏菌种的制作质量。例如采用冷冻干燥法，需分批次制作，随做随放入冰箱，后集中置于冻干机上进行干燥，以防止菌悬液在室温时间过长造成菌种活性下降，影响保藏效果。

（6）保藏期间定期检查菌种存活率。随着时间延长，孢子的活性会降低，使用时应在管内注入少量无菌水或培养液，促使孢子萌发，再进行移植。

（7）严格控制传代次数，一般不轻易更换保藏方法。尽量不只采用一种保藏方法，同时采用几种方法，以防意外或污染造成的损失。

思考题

1. 什么是微生物分类学？
2. 什么是分类、鉴定和命名？

3. 通常微生物的 7 个基本分类等级是什么？

4. 为什么新菌种的发表要获取不同国家菌种保藏中心的保藏证明？你都熟悉哪些国际保藏机构。

5. 什么是多相分类？请简述它包含哪些技术方法。

6. 为什么选择 rRNA 作为生物进化的分子尺？

7. 要确定一株未知真菌的分类地位，应做哪些鉴定内容？

8. 细菌已经有成熟的多相分类技术，为什么一定还要使用组学技术进行分类？

9. 菌种保藏的注意事项有哪些？

10. 简述菌种纯化的方法。

第三章 原核微生物

原核（prokaryotic），来自希腊语 *pro*（在……之前）和 *karyon*（核）的组合。原核生物是指一类细胞核无核膜包裹，只有称为核区的裸露 DNA 的原始单细胞生物。它包括细菌、放线菌、立克次氏体、衣原体、支原体、蓝细菌和古细菌等，多为无性繁殖。原核微生物生态分布极其广泛，生理性能也极其庞杂。它们都是单细胞原核生物，结构简单，没有细胞器，个体微小，一般为 1~10μm。这些微生物有的能在饱和的盐溶液中生活，有的能在蒸馏水中生存，有的能在 0℃下繁殖，有的则能在 100℃以上生活，而有的却只能在活细胞内生存。这些原核微生物积极参与地球化学循环，在工农业生产、医疗和食品健康等领域发挥着重要作用。

第一节　细菌

细菌（bacteria）是原核生物中的重要类群之一，属于细菌域，环境分布广泛，也是所有生物中数量最多的一类。据估计，其总数约有 5×10^{30} 个，对人类活动产生着重大影响。例如，肺结核、炭疽病、沙眼等疾病都是由细菌所引发的。同时，人类又发掘和利用大量有益细菌到生产实践中，例如酸奶和酒酿的制作，部分抗生素的制造，氨基酸、酶制剂的发酵生产等。

一、细菌的形态和大小

（一）细菌的个体形态和排列

通常，细菌具有 3 种典型的基本形态，即球状、杆状和螺旋状。

1. 球状

球状细菌称为球菌（coccus，复数 cocci），细胞呈球形或椭圆形。除了形状特征外，根据细胞分裂面的数目和分裂后新细胞的排列方式可分 6 种类型：单球菌（脲微球菌）、双球菌（肺炎双球菌）、四联球菌、八叠球菌（甲烷细菌）、链球菌（乳链球菌）和葡萄球菌（金黄色葡萄球菌）。其中四联球菌的形成是细胞在两个平面上分裂形成四分体（tetracocci，四个细胞排列成正方体）；而八叠球菌是由于细胞沿 3 个互相垂直的分裂面连续分裂 3 次后形成的含有 8 个细胞的八分体（sarcinae，图 3-1）。

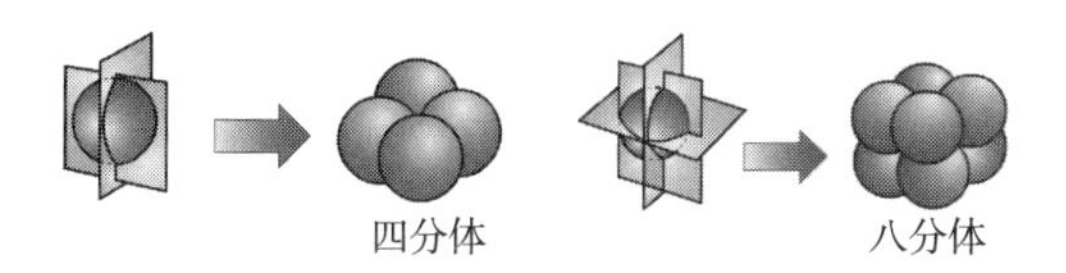

图 3-1　球菌的四分体与八分体示意图

2. 杆状

杆状细菌称为杆菌（bacillus，复数 bacilli），细胞多呈杆状或圆柱状（图 3-2），还有一些性状介于球状与杆状之间的短杆状中间体，称为球杆菌（coccobacilli）。杆菌种类繁多，如炭疽杆菌、棒状短杆菌、鼠疫杆菌、枯草芽孢杆菌等。

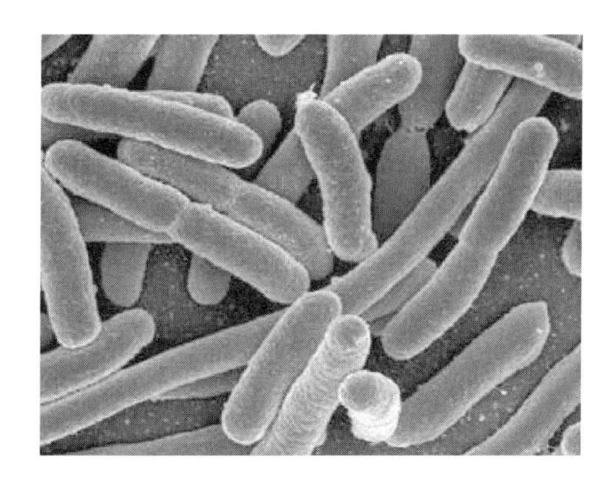

图 3-2　杆菌的形态

3. 螺旋状

螺旋状细菌有着丰富的弯曲形状（图 3-3），其中弧菌菌体只有一个弯曲，呈弧状或逗点状，如霍乱弧菌（*Vibrio cholerae*）。2~6 环的小型、刚性波浪状的称为螺菌（spirillum，复数 spirilla），如小螺菌（*Spirillum minor*）。有些螺旋菌的菌体柔软，借轴丝收缩运动，呈现开塞钻状，称为螺旋体（spirochete），如梅毒密螺旋体。

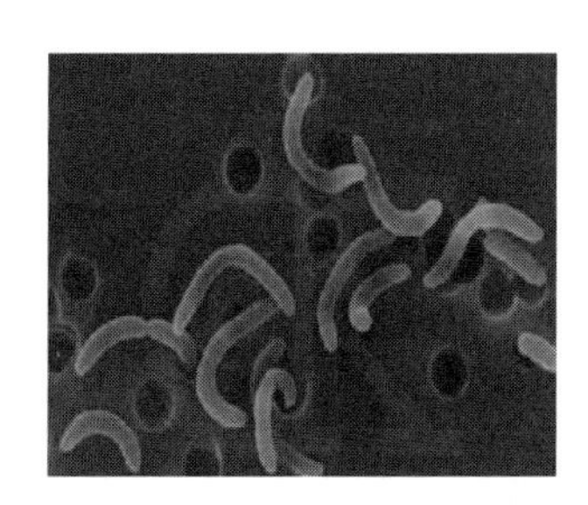
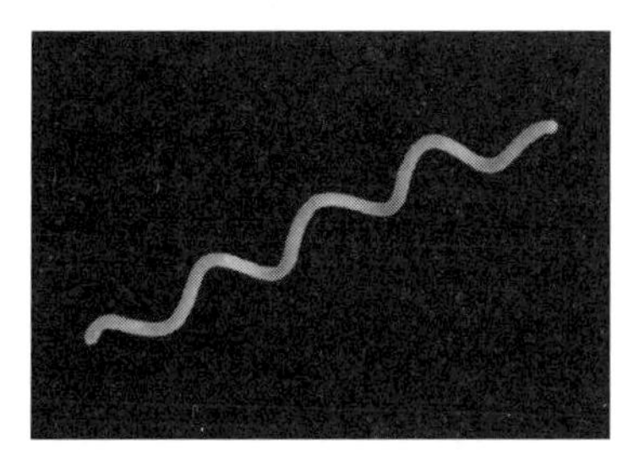
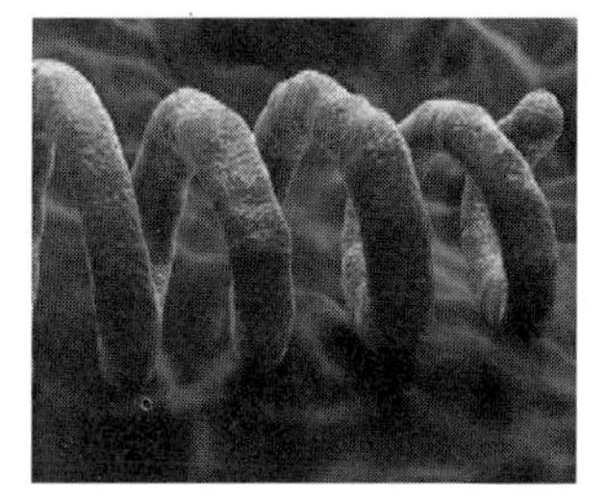

图 3-3　弧菌、螺菌与螺旋体的形态

细菌的性状极为丰富，有些细菌形态特殊，不符合上述的任何一种形态，如有些细菌呈现纺锤状或不规则的叶状或者一些星形细菌。1981 年研究人员在红海海岸发现了方形的细菌；在 1986 年人们还发现了呈三角形的细菌。

（二） 细菌的大小

细菌个体小，细胞大小一般用显微测微尺测量，并以多个菌体的平均值或变化范围表示。长度单位多采用微米（μm），大部分原核生物的直径在 0.5~2μm。如新疆嗜盐单胞菌（*Halomonas xinjiangensis*）TRM 0175 的大小在（0.6~1）μm ×（1.2~2）μm（图 3-4）。

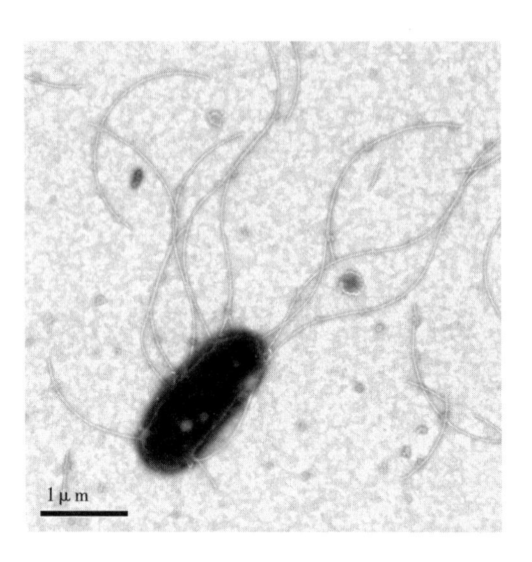

图 3-4 新疆嗜盐单胞菌 TRM 0175 的电镜图

1998 年，芬兰科学家 E. O. Kajander 等报道的一种能够引起尿结石的纳米细菌（nanobacteria）的细胞直径仅为 50nm（1μm = 1000nm）；也有的细菌个体比较大，如贝氏硫菌的单个细胞长达 7~16μm，而蓝细菌则长达 60μm。球菌大小以直径表示；杆菌以宽×长表示；螺旋菌以宽×弯曲长度表示。如盐湖艾丁菌（*Aidingimonas lacisalsi*）的大小是（0.3~0.5）μm×（1.0~1.8）μm，即使是同种细菌，随着环境的改变其大小会发生变化。如环境养分充足时，菌体大小通常是营养状态较差时菌体的 2 倍。某些细菌甚至在一个培养基内的形态变化也很大，这种现象称为多形性（pleomorphism）。由于细菌的个体比较微小，其体积也小得多。如单个细菌细胞的体积一般为 0.1~5μm^3，而真核生物细胞的体积则相对较大，如酵母菌为 20~50μm^3，单细胞藻类为 5×10^3~$15\times10^3\mu m^3$。

二、 细菌的细胞结构

细菌主要由细胞壁、细胞膜、细胞质、核质体等部分构成，有的细菌还有荚膜、鞭毛、菌毛、纤毛等特殊结构（图 3-5）。

（一） 细菌细胞的基本结构

1. 细胞壁

细胞壁（cell wall）位于细胞的最外层，其主要成分是肽聚糖。细胞壁的主要功能有：①固定细胞外形和提高机械强度，使其免受渗透压等外力损伤；②为细胞生长、正常分裂和鞭毛运动所必需，如失去了细胞壁的原生质体就不具备这些功能；③细胞壁大多数情况下呈现高度的多孔性，在控制物质进入细胞方面起着重要作用，如阻拦酶和某些抗生素等大分子物质进入细胞，避免了有害物质的损伤；④赋予细菌特定的抗原性、致病性和对抗生素及噬

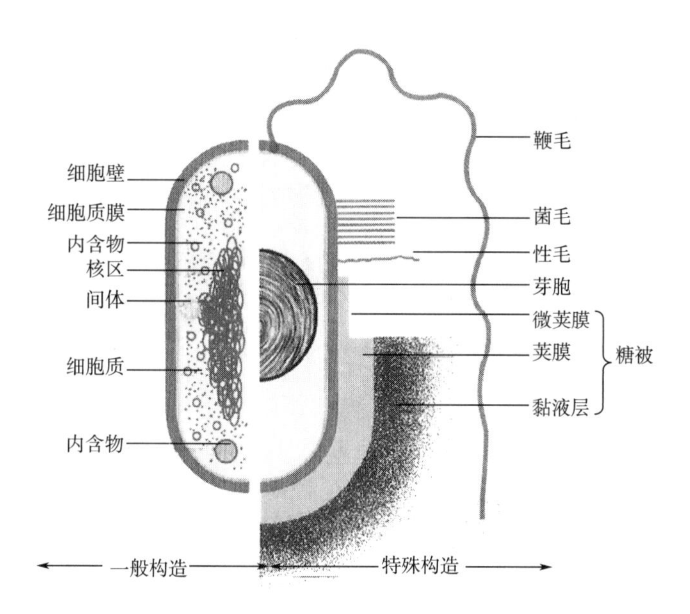

图 3-5　细菌细胞结构模式图

菌体的敏感性。

细胞壁的某些特性会产生不同的染色反应，根据这些反应可以鉴别革兰氏阳性菌（G^+）、革兰氏阴性菌（G^-）和抗酸（acid-fast）细菌。革兰氏阳性菌、革兰氏阴性菌和抗酸细菌的细胞壁结构及其成分的主要差别，如表 3-1 和图 3-6 所示。

表 3-1　革兰氏阳性细菌、阴性细菌和抗酸细菌的细胞壁特征

特征	革兰氏阳性菌	革兰氏阴性菌	抗酸细菌
肽聚糖	层厚	层薄	量极少
磷壁酸	常见	无	无
脂类	少见	脂多糖	分支菌酸、蜡或糖脂类
外膜	无	有	无
周质间隙	无	有	无
酶消化结果	原生质体	原生质球	难以消化
染料敏感性	极度敏感	中度敏感	最不敏感
抗生素敏感性	极度敏感	中度敏感	最不敏感

丹麦医生 C. Gram 于 1884 年创立了一种极其重要的细菌鉴别方法——革兰氏染色法。基于细菌细胞壁的特殊化学组分差异，该方法能够把大多数细菌分成革兰氏阳性菌与革兰氏阴性菌两个大类，因此它是分类鉴定菌种的重要指标。革兰氏染色方法包括初染、媒染、脱色和复染 4 个步骤（图 3-7）。通过初染和媒染，使得细菌细胞膜或原生质体上染上不溶于水的结晶紫与碘的大分子复合物。由于革兰氏阳性菌细胞壁较厚、肽聚糖含量较高和其分子交联度较紧密，故在用乙醇洗脱时，肽聚糖网孔会因脱水而明显收缩，再加上 G^+菌的细胞壁基本上不含类脂，故乙醇处理不能在壁上溶出缝隙，因此，结晶紫与碘复合物仍牢牢阻留在其

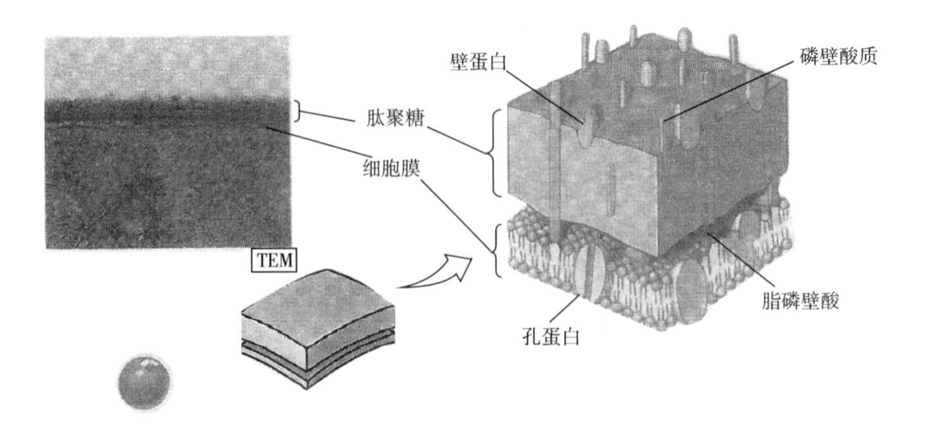

(1)革兰氏阳性菌

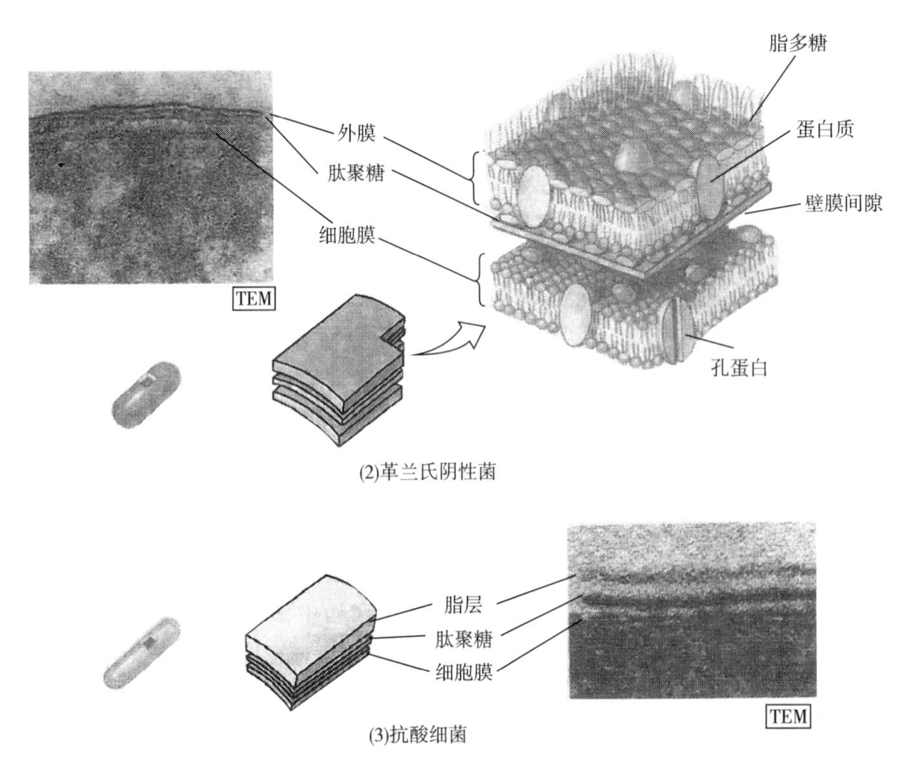

(3)抗酸细菌

图 3-6 革兰氏阳性菌、革兰氏阴性菌和抗酸细菌的细胞壁构造

细胞壁内，使其呈现紫色。而 G^- 细菌因其壁薄、肽聚糖含量低和交联松散，故遇乙醇后，肽聚糖网孔不易收缩，加上它的类脂含量高，所以当乙醇把类脂溶解后，在细胞壁上就会出现较大的缝隙，造成结晶紫与碘的复合物极易被溶出细胞壁。乙醇脱色后，革兰氏阴性菌细胞呈现无色，再经番红、沙黄等染料复染，而呈现红色或紫红色。

（1）革兰氏阳性菌的细胞壁　肽聚糖（peptidoglycan）又称胞壁质（murein），是细菌细胞壁中的最重要成分。金黄色葡萄球菌（*Staphylococcus aureus*）具有典型的肽聚糖层，厚 20~80nm，由 25~40 层左右网状分子交织成“网套”覆盖在整个细胞上。网状的肽聚糖大分子由肽聚糖单体聚合而成。每一肽聚糖单体含有 3 个组成部分（图 3-8）：①双糖单位，即

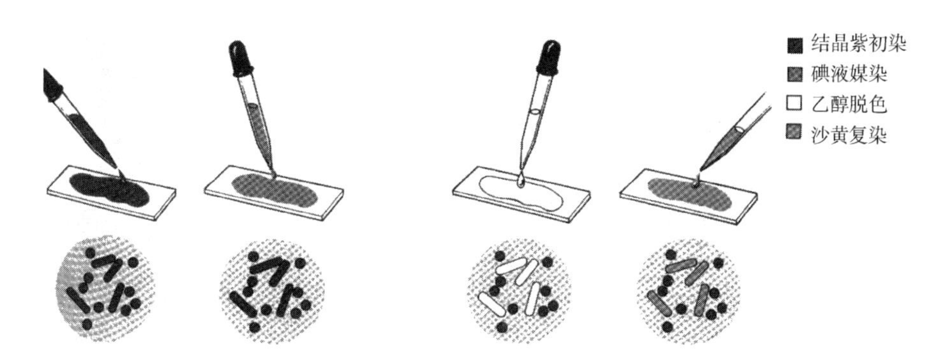

图 3-7　革兰氏染色过程

由 1 个 N-乙酰葡糖胺与 1 个 N-乙酰胞壁酸分子通过 β-1，4-糖苷键连接而成。其中 N-乙酰胞壁酸为原核生物特有的己糖。双糖单位中的 β-1，4-糖苷键很容易被溶菌酶水解，导致细菌死亡；②四肽尾或四肽侧链（tetrapeptide side chain），即由 4 个氨基酸连起来的短肽链连接在 N-乙酰胞壁酸分子上。在金黄色葡萄球菌中四肽尾是丙氨酸（L-Ala）-谷氨酸（D-Glu）-赖氨酸（L-Lys）-丙氨酸（D-Ala）；③肽桥或肽间桥（peptide interbridge），金黄色葡萄球菌中的肽桥为甘氨酸五肽。它起着连接前后两个四肽尾分子的桥梁作用。这一肽桥的氨基端与前一肽聚糖单体肽尾中的第 4 个氨基酸——D-丙氨酸的羧基相连接，而它的羧基端则与后一肽聚糖单体肽尾中的第 3 个氨基酸——L-赖氨酸的氨基相连接，使得前后两个肽聚糖单体交联起来。目前所知的肽聚糖种类已经超过 100 种，主要的变化在肽桥上。肽桥上还可以出现甘氨酸、苏氨酸、丝氨酸和天冬氨酸等。

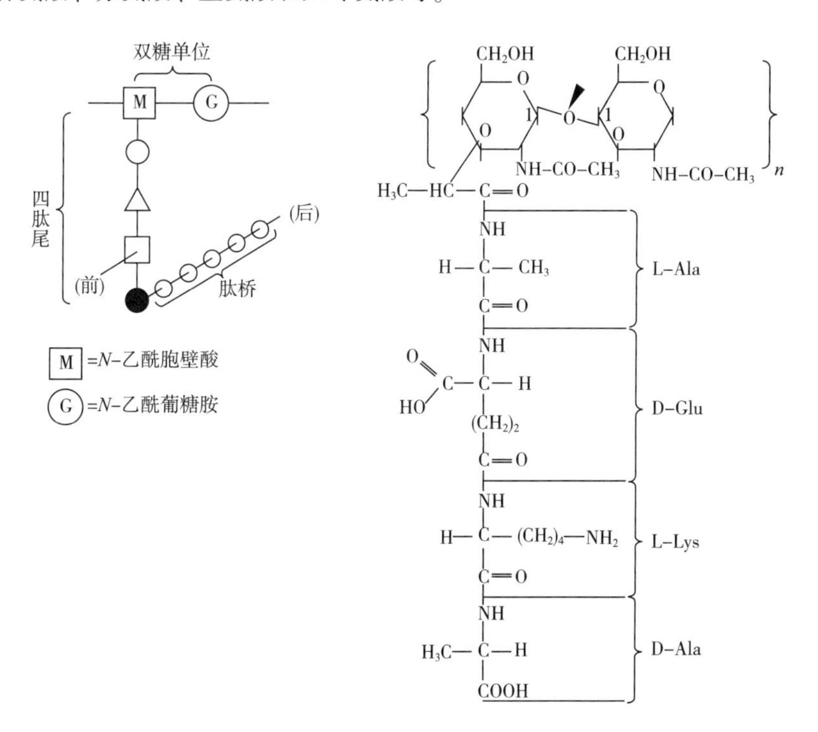

图 3-8　革兰氏阳性菌肽聚糖单体的结构

（注：箭头处表示溶菌酶的水解点）

磷壁酸（teichoic acid）是革兰氏阳性细菌细胞壁上的一种酸性多糖，主要成分为甘油磷酸或核糖醇磷酸。甘油磷酸主要存在于干酪乳杆菌等细菌中，而核糖醇磷酸主要在芽孢杆菌等细菌中存在。磷壁酸分为两类：一类是壁磷壁酸（垣酸），它与肽聚糖分子间发生共价结合，一般占细胞壁质量的10%，有时其含量可达壁重的50%；另一类为膜磷壁酸（又称脂磷壁酸或脂垣酸），由甘油磷酸链分子与细胞膜上的磷脂进行共价结合形成。

磷壁酸的主要生理功能：①磷酸分子带较多的负电荷，可与环境中的 Mg^{2+} 等阳离子结合，提高这些离子的浓度，以保证细胞膜上一些合成酶维持高活性的需要；②储存磷元素；③保证革兰氏阳性致病菌（如A族链球菌）与其宿主间的粘连（主要为膜磷壁酸），避免被白细胞吞噬，也有抗补体的作用；④赋予革兰氏阳性菌以特异的表面抗原；⑤可以作为噬菌体的特异性吸附受体；⑥能调节细胞内自溶素的活力，防止细胞因自溶而死亡。

（2）革兰氏阴性菌的细胞壁　革兰氏阴性菌细胞壁的肽聚糖含量和连接方法决定了其肽聚糖层较为稀疏，机械强度也较差。如大肠杆菌（*E. coli*）的肽聚糖含量占细胞壁的5%～10%，由1～2层网状分子构成，在细胞壁上的厚度仅为2～3nm。其结构单体与革兰氏阳性菌的差别在于（图3-9）：①其肽尾的第3个氨基酸为内消旋二氨基庚二酸（meso-DAP）；②没有特殊的肽桥，其前后两个单体间的联系仅由甲肽尾的第4个氨基酸D-丙氨酸的羧基与乙肽尾第3个氨基酸（meso-DAP）的氨基直接连接而成。

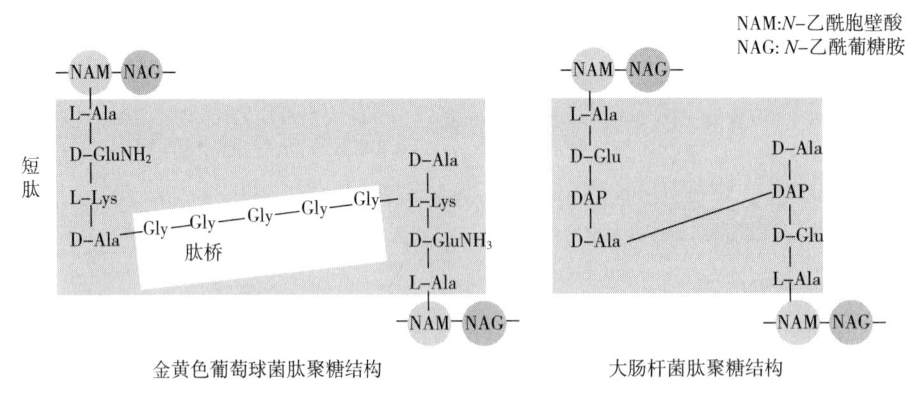

图3-9　革兰氏阳性菌与阴性菌的肽聚糖结构比较

外膜（outer membrane）位于革兰氏阴性菌细胞壁的外层，由脂多糖、磷脂和脂蛋白等组成。外膜是一种双分子层，与细胞质膜不同，其外层嵌入了大量脂多糖，而内层则嵌入了脂蛋白。通过一个几乎连续的小型脂蛋白分子（蛋白质与脂结合的分子）层与肽聚糖相连。脂蛋白埋在外膜中，共价连接肽聚糖。革兰氏阴性菌对青霉素的敏感性比革兰氏阳性菌低，是因为外膜可以阻止青霉素进入细胞。外膜的外表面存在表面抗原和受体，某些病毒将结合某些受体作为侵染细菌的第一步。脂多糖（lipopolysaccharide，LPS）又称内毒素（endotoxin），位于革兰氏阴性菌细胞壁最外层，厚度为8～10nm，由类脂A、核心多糖和*O*-特异侧链（*O*-抗原）3部分组成（图3-10）。它是细胞壁整体的一部分，在死菌的细胞壁分解后，脂多糖才会释放出来。其中类脂A部分与阴性菌的毒性相关，这是阴性菌感染会造成潜在的严重医学问题的原因。因为细菌主要是在死亡后才释放内毒素，因此杀死它们则会增加强毒性物质的浓度，尤其是在感染晚期使用抗生素则可能引起疾病更加恶化，甚至死亡。

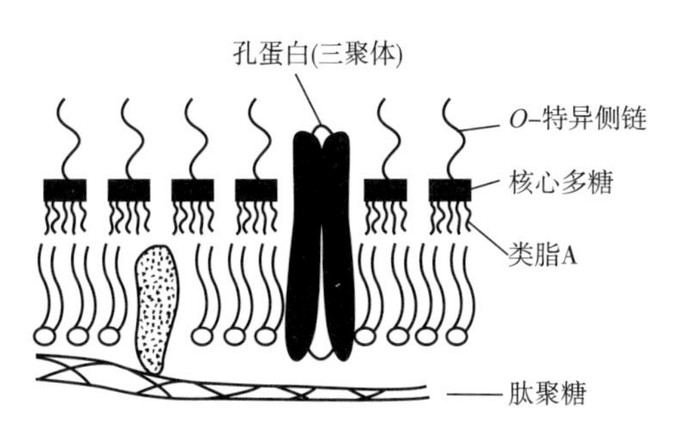

图 3-10　脂多糖结构图

壁膜间隙（periplasmic space）是在细胞膜与细胞壁之间存在一个间隙，又称周质间隙或周质空间，是革兰氏阴性菌的一个重要特征，而在革兰氏阳性菌中较为少见。它是细胞代谢非常活跃的区域。间隙中不仅包括细胞壁肽聚糖，还有许多消化酶和运输蛋白。消化酶能分解可能的有毒物质，而运输蛋白运送代谢物质进入细胞。细胞周质（periplasm）由肽聚糖、蛋白质成分和周质间隙中的代谢物组成。

（3）抗酸细菌（acid-fast bacteria）的细胞壁　抗酸细菌是难以使用普通革兰氏染色进行鉴别的细菌之一。革兰氏染色通常呈现阳性，但其细胞壁结构与革兰氏阳性菌和阴性菌都不同。抗酸细菌的细胞壁中含有大量的分枝菌酸（mycolic acid）等蜡质，被酸性复红染上色后，就不能再被盐酸乙醇脱色，故称为抗酸细菌。分枝杆菌中的结核分枝杆菌和麻风分枝杆菌是最常见的抗酸细菌。抗酸细菌与革兰氏阳性菌一样细胞壁比较厚，但它含有大约60%的类脂，而肽聚糖含量很少。脂类可以使得抗酸细菌对大多数染料不渗透，并防止酸和碱的侵害。脂类也能阻止营养物质进入细胞，而细胞又必须消耗大量能量来合成这些脂类，因此这些细菌生长缓慢。

2. 细胞膜

细胞膜（cell membrane），又称细胞质膜或质膜，是紧贴在细胞壁内侧的一层由磷脂和蛋白质组成的柔软和富有弹性的半透性薄膜（图 3-11），厚 7～8nm，由磷脂（占 20%～30%）和蛋白质（占 50%～70%）组成。细胞膜是区分细胞与周围环境的界膜，可以通过质壁分离、选择性染色、原生质体破裂或电子显微镜观察等方法证明细胞膜的存在。

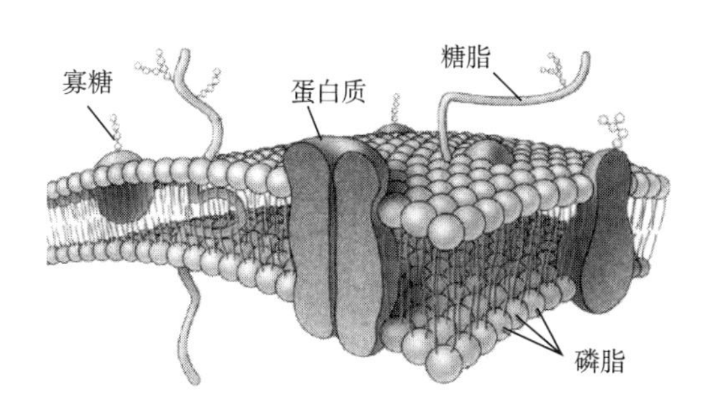

图 3-11　细胞膜结构的立体模式图

细胞膜的基本结构由两层磷脂分子整齐地排列而成。每一磷脂分子由 1 个带正电荷且能溶于水的极性头（磷酸端）和 1 个不带电荷和不溶于水的非极性尾（烃端）所构成。极性头朝向膜的内外两个表面，呈亲水性；而非极性的疏水尾（长链脂肪酸）则埋藏在膜的内层，从而形成一个磷脂双分子层。常温下，磷脂双分子层呈液态，其中嵌埋着许多具有运输功能的整合蛋白（又称跨膜蛋白），在磷脂双分子层的外表面则漂浮着许多具有酶促反应的周边蛋白（又称膜外蛋白）。不同的内嵌蛋白和外周蛋白可在磷脂双分子层液体中做侧向运动，以执行其生理功能。

1972 年，由辛格（J. S. Singer）和尼克尔森（G. L. Nicolson）提出的细胞质膜液态嵌合模型（fluid mosaic model）解释了细胞膜的结构与功能。即：①选择性控制细胞内外的物质（营养物质和代谢废物）的运送与交换；②维持细胞内正常的渗透压；③合成细胞壁和糖被各种组分（脂多糖、肽聚糖、磷壁酸、荚膜多糖等）的重要场所；④含有氧化磷酸化或光合磷酸化等能量代谢的酶系，是细胞的产能基地；⑤膜上某些蛋白受体与驱化性有关；⑥是鞭毛的着生点和提供其运动能量的部位。

3. 细胞质及其内含物

原核细胞的细胞质（cytoplasm）是细胞膜内的半流体，含水量 80%，可溶物或悬浮物占 20%。包裹着除核区外的一切半透明、胶状、颗粒状物质的总称。细胞质内形状较大的颗粒状构造称为内含物（inclusion body）。细胞质的主要成分为核糖体（70*S*）、贮藏物、多种酶类、中间代谢物、质粒、糖类、蛋白质、脂类和多种无机离子等，少数细菌还有类囊体、羧酶体、气泡或伴孢晶体等。许多合成代谢与分解代谢都在细胞质中进行。

（1）核糖体　核糖体（ribosome）由 RNA 和蛋白质构成，RNA 一般占 65%。核糖体经常聚集成长链状，称为多聚核糖体（polyribosome）。核糖体（70*S*）可解离为 2 个亚基（30*S* 亚基、50*S* 亚基），它们的相对大小可以通过测量它们的沉降速率（sedmentation rates）来确定。沉降速率是在高速离心机中，离心管内颗粒向管底运动的速率，通常用 *S* 单位（svedberg unit）来表示。完整的细菌核糖体比真核生物（80*S*）的小，原核生物核糖体的沉降系数为 70*S*。在 30*S* 亚基上有一较深的凹陷而使顶部呈 W 形，结合时小亚基的两个突起正好嵌入大亚基的凹陷处，并在其交界面上留有较大的空隙，这里就是蛋白质生物合成的场所。某些抗生素（链霉素、红霉素等）能专一地结合 70*S* 核糖体，从而阻断细菌的蛋白质合成。但这些抗生素对真核生物中较大的 80*S* 核糖体没有影响，因而只杀死细菌，而不伤害宿主。

（2）贮藏物　贮藏物（reserve materials）是一类由不同化学成分累积而成的不溶性颗粒，主要功能是贮藏营养物质。这些贮藏物质能防止细胞内渗透压或酸度过高，当环境养料缺乏时又可被分解利用。

①多糖类贮藏物：主要是糖原和淀粉。细菌细胞内糖原含量较多，可与碘液作用呈红褐色。肠道细菌常积累糖原，其他细菌常贮存淀粉物质，它们均匀分布在细胞质中。

②聚-β-羟基丁酸（poly-β-hydroxybutyric acid，PHB）：直径在 0.2～0.7μm，是与类脂相似的碳源和能源贮存物质（图 3-12），不溶于水，可溶于三氯甲烷。PHB 易被脂溶性染料（如苏丹黑 B）着色而不易被普通碱性染料染色，具有贮藏能量和降低细胞内渗透压的作用。PHB 发现于 1929 年，无毒、可塑、易降解，是生产医用材料和生物降解塑料的良好原料。巨大芽孢杆菌（*Bacillus megaterium*）、棕色固氮菌（*Azotobacter vinelandii*）以及红螺菌属

(*Rhodospirillum*) 和假单胞菌属 (*Pseudomonas*) 的细菌等常积累 PHB。

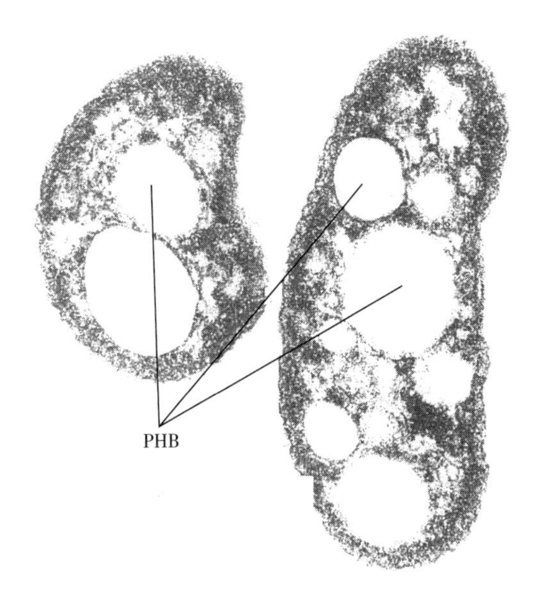

图 3-12 聚-β-羟基丁酸颗粒

③异染粒 (metachromatic granule): 又称迂回体，是因为最早发现于迂回螺菌 (*Spirillum volutans*) 中，能够被蓝色染料 (如亚甲蓝或甲苯胺蓝) 染成紫红色而得名。异染粒的主要成分是聚偏磷酸盐，是细菌特有的磷素贮藏养料。在白喉杆菌 (*Corynebacterium diphtheriae*) 和鼠疫杆菌 (*Yersinia pestis*) 细胞中极易发现。

④藻青素 (cyanophycin): 通常存在于蓝细菌中，如鱼腥蓝细菌 (*Anabaena cylindrica*)，是一种内源性氮源贮藏物，同时还兼有贮存能源的作用。一般呈现颗粒状，由精氨酸和天冬氨酸残基 (1∶1) 的多分支多肽所组成。

(3) 磁小体 趋磁细菌 (magnetotactic bacteria) 合成磁铁矿 (Fe_3O_4)，并将其贮存在称为磁小体 (magnetosome) 的有膜小泡中。这些磁性内含物的存在使得细菌可以对磁场做出反应。磁小体由勃莱克摩 (R. P. Blakemore) 首次在 1975 年从折叠螺旋体 (*Spirochaeta plicatilis*) 的趋磁细菌中发现。磁小体在细菌细胞中大小为 20~100nm，比较均匀、数目 2~20 颗不等，外有一层磷脂、蛋白质或糖蛋白膜包裹，属于单磁畴晶体，无毒。磁性细菌生活在污泥中，大部分有鞭毛，如趋磁水细菌。磁小体另一个最重要的特点是外被生物膜，使其具有更大的应用潜力，是极其优良的生物来源磁性纳米材料。

(4) 羧酶体 羧酶体 (carboxysome) 是存在于一些自养细菌细胞内的多面体内含物，是自养细菌所特有的内膜结构。羧酶体由以蛋白质为主的单层膜 (非单位膜) 包围，直径约为 100nm，内含固定 CO_2所需的 1,5-二磷酸核酮糖羧化酶和核酮糖-5-磷酸激酶，是自养型细菌固定 CO_2的部位。在排硫硫杆菌 (*Thiobacillus thioparus*)、硝化细菌和一些蓝细菌中存在。

(5) 气泡 气泡 (gas vocuoles) 是在许多光合营养型、无鞭毛运动的水生细菌中存在的充满气体的泡囊状内含物，其功能是调节细胞相对密度以使细胞漂浮在最适水层中获取光能、O_2和营养物质。细胞内含有几个至几百个气泡，内由数排柱形小空泡组成，外有 2nm 厚的蛋白质膜包裹。在一些鱼腥蓝细菌属（*Anabaena*）、盐杆菌属（*Halobacterium*）和暗网菌属（*Pelodictyon*）等细菌中存在。

4. 拟核

拟核（nucleoid）又称核区（nuclear region）、核体（nuclear body），占细胞总体积的 20%。拟核是细菌生长发育、新陈代谢和遗传变异的控制中心。存在于原核生物，是没有核膜包被的细胞核，也没有染色体，只有一个位于形状不规则且边界不明显区域的双股螺旋形式的环形 DNA 分子，内含遗传物质。另外，有些细菌还含有一个或多个较小的环状 DNA 分子，称为质粒（plasmid），能独立复制，是外源基因的重要载体，也是基因克隆、转移及表达的重要工具。

（二） 细菌细胞的特殊结构

1. 芽孢

科赫在 1876 年研究炭疽芽孢杆菌时首先发现了细菌的芽孢（endospore，spore）。芽孢是指某些细菌在其生长发育后期，在细胞内形成的细胞壁厚、细胞质浓度、折光性强并抗不良环境条件的休眠体。因为一个细菌只产生一个芽孢，因此芽孢的存在仅帮助其存活，而无繁殖功能。

（1）芽孢的特性　芽孢是在细胞内形成的，含有极微量水，对热、干燥、酸碱、部分消毒剂以及辐射等都有极强的抗性。含芽孢的肉毒梭菌在 121℃时，平均要 10min 才能杀死；热解糖梭菌的营养细胞在 50℃下经短时间即被杀死，可是它的一群芽孢在 132℃下经 4.4min 才能杀死其中的 90%。巨大芽孢杆菌芽孢的抗辐射能力要比 *E. coli* 的营养细胞强 36 倍。芽孢的休眠能力更是突出。从德国的一个植物标本上分离到保存了 200~300 年的枯草芽孢杆菌和地衣芽孢杆菌；一株高温放线菌在建筑材料中（美国）已经保存了 2000 年；南极细菌的芽孢在-14℃，深 430m 的冰下可以休眠至少 1 万年，而一株包埋在琥珀内的蜜蜂肠道（美国）中的芽孢杆菌已经保存了 2500 万~4000 万年。由于芽孢在细菌中的位置、形状、大小不同，因此在分类学上有一定意义。芽孢有的位于细胞的中央，有些在细胞顶端等（图 3-13）。

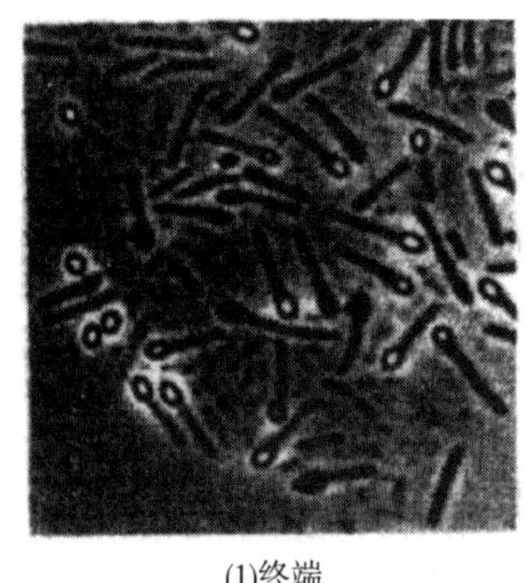
(1)终端

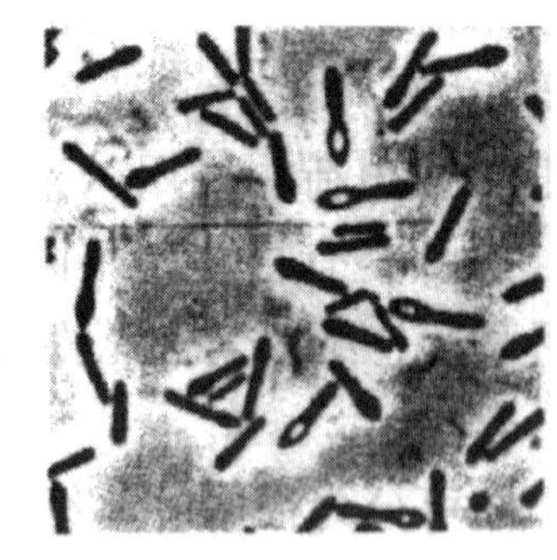
(2)近终端

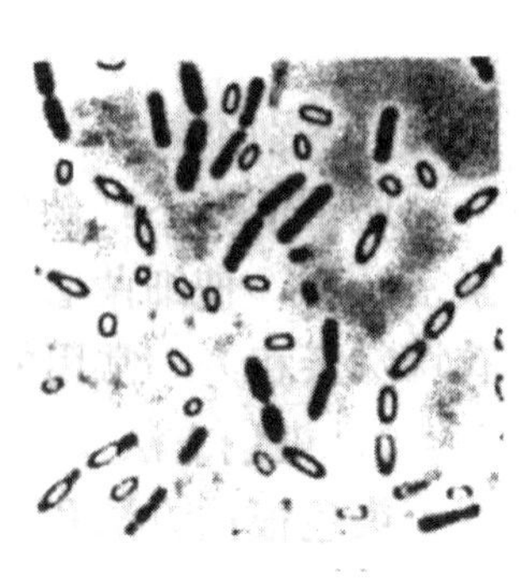
(3)中央

图 3-13　不同着生位置的芽孢

（2）芽孢的构造　细菌的芽孢由 4 部分组成，包含芽孢外壁（exosporium）、芽孢衣（spore coat）、皮层（cortex）和核心（core）部分，其内部结构如图 3-14。①芽孢外壁：位于芽孢最外层，主要含脂蛋白，透性差。蜡样芽孢杆菌的芽孢就具有芽孢外壁，但个别芽孢不含此部分。②芽孢衣主要含疏水性的角蛋白，对溶菌酶、蛋白酶和表面活性剂具有很强的抗性，多价阳离子不易通过。③皮层呈纤维束状、交联度小、负电荷强及可被溶菌酶水解；在芽孢中占有很大体积（36%~60%），内含大量为芽孢皮层所特有的芽孢肽聚糖。此外皮层还含有占芽孢干重 7%~10%的吡啶二羧酸钙盐（DPA-Ca）。皮层的渗透压可高达 20 个大气压，含水量约 70%，低于营养细胞（约 80%），高于芽孢的平均含水量（约 40%）。④芽孢的核心部分由芽孢壁、芽孢质膜、芽孢质和芽孢核区 4 部分构成，含水量极低，特别有利于抗热，抗化学物质（H_2O_2），还可保持酶的活性。芽孢质中含 DPA-Ca，核心中的其他成分与一般细胞相似。

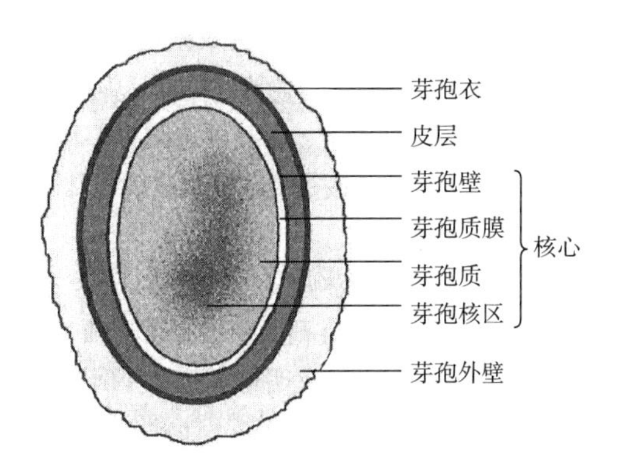

图 3-14　细菌芽孢构造的模式图

（3）芽孢的形成与研究意义　产芽孢的细菌在营养缺乏及有害代谢产物累积的环境中，就开始形成芽孢。从形态上来看，芽孢形成可分为 7 个阶段（图 3-15）：①DNA 浓缩，束状染色质形成；②细胞膜内陷，细胞发生不对称分裂，其中小体积部分即为前芽孢（forespore）；③前芽孢的双层隔膜形成，这时抗辐射性提高；④在上述两层隔壁间充填芽孢肽聚糖，合成 DPA，累积钙离子，开始形成皮层，再经脱水，折光率增高；⑤芽孢衣合成结束；⑥皮层合成完成，芽孢成熟，抗热性出现；⑦芽孢囊裂解，芽孢游离外出。

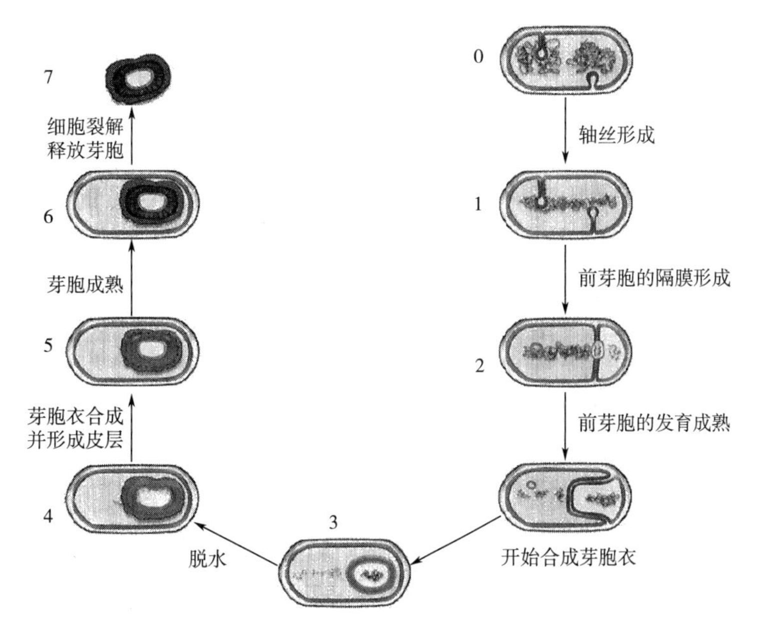

图 3-15　芽孢形成的七个阶段

芽孢的有无是细菌鉴定的一项重要形态学指标，在细菌的分类上具有重要意义。芽孢的抗热性特征可以作为衡量消毒灭菌措施的主要指标。在外科器材灭菌中，常以芽孢杆菌类的破伤风梭菌和产气荚膜梭菌的芽孢耐热性作为灭菌彻底程度的指标，即在 121℃下加压灭菌 10min 或在 115℃下灭菌 30min。在发酵工业中，常以能否杀死耐热性极强的嗜热脂肪芽孢杆菌芽孢为标准，即在 120℃下经过 12min 才能杀灭。另外，芽孢的抗性特点还有利于菌种的筛选和保藏。因此，对芽孢的深入研究有着重要的理论与实践意义。

2. 伴孢晶体

苏云金杆菌（*Bacillus thuringiensis*）在形成芽孢的同时，会在芽孢旁形成一颗菱形或双锥形的碱溶性蛋白晶体（即 δ 内毒素），称为伴孢晶体（parasporal crystal）（图 3-16）。伴孢晶体是碱溶性蛋白质晶体，可被苯胺染料深着色；不溶于水，对蛋白酶类不敏感，容易溶于碱性溶剂。伴孢晶体对鳞翅目、双翅目和鞘翅目等 200 多种昆虫和动、植物线虫有毒杀作用。当害虫吞食伴孢晶体后，先被虫体中肠内的碱性消化液分解并释放出蛋白质原毒素亚基，再由它特异地结合在中肠上皮细胞的蛋白质受体上，使细胞膜上产生一小孔，并引起细胞膨胀、死亡，进而使得中肠里的碱性内含物以及菌体、芽孢都进入血腔，并很快使昆虫患败血症而死亡。

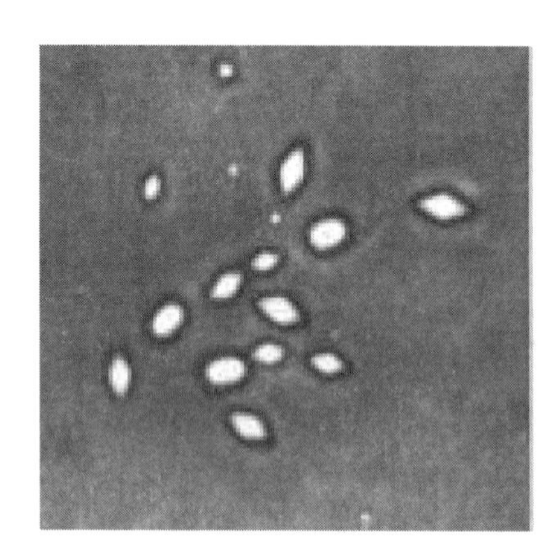
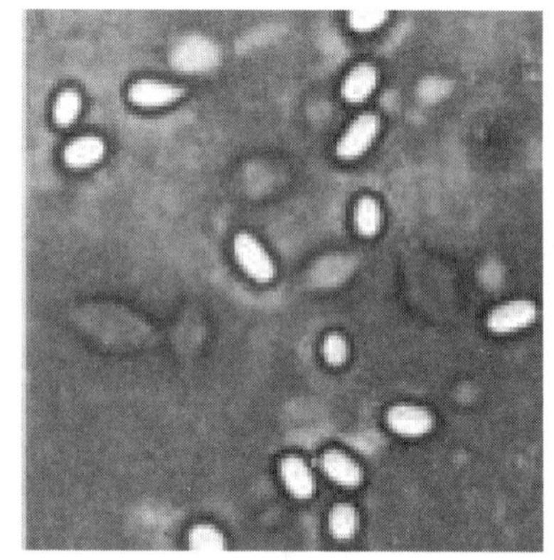

图 3-16 苏云金杆菌的芽孢和菱形的伴孢晶体

3. 糖被

糖被（glycocalyx）包被于某些细菌细胞壁外的一层厚度不定的透明胶状物质。糖被按其有无固定层次、厚薄程度又可细分为荚膜（capsule 或 macrocapsule）、微荚膜（microcapsule）、黏液层（slime layer）和菌胶团（zoogloea）。用碳素墨水进行负染色或用荚膜染色法染色，可在光学显微镜下清楚地观察到细菌的荚膜（图 3-17）。

糖被的主要成分为多糖、多肽或蛋白质，尤以多糖居多。糖被的功能有：①保护作用，糖被上大量极性基团可保护菌体免受干旱损伤；可防止噬菌体的吸附和裂解；一些动物致病菌的荚膜还可保护它们免受宿主白细胞的吞噬，例如，有荚膜的肺炎链球菌就更易引起人的肺炎；又如，肺炎克雷伯菌的荚膜既可使其黏附于人体呼吸道并定植，又可防止白细胞的吞噬，故有人称致病细菌的糖被为“糖衣炮弹”；②贮藏养料，以备营养缺乏时重新利用；③作为透性屏障和离子交换系统，以保护细菌免受重金属离子的毒害；④表面附着作用，例如，可引起龋齿的唾液链球菌（*Streptococcus salivarius*）就会分泌一种己糖基转移酶，使蔗糖

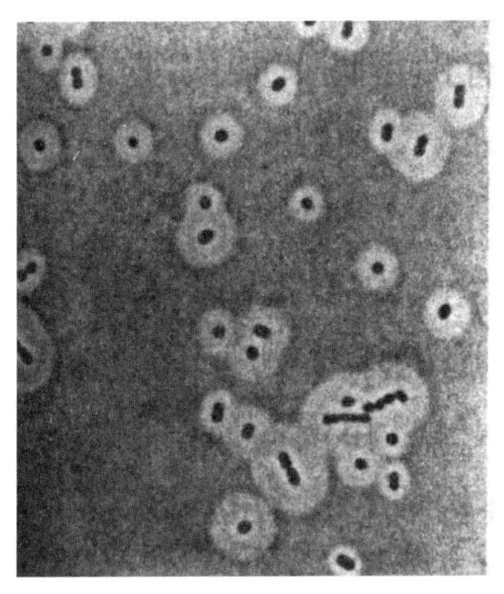
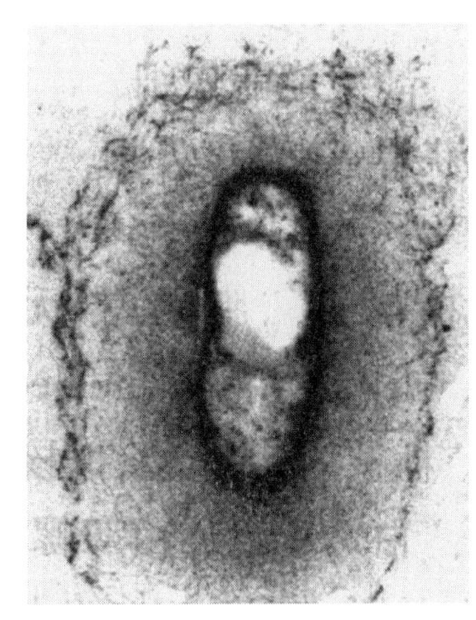

图 3-17 细菌的荚膜

转变成果聚糖，由它把细菌牢牢黏附于齿表，这时细菌发酵糖类所产生的乳酸在局部发生累积，严重腐蚀齿表，引起龋齿；⑤细菌间的信息识别作用；⑥堆积代谢废物。

4. 鞭毛、菌毛和性菌毛

鞭毛、菌毛和性菌毛均为细菌表面的丝状附属物。

（1）鞭毛　生长在某些细菌体表的长丝状、波曲的蛋白质附属物，称为鞭毛（flegellum）。鞭毛是细菌最重要的运动结构，其数目为 1~10 根。鞭毛细小，不易观察，可经过染料加粗观察到，也可用电子显微镜，可清晰的观察其形状。

有时可通过一些实验技术凭肉眼初步判断某细菌是否有鞭毛存在。如在半固体培养基中（含 0.3%~0.4%琼脂）用穿刺接种法接种某一细菌，经培养后，如果在其穿刺线周围有呈混浊的扩散区，说明该菌具有运动能力，即可推测其存在着鞭毛。鞭毛在弧菌、螺菌和假单胞菌类细菌中普遍存在。根据不同细菌的鞭毛数目与着生位置的差异，可将鞭毛可区分为偏端丛生鞭毛菌、两端丛生鞭毛菌和周生鞭毛菌。

原核生物的鞭毛由基体、钩形鞘和鞭毛丝组成。基体是由一组环绕着一条中心杆或轴组成。革兰氏阴性和革兰氏阳性菌鞭毛在基体的构造上稍有差别。革兰氏阴性菌的鞭毛最为典型，如 *E. coli* 的鞭毛基体由 4 个盘状物（即 4 个环）构成，它们分别称为 L 环（连在细胞外壁层 LPS 部位）、P 环（连在内壁的肽聚糖部位）、S 环（与周质空间相连）和 M 环（嵌入在细胞膜上），如图 3-18 所示。MS 环类似于马达的转子，被类似于马达定子的 Mot 蛋白环绕包围，由 Mot 蛋白中的跨膜质子通道引导膜外的质子流入膜内，从而驱动 MS 环快速旋转。在 MS 环基部是 Fli 蛋白，它是鞭毛马达的“开关键”，可根据细胞提供的信号，命令鞭毛的正向或逆向旋转。4 个环的中央有鞭毛杆串插着，鞭毛杆的外侧连着 1 个钩形鞘，其上长有一条长10~20μm 的鞭毛丝。鞭毛丝一般由 3 股以螺旋方式、平行方式或中间方式紧密结合在一起的鞭毛蛋白链组成。每 1 股链由许多球状的鞭毛蛋白亚基螺旋状排列而成。而革兰氏阳性细菌（枯草芽孢杆菌）的鞭毛结构较为简单，其基体仅由 S 和 M 两个构成，有一个嵌入细胞膜，而另一个环则在细胞壁上；而鞭毛丝与钩形鞘则与革兰氏阴性菌相同。

鞭毛的功能是运动，这是实现原核微生物趋向性（taxis）的有效方式。例如，有些细菌

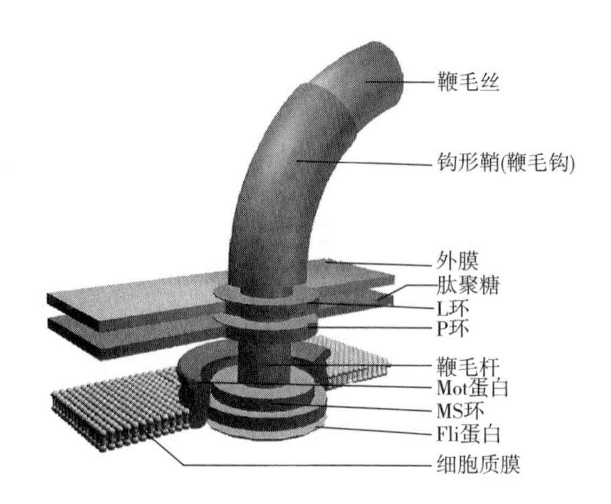

图 3-18 G⁻细菌鞭毛的超微结构示意图

可以通过驱化性（chemptaxis）向营养物质浓度高的方向运动，或者朝着远离有毒物质浓度高或营养物质低的方向运动。有关鞭毛运动的机制曾有过“旋转论”（rotation theory）和“挥鞭论”（bending theory）的争议。1974 年，美国学者西佛曼（M. Silverman）和西蒙（M. Simon）曾设计了“拴菌”试验（tethered-cell experiment），设法把单毛菌鞭毛的游离端用相应抗体牢牢“拴”在载玻片上，然后在光学显微镜下观察细胞的行为。结果发现，该菌在载玻片上不断打转（而非伸缩挥动），从而肯定了“旋转论”是正确的。鞭毛具有极快的运动速度，一般可移动 20~80μm/s。例如铜绿假单胞菌移动 55.8μm/s，是其体长的 20~30 倍；螺菌的鞭毛转速可达 40 周/s，超过了一般电动机的转速。另外，鞭毛在实践中的意义是作为菌种分类鉴定中的重要指标。

（2）菌毛　菌毛（fimbria）是长在细菌体表的一种纤细、中空、短直及数量较多的蛋白质附属物，具有使菌体附着于物体表面的功能，与运动无关，在革兰氏阴性菌中较为常见（图 3-19）。它的结构较鞭毛简单，无基体等复杂结构，功能是使细菌较牢固地粘连在呼吸道、消化道、泌尿生殖道的黏膜表面。有菌毛者尤以革兰氏阴性致病菌居多，例如，淋病奈瑟氏菌（*Neisseria gonorrhoeae*）利用菌毛把菌体牢固地黏附在患者的泌尿生殖道的上皮细胞上，从而定植生长后引起严重的性病，而无菌毛的淋病奈瑟氏菌则很少引起淋病。

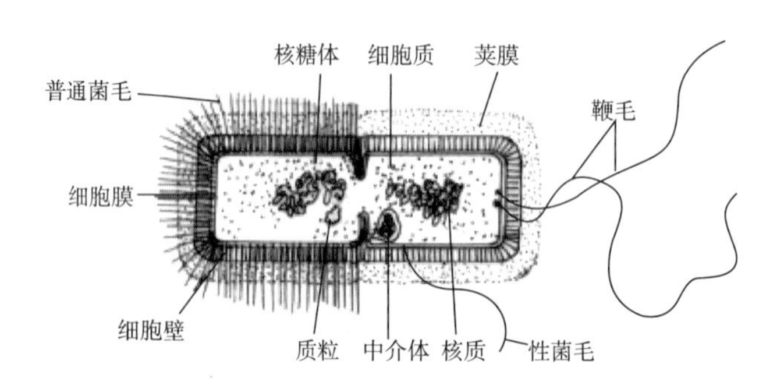

图 3-19 细菌的鞭毛、菌毛与性菌毛

（3）性菌毛　性菌毛（sex-pili）又称性毛（pili）或接合性毛（conjugative pili），构造

和成分与菌毛相同，但比菌毛长，较粗。每 1 个细胞有 1~4 根性毛，其功能是在不同性别的菌株间传递 DNA 片段，从而实现细菌的基因重组。有的性菌毛还是 RNA 噬菌体的吸附受体。

三、 细菌的繁殖

细菌的细胞进行无性繁殖，主要为裂殖，也有芽殖和孢子生殖。

（一） 裂殖

细菌的裂殖是指 1 个母细胞分裂成 2 个子细胞的过程。分裂时，拟核 DNA 先复制为 2 个新双螺旋链，拉开后形成 2 个核区。在 2 个核区间产生新的双层质膜与壁，将细胞分隔为 2 个，各含 1 个与亲代相同的核 DNA（图 3-20）。每经这样 1 个过程为 1 个世代。在适宜条件下，分裂出 1 个世代需 20~30min。

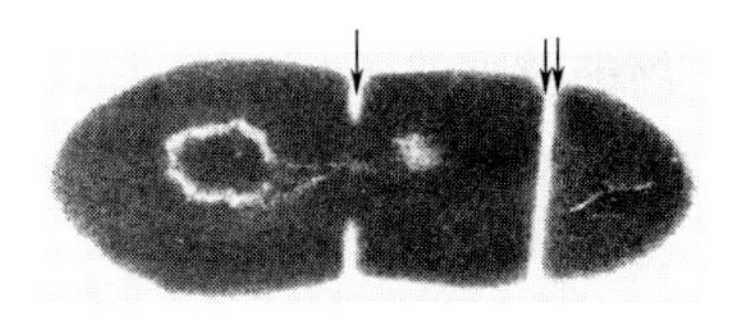

图 3-20　细菌细胞的裂殖

↓—正在分裂　↓↓—已经分裂

细菌分裂产生的两个子细胞，如果形状、大小一致，则称为同形分裂或对称分裂；若不一致，则称为异形分裂或不对称分裂。在幼龄培养中，细菌进行同形分裂，在较长时间培养中，偶尔有异形分裂。

（二） 芽殖与孢子生殖

芽生杆菌和芽生球菌等细菌进行类似于酵母菌的出芽生殖法。即在母细胞表面先形成突起，逐渐长大同母细胞分开。与裂殖不同的是，芽细胞的胞壁大部分为新合成的物质。个别细菌产生孢子，如放线菌可以产生孢囊孢子进行繁殖。

四、 细菌的菌落特征

细菌在培养基上的形态、大小及颜色等随菌种不同而异。因此，细菌的菌落特征具有一定的分类学意义。

菌落（colony）是将单个微生物细胞或一小堆同种细胞接种在固体培养基的表面，当它占有一定的发展空间并给予适宜的培养条件时，该细胞就迅速生长繁殖，并形成以母细胞为中心的，具有一定形态构造的子细胞集团，如图 3-21 所示。如果将某一纯种的大量细胞密集地接种到固体培养基表面，结果长成的各“菌落”相互连接成一片而形成菌苔（lawn）。

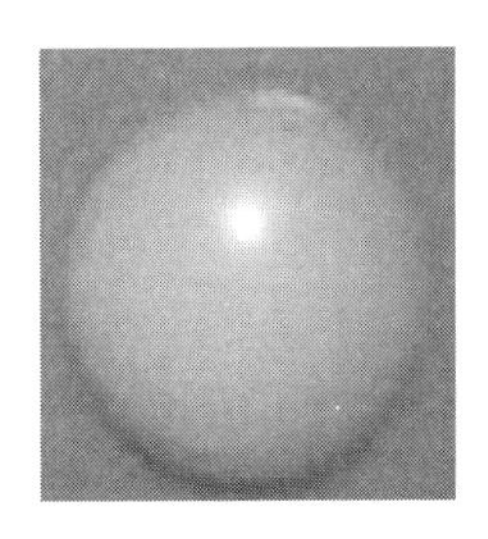
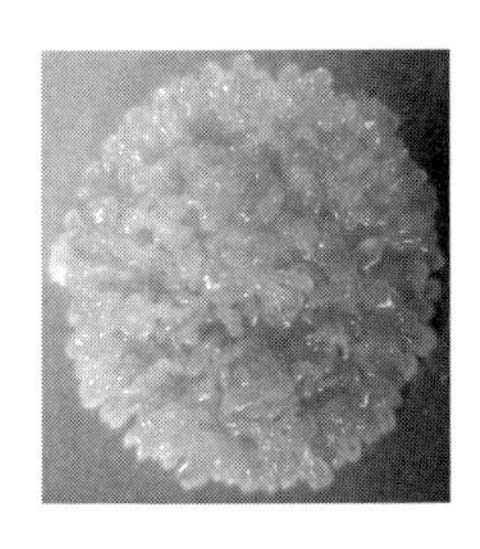
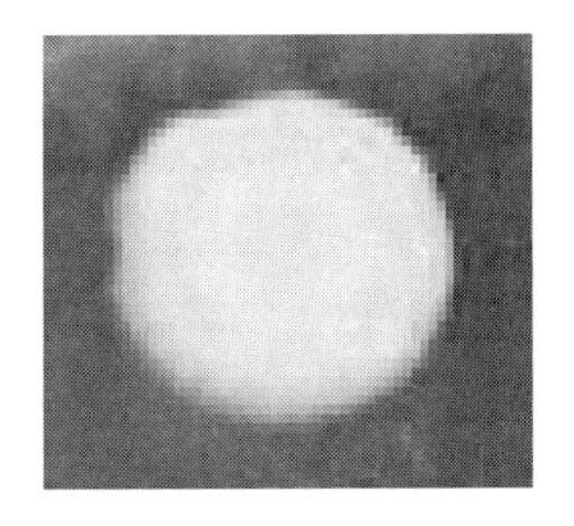
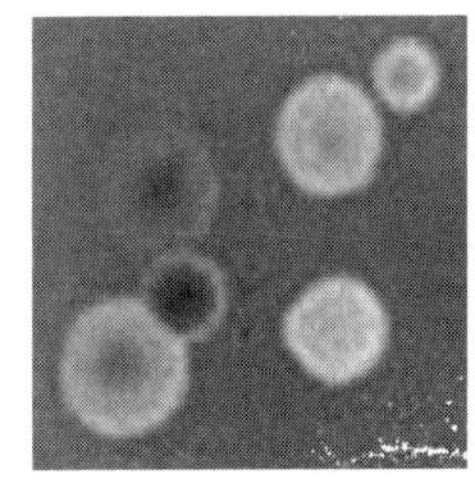

图 3-21　不同细菌菌落形态

细菌菌落的特征多样性丰富，如大小、形态、隆起、边缘、表面状况、质地、颜色、透明度、干湿度差异等。有荚膜的细菌菌落通常十分光滑，并呈透明的蛋清状，形状较大。而产芽孢的细菌，因其芽孢引起的折光率变化而使菌落的外形变得很不透明或有“干燥”感，且粗糙、多褶、不透明，常形成边缘不规则的独特菌落。

五、 细菌的危害与利用

某些细菌对人类健康有很大的影响。细菌是许多疾病的病原体，包括肺结核、炭疽病、鼠疫、沙眼等疾病都是由细菌所引发；食用污染了大肠杆菌致病菌的食品还会引起腹泻等。细菌感染（bacterial infection）是指细菌侵入宿主机体后，进行生长繁殖、释放毒性物质等引起不同程度的病理过程。按其来源分为外源性感染（exogenous infection，病原菌来自宿主机体以外的环境）和内源性感染（endogenousinfection，致病菌来自患者自身体内或体表的感染）。外源性感染的传染源主要是：①患者；②带菌者：带菌者不易被发觉，其危害性高于患者，是重要的传染源；③患病及带菌动物：某些细菌可引起人畜共患病，病原菌可在人和动物中间传播，例如，炭疽杆菌和鼠疫耶尔森菌等。内源性感染的致病菌大多来源于体内或体表的正常菌群，少数来源于体内潜伏的致病菌（如结核分枝杆菌）。这些微生物（如大肠杆菌、脆弱拟杆菌、白假丝酵母菌等）寄生在体内不引起疾病，当机体抵抗力下降或受外界因素影响时，它们则大量繁殖成为致病菌，造成机体感染而转为致病菌。这类特殊的致病菌即条件致病菌（opportunistic pathogen），由它们引起的感染称为内源性感染，如大肠中数量最多的拟杆菌在外科手术后，若消毒不当就会引起腹膜炎。一些细菌作为病原体还导致了破伤风、伤寒、肺炎和霍乱等疾病。细菌的致病性（pathogenicity）是指细菌对机体感染致病的能力。致病菌致病性的强弱程度称为毒力（virulence），一般常用半数致死量（median lethal dose，LD_{50}）或半数感染量（median infective dose，ID_{50}）作为测定毒力的指标，半数致死量（LD_{50}）是指在一定条件下能引起50%的实验动物死亡的微生物数量或毒素剂量；半数感染量（ID_{50}）是指能引起50%实验动物或组织培养细胞发生感染的微生物数量。微生物毒力越强，LD_{50}或ID_{50}数值越小。致病菌的致病作用与其毒力、侵入机体的数量、侵入部位以及宿主免疫力强弱有着密切的关系。

在植物中，病原细菌可导致叶斑病、火疫和萎蔫。细菌对食品的危害也比较严重，如白菜的软腐病就是由细菌引起的；溶壁微球菌（*Micrococcus lysodeik*）和玫瑰色微球菌（*Micrococcus roseus*）可引起乳类、肉类、鱼类、水产品、大豆制品等食品腐败；恶臭假单胞菌（*Pseudomonas mephitica*）在低氧条件下释放硫化氢，在冷藏肉上形成绿色半点，引起冷藏食品变质等；包裹在巧克力中的奶油有时会被沙门氏菌或梭状芽孢杆菌污染，食用时发现梭状芽孢杆菌产生的气体可以使巧克力发生“爆炸”；肉毒梭菌（*Clostridium botulinum*）由于能产生剧毒的肉毒素，因此它是低酸性食品加工时热杀菌的指示菌。

细菌在工农业、食品、环境和医药产业等方面的应用也比较广泛。嗜酸乳酸杆菌可以把乳糖转化为乳酸，使得牛乳能够被患有乳糖不耐受症的人群消化。由乳酸链球菌产生的乳酸链球菌素可以作为天然防腐剂用在食品中控制细菌污染。英国人利用丙酮丁醇梭菌开展了丙酮-丁醇发酵工业，丙酮是工业产业中常用的溶剂，而丁醇可用于制动液、树脂和汽油添加剂的生产。枯草芽孢杆菌（*Bacillus subtilis*）可生产枯草菌素（subtilin）和短杆菌肽（gramicidin）以控制革兰氏阳性杆菌的致病性。肠膜明串珠菌（*Leuconostoc mesenteroides*）可发酵蔗糖而生成一种葡萄糖聚合物——右旋糖酐（dextran），又称葡聚糖，广泛应用在医疗、食品和生化试剂等方面，在临床上是一种优良的血浆代用品。谷氨酸是由谷氨酸棒状杆菌突变株生产的，而谷氨酸是制备食品增味剂——谷氨酸单钠的基础。同时，该突变株还能每年生产

30000t的赖氨酸，而赖氨酸可作为添加剂用于动物饲料中。人们还利用微生物湿法冶金技术从矿物中提炼金属，如贫矿中的铜常以硫化铜的形式存在。在这种矿上，喷洒酸液，氧化亚铁硫杆菌则利用空气中的氧去除氧化硫化物的硫，生产硫酸盐，同时获得能量。这种细菌不利用铜，而是将铜转化为水溶性的形式被人类回收利用。

第二节　放线菌

放线菌是指DNA中（G+C）含量>55%的革兰氏阳性细菌，具有多种形态结构，如球状、杆状、分叉或有分支的气生菌丝体和基内菌丝体等。放线菌发现至今已有百余年的历史，其最早是由德国科学家Cohn（1875年）从人的泪腺感染中分离到一株丝状病原菌——链丝菌（*streptothrix*）而发现的，并因其菌落呈现放射状而得名。而后Harz（1877年）建立了放线菌属（*Actinomyces*）。1916年前后，Waksman在研究土壤微生物时，首次将一些丝状细菌称为“放线菌”（actinomycetes）。

放线菌虽然具有发达的菌丝体，但它并非真菌，多生活在微碱性的土壤环境中。泥土特有的“泥腥味”主要是由放线菌代谢的土臭素物质造成的。放线菌中除致病菌外，通常为需氧菌，生长的最适温度为28~30℃，最适pH 7.0~8.0。自然环境中的放线菌多数为腐生型异养菌，容易吸收和利用的碳源主要是葡萄糖、麦芽糖、淀粉和糊精。氮源以鱼粉、蛋白胨、玉米浆和一些氨基酸较为合适，硝酸盐、铵盐、尿素等可作为速效氮源被放线菌利用。由于放线菌的次级代谢产物较丰富，多数种类都能产生抗生素，故在培养放线菌时，一般需要加入各种无机盐及一些微量元素，如钾、镁、铁、锰、铜、钴等。

一、放线菌的形态

放线菌是一类主要呈丝状生长和以孢子繁殖的单细胞原核生物，其形态分化也是原核生物中最复杂的一类微生物。放线菌的菌丝体形态特征极其丰富，在分类中占有重要地位，尤其在属和种的划分上常作为主要的依据之一。

（一）菌丝的基本形态

经典放线菌如链霉菌等具有发育良好的放射状菌丝体。一般包括基内菌丝（substrate mycelium）、气生菌丝（aerial mycelium）和孢子丝（图3-22）。基内菌丝是营养型一级菌丝，长在培养基内或表面，其主要功能是吸收水分和营养物质，所以又称营养菌丝。有的基内菌丝有分枝（如白色嗜盐糖霉菌）或断裂（如假若卡氏菌）。气生菌丝是由基内菌丝分枝向培养基上空伸展的二级菌丝，通常比基内菌丝颜色深且略粗，除少部分放线菌外，大部分放线菌都可以产生气生菌丝。气生菌丝的颜色也是多种多样，且有的有横隔，有的有分枝，有的气生菌丝生长到一定时期还会断裂。

孢子丝是由气生菌丝分支部分分化而成的具有形成孢子作用的繁殖菌丝。有单轮生的、有螺旋的、有既有螺旋又有轮生的；不同的放线菌，其孢子丝的长短不一；孢子丝的螺旋程度、形状和着生位置以及螺旋的圈数也不尽相同，从而可以作为放线菌分类的特征。

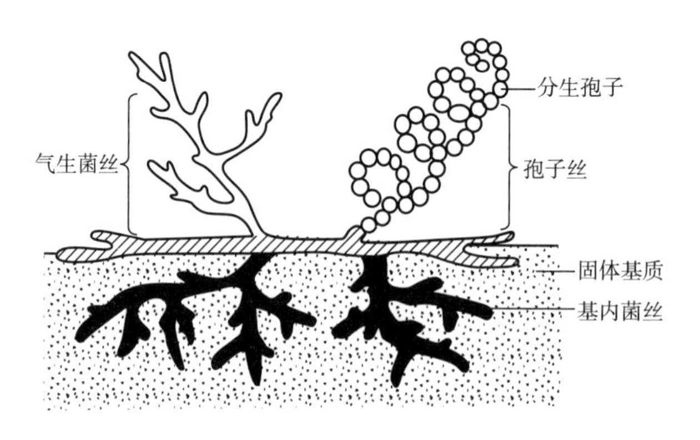

图 3-22 链霉菌的一般形态和构造模式

（二） 放线菌的孢子形态

大多数放线菌可以产生孢子，尤其是链霉菌，几乎都可以产生孢子。孢子丝上是成串的孢子。放线菌孢子常具有色素，呈白、灰、黄、橙黄、红、蓝、绿等颜色。成熟的孢子堆，其颜色在一定培养基与培养条件下比较稳定。放线菌的孢子形态丰富，有球形、椭圆形、杆形、柱形和瓜子形等。孢子的着生部位、孢子数的多寡、孢子表面的结构、孢子堆显示的各种颜色等也都是放线菌重要的形态学特征，比如小单孢菌典型的只着生一个孢子，小双孢菌则成对着生两个孢子，而链霉菌大多有发达的孢子链。还有的孢子表面则因种而异，有的光滑，有的呈刺状，有的呈毛发状。还有部分放线菌的基内菌丝或气生菌丝进一步发育形成形态各异的孢囊（图 3-23），孢囊内通常充满孢囊孢子。

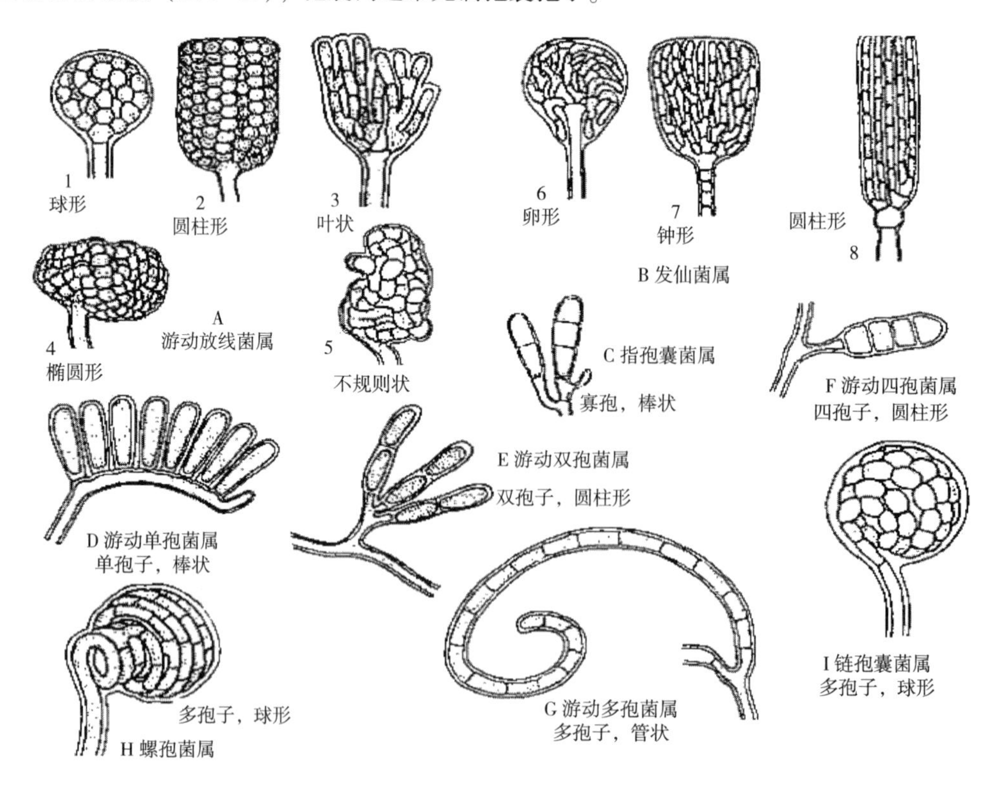

图 3-23 孢囊的基本形态模式

（三） 放线菌的菌落特征

由菌丝体组成的菌落一般为圆形，秃平或有许多皱褶和地衣状。由于放线菌的气生菌丝较细，生长缓慢，菌丝分支相互交错缠绕，所以形成的菌落质地致密，表面呈较紧密的绒状、坚实、干燥、多皱、菌落较小而不延伸，菌落形态随菌种而不同（图 3-24）。一类是产生大量分支的基内菌丝和气生菌丝的菌种，如链霉菌基内菌丝伸入基质内，菌落紧贴培养基表面，极坚硬，若用接种环来挑取，可将整个菌落自表面挑起而不破裂。菌落表面起初光滑或如发状缠结，其后在上面产生孢子，表面呈粉状、颗粒状或絮状，气生菌丝有时呈同心状；另一类是不产生大量菌丝的菌种，如诺卡氏菌所形成的菌落。这类菌的菌落黏着力较差，结构呈粉质，用针挑取则粉碎。所以放线菌菌落不同于细菌。在放线菌菌落表面常产生聚集成点状的白色或黄色菌丝，它们是次生菌丝，不产生孢子。普通染色剂如亚甲基蓝、结晶紫和酸性品红都可作为气生菌丝、基内菌丝和孢子的染料。

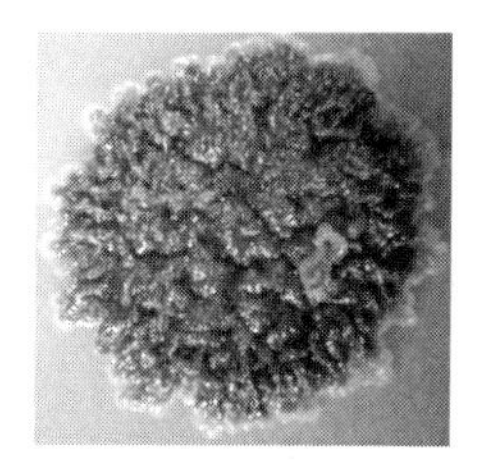
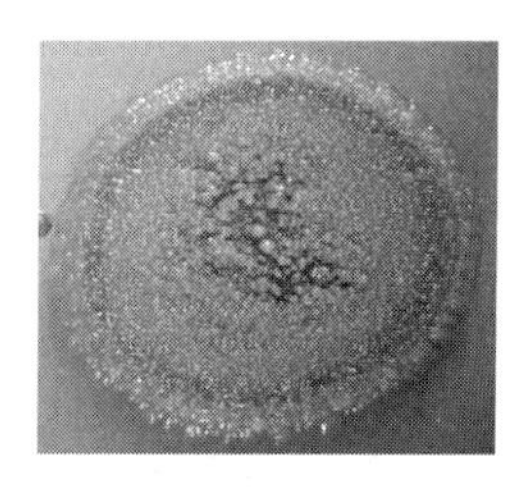
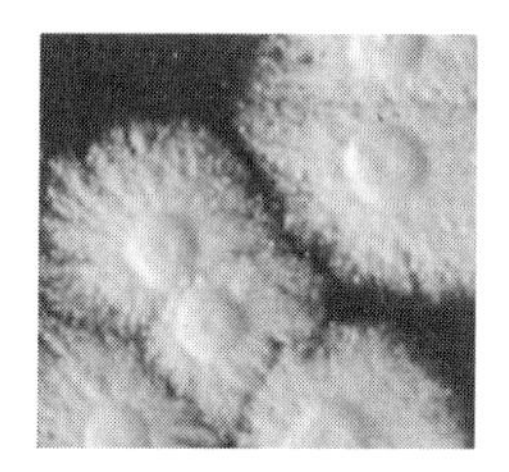

图 3-24　放线菌的菌落形态

二、 放线菌的繁殖

放线菌生长到一定阶段，一部分气生菌丝分化为孢子丝，孢子丝形成许多孢子。放线菌的繁殖是以无性方式进行的，主要是依靠孢子繁殖，而部分不产生孢子的放线菌多以菌丝断片繁殖。孢子丝形成孢子依据横隔分裂的方式进行（图 3-25）：①细胞壁质膜内陷，逐渐向内收缩，将孢子丝分隔成许多孢子；②细胞壁和质膜同时内陷，向内缢裂成连串的孢子。还有些产生孢囊的放线菌，当孢囊成熟后，则释放大量孢囊孢子进行繁殖。

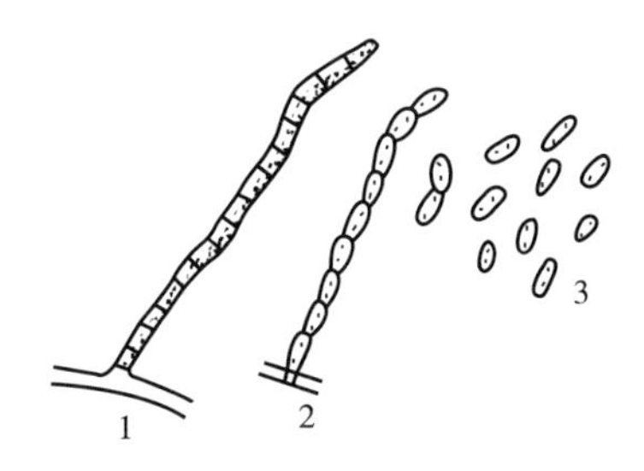

图 3-25　放线菌以横隔分裂方式形成孢子

1—孢子丝形成横隔　2—沿横隔断裂而形成杆状孢子　3—成熟的孢子

三、 放线菌资源的开发与利用

放线菌是一类代谢产物多样性极为丰富的宝贵资源库，在医药、酶制剂、石油脱蜡、烃类发酵、环境污染处理、食品添加剂和人类健康方面发挥着重要作用。比如用于治疗细菌性感染的链霉素是由灰色链霉菌（*Streptomyces griseus*）产生的，抗肿瘤的丝裂霉素是由头状链霉菌（*Streptomyces caespitocus*）产生的，用于治疗结核病的利福霉素（rifamycin）是由地中海诺卡氏菌（*Nocardia mediterranean*）产生的。用于食品污染真菌防治的天然防腐剂——纳他霉素也是由放线菌产生。另外，委内瑞拉链霉菌可以生产葡萄糖异构酶和高果糖浆，橄榄色链霉菌可以生产α-半乳糖苷酶，而玫瑰链霉菌和龟裂链霉菌可以制备唾液酸酶抑制剂；还有一些诺卡氏菌属（*Nocardia*）的放线菌在石油脱蜡和烃类发酵中发挥着重要作用。至今为止，由微生物产生的2万多种生物活性物质中50%以上是由放线菌产生的。然而，目前挖掘的放线菌资源还不足实际环境中的5%，这为发掘新的放线菌资源和进行放线菌的深度开发提供了良好的潜在材料来源。随着可以得到的基因组序列数据量不断增长，那些已经被发现或分离的放线菌化合物只是冰山一角，一些重要放线菌全基因组显示这些微生物有90%潜在的化合物还没有被发现，因此，还有大量的天然产物需要被发掘。

第三节 缺壁细菌

在自然界长期进化和实验室自发突变中，细菌都会发生缺失细胞壁的现象。通常，可通过人为的方法抑制新生细胞壁的合成或对现成细胞壁进行酶解而获得缺失细胞壁的细菌，这些细菌通称为缺壁细菌，如L型细菌和支原体。

一、L型细菌

1935年李斯特预防研究所（Lister Institute of Preventive Medicine）最先从念珠状链杆菌的陈旧培养中发现细胞壁缺陷的念珠状链杆菌，于是以该研究所的第一个字母“L”命名此种细菌。通常将细胞壁缺陷的细菌，包括原生质体（protoplast）和原生质球（spheroplast），统称为细菌L型。但严格来说，L型细菌应专指那些在实验室或宿主体内通过自发突变而形成的遗传性稳定的细胞壁缺陷菌株。当细菌细胞壁中的肽聚糖结构受到理化或生物因素的直接破坏或合成被抑制，这种细胞壁受损的细菌一般在普通环境中不能耐受菌体内部的高渗透压而胀裂死亡；但在高渗环境下，它们仍可存活而成为细胞壁缺陷型细菌。原生质体是指在人为条件下，用溶菌酶除尽原有细胞壁或用青霉素抑制新生细胞壁合成后，所得到的仅有一层细胞膜包裹着的圆球状渗透敏感细胞，原生质体一般由革兰氏阳性菌形成；而原生质球，是指还残留着部分细胞壁，一般由革兰氏阴性菌形成。

人工诱导或自然情况下，细菌L型在体内或体外均能产生。各种细菌L型有一个共同的致病特点，即引起多组织的间质性炎症。细菌变为L型其致病性有所减弱，但在一定条件下L型又可复为细菌型，引起病情加重。变形后的细菌其形态、培养特性均发生了改变，以致查不出病原使许多病人贻误诊治。临床遇有症状明显而标本常规细菌培养阴性者，应考虑细菌L型感染的可能性，宜作细菌L型的专门培养。

二、支原体

支原体（mycoplasma）是一类没有细胞壁、高度多形性、能通过滤菌器、可用人工培养基培养增殖的最小原核细胞型微生物，大小为0.1～0.3μm，一般以二等分裂方式进行繁殖。由于能形成丝状与分支形状，故称为支原体。1898年，E. Nocard等从患传染性胸膜肺炎的病牛中首次分离出支原体。支原体广泛存在于人和动物体内，大多不致病，对人致病的支原体主要有肺炎支原体、解脲脲原体、人型支原体、生殖支原体等。巨噬细胞、免疫球蛋白G及免疫球蛋白M对支原体均有一定的杀伤作用。支原体是一类在长期进化过程中形成的，细胞膜中含有一般原核生物所没有的甾醇，所以即使缺乏细胞壁，其细胞膜仍有较高的机械强度。但同时，由于细胞膜上含有甾醇，故对两性霉素、制霉菌素等多烯类抗生素十分敏感。

支原体致病性较弱，一般不侵入血液，但可通过黏附作用与宿主细胞结合，从细胞膜获取脂质和胆固醇，使细胞膜损伤。解脲脲原体可分解尿素放出大量的氨，对细胞有毒害，感染者可用四环素类、喹诺酮类药物治疗。目前治疗肺炎支原体的感染多采用大环内酯类药物，如罗红霉素、克林霉素、阿奇霉素等，或使用喹诺酮类药物，如氧氟沙星、司帕沙星等。

第四节　蓝细菌

蓝细菌（cyanobacteria）是一群古老的有氧光合生物，已经在地球上生存了35亿年，是它们启动了地球大气从无氧到有氧的转变过程。蓝细菌成功进化了包括光系统Ⅰ、光系统Ⅱ的电子传递链及卡尔文循环系统，从而能够利用太阳能光解水放出O_2，利用CO_2合成有机碳化合物。此外，蓝细菌还是一类集光合作用和固氮作用于一身的生物，其在进化历程中出了局部微氧细胞结构和固氮系统，将N_2合成有机氮，其中分化程度最高的是丝状蓝细菌（filamentous cyanobacteria），受到发育生物学家的高度重视。

一、蓝细菌的细胞形态与构造

蓝细菌的基本形态有球状、杆状和长丝状。蓝细菌的最小直径为0.5～1μm，最大直径可达60μm，巨颤蓝细菌（*Oscillatoria princeps*）是迄今已知的最大的原核生物。蓝细菌体外常具胶质外套，使多个菌体或菌丝集成一团，它没有鞭毛，但能借助于黏液在固体基质表面滑行。

丝状蓝细菌实际上是以一定方式成串而生的细胞链。在细胞链中，主体细胞是营养细胞（vegetative cell），但在一定的环境条件下可以分化出一些特殊形态与功能的细胞，如异形胞（heterocyst，het），厚壁孢子（akinete，aki）和连锁体（hormogonium，hor）等（图3-26）。正是这些分化细胞与营养细胞的协调配合，完善了丝状蓝细菌的整体代谢功能，使之成为既能进行光合作用又能进行固氮作用，还能抵御不良环境的自养型生物。

（一）营养细胞

丝状蓝细菌的营养细胞具有典型的原核光合菌的细胞结构，在原生质体中含有拟核、70*S*核蛋白体和贮藏颗粒等。此外，还存在气泡、羧基（酶）体和类囊体的一些特殊亚细胞结构。羧基（酶）体是一种固定CO_2的“器官”。类囊体是附着藻胆蛋白的光合作用装置，位于细胞膜的下面。细胞膜外面是细胞壁。蓝细菌的细胞壁含有肽聚糖层和外膜层。肽聚糖

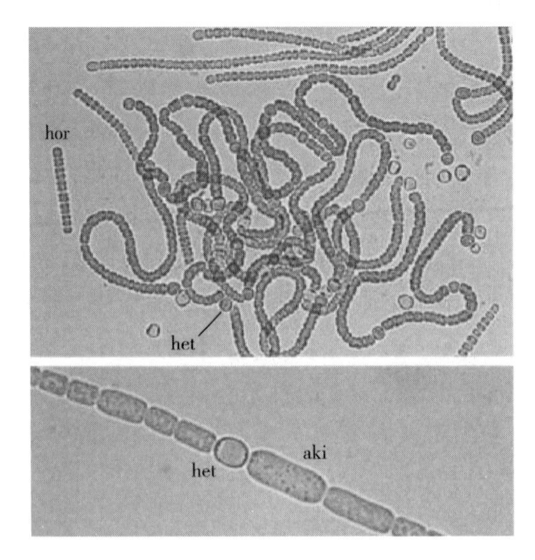

图 3-26　丝状蓝细菌的细胞类型

层位于质膜外面，其厚度因菌株不同而异。对蓝细菌外膜的研究还不完善，仅了解到其一些特性，如含有革兰氏阴性细菌细胞壁所没有的类胡萝卜素及其他一些蛋白质；蓝细菌的外膜并不进入相邻细胞的横隔中，而是沿细胞链将多个细胞包裹起来，这样便在肽聚糖层与外膜之间形成了一个周质空间，这种空间结构建立了细胞之间的信息与代谢产物运输通道；在蓝细菌与相邻细胞之间并没有像植物那样的胞间连丝，但在一些蓝细菌，如鱼腥蓝细菌，相邻细胞间的肽聚糖层中观察到小孔结构，在小孔结构中存在着小孔复合连接器，一些学者将它称为“微胞间连丝（micro-plasmodesmata）”。

蓝细菌营养细胞无固氮能力，但能进行光合作用。它的光合作用是以水为电子供体，电子传递链包括光系统Ⅰ和光系统Ⅱ，在光合作用过程中放出 CO_2，固定 CO_2 则是通过卡尔文循环进行的，CO_2 的受体为磷酸戊酮糖。营养细胞利用 CO_2 合成的碳水化合物不仅可以作为自身的碳源，而且可以供给已分化的异形胞所用。

（二）异形胞

当生长环境中缺乏化合态氮源（如铵盐、硝酸盐或亚硝酸盐）时，特定的营养细胞就分化发育为具有固氮能力的异形胞。异形胞细胞壁的外面形成了异形胞封套（envelope），封套由异形胞糖脂（heterocyst glycolipid，HGL）层和异形胞多糖（heterocyst polysaccharide，HP）层组成。异形胞的主要功能是为固氮酶及与固氮有关蛋白的合成，以及实施固氮功能提供一个必需的微氧环境。在形成异形胞的蓝细菌中，异形胞就出现在丝状体的固氮位置。异形胞至少通过三条途径获得了近乎无氧的环境。第一，在异形胞分化的过程中只留下光系统Ⅰ，可提供固氮作用所需的 ATP，但不会放出 O_2，异形胞仅需要抵御来自邻近营养细胞和环境的溶解氧；第二，异形胞分化发育了具有双层防氧结构的异形胞套膜，这种套膜限制了气体的流入；第三，突破这些障碍的 O_2 还会被异形胞中高活性氧化酶（如超氧化物歧化酶）所消耗。

藻胆蛋白是光系统Ⅱ的捕光色素，可占到蓝细菌营养细胞可溶性蛋白的 50% 以上。在异形胞中没有光合系统Ⅱ，藻胆蛋白被降解成氨基酸进入蛋白质的再循环系统，它的光合色素是叶绿素和类胡萝卜素。研究结果表明，缺乏完整光合系统的异形胞依靠邻近的营养细胞提供还原性氮源，二者之间建立起了代谢互作关系。

（三） 连锁体

连锁体是一种短丝状体，被认为是丝状蓝细菌的繁殖体，又称链丝段或藻殖段或段殖体。它是由蓝细菌释放出的菌丝片段，与营养丝状体的主要区别是细胞链短，没有异形胞，可以滑动。在一些种类的连锁体细胞中还含有气泡，可以控制其浮力。

连锁体的主要功能是使丝状蓝细菌短距离传播，当它们遇到固体基质或漂浮在水中时便滑行移动。许多菌株的连锁体具有趋光性，一种念珠藻的连锁体对其共生植物的胞外产物具有趋化性，这一特性对于这类光能自养微生物的生存定居非常重要。连锁体的滑动机制尚不清楚。一种被定名为振动蛋白（oscillin）的蛋白质可能与滑动有关。振动蛋白作为胞外纤维形成于细胞壁的外膜，并且其末端朝向连锁体与固体基质之间的黏液，通过振动驱使连锁体移动。连锁体既不固氮，也不生长，但进行光合作用和外源氮的同化作用。尽管其 CO_2 固定速率和 NH_4^+ 的渗入速率分别仅为营养丝状体的 70% 和 62%，但它们将光合作用产生的能量和新合成的氨基酸专门用于产生质子动力和分泌滑动所需的黏液，是一种高效运动机制。

（四） 厚壁孢子

丝状蓝细菌在一定的生长条件下还可由营养细胞转变成静止孢子（akinete）。又称厚壁孢子或厚垣孢子，将其称为静止孢子是因为它不能生长繁殖，只进行低效率的呼吸作用；它有厚厚的孢壁且对干燥、热和其他一些理化因子的破坏作用具有一定的抗性，而且在适宜的环境条件下可以重新恢复为营养细胞，它是丝状蓝细菌的一种休眠体。据此可以看出，这是一种既不同于完全休眠体的芽孢、分生孢子，又不同于能够生长繁殖的营养细胞的特殊细胞形态，是一种营养细胞与孢子的结合体。

二、 蓝细菌的繁殖方式

蓝细菌的主要繁殖方式是裂殖。有些蓝细菌可以通过分裂，在母细胞内形成多个球形的小细胞，称为小孢子。母细胞破裂后，释放出小孢子，后者再形成营养细胞。有些蓝细菌可在顶端以不对称的缢缩分裂形成小的单细胞，称为外生孢子，再由外生孢子长成营养细胞。另外，丝状蓝细菌则可通过无规则的丝状体断裂（段殖体，即连锁体）进行繁殖。

第五节 古菌

“古细菌”这个概念是 1977 年由卡尔·沃斯和 George Fox 提出的，原因是古细菌的 16*S* rRNA 有较强的保守性，16*S*rRNA 图谱既不同于其他细菌，也与真核生物有明显的区别。这两组原核生物起初被定为古细菌（archaebacteria）和真细菌（eubacteria）两个界或亚界。Woese 认为它们是两支根本不同的生物，于是重新命名其为古菌和细菌，这两支和真核生物一起构成了生物的三域系统。古菌虽然具有原核生物的基本性质，但在某些细胞结构的化学组成以及许多生化特性上都不同于真细菌。古菌还具有特殊的类似于真核生物的基因转录和翻译系统，它们不为利福平霉素所抑制，其 RNA 聚合酶由多个亚基组成，核糖体 30*S* 亚基的形状，tRNA 结构，蛋白质合成的起始氨基酸及对抗生素的敏感性等均与细菌不同而类似于真核生物。

古菌形态特殊，有叶片状、丛生鞭毛球状、棍棒状、盘状、盒状等。目前古菌主要包含泉古菌门和广古菌门。泉古菌门多为极端嗜热菌或嗜酸嗜热菌，而广古菌门多为极端嗜热菌，产甲烷菌和嗜盐古菌。另外，科学家们根据热泉中新的古菌 rRNA 序列，还发现了初生古菌门，但目前尚未分离得到纯培养，它们在系统发育树中位于比另外两种古菌更原始的地位。

一、 古菌的细胞结构

除少数菌外，绝大多数古菌都有细胞壁，但化学组成不同。古菌细胞壁中没有肽聚糖。根据化学组成可将古菌的细胞壁分为两大类：一类是由假肽聚糖或酸性杂多糖组成的；另一类是由蛋白质或糖蛋白亚单位组成的。有的古菌的细胞壁则兼有假肽聚糖和蛋白质外层。

1. 古菌的细胞壁

在古菌中，除了热原体属（*Thermoplasma*）没有细胞壁外，其余都具有与真细菌类似功能的细胞壁。然而细胞壁的化学成分差别很大。已研究过的一些古细菌，它们细胞壁中没有真正的肽聚糖，而是由多糖（假肽聚糖）、糖蛋白或蛋白质构成的。

（1）假肽聚糖细胞壁　甲烷杆菌属（*Methanobacterium*）等革兰氏阳性古菌的细胞壁是由假肽聚糖组成的（图 3-27）。它的多糖骨架是由 *N*-乙酰葡萄糖胺和 *N*-乙酰氨基塔罗糖醛酸以 β-1，3 糖苷键交替连接而成，连在后一氨基糖上的肽尾由 L-Glu、L-Ala 和 L-Lys 3 个 L 型氨基酸组成，肽桥则是由 L-Glu 一个氨基酸组成。溶菌酶不能分解假肽聚糖的 β-1，3 糖苷键，因此溶菌酶对这类古细菌没有效果。因为在短肽链中没有 *D*-丙氨酸，所以具有假肽聚糖细胞壁的古细菌，对那些干扰涉及 *D*-丙氨酸反应的抗生素，如 *D*-环丝氨酸，青霉素和万古霉素等都不敏感。

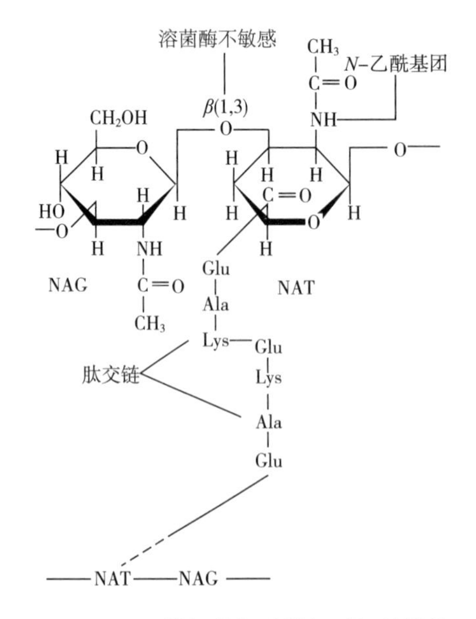

图 3-27　甲烷杆菌细胞壁假肽聚糖结构

（2）酸性杂多糖细胞壁 有些古菌的细胞壁骨架不是假肽聚糖，而是酸性杂多糖。巴氏甲烷八叠球菌的细胞壁很厚（>200nm），是由 2 个 *N*-乙酰氨基半乳糖（GalNAc）和 1 个 *D*-葡萄糖醛酸（GaLNAC-GaLNAc）所组成的三糖单位重复连接而成的酸性杂多糖组成的。此外，一种嗜盐球菌（*Halococcus morrhuae*）的细胞壁（厚约 50~60nm）也是由酸性杂多糖组成的。其结构比较复杂，由几种糖（含葡萄糖、甘露糖、半乳糖）、氨基糖、糖醛酸和甘氨酸组成。特殊的是，它的氨基古洛糖醛酸和硫酸盐含量甚高，几乎所有的糖和糖醛酸上的部分羟基都被硫酸酯化，这样的杂多糖称为硫酸化杂多糖。

（3）糖蛋白细胞壁 极端嗜盐的另一属古生菌——盐杆菌属（*Halobacterium*）的细胞壁是由糖蛋白（glycoprotein）组成的，其中包括葡萄糖、葡糖胺、甘露糖、核糖和阿拉伯糖，而它的蛋白部分则由大量酸性氨基酸尤其是天冬氨酸组成。这种带强负电荷的细胞壁可以平衡环境中高浓度的（Na^+），从而使其能很好的生活在 20%~25%高盐酸溶液中。

（4）蛋白质细胞壁 少数产甲烷菌的细胞壁是由蛋白质组成的，他们是革兰氏染色的阴性反应。但有的是由几种不同蛋白质组成，如甲烷球菌属和甲烷微菌属，而另一些则是由同种蛋白质的许多亚基组成，如甲烷螺菌属。

近年来的研究发现，几乎所有古菌的细胞壁都形成类结晶表面，这是一种由蛋白质或糖蛋白等蛋白质等组成的六角形对称结构。

古菌中没有共同的细胞壁成分。细菌的细胞壁中都有共同成分肽聚糖。显然古菌的祖先并不具备细胞壁的多聚体，而且在长期演化过程中，分别为了适应环境而产生了不同类型的细胞壁多聚体，用以保护细胞。古菌大多生活在极端环境条件下，而细胞壁又直接暴露在环境中，因此研究古菌胞壁的组成和结构有重要意义。

2. 古菌的细胞膜

近二十年来古菌的细胞质膜越来越受到学术界的重视。它虽然在本质上也是由磷脂组成，但它比细菌或真核生物的细胞质膜具有更明显的多样性：

（1）亲水头部（甘油）与疏水尾（烃链）间是通过醚键而不是酯键连接。

（2）组成疏水尾的长链烃是异戊二烯的重复单位（如四聚体植烷、六聚体鲨烯等），它与亲水头通过醚键连接成甘油二醚（glycerol diether）或二甘油四醚（diglycerol tetraether）等，而在真细菌或真核生物中的疏水尾则是脂肪酸。

（3）古菌的细胞质膜中存在着独特的单分子层膜或单、双分子层混合膜，而细菌或真核生物的细胞质膜都是双分子层；具体地说，当磷脂为二甘油四醚时，连接两端的甘油分子间的两个植烷（phytanyl）侧链间会发生共价结合，形成二植烷（diphytanyl），这时就形成了独特的单分子层膜；目前发现，单分子层膜多存在于嗜高温的古细菌中，其原因可能是这种膜的机械强度要比双分子层膜要高。

（4）在甘油的 C_3 分子上可连接多种与细菌和真核生物质膜上不同的基团，如磷酸酯基、硫酸酯基以及多种糖基等。

（5）细胞质膜上含有多种独特的脂质，仅嗜盐菌类就已发现有菌红素、β-胡萝卜素、α-胡萝卜素、番茄红素、视黄醛（可与蛋白质结合成细菌视紫红质）和萘醌等。古菌与细菌和真核生物的比较，如表 3-2 所示。

表 3-2　　古菌与细菌和真核生物的主要性状比较

项目	细菌	古菌	真核生物
细胞结构	原核	原核	真核
细胞壁	一般有，均含有肽聚糖	无，或含蛋白质，或假肽聚糖，无肽聚糖	无，或含纤维素，几丁质等，无肽聚糖
膜脂种类	脂肪酸甘油酯，胆固醇少见	聚异戊烯或植烷甘油醚，胆固醇不清楚	脂肪酸甘油酯，多有胆固醇
基因组	一条环状染色体 DNA 和质粒	同真细菌	多条与组蛋白结合的线状染色体
RNA 的聚合酶结构	4 个蛋白质亚单位	多个蛋白质亚单位	多个蛋白质亚单位
核糖体小亚基	30*S*	30*S*	40*S*
对利福平敏感性	+	-	-
对氯霉素敏感性	+	-	-
对白喉毒素敏感性	-	+	+

二、 古菌的繁殖

古菌并不像细菌和真菌那样产生孢子，而是通过二分裂或多重分裂或出芽的方式进行无性繁殖，不发生减数分裂。古菌的细胞分裂被它们的细胞周期所控制。在细胞的染色体复制并分离后，细胞开始一分为二。在硫化叶菌属中，染色体从多个起始位点开始复制，使用类似真核生物相应的 DNA 聚合酶。广古生菌细胞分裂蛋白在细胞周围形成收缩环，在细胞中央构建隔膜组分，类似于真细菌。

三、 古菌的生态环境

古菌生态环境多样，大多生活在极端环境，包括极端厌氧的产甲烷菌，极端嗜盐菌以及在低酸或高酸和高温环境中生活的嗜热嗜酸菌。如目前所知的一种称为热网菌（*Pyrodictium*）的古菌能够在高达 113℃的温度下生长；最耐热的微生物——“121 菌株”，就分离至太平洋海底的“黑烟囱”火山口附近，能够在 121℃的高温存活。生活于陆地酸性含硫黄地区的硫化叶菌属（*Sulfolobus*）的类群，最适温度为 65～85℃，pH 生长范围在 1～5.5。古菌也有中温菌，科学家们已经在沼泽地、水稻田、动物腔道、白酒窖泥、热泉、海洋和盐碱地中发现了它们的存在。巨大的生态反差，使得古菌研究正在世界范围内升温，这不仅因为古菌中蕴藏着远多于另两类生物的、未知的生物学过程和功能，以及有助于阐明生物进化规律的线索，而且因为古菌有着不可估量的生物技术开发前景。

思考题

1. 什么是革兰氏染色法？它的主要步骤是什么？试述革兰氏染色的机制。
2. 试图示革兰氏阳性菌和阴性菌细胞壁构造，并简要说明它们之间的差别。
3. 简述芽孢的概念及其研究芽孢的实践生产意义。

4. 什么是荚膜？有何生理功能？
5. 试比较分析细菌、古菌和真核生物的主要性状差异。
6. 试分析放线菌的菌落特点及开发应用潜力。
7. 什么是静止孢子和异形孢子？
8. 古菌与细菌细胞膜的区别是什么？
9. 蓝细菌的异形胞在固氮时如何避免氧气的毒害？

第四章

真核微生物

真菌的分布极为广泛，数量很大，是一个拥有约 150 万种成员的独立王国，是地球上仅次于昆虫的第二大类群。真核微生物（eukaryotic microorganisms）是由核膜、核仁及染色体（质）构成的典型细胞核，进行有丝分裂形成的，细胞质中有线粒体等多种细胞器的生物。真核生物与原核生物相比，其形态更大，结构更为复杂，且具有核膜包裹着的完整的细胞核。真核生物与原核生物之间的主要区别如表 4-1 所示。

表 4-1　　真核生物与原核生物的比较

比较项目	真核生物	原核生物
细胞大小	较大（通常直径>2μm）	较小（通常直径<2μm）
若有壁，其主要成分	纤维素，几丁质等	多数为肽聚糖
细胞膜中甾醇	有	无（仅支原体例外）
细胞膜含呼吸或光合组分	无	有
细胞器	有	无
鞭毛结构	如有，则粗而复杂（9+2 型）	如有，则细而简单
细胞质		
线粒体	有	无
溶酶体	有	无
叶绿体	光合自养生物中有	无
真液泡	有些有	无
高尔基体	有	无
微管系统	有	雏形
流动性	有	无
核糖体	80*S*（指细胞质核糖体）	70*S*
间体	无	部分有
贮藏物	淀粉、糖原等	聚-β-羟丁酸（PHB）等
细胞核		
核膜	有	无
DNA 含量	低（约 5%）	高（约 10%）
组蛋白	有	少
核仁	有	无

续表

比较项目	真核生物	原核生物
细胞核		
染色体数	一般>1	一般为 1
有丝分裂	有	无
减数分裂	有	无
生理特性		
氧化磷酸化部位	线粒体	细胞膜
光合作用部位	叶绿体	细胞膜
生物固氮能力	无	常见
专性厌氧生活	罕见	常见
化能合成作用	无	有些有
鞭毛运动方式	挥鞭式	旋转马达式
遗传重组方式	有性生殖、准性生殖等	转化、转导、接合等
繁殖方式	有性、无性等多种	一般为无性（二等分裂）

真菌界（fungi）主要是多细胞生物，也有一些是单细胞生物，包括单细胞酵母菌类、丝状霉菌类和大型子实体的蕈菌类。真菌是较为低等的真核生物，相互间的形态差异极大，灵芝是属于个体较大的真菌，而菌体小的单细胞酵母则需要借助显微镜才能看见。真核生物的生殖方式为以产生各类无性或有性孢子为主的无性或有性过程。生活习性多样，有腐生、寄生、共生等。

第一节　酵母菌

酵母（yeast）是一种单细胞真菌，并非系统演化分类的单元，而是非分类学（non-taxonomical）术语。酵母菌能将糖发酵成酒精和二氧化碳，是一种典型的异养兼性厌氧微生物，在有氧和无氧条件下都能够存活，是一种天然发酵剂。酵母菌种类很多，根据 Cletus P. Kurtzman 和 Jack W. Fell 关于《酵母分类学（第四版）》的描述，有 100 个属 1000 多个种。酵母菌主要分布于偏酸性含糖环境中如水果、蔬菜、蜜饯的表面和果园土壤中，以及油田、炼油厂附近的土层里（烃类物质利用）。根据酵母菌产生孢子（子囊孢子和担孢子）的能力，可将酵母分成：形成孢子的株系属于子囊菌和担子菌；不形成孢子但主要通过出芽生殖来繁殖的称为不完全真菌，或者称为假酵母（类酵母）。

一、　酵母菌的形态结构

（一）　酵母菌的形状与大小

酵母菌的个体多为单细胞，通常呈球形、卵圆形、圆柱形或香肠形，个体一般较大，为 (1~5) μm×（5~30) μm。如酿酒酵母（*Saccharomyces cerevisiae*）细胞大小为（2.5~10) μm×(4.5~21) μm。有些酵母菌（如热带假丝酵母，*Candida tropicalis*）进行连续的芽殖后，长大的子细胞与母细胞并不立即分离，而个体间仅以极狭小的接触面相连，形成藕节状的细胞串，称为“假菌丝”。相反，霉菌个体内的细胞间，以与细胞直径一致的横截面积相连，形成的竹节状的细胞串称“真菌丝”。酵母菌的菌落形态大而厚，湿润，表面光滑，多数不透明，黏稠；菌落颜色多数呈乳白色，少数红色或黑色。生长在固体培养基表面的酵母菌菌落质地均匀，正、反面及中央与边缘的颜色一致，培养时间过长，菌落会有皱褶。

（二） 酵母菌的细胞结构

酵母菌具有真核微生物的基本细胞结构，包括细胞壁、细胞质膜、细胞核、细胞质及各类细胞器。细胞质内存在多种有特定结构或功能的细胞器与内含物，包括内质网、核糖体、高尔基体、线粒体、液泡、脂滴等（图 4-1）。

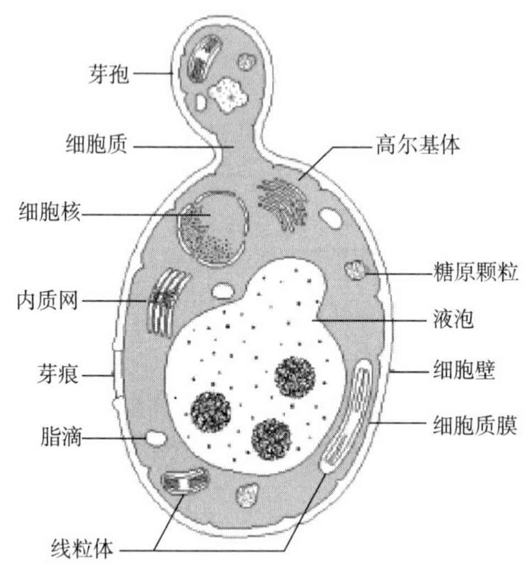

图 4-1 酵母菌细胞结构示意图

1. 细胞壁

酵母菌的细胞壁位于细胞的最外层，紧贴细胞膜。细胞幼龄时较薄，具有弹性，随菌龄增加变硬变厚，形成厚 25nm 的坚韧结构，约占细胞干重的 25%，可用蜗牛消化酶对酵母的细胞壁进行水解，以制备酵母的原生质体。酵母的细胞壁具 3 层结构，外层为磷酸甘露聚糖（mannan）；内层为葡聚糖（glucan）（图 4-2），是维持细胞壁强度的主要物质；中间有些蛋白质与细胞壁结合，担负着酶的催化功能，如葡聚糖酶、甘露聚糖酶、蔗糖酶、碱性磷酸酶和脂酶等。此外，细胞壁上还含有少量类脂和以环状形式分布于芽痕周围的几丁质。

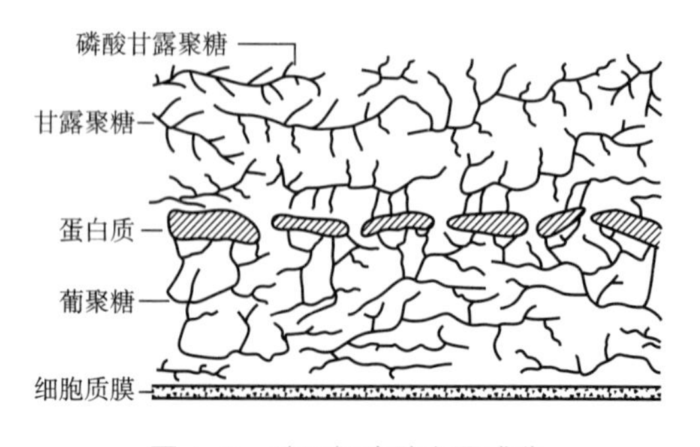

图 4-2 酵母细胞壁主要成分

2. 细胞膜

细胞膜主要由蛋白质（约占细胞膜干重的50%）、类脂（约占40%）和少量糖类组成，位于细胞壁的内侧，厚度大约7nm。细胞膜上的类脂中含有丰富的甾醇，以麦角甾醇居多，经紫外线照射可形成维生素 D_2。细胞膜中含甾醇是真核生物与原核生物重要的区别之一。

3. 细胞核

细胞核（nucleus）是酵母遗传信息的主要储存库，也是遗传信息复制、表达、传递、调控的重要场所。它们是由多孔核膜包裹起来的定形细胞核，上面有大量直径在40~70nm的圆形核孔。核孔是细胞核与细胞质间的物质交换的通道，核内合成的RNA可通过核孔转移到细胞质中，为蛋白质合成提供模板。除了细胞核外，有些酵母菌还含有具有遗传信息的约2μm质粒。真核生物的细胞核由核被膜、染色质、核仁和核基质等构成。

4. 线粒体

线粒体（mitochondrion）是一种存在于真核细胞中的由两层膜包被的进行氧化磷酸化反应的重要细胞器，是细胞中制造能量的结构，也是细胞进行有氧呼吸的主要场所。呈杆状的线粒体（mitochondria）数量为1~20个，具有内外双层膜，内膜向内卷曲折叠成嵴，嵴上有小圆形颗粒，囊内充满液态的基质（图4-3）。线粒体的化学组分主要包括水、蛋白质和脂质，此外还含有少量的辅酶等小分子及核酸。蛋白质占线粒体干重的65%~70%。线粒体拥有自身的遗传物质和遗传体系，但其基因组大小有限，是一种半自主细胞器。除了为细胞供能外，线粒体还参与诸如细胞分化、细胞信息传递和细胞凋亡等过程，并拥有调控细胞生长和细胞周期的能力。

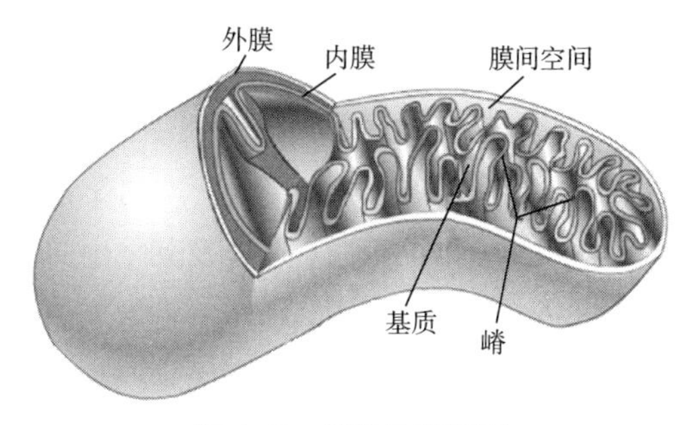

图4-3　线粒体结构图

5. 内质网与核糖体

内质网由KR. Porter、A. Claude和EF. Fullam等人于1945年发现，由于细胞质内部具有网状结构，所以称为内质网（endoplasmic reticulum，ER）。后来发现内质网不仅存在于细胞的“内质”部，通常还与质膜和核膜相连，并且与高尔基体关系密切。内质网是细胞内除核酸以外的一系列重要的生物大分子，如蛋白质、脂类（如甘油三酯）和糖类合成的基地。内质网膜厚度为5~6nm，按形态结构的不同分为两个区域，一个是粗面内质网（rough ER），多为扁平囊状结构，网上附着有大量核糖体（ribosome），合成膜蛋白和分泌蛋白，并运送分泌蛋白到高尔基体；另一个是光面内质网（smooth ER），与脂质代谢和钙代谢等密切相关，是合成磷脂的主要部位。核糖体主要成分是蛋白质（约40%）和RNA（约60%）二者共价结合在一起，具有蛋白质合成功能。

6. 高尔基体

高尔基体（golgi apparatus，golgi body）是一种由若干个（通常4~8个）平行堆叠的扁平膜囊和大小不等的囊泡所组成的膜聚合体，其上没有核糖体颗粒附着。由粗糙内质网合成的蛋白质输送到高尔基体中浓缩，并与其中的糖类或脂质结合，形成糖蛋白或脂蛋白的分泌泡，再通过外排作用分泌到细胞外。因此，高尔基体是合成、分泌糖蛋白和脂蛋白以及对某些蛋白质原（如胰岛素原、胰高血糖素原、血清蛋白原等）进行酶切加工，以使他们具有生物活性的重要细胞器，也是为合成新细胞壁和质膜提供原料的重要细胞器。总之，高尔基体是协调细胞生化功能和沟通细胞内外环境的一个重要细胞器，通过它的参与和对“膜流”的调控，把细胞核膜、内质网、高尔基体和分泌囊泡的功能联合成一体。

7. 溶酶体

溶酶体（lysosome）是一种由单层膜包裹的、内含多种酸性水解酶的囊泡状细胞器，其主要功能是进行细胞内的消化作用。溶酶体一般为球形，直径为 0.2~0.5μm，通常含 40 种以上的酸性水解酶，它们的最适 pH 在 5 左右，因此只在溶酶体内部发生作用。它可以水解外来蛋白质、多糖、脂质以及 DNA、RNA 等大分子。溶酶体的功能是进行细胞内消化，它与吞噬泡或胞饮泡结合后，可消化其中的颗粒状或水溶性有机物，也可消化自身细胞产生的碎渣，因而具有维持细胞营养以及防止外来微生物或异体物质侵袭的作用。当细胞坏死后，溶酶体膜破裂，其中的酶会导致细胞自溶（autolysis）。

8. 微体

微体（microbody）是细胞内被单层膜包裹成的与溶酶体类似的小球形细胞器，直径为 0.5~1μm，内含有氧化酶和过氧化氢酶类，有些微体中还含有小的颗粒、纤丝或晶体等。微体中都存在过氧化氢酶，因此有人建议将其改名为过氧化物酶体。过氧化物酶体含有黄素氧化酶-过氧化氢酶系统，可氧化尿酸和乙醇酸，同时可避免过氧化物对细胞的毒害作用。

9. 液泡

酵母菌细胞中的液泡（vacuoles）多为透明的球形，内部含有核糖核酸酶、酯酶和蛋白酶等水解酶，也含有多聚磷酸盐、氨基酸、糖原、脂类及其他中间代谢物和金属离子等。液泡的基本功能是储藏水解酶类、营养及代谢产物，还可以调节细胞渗透压。液泡会随着菌龄的增长而逐渐增多，并汇合成大液泡，几乎占据整个细胞空间。

10. 脂肪粒

脂肪粒存在于多数酵母细胞中，部分酵母细胞积累的脂类物质可达细胞干重的 50%，通常用苏丹黑或苏丹红染色观察，呈现蓝黑色或蓝红色。

二、 酵母菌的繁殖

酵母菌的繁殖分为有性和无性两种方式，通常以无性繁殖为主（包括芽殖、裂殖和产生无性孢子）。有性生殖的酵母菌，称为“真酵母（euyeast）”，主要形成子囊孢子（ascospore）；只进行无性繁殖的酵母菌，称为“假酵母”（pseudo-yeast）。

（一） 酵母菌的无性繁殖

酵母菌的无性繁殖包括：芽殖和裂殖，是指不经过两性细胞的配合，便产生新的子代个体的繁殖方式。无性繁殖过程中，DNA 一次复制、一次分裂，细胞进行营养分裂，实现亲子代间的遗传稳定。

1. 芽殖

芽殖（budding）即出芽生殖，是酵母菌进行无性繁殖的主要方式。成熟的酵母菌细胞，先长出一个小芽，芽细胞长到一定程度，脱离母细胞继续生长，而后形成新个体（图 4-4）。出芽方式有多边出芽、两端出芽和三边出芽。芽体形成过程中，水解酶分解母细胞形成芽体部位的细胞壁多糖，使细胞壁变薄，大量形成芽体的新细胞核物质（染色体）和细胞质等，向芽体起始部位转移聚积，芽体逐步长大，当芽体达到最大体积时，在芽体与母细胞之间形成隔离壁，其成分为葡聚糖、甘露聚糖和几丁质复合物，然后子细胞与母细胞在隔离壁处分离。在母细胞上留下一个芽痕（bud scar），在子细胞上相应的位置留下一个蒂痕（birth scar）。假丝酵母类在芽殖过程中，因连续形成的新芽体间，子细胞与母细胞在隔离壁处没有分离，结果形成藕节状连接的假菌丝（pseudohyphae）。

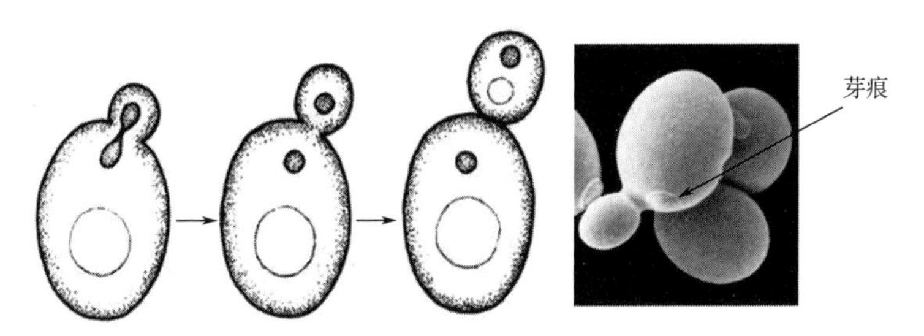

图 4-4 酵母菌芽殖示意图

2. 裂殖

少数种类的酵母菌借细胞横分裂而繁殖，称为裂殖（fission）。酵母菌的裂殖过程是细胞伸长，核分裂为二，细胞中央出现隔膜，将细胞横分为两个大小相等、各具一个核的子细胞（图 4-5）。八孢裂殖酵母（*Schizosaccharomyces octosporus*）采用的就是裂殖的无性繁殖方式。

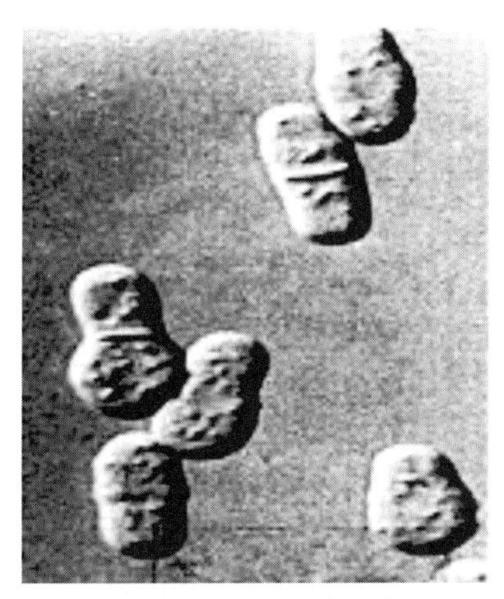

图 4-5 酵母菌的裂殖

另外，掷孢酵母属的酵母通过产生掷孢子（ballistospore）的方式进行无性生殖。掷孢子成熟后通过特有喷射机制射出。产生无性孢子进行繁殖的还有假丝酵母属（*Candida*）形成的厚垣孢子或芽生孢子，地霉属（*Geotricum*）形成的节孢子等。

（二） 酵母菌的有性生殖

酵母菌的有性生殖，是经过两个性细胞的结合形成子代的过程。酵母菌的有性生殖经过三个阶段，即：质配、核配和减数分裂。

质配：两个带核的细胞（原生质体）相互融合为一个包含两个不同性质细胞核的细胞，这个过程称为质配。

核配：质配后经过一定时间，两个异质细胞核，再融合成为双倍体核的过程称为核配。

减数分裂：是细胞染色体数目减半的分裂方式。减数分裂仅发生在生命周期某一阶段，它是进行有性生殖的生物性母细胞成熟、形成配子的过程中出现的一种特殊分裂方式。

酵母菌的有性繁殖形成子囊（ascus）和子囊孢子（ascospore），在营养条件不良的环境中，一些可进行有性生殖的酵母会产生孢子，在环境适宜时才萌发。这是酵母菌进化出的对恶劣生存环境的适应能力。基本过程是两个邻近的细胞各伸出一根管状原生质突起，然后相互接触并融合而成一个通道，细胞质结合（质配），两个核在此通道内结合（核配），形成双倍体细胞，并随即进行减数分裂，形成 4 个或 8 个子核，每一子核和其周围的原生质形成孢子，参与结合的细胞转化成子囊，子囊内的孢子称为子囊孢子。

三、 酵母菌的生活史

不同类型的酵母具有不同的生活史，如八孢裂殖酵母的营养细胞只能以单倍体的形式存在，路德类酵母（*Saccharomyces*）的营养细胞只能以二倍体的形式存在，而酿酒酵母的营养细胞既能够以单倍体形式又能以二倍体形式存在（图 4-6）。两个不同的细胞在相互识别后，发生趋化性生长，经细胞接触、质配和核配，最后融合成一个二倍体的营养细胞。二倍体的营养细胞可以通过芽殖的方式继续生长繁殖。

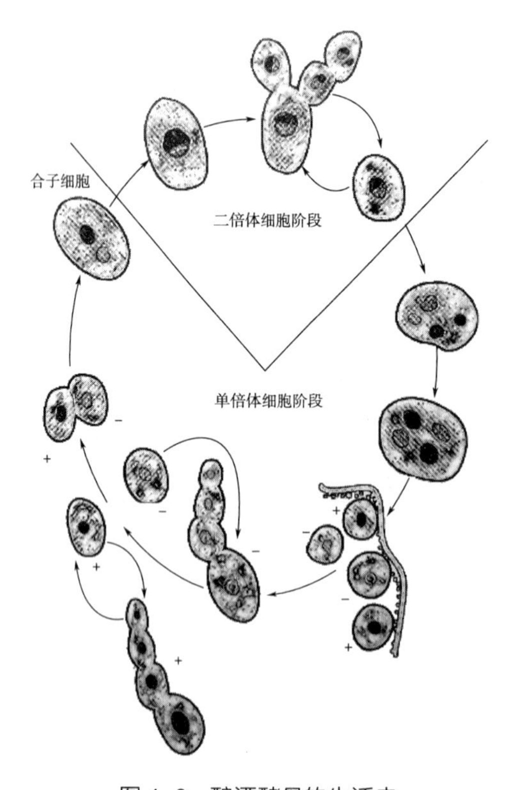

图 4-6 酿酒酵母的生活史

四、 酵母菌的危害与利用

酵母菌是人类文明史中被应用得最早的微生物，与人类生活极为密切，如酒类酿造，甘油、乙醇发酵，单细胞蛋白制备、石油及油品脱蜡，发酵提取核酸、麦角甾醇、辅酶 A、细胞色素 C、凝血质和维生素、生化药物、活性物质等，酵母菌还作为现代生命科学研究的材料，是基因克隆实验中常用的真核生物受体细胞，在基因工程、疾病防治等众多科技领域起着重要作用。酵母也是一种目前能够实现规模化生产和应用的单细胞微生物。公元前 2300 年，人类就开始利用含酵母的“老酵”制作面包，随后制作发酵食品和酿酒。1945 年，美国和欧洲一些机构开始生产活性干酵母。另外，酵母自溶物可作为肉类、果酱、汤类、奶酪、面包类食品、蔬菜及调味料的添加剂；在婴儿食品、健康食品中作为食品营养强化剂；由酵母自溶浸出物制得的 5′-核苷酸与味精配合可作为强化食品风味的添加剂（核苷酸类调味料）；从酵母中提取的浓缩转化酶用作夹心巧克力的液化剂。从以乳清为原料生产的酵母中提取的乳糖酶，可用于牛乳加工以增加甜度，防止乳清浓缩液中乳糖的结晶，适应不耐乳糖症的消费者的需要。由于酵母富含蛋白质、维生素和酶等生理活性物质，医药上将其制成酵母片如食母生片，用于治疗因不合理的饮食引起的消化不良症。如含硒酵母用于治疗克山病和大骨节病，并有防止细胞衰老的作用；含铬酵母可用于治疗糖尿病等。在谷物外壳、玉米芯、工业废水等接入 1kg 的酵母菌可产生 100kg 的蛋白质，相当于 1kg 大豆中能获得蛋白质的 1000 倍，相当于 1kg 牛肉中所能获得蛋白质的 10000 倍。管囊酵母（*Pachusolen tannophilus*）可以利用五碳糖大量生产乙醇。这非常有意义，因为谷物既含五碳糖，也含六碳糖，如果采用只利用六碳糖的酵母生产乙醇，就不能获得谷物中所有可利用的能量。五碳糖利用型酵母能够更好地促进乙醇产业的发展。

然而，有些酵母菌会引起各类水果、食品的腐败；白假丝酵母（*Candida albicans*）还会引起一些人体皮肤、黏膜及内脏组织、器官疾病，如能够引起鹅口疮以及尿道炎等感染疾病。白色念珠菌在人类身上主要出现在口腔、肠道、尿道等部位的黏膜上，小部分生活在皮肤表面。汉逊酵母是酒类酵母的污染菌，它们在饮料表面生长，形成干而皱的菌醭。酵母菌被认为条件性致病菌，特别容易对免疫力低下的病人造成感染。正常情况下，念珠菌以酵母细胞型存在，没有致病性；在一些因素的诱导下，比如免疫力缺陷，过量使用抗生素等，白色念珠菌大量转化为菌丝生长型，并大量繁殖，入侵患者黏膜系统，引起炎症而发病。

第二节 霉菌

霉菌（mould，mold）意为“发霉的真菌”，是丝状真菌（filamentous fungi）的俗称。通常菌丝体发达，但又不像蘑菇那样产生大型的子实体，细胞壁主要由几丁质组成。霉菌在我们的生活中无处不在，喜潮湿的环境，在合适的营养基质上形成绒毛状、絮状或蛛网状的菌落。霉菌的菌丝呈长管、分支状，无横隔壁，具有多个细胞核，并汇聚成菌丝体。霉菌常用孢子的颜色来称呼，如黑霉菌、红霉菌或青霉菌。霉菌的繁殖包括有性生殖和无性生殖。霉菌与人类关系密切，人类最早发现的抗生素盘尼西林就是由青霉菌所制造。

一、 霉菌的形态与构造

（一） 菌丝的构造

霉菌的菌丝是构成霉菌营养体的基本单位，呈管状，无色透明的丝状物。菌丝直径为3~10μm，比细菌大几十倍。霉菌的菌丝有的产生分枝，有的不分枝，菌丝常相互交错在一起形成菌丝体。霉菌的菌丝有两类（图4-7）：一类是无隔菌丝，以低等真菌为主，含有多个细胞核，属单细胞个体，毛霉、根霉、犁头霉等的菌丝都是无隔菌丝。另一类菌丝有横隔，属多细胞个体，横隔在高等真菌的细胞中普遍存在。每一隔段就是一个细胞，整个菌丝体是由多个细胞构成，横隔中央留有多个小孔，便于细胞间细胞质、养料和信息的交流与传递。

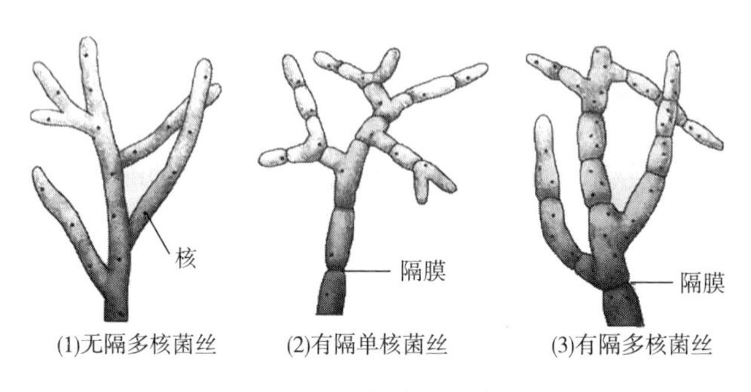

图4-7 霉菌菌丝示意图

霉菌菌丝最外层为厚实、坚韧的细胞壁，内有细胞膜，膜内空间充满细胞质。细胞质内包含细胞核、线粒体、核糖体、内质网、液泡等物质。霉菌的丝状细胞的构造与酵母菌细胞结构很相似。

膜边体（lomasome）又称须边体或者质膜外泡，由单层膜包围而成的特殊膜结构，位于细胞壁与细胞膜之间，形状为管状、囊状、球状、卵圆或多层折叠膜状。膜边体可由高尔基体或内质网的特定部位形成，各个膜边体能互相结合，也可与别的细胞器或膜结合，功能可能与分泌水解酶或合成细胞壁有关。

（二） 菌丝体及其特化构造

1. 菌丝体

菌丝体（mycelium）是指真菌孢子在适宜固体培养基上发芽、生长、分枝及其相互交织而成的菌丝集团。生长在固体培养基上的霉菌菌丝可分为三部分：①营养菌丝：深入的培养基内，吸收营养物质的菌丝；②气生菌丝：营养菌丝向空中生长的菌丝；③繁殖菌丝：部分气生菌丝发育到一定阶段，分化为繁殖菌丝，产生孢子。不同的真菌在长期进化中，对各自所处的环境条件产生了高度的适应性，为增强其适应性或抗御性，其营养菌丝体和气生菌丝体的形态与功能发生了明显变化，形成了各种特化构造。

2. 营养菌丝体的特化构造

（1）假根（rhizoid） 是从根霉属霉菌的菌丝与营养基质接触处分化出的根状结构（图4-8），有固定和吸收养料的功能，其形状犹如树根，故称假根。

（2）吸器（haustorium） 由专性寄生霉菌如锈菌、霜霉菌和白粉菌等产生的变态结构

（图 4-9）。它们是从菌丝上产生出来的旁枝，侵入细胞内分化成根状、指状、球状和佛手状等，用以吸收寄主细胞内的养料。

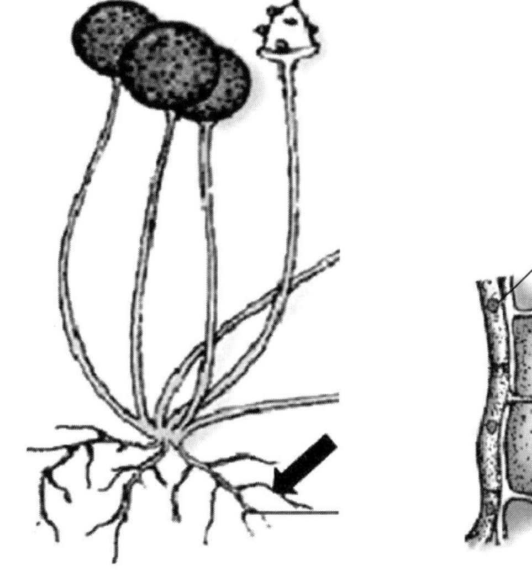

图 4-8 根霉的假根（箭头所指）

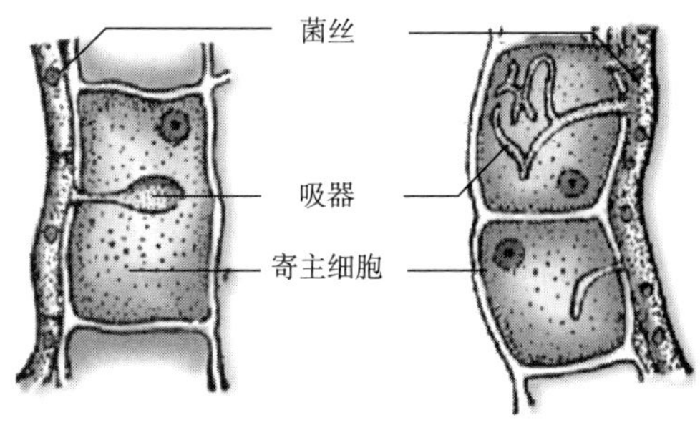

图 4-9 吸器

（3）附着胞（adhesive cell） 许多植物寄生真菌在其芽管或老菌丝顶端发生膨大，并分泌黏状物，借以牢固地黏附在宿主的表面，该结构就是附着胞。附着胞上形成纤细的针状感染菌丝，以侵入宿主的角质层吸取养料，如图 4-10 所示。

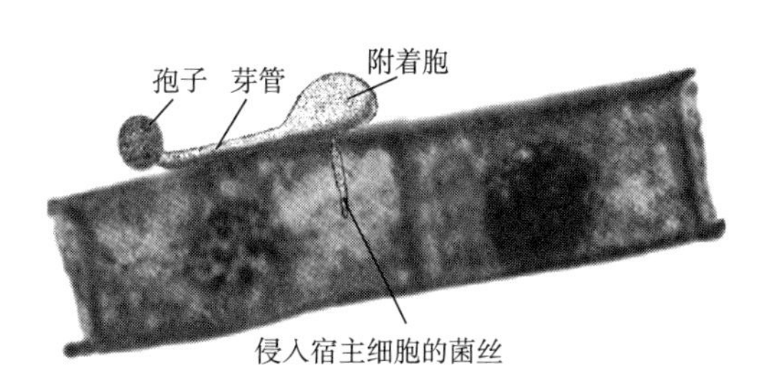

图 4-10 特化营养菌丝——附着胞

（4）附着枝（adhesive branch） 附着枝指的是部分寄生性真菌的菌丝细胞生出长为 1～2 个细胞的短枝，并将其菌丝附着在宿主的特殊结构。

（5）匍匐菌丝（stolon） 匍匐菌丝又称匍匐枝，是真菌在固体基质上形成的与表面平行且具有延伸功能的菌丝。毛霉目的真菌常形成具有延伸功能的匍匐状菌丝，如黑根霉。在固体基质表面上的营养菌丝分化为匍匐状菌丝，隔一段距离在其上长出假根，伸入基质，假根之上形成孢囊梗；新的匍匐菌丝不断向前延伸，以形成不断扩展的菌落。

（6）捕捉菌丝（hyphal traps） 捕食线虫真菌是一类通过营养菌丝特化成的捕食器官来捕捉线虫的真菌。这类真菌可以在土壤中营腐生生活，但当线虫猎物出现之时，它们便会通过产生特殊的捕食器官（图 4-11）捕捉线虫。

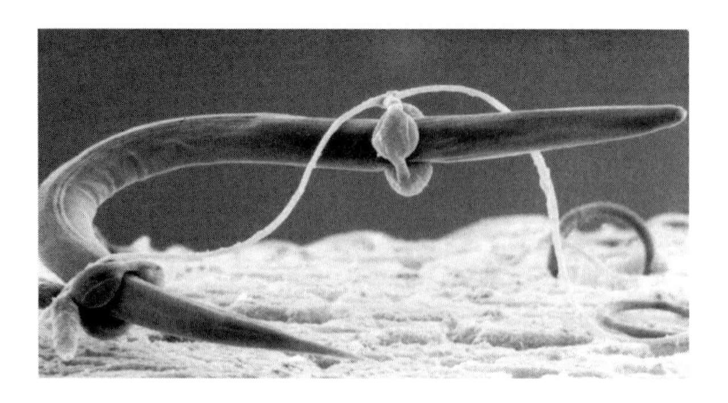

图 4-11 真菌的捕捉菌丝

捕食器官主要分为两类：一种靠黏着，一种靠机械捕捉（即依靠收缩环的机械力卡住线虫从而将其捕捉）。靠黏着功能捕食的真菌无特殊的菌丝构造，仅靠菌丝表面分泌黏液黏捕线虫等微小生物。收缩环被认为是最高效且精密的捕食器官（工具）。靠机械捕捉的真菌，其菌丝侧生短分支，短分支末端膨大成拳头状，当线虫通过该部位时被抓住。有的真菌由 3 个膨大细胞组成环状圈套，当线虫不慎落入这个套环时，这 3 个细胞立即缩紧将线虫卡住。套环内表面对摩擦特别敏感，构成环的 3 个细胞能在 0.1~1s 迅速膨胀到原体积的 3 倍左右。虫子越扭动，3 个菌丝细胞越大，菌丝内环越小，对线虫卡得越紧，使线虫难以逃脱，然后菌丝传入虫体，并在线虫体内生长，侵染和消解线虫，从而获取营养。

3. 气生菌丝体的特化构造

气生菌丝特化形成的能产生孢子的各种形状不同的构造称为子实体（sporocarp 或 fruiting body），在其里面或上面可产生无性或有性孢子。

产生无性孢子的简单子实体主要有两种：一是分生孢子头（conidial head），代表霉菌为青霉属（*Penicillium*）和曲霉属（*Aspergillus*）；另一种为孢子囊（Sporangium）、根霉属（*Rhizopus*）和毛霉属（*Mucor*）的无性孢子由孢子囊产生。

产无性孢子的复杂的子实体主要是分生孢子器（pycnidium）、分生孢子座（sporodochium）和分生孢子盘（acervulus）（图 4-12）。分生孢子器大多为球形或瓶形结构，其内壁四周表面或底部长有极短的分生孢子梗，在梗上产生分生孢子。分生孢子座是由分生孢子梗紧密聚集成簇而形成的垫状结构，分生孢子长在梗的顶端，这是瘤座孢科真菌的共同特征。分生孢子盘是分生孢子梗在寄主角质层或表皮下簇生形成的盘状结构。

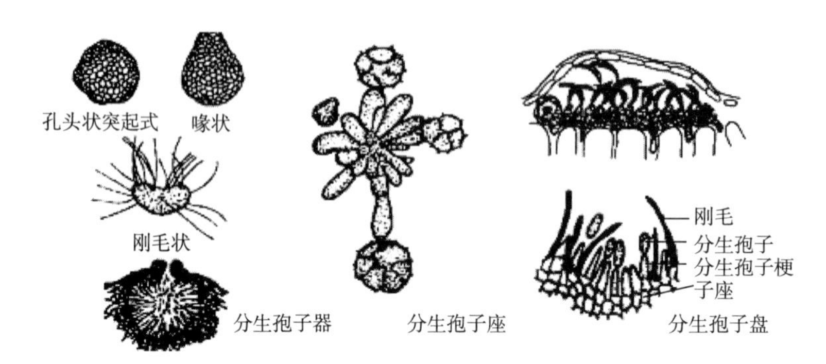

图 4-12 结构复杂的子实体

产有性孢子的结构复杂的子实体称为子囊果（ascocarp）。子囊果分为3类：闭囊壳、子囊壳和子囊盘。

二、霉菌的繁殖

霉菌的繁殖能力很强，繁殖方式多样，主要分为无性繁殖、有性繁殖和准性生殖。大部分霉菌都能进行有性和无性两种繁殖，从而产生有性或无性孢子。通过孢子萌发，形成新的营养体来延续后代达到其繁殖的目的。霉菌也能进行菌丝段片繁殖，它是发酵工业中的重要繁殖方式。

（一）霉菌的无性生殖

霉菌的无性生殖是指经过营养细胞的分裂或营养菌丝的分化而产生新子代个体的过程。通过一次DNA复制、一次营养细胞分裂，实现亲、子代间遗传性的稳定。霉菌的无性生殖形成孢囊孢子（静孢子、游动孢子）、分生孢子、节孢子（粉孢子）和厚垣孢子（图4-13）。

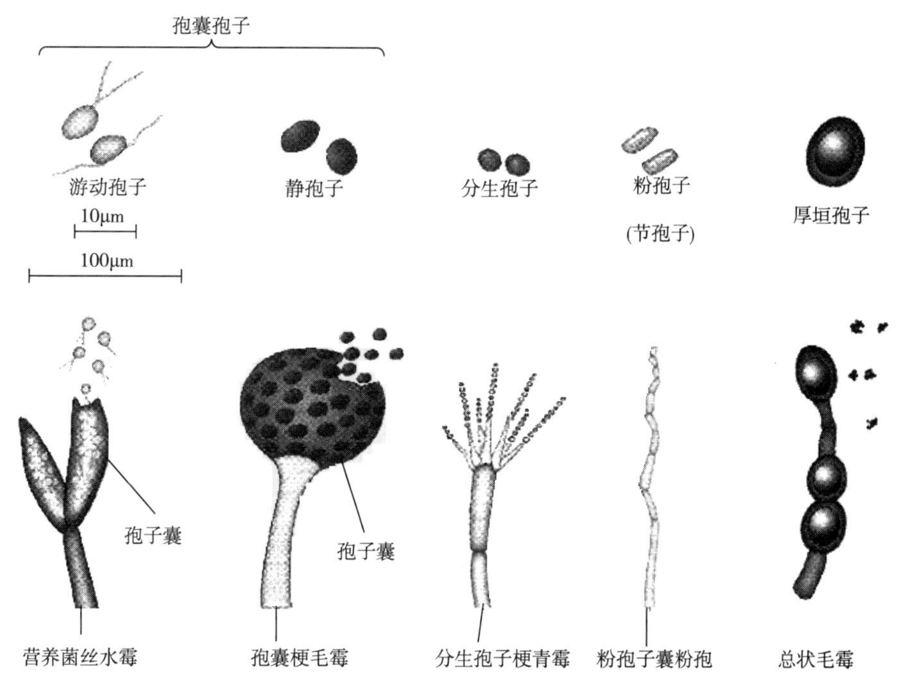

图4-13　霉菌的无性孢子的类型

1. 孢囊孢子

孢囊孢子的形成过程：菌丝发育到一定阶段，气生菌丝顶端细胞膨大，并在下方生出横隔膜与菌丝分开而形成圆形、椭圆形的孢子囊。囊内产生孢囊孢子。孢囊孢子属于单细胞、不游动、圆形或近圆形。顶端形成孢子囊的菌丝称为孢囊梗，孢囊梗伸入孢子囊内的部分，称为囊轴。孢子囊成熟后破裂，散出孢囊孢子。游动孢子（zoospore）产生在由菌丝膨大而成的游动孢子囊内。孢子通常为圆形、洋梨形或肾形，具一根或两根鞭毛，能够游动。产生游动孢子的真菌多为鞭毛菌门的水生真菌。

2. 分生孢子

分生孢子由菌丝顶端或分生孢子梗出芽或缢缩形成。红曲霉和交链孢霉等分生孢子着生在菌丝或其分枝的顶端，形成无明显分化的分生孢子梗；曲霉的分生孢子梗顶端膨大形成顶囊，顶囊的四周或上半部着生一排或两排小梗，小梗末端形成分生孢子链。青霉的分生孢子梗顶端多次分枝成帚状。分枝顶端着生小梗，小梗上形成串生的分生孢子（图 4-14）。因而，曲霉和青霉具有明显分化的分生孢子梗。

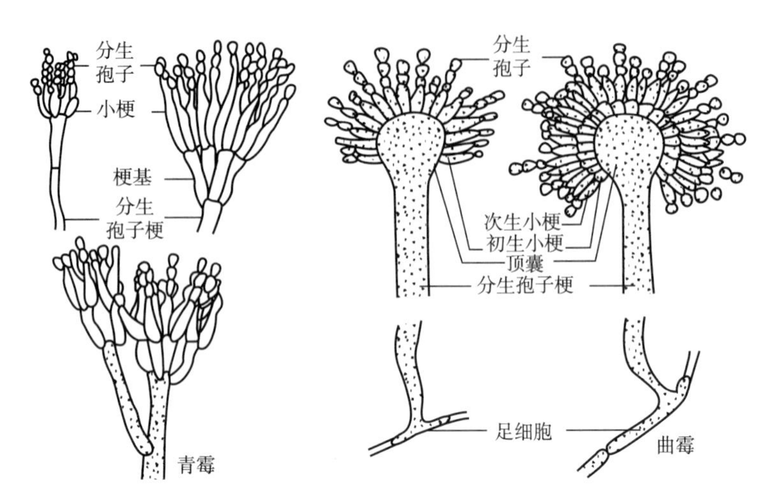

图 4-14　青霉和曲霉的分生孢子梗

3. 节孢子（arthrospore）

节孢子又称粉孢子（oidium），是白地霉等少数种类所产生的一种外生孢子。通常，菌丝生长到一定时期，中间出现许多隔膜，菌丝从隔膜处顺次断裂，产生圆柱形、筒状或两端呈钝圆形的节孢子（图 4-15）。

4. 厚垣孢子（chlamydospore）

厚垣孢子是一种厚壁的有抵抗能力的孢子（图 4-16），厚垣孢子呈圆形、纺锤形或长方形，由菌丝体直接分裂而来，菌丝体内原生质和营养物质集中，寿命长，对外界环境有较强的抵抗力，菌丝体死亡之后，厚垣孢子仍然存活，待条件适宜时可以萌发产生菌丝。总状毛霉（*Mucor racemosus*）通常在菌丝中间形成厚垣孢子。

图 4-15　节孢子

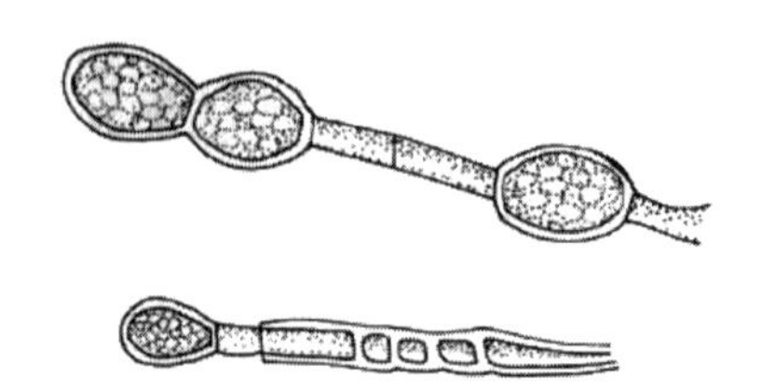

图 4-16　厚垣孢子

（二） 霉菌的有性生殖

霉菌的有性生殖是由菌丝分化形成特殊的性细胞（器官）配子囊或由配子囊产生的配子来相互交配，形成有性孢子的过程。有性繁殖包括质配、核配和减数分裂3个阶段。霉菌产生的有性孢子有卵孢子（oospore）、接合孢子（zygospore）和子囊孢子（ascospore）。大多数霉菌核配后进行减数分裂，形成单倍体有性孢子，因此大多数霉菌的菌体为单倍体，二倍体仅限于接合子（zygote）。在霉菌中，有性生殖不及无性生殖普遍，仅发生于特定条件下，一般培养基上不常出现。

卵孢子是由两个大小不同的配子囊结合发育而成的。小型配子囊称为雄器（antherdium），大型的配子囊称为藏卵器（oogonium）。藏卵器中的原生质与雄器配合以前，收缩成一个或数个原生质团，称为卵球。当雄器与藏卵器配合时，雄器中的细胞质与细胞核通过受精管而进入藏卵器与卵球结合，此受精后的卵球生出外壁即发育成为卵孢子（图4-17）。

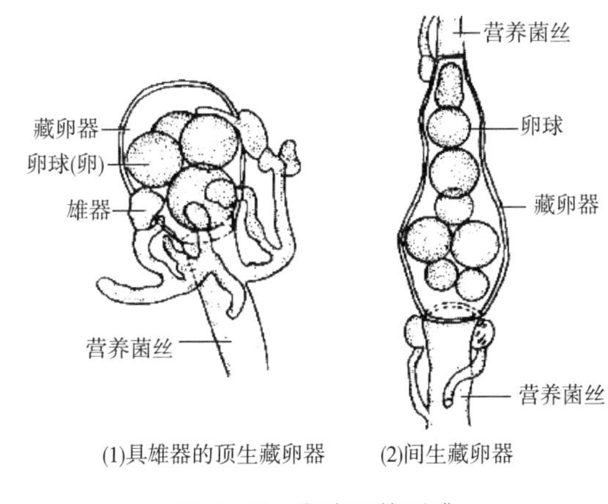

图4-17 卵孢子的形成

接合孢子是由性别不同或相同的菌丝，生出形态相同或略有不同的配子囊接合而成。接合过程中，当两个相邻菌丝体相遇时，引起两者的化学诱发，各自向对方伸出极短的特殊菌丝，称为接合子梗（zyophore）。性质协调的两个接合子梗成对地相互吸引，并在它们的顶部融合形成融合膜。两个接合子梗的顶端膨大，形成原配子囊。而后，在靠近每个配子囊的顶端形成一个隔膜——配子囊隔膜，使二者都分隔成两个细胞，即一个顶生的配子囊柄细胞，随后融合膜消解，两个配子囊发生质配，最后核配。由两个配子囊融合而成的细胞，起初称为原接合配子囊。原接合配子囊再膨大发育成厚而多层的壁，变成颜色很深、体积较大的接合孢子囊，在它的内部产生一个接合孢子（图4-18）。接合孢子囊和接合孢子在结构上是不相同的。接合孢子经过一定的休眠期，在适宜的环境条件下，可萌发成新的菌丝。

子囊孢子是着生在子囊内的有性孢子，是子囊菌的典型特征。在即将形成孢子之前，子囊内进行核融合和减数分裂，通常一个子囊内含有2~8个孢子，呈椭圆形。子囊可单生或聚集成子囊果。子囊孢子是通过异型配子囊配合产生的（图4-19）。钩状形成是其典型的形成方式：同一或相邻的两个菌丝细胞分别分化出雌性产囊体（ascogonium）和雄性的雄器，它们均含有多个核；当两个性细胞接触后雄核及其细胞质转入产囊体；产囊体上生出许多产囊

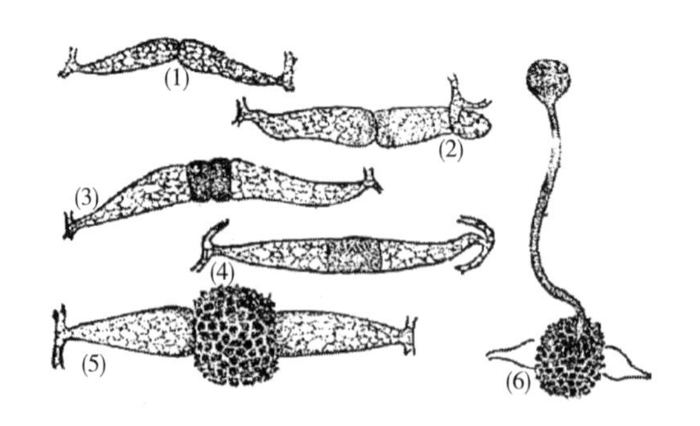

图 4-18　接合孢子的形成

（1）两种交配类型相遇　（2）原配子囊　（3）配子囊　（4）配子囊融合

（5）接合孢子　（6）接合孢子萌发形成新的菌丝

丝（ascogenous hyphae），并有多对核进入产囊丝；产囊丝长到一定长度后顶端弯曲成钩状环，在产囊丝与钩尖各生出一个横隔，形成钩顶细胞；钩顶细胞发育为子囊，其中含两个不同性别的核；在子囊内两个核融合，经过一次减数分裂和一次有丝分裂形成 8 个单倍体核；在每个细胞核周围产生膜并包围细胞质和核，并逐渐生出细胞壁发育成子囊孢子。子囊孢子成熟后靠子囊吸水增加膨压，强力将子囊和子囊果破裂，或通过子囊上的孔口释放出来。释放出的子囊孢子在合适条件下萌发芽管，长成新菌丝体。

一个产囊体上可以生出许多产囊丝，每根产囊丝发育出一个钩顶细胞后还可侧生分枝发育出另一根产囊丝，形成的许多子囊丛生在一起，被许多不孕的菌丝细胞包围，形成具有不同形态的被称为子囊果的结构。子囊果包含 3 种类型，第一种为完全封闭的圆球形的闭囊壳；第二种为烧瓶状、有孔，称为子囊壳；第三种呈盘状称为子囊盘。子囊孢子、子囊及子囊果随菌种而异，具有重要的分类意义。

（三） 霉菌的准性生殖

准性生殖是一种类似于有性生殖，但比有性生殖更为原始的一种生殖方式，它可使同种生物不同菌株的体细胞发生融合，不经过减数分裂的方式导致低频的基因重组并产生重组子。准性生殖过程也有染色体和基因的交换、分离和重组，也能形成重组体这是它类似于有性生殖而区别于无性生殖之处。

三、 霉菌的危害及其利用

霉菌能引起粮食、水果、蔬菜等农副产品及各种工业原料、产品、电器和工业设备的发霉或变质；也能引起动植物和人类疾病，如马铃薯晚疫病、小麦锈病、皮肤癣菌病、膀胱炎、阴道炎等；还可产生毒素危害，如真菌毒素、麦角毒素、单端孢霉烯族毒素、玉米赤霉烯酮、黄曲霉毒素等。霉菌毒素对人和畜禽主要毒性表现为可引起人神经和内分泌紊乱、免疫抑制、致癌致畸、肝肾损伤、繁殖障碍等。鸡天生对霉菌毒素敏感，饲料中较低含量的毒素就会造成鸡群大量死亡。霉菌毒素对蛋鸡的影响集中表现在：卵巢和输卵管萎缩，产蛋量下降，产蛋畸形，孵化率降低。1846 年爱尔兰的马铃薯饥荒是马铃薯晚疫病菌（*Phytophthora infestans*）引起的，造成约 100 万人死亡。

霉菌在工业上应用比较广泛，如用于食醋、干酪、酱油、豆瓣等食品酿造，郫县豆瓣的

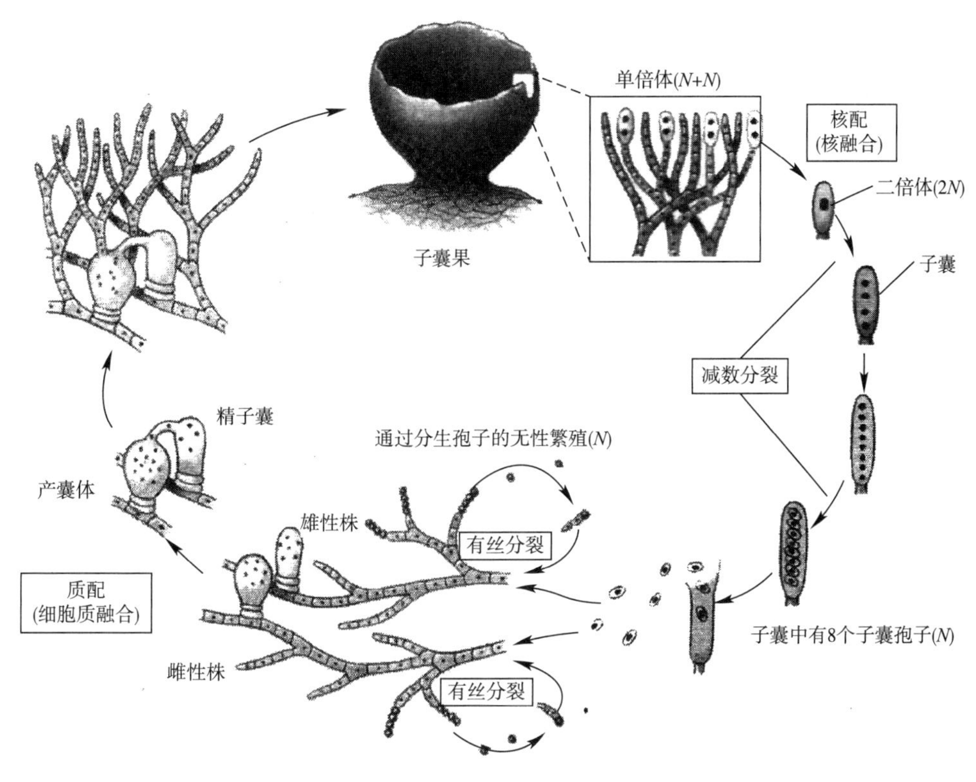

图 4-19 丝状子囊菌的生活史

制曲就是采用的米曲霉菌种；还可以生产柠檬酸、葡萄糖酸等多种有机酸以及淀粉酶、蛋白酶和纤维素酶等多种酶制剂；在医药生产方面也有重要价值，1982 年弗莱明发现了能杀死金黄色葡萄球菌的点青霉，从而开创了抗生素产业。利用紫杉树内生真菌可以生产紫杉醇(taxol)，由产黄青霉生产的青霉素已经遍布全球，并在第二次世界大战中为治疗伤员做出了重要贡献。霉菌还可用于麦角碱、生物碱、真菌多糖和植物生长刺激素（赤霉素）等产品开发。黄孢原毛平革菌（*Phanerochaete chrysosporium*）能分泌水解木质素和纤维素的酶，制备造纸用酶；棉阿舒囊霉（*Ashbya gossypii*）通过工业发酵可合成自身所需核黄素的 20000 倍；黑曲霉可以利用糖蜜作为底物高效生产柠檬酸，而柠檬酸广泛应用于酸味食品和风味改良；粗糙脉孢菌（*Neurospora crassa*）等可作为遗传材料进行理论研究，为工程菌开发提供基础。

第三节 蕈菌

蕈菌（mushrooms）又称伞菌，常指那些可以食用的具有显著肉质或胶质子实体可供鉴别的大型真菌，包括食药兼用和药用的大型真菌。蕈菌广泛分布于地球上，在森林落叶地带更为丰富。全世界目前已发现大约 25 万种真菌，其中有 1 万多种大型真菌中，食用菌的种类约有2000多种（中国1500种）。目前已鉴定的食用菌（edible mushroom）有981种，许多已经经驯化和人工栽培，如常见的香菇、双孢蘑菇、木耳、猴菇菌和灵芝等；少数种类有毒或引起木材朽烂。世界上，引发中毒死亡事件的最主要毒蘑菇就是鹅膏属的物种，致死的90%都是这个属的物种，譬如死亡帽是剧毒之物，而另外一种白毒伞，外表符合无毒蘑菇的形象，很容易被误食，但它的致死率也相当的高，被称为致命白毒伞。

一、 蕈菌的类群

Ainsworth于1973年提出菌物界的分类体系，建议把菌物界分为黏菌门和真菌门。蕈菌隶属于担子菌门和子囊菌门。

1. 常见的属于担子菌门的蕈菌

人们日常生活中遇到的绝大多数蕈菌包括可以广泛栽培的类群都属于担子菌。在已知的981种蕈菌中，有94%为担子菌，它们隶属于46个科144个属。常见的有伞菌目（Agaricales）的侧耳（平菇）、榆黄蘑、香菇（花菇）、草菇、金针菇、双孢蘑菇、大球盖菇等；非褶菌目的树舌、珊瑚菌、灵芝、猪苓等；木耳目（Auriculariales）的黑木耳、毛木耳、皱木耳以及琥珀褐木耳等；银耳目（Tremellales）的银耳、金耳等；鬼笔目（Phallales）的竹荪；马勃目（Lycoperdales）的梨形灰包、大秃马勃等。部分担子菌形态如图4-20所示。

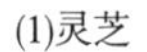

(1)灵芝

(2)香菇

图4-20 担子菌

2. 常见的属于子囊菌门的蕈菌

属于子囊菌的蕈菌种类较少。它们的子实体大都是盘状、鞍状、钟状或脑状，子囊产生在子实体的表面或产生于开口的腔内。如块菌科（Tuberaceae）的中国块菌、黑孢块菌等；盘菌目的（Pezizales）羊肚菌等（图4-21），另外冬虫夏草也属于子囊菌门。

目前我国有90多种野生食药兼用菌还没得到开发，已经广泛栽培的20多种蕈菌中仅羊肚菌开始了在全国推广栽培，进行这些蕈菌的野生驯化、半人工栽培及人工栽培具有十分重要的意义。

(1)羊肚菌

(2)黑孢块菌

图 4-21　子囊菌亚门的蕈菌

二、　蕈菌的形态结构

蕈菌的最大特征是形成形状、大小、颜色各异的大型肉质子实体。食用菌的次生菌丝生长到一定阶段，如果温、湿、光、气等环境条件适宜，会扭结形成子实体原基。之后，原基逐渐发育为成熟的子实体。子实体形态多样，依据子实体形状大致可分为伞菌类、非褶菌（多孔菌）类、胶质菌（银耳、木耳、花耳）类、腹菌类和子囊菌类。伞菌类的食用菌种类最多，与食用菌栽培和人类关系密切，肉质、伞状的子实体，形态结构相似，目前能够栽培的种类多数属于此类。故本节主要以伞菌类的食用菌为例介绍食用菌子实体的形态结构。通常蕈菌的分类也主要以子实体的形态和孢子的显微结构为主要依据。

子实体（fruit body）是大型真菌的繁殖器官，由已经分化的二级菌丝体构成，属三级菌丝体的特殊组织，是主要的食用或药用部分。担子菌的子实体又称担子果（basidiocarp）。典型的蕈菌子实体由菌盖、菌柄和附属物组成。典型伞菌子实体的形态结构如图 4-22 所示。

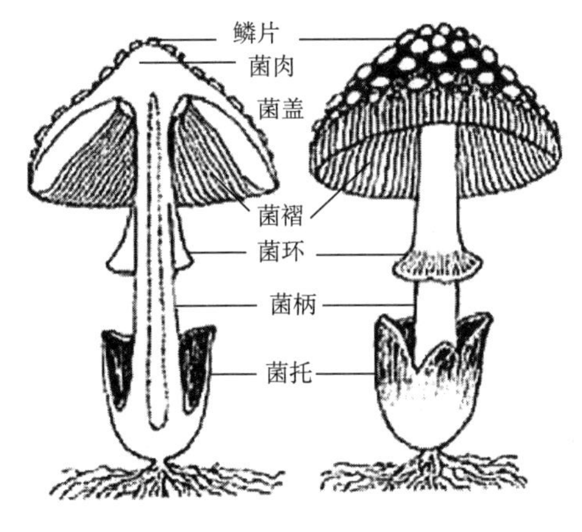

图 4-22　伞菌子实体形态构模式图

1. 菌盖

菌盖（cap）又称菇盖、菌伞，是菌褶着生的地方。不同的食用菌，菌盖的形状也各不相同，常见的有半球形、斗笠形、钟形、扇形或近半圆形、杯状、平展、卵圆形、漏斗形等（图 4-23）。菌盖有的表面光滑，有的具毛状条纹、具环纹、具块状鳞片、具角锥状鳞片，被纤毛状丛生鳞片、龟裂鳞片和具短纤毛等。菌盖的直径大小不一，通常菌盖直径<5cm 的称为小型菌类；5~10cm 的称为中型菌类；>10cm 的称为大型菌类。菌盖由角质层（又称覆盖层）和菌肉两部分组成，角质层是由保护菌丝组成，依次可分为皮层、盖皮及下皮层。菌肉大多数为白色，由生殖菌丝和联结菌丝组成。生殖菌丝是构成菌肉的主要菌丝类型，比联结菌丝宽直，能不断生长，分隔多，分隔处明显缢缩。联结菌丝生长有限，分隔少，常有大量或不规则的分支。在红菇科中，生殖菌丝由球状胞组成，埋于管状联结菌丝的基质中，常已失去再生能力，所以这类菇用组织分离难以存活。有些伞菌除生殖菌丝和联结菌丝外，还含有产乳菌丝（或称分泌菌丝），内含乳汁或油滴。菌盖的颜色有白色、黄色、褐色、灰色、黑色、红色、紫色和绿色等。色素一般仅存在于表皮细胞，但有的延及菌肉。有的菌盖表面受伤后会变色。

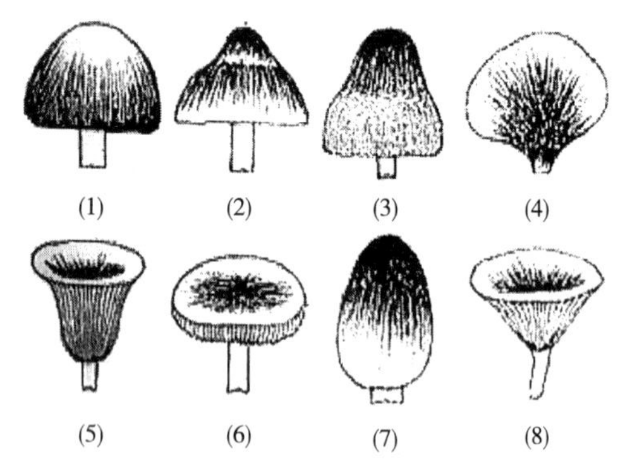

图 4-23　菌盖形状示意图

（1）半球形　（2）斗笠形　（3）钟形　（4）扇形或近半圆形
（5）杯状　（6）平展　（7）卵圆形　（8）漏斗形

2. 菌褶

菌褶又称菇叶、菇鳃，位于菌盖下方，呈辐射状排列的片状结构（图 4-24）。菌褶位于菌盖下表面，向地垂生。是产生担孢子的场所。菌褶稀密、长短不等。菌褶与菌柄连接的方式有：①直生（贴生）：菌褶内端呈直角状着生在菌柄上，如鳞伞属；②弯生（凹生）：菌褶内端与菌柄着生处呈一弯曲，如口蘑、香菇等；③离生（游生）：菌褶内端不与菌柄接触，如蘑菇属、草菇属；④延生：菌褶内侧沿菌柄下延，如侧耳属、杯伞属。

菌褶由子实层、子实下层和菌髓 3 部分组成。菌肉菌丝向下延伸形成菌髓，靠近菌髓两侧的菌丝生长形成狭长分支的紧密区称为子实下层，即子实层下面的菌丝薄层。再由子实下层向外产生栅栏状的一层细胞即子实层。有菌褶的食用菌子实层在菌褶的表面，有菌管的食用菌子实层在菌管内侧。菌髓的构造具有一定的分类学意义。一般认为有两种基本的菌髓类型：同型菌髓和异型菌髓。同型菌髓由大致相似的菌丝组成，而异型菌髓在丝状细胞间还散布有泡囊状细胞。同型菌髓中菌丝细胞的排列又有同型规则型、同型不规则型、同型两侧型

图 4-24　伞菌菌褶

和同型逆向型等不同类型。

子实层是子实体上孕育孢子的结构。担子菌的子实层主要由担子、担孢子、囊状体组成。

担子是担孢子的孕育者。担子细胞是子实层中菌丝顶端细胞膨大形成的棒状细胞。分为有隔和无隔两种。无隔的担子，一般呈棒状，顶端通常具有 4 个小梗，各产生 1 个孢子，有的只有 2 个小梗或 2 个孢子。未成熟的担子多无小梗，称为幼担子。但成熟菇体的子实层有的会出现幼担子，它不产生小梗或孢子。银耳类的担子具有纵隔，即纵隔分为 4 个部分，顶端同样生 4 个孢子。而黑木耳的担子具横隔，分 4 节，倾斜伸出 4 个小梗并生长出 4 个孢子。这类产生在担子上的孢子称为担孢子，含有担孢子的伞菌又称担子菌（产生在子囊内的孢子称为子囊孢子，相应的食用菌称为子囊菌，如羊肚菌）。

囊状体分布在子实层中，较担子大，为不孕细胞，大多数在菌褶两侧，也有生长在菌褶边缘，后者称为褶缘囊体。囊状体一般单生，而褶缘囊体有的则丛生。囊状体的形状有棒状、瓶状、梭形、纺锤形或梨形等。囊状体的顶端有钝圆、角状、尾状、圆头状、细长或具有结晶等。囊状体的有无、位置、形状是蕈菌分类的重要依据之一。

孢子是食用菌产生的配子。孢子成熟时，会从菌褶上有力地弹射出来，然后受地心引力的作用下落。孢子的颜色是伞菌分类特别有价值的分类特征。多数孢子是无色的，但当孢子大量沉积时呈现固有的色泽。少数为粉红色、红褐色、黑褐色、黑色、紫色、黄色等。孢子的大小和形状及表面特征在伞菌分类上也很重要。不同食用菌的孢子大小有所不同，同一食用菌的不同成熟度的孢子的大小也有差异，一般为 5~10μm。孢子的形状多样，主要有椭圆形、卵圆形、长方椭圆形、宽椭圆形、长椭圆形、近四方形、近梭形、纺锤形、圆球形、星形、短圆柱形、柠檬形、棒形、五角星形、近球形、近肾形、瓜子形等。孢子表面特征也多种多样，多数平滑，但有的表面粗糙具小点、小疣、小瘤、含油滴、盔状膜、发芽孔、网纹、刺、刺疣、指状突起、条纹、刺棱等。

3. 菌柄

菌柄又称菇柄或菇脚，生长在菌盖下方，具有支持菌盖、输送水分和营养的功能。菌柄的形状、长短、粗细、颜色、质地因种而异。菌柄一般生于菌盖中部，称为菌柄中生。也有偏离菌盖中央或生于菌盖一侧的，称为菌柄偏生或侧生。多数食用菌的菌柄为肉质，少数为纤维质、脆骨质。多数菌柄中实，少数中空或中松（内部为海绵质填充物）。有的菌柄较长，有的较短甚至无柄。菌柄直径变化很大，由几毫米到几厘米或更大。菌柄多数呈圆柱形，呈棒状、纺锤状、柱状、分枝、膨大具网纹、基部延伸根状、柄中生基部膨大近球形等。菌柄表面一般光滑，少数菌柄上具网纹、棱纹、鳞片、茸毛或纤毛等。多数菌柄为白色，有的菌柄具有颜色，与菌盖同色或不同。某些伞菌如双孢蘑菇，在菇蕾幼期，连接在菌盖边缘与菌柄之间的一层薄膜，称为内菌幕。由于内菌幕的存在，在开伞前菌褶不外露。随着子实体逐渐成熟，菌盖逐渐平展，内菌幕破裂后残留在菌柄上形成的一个膜质环状物，称为菌环。而草菇在菇蕾时，有一层包裹在整个菇蕾外面的薄膜，称为外菌幕。由于外菌幕的存在，在开伞前，菌盖、菌柄都不外露，菇蕾外形呈球形或卵形。随着子实体逐渐成熟，菌柄迅速延伸，外菌幕破裂后残留在菌柄基部形成一个膜质杯状物，称为菌托。菌托的有无以及形态是伞菌分类的重要依据。

三、 蕈菌子实体的发育过程

子实体的发育过程是由已经成熟的菌丝体经扭结分化成原基（primordium）再分化成菌蕾（button），进而发育为成熟的子实体。原基一般呈颗粒状或钉头状，是子实体的原始体，或器官形成的胚胎，由生理成熟的菌丝体扭结分化而成，可进一步分化形成菌蕾。菌蕾是指未发育成熟的幼嫩的子实体，具有成熟子实体的雏形。在菌蕾中，菌盖、菌柄已经分化完成。有些蕈菌的菌蕾期就是采收期，如双孢蘑菇、草菇等。

在蕈菌的发育过程中，其菌丝的分化可明显地分成 5 个阶段：①形成一级菌丝：担孢子萌发，形成由许多单核细胞构成的菌丝，称一级菌丝；②形成二级菌丝：不同性别的一级菌丝发生结合后，通过质配形成了由双核细胞构成的二级菌丝，它通过独特的“锁状联合”（图 4-25 和图 4-26），即形成喙状突起，而联合两个细胞的方式不断使双核细胞分裂，从而使菌丝尖端不断向前延伸；③形成三级菌丝：到条件合适时，大量的二级菌丝分化为多种菌丝束，即为三级菌丝；④形成子实体：菌丝束在适宜条件下形成菌蕾，然后再分化、膨大成大型子实体；⑤产生担孢子：子实体成熟后，双核菌丝的顶端膨大，细胞质变浓厚，在膨大的细胞内发生核配形成二倍体的核。二倍体的核经过减数分裂和有丝分裂，形成 4 个单倍体核。这时顶端膨大细胞发育为担子，担子上部随即突出 4 个梗，每个单倍体子核进入一个小梗内，小梗顶端膨胀演化成担孢子。

锁状联合的形成过程极为巧妙（图 4-26）：首先，在细胞的两核之间生出一个喙状突起，双核中的一个移入喙状突起，另一个仍留在细胞下部。2 个核同时分裂，成为 4 个子核。分裂完成后，原位于喙状突起基部的一子核与原位于细胞内的一子核移至细胞上部配对。另外 2 个子核，一个进入喙突中，一个留在细胞下部。此时细胞中部和喙突基部均生出横隔，将原细胞分成 3 部分。上部是双核细胞，下部和喙突部暂为 2 个单核细胞。此后，喙突尖端继续下延与细胞下部接触并融通。同时喙突中的核进入下部细胞内，使细胞下部也成为双核。经如上变化后，4 个子核分成 2 对，一个双核细胞分裂为 2 个。此过程结束后，在两细胞分隔处残留一个锁臂状结构，即锁状联合。这一过程保证了双核菌丝在进行细胞分裂时，每个细胞都含有两个异质（遗传型不同）的核，为进行有性生殖、通过核配形成担子打下基础。锁状联合是双核菌丝的一个形态特征，凡是产生锁状联合的菌丝均可断定为双核。

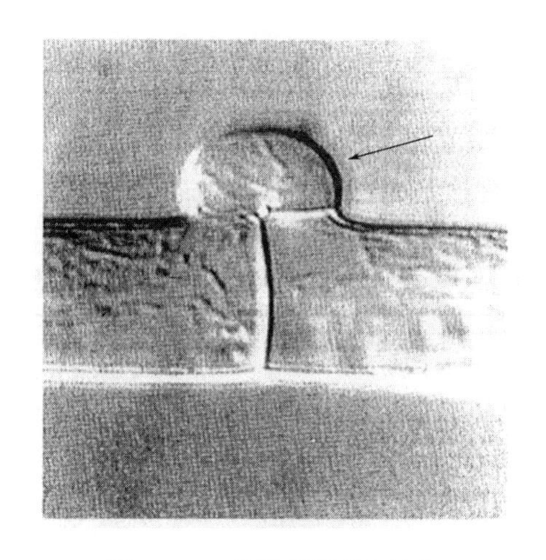

图 4-25 菌丝锁状联合结构

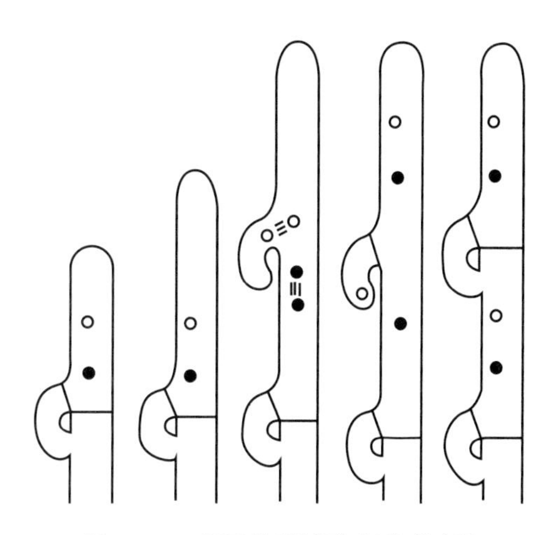

图 4-26 担子菌锁状联合形成过程

锁状联合也是担子菌亚门的明显特征之一。但并不是所有的担子菌都具有锁状联合，如草菇、双孢蘑菇、姬松茸、红菇、乳菇等就没有锁状联合。极少数子囊菌的菌丝也形成锁状联合，如块菌。

四、蕈菌的繁殖

蕈菌的繁殖主要包括有性繁殖和无性繁殖。

（一）有性繁殖

蘑菇和黑木耳是人们最熟知的担子果。蘑菇伞盖下面的菌褶主要由担子和担孢子组成。担子菌的有性繁殖是在担子上形成担孢子（basidiospore）。担孢子是担子菌类的有性孢子，为外生孢子，因其着生于一个被称为担子的特化细胞上，故称为担孢子。担子是由通过菌丝联合交配而形成的双核菌丝分化形成的特殊细胞。

当发育担子时，菌丝顶端双核细胞膨大，细胞质变浓厚。担子内两个核配合成双倍体，不久进行减数分裂形成 4 个核，担子上部随即突出 4 个梗，每个核进入一个小梗内，小梗顶端膨胀生成担孢子，每个担孢子含 1 个单倍体核。小梗与担子之间产生横隔。成熟的担孢子有两层壁，外壁不平，有刺、有颜色或其他装饰。担孢子靠弹射或其他机制自行脱落。担子有纵或横隔，或无隔。担子和担孢子的大小、形状、颜色和表面装饰都可以作为担子菌分类的依据。担子在一定结构中排列成层，形成担子果。担孢子的形成过程如图 4-27 所示。

（二）无性繁殖

大多数担子菌的无性繁殖不发达，通常通过芽殖、菌丝片段断裂，以及产生分生孢子、节孢子或粉孢子来进行的。

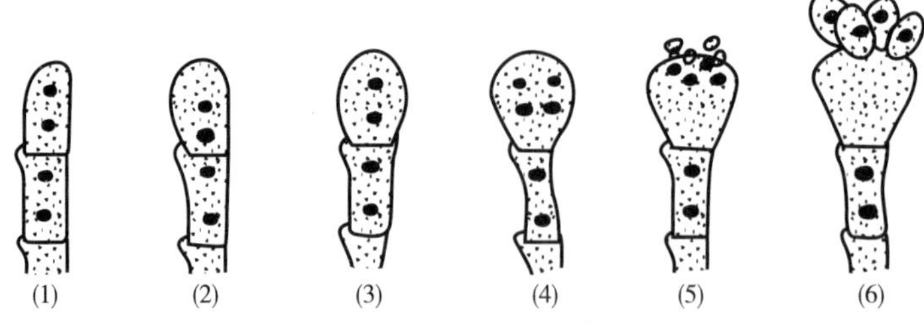

图 4-27 担孢子的形成过程

（1）~（3）形成一级、二级和三级菌丝 （4）形成子实体 （5）产生担孢子 （6）产生 4 个单倍体子核

五、 蕈菌的主要功能

目前，人们对食用蕈菌的营养学价值研究较多。除了具有丰富的优质蛋白外，还具有强大的食用菌医疗及保健功效。

1. 具有降低胆固醇和抑制血压升高的功效

研究发现，香菇、金针菇、黑木耳等 9 种食用菌的子实体均具有降低胆固醇的作用。食用菌都含有植物固醇，其结构与胆固醇十分相似，但人体不会吸收，相反，它能干扰胆固醇的吸收，使血液中的胆固醇浓度保持在安全水平。食用菌还能升高高密度脂蛋白的比例，改善血管硬化程度，对高血压起到一定的辅助治疗作用，对心血管系统的健康有利。

2. 具有抗病毒的功效

蕈菌能产生双链螺旋状核糖核酸，能刺激人体网状组织和白细胞生产释放干扰素，抑制病毒的复制增殖。因此，对预防病毒性感冒、保护肝脏、预防感染乙肝有一定的功能。

3. 具有增强免疫功能，抗肿瘤、抗衰老的功效

蕈菌多糖能增强人体网状肉皮系统吞噬细胞的作用，激活胸腺淋巴的 T 细胞和骨髓淋巴的 B 细胞，组成免疫统一战线，监视和吞灭有恶化倾向的异常细胞，将癌细胞杀灭在萌芽阶段。近代研究证明：灵芝的菌丝体和子实体中含有的高分子多糖生理活性物质除具有增强机体免疫功能和抑制肿瘤生长的活性外，还有延缓衰老的作用。

思考题

1. 简述真菌的概念。
2. 真核微生物与原核微生物的主要区别是什么？
3. 简述线粒体的生物学作用。
4. 简述酵母菌在生活中的应用。
5. 简述酵母菌的生活史。
6. 简述霉菌的生殖方式及无性孢子、有性孢子的主要类型。
7. 酵母菌细胞的主要构造、生理、繁殖特点是什么？
8. 简述卵孢子的形成过程。
9. 什么是锁状联合，其过程是怎样的？
10. 简述蕈菌子实体的发育和担孢子的形成过程。

第五章 病毒

CHAPTER 5

2013年3月在中国上海发现了首例人感染禽流感病毒H7N9，截至同年9月已有134例人感染，病死率33.6%。2020年，新型冠状病毒（SARS-CoV-2）的感染在全球越演越烈，截至2021年7月2日，中国确诊118713例，累计死亡5523人；国外已经确诊183342646例，累计死亡3967063人，其中美国累计确诊34561403例，累计死亡620645人，这让人类不得不面对病毒，重新思考和探索。在人类认识病毒以前，由病毒引起的多种疾病早有史料记载，已经给人类带来了巨大的伤害。直到19世纪末，烟草花叶病毒（tobacco mosaic virus，TMV）被发现，才真正拉开了病毒学研究的序幕。对发现病毒做出贡献的三位先驱者是德国科学家Adolf Eduard Mayer、俄国科学家Dmitri Iwanowski及荷兰科学家Martinus W. Beijerinck。随着科学研究的发展，病毒学已经成为现代微生物学的一个重要分支。研究和掌握病毒学对于保护人畜健康、保证植物正常生长发育、促进农、林、牧、渔业发展及保护自然环境等具有重大意义，同时对分子生物学和分子遗传学的发展起到了巨大的推动作用。

第一节　病毒的特点

一、病毒的特点和定义

病毒的英文是virus，源自于拉丁语poison，相当于希腊语中的toxin，其在希腊语中专指来自于生物体的毒素，病毒的含义随着人类对病毒本质的认识不断深入而延伸。病毒是专性的细胞内寄生物，与细胞生物有显著的区别，其本质是一种只含一个或多个DNA或RNA分子的遗传因子。它们能以非感染态和感染态两种状态存在。病毒在细胞外环境中，以病毒粒子（virion）的形式存在。病毒粒子，简称毒粒。病毒粒在离体环境中，能以一种无生命的化学大分子状态长期存在，不能进行代谢和繁殖，处于惰性状态，但是病毒粒依然保持其侵染性。一旦病毒进入宿主体内时，病毒粒呈感染态，病毒粒解体，释放具有繁殖性的病毒基因组，依赖宿主的代谢系统获取能量、复制核酸和合成蛋白质，然后通过核酸与蛋白质的装配而实现病毒的大量繁殖，并随之表现出遗传、变异等一系列生命特性，这时处于有生命的状态。因此，病毒是一类既具有化学大分子属性，又具有生物体基本特征；既具有细胞外的感染性颗粒形式，又具有细胞内的繁殖性基因形式的独特生物类群。

病毒是介于生命和非生命之间的一种物质形式，病毒以其结构简单、特殊的繁殖方式以及专性的细胞内寄生，显著区别于其他生物，广泛存在于我们周围。病毒的主要特征有：①绝大多数形体极其微小，一般都能通过细菌滤器，在光学显微镜下不易看到，在电子显微镜下才能观察到形态结构；②无细胞构造，化学成分较简单，其主要成分仅为核酸和蛋白质两种，故又称"分子生物"；③每一种病毒只含一种核酸，DNA或RNA，至今没有发现二者兼有者；④缺乏完整的酶系统和能量代谢系统，只能利用宿主细胞内现成的代谢系统，来完成自身核酸的复制和蛋白质合成；⑤独特的繁殖方式，利用宿主细胞的生物合成结构制备的核酸和蛋白质为"元件"，装配成病毒颗粒，进行大量增殖；⑥在细胞外，以无生命的化学大分子状态长期存在，并可长期保持其侵染活性；⑦对一般抗生素不敏感，但对干扰素敏感；⑧有些病毒的核酸还能整合到宿主的基因组中，并诱发潜伏性感染。

由于病毒特性的复杂性、多样性及运动变化性，迄今病毒仍无一个科学而严谨的定义。比较公认的病毒定义为：病毒是专性的细胞内寄生物，绝大部分个体微小，其形状和化学组成各有所不同，无完整细胞结构，但是都仅含有DNA或RNA中的一类核酸的非细胞型微生物。为了能在环境中繁衍，它们必须具备从一个宿主转移到另外一个宿主的能力，并且具备对敏感宿主的浸染性和复制性。完整的"病毒粒子"含有一个蛋白质衣壳，其内含有一条核酸链，在衣壳的外面常包围有糖蛋白-脂类的膜。

随着病毒学进一步发展，20世纪70年代，科学家陆续发现了比病毒更小，结构更简单的亚病毒因子（subviral agent），如类病毒（viroid）、卫星病毒（satellite virus）、卫星DNA（satellite DNA）、朊病毒（prion）。

二、病毒的宿主范围

病毒的宿主范围是其能够感染并增殖的宿主生物种类和组织细胞种类。通常病毒可以感染几乎所有的细胞生物。另一方面，病毒又具有宿主特异性，即某一种病毒仅能感染一定种类的微生物、植物或动物。因此，根据病毒的专性宿主可将病毒分为噬菌体（phage）、植物病毒（plant viruses）和动物病毒（animal viruses）等。

从原核生物中分离到的病毒统称噬菌体，它们包括感染细菌的噬菌体（bacteriophage），感染蓝绿藻的噬蓝（绿）藻体（cyanophage）以及感染柔膜细菌（支原体和螺旋体）的支原体噬菌体（mycoplasmaphage）等。

植物病毒的种类繁多，能够影响受感染植物的生长和繁殖，已经鉴定的植物病毒高达1000多种，其中以高等植物为宿主的植物病毒最为普遍。此外，在低等植物藻类和真菌中也发现了病毒存在，分别称为噬藻体（phycophage）和真菌噬菌体（或称为真菌病毒）（mycophage或mycoviruses）。

动物病毒包括原生动物病毒（protozoal viruses）、无脊椎动物病毒（invertebrate viruses）和脊椎动物病毒（vertebrate viruses）。据统计，无脊椎动物病毒约1288种，其中绝大多数为昆虫病毒（insect viruses），有1255种，螨类的病毒16种，除昆虫和螨类外的其他无脊椎动物病毒约17种。脊椎动物病毒是以脊椎动物（包括人类）为宿主的病毒。在脊椎动物病毒中，能感染人类并引起人类疾病的病毒被称为医学病毒（medicine viruses）。能感染家养动物和野生动物的病毒被统称为兽医病毒（vertebrate viruses）。有些病毒，可以通过禽类传染给人类，对人类健康和生命造成严重威胁，如狂犬病毒、亨德拉病毒、埃博拉病毒、禽流感病毒、非典型性肺炎病毒（SARS-CoV）、中东呼吸系统综合征冠状病毒（MERS-CoV）及2019新型冠状病毒（SARS-CoV-2）等。

有些病毒的宿主谱较宽，如虫媒病毒（arboviruses）能在蚊、苍蝇、跳蚤、蠓、蜱、白蛉、蟑螂等节肢动物中繁殖，并以它们为介体在哺乳类和禽类等脊椎动物中广泛传播。

第二节 病毒的结构及化学组成

一、病毒的大小与形态

绝大部分病毒个体极其微小，通常需要借助电子显微镜才能观察到形态结构。不同类型病毒大小相差悬殊，大多数在10~300nm。小者如菜豆畸矮病毒（bean distortion dwarf virus），其大小为9~11nm，植物的双生病毒（geminiviruses）直径为18~20nm；2019年发现的新型冠状病毒直径为60~140nm；较大者如动物的痘病毒（poxviruses）的大小达（300~450）nm×（170~260）nm。在发现巨型病毒之前，人们一直沿用着病毒及其微小的假设，2003年法国科学家Jean-Michel Claverie和Chantal Abergel发现了第一种巨病毒——米米病毒（mimivirus），其大小为0.65μm左右，2013年发现两种巨病毒——潘多拉病毒（pandoravirus），其大小约为1μm左右，2014年，发现了迄今最大病毒——西伯利亚阔口罐病毒（pithovirus），尺寸为1.5μm × 0.5μm。

尽管已发现的病毒达数千种。但毒粒的基本形状大致可分球形或拟球形（如花椰菜花叶病毒、腺病毒）、杆状（烟草花叶病毒）、蝌料状（大肠杆菌T系偶数噬菌体）、砖块状（痘病毒）、子弹状（狂犬病毒）和丝状（大肠杆菌fd噬菌体）等几类。其病毒的形状往往同其壳体的基本结构有着紧密的联系，如球形病毒的壳体一般为二十面体对称，杆状病毒的壳体为常为螺旋对称。另外有的病毒毒粒呈多形性（pleomorphic），如流行性感冒病毒（influenza virus）新分离的毒株常呈丝状，在细胞内稳定传代后则变为直径约100nm的拟球形。常见病毒的大小与形态，如图5-1所示。

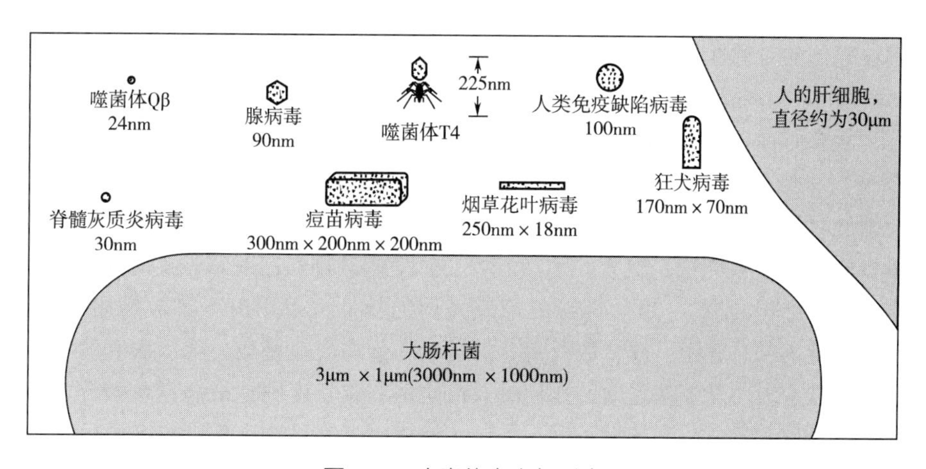

图5-1 病毒的大小与形态

二、病毒的结构

（一）病毒的基本结构

病毒毒粒的基本结构是由核酸和包围着核酸的蛋白质外壳两部分组成，二者的复合物称为核壳或称核衣壳（nucleocapsid）。蛋白质外壳称为衣壳或称壳体（capsid）。衣壳占据病毒的大部分，是病毒粒的主要支架和抗原成分，对核酸起保护作用。衣壳的主要结构组分是壳粒（或称衣壳粒），壳粒是电镜下能见到的最小形态单元。每个壳粒由多肽分子折叠而成的蛋白质亚基（或称蛋白质亚单位）（protein subunit）以次级键结合形成，蛋白质亚基又称原体（protomer）。一些病毒的壳粒各自与其他 6 个壳粒连接，称为六邻体（hexon），每个壳粒与其他 5 个壳粒连接，称为五邻体（penton）。

有些较复杂的病毒，在核壳外还被一层膜状结构包围，这种膜状结构被称为包膜（envelope），包膜通常由蛋白质、糖类、脂类组成。这类具有包膜的病毒称为包膜病毒（enveloped virus）。有的包膜上还有刺突（spike）等附属物，刺突是多糖-蛋白质的复合物。刺突与病毒种类相关，参与病毒对宿主细胞的黏附，是刺突类病毒的显著特征，可以作为病毒鉴定的依据。病毒粒的基本结构如图 5-2 所示。

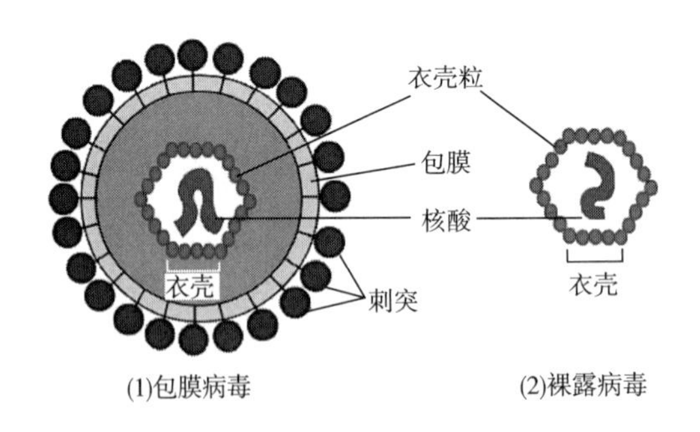

图 5-2 病毒粒的基本结构

病毒核心（core）是指有包膜的病毒除去包膜后的核衣壳及与其联系的蛋白质，或者无包膜的病毒去除外壳蛋白后的病毒核酸。

（二）病毒壳体的对称性

病毒粒壳体的对称性主要有两种结构形式，即螺旋对称（helical symmetry）和二十面体对称（icosahedral symmetry）。其他结构较复杂的病毒，实质上是上述两种对称类型的相互结合，故称为复合对称（complex symmetry）。

1. 螺旋对称型壳体

具有螺旋对称型壳体结构的病毒粒一般呈杆状或者丝状，其核壳类似于一种中空状的圆柱体，蛋白质亚基（衣壳粒）有规律地沿着中心轴呈螺旋排列，进而形成高度有序、对称排列、稳定的壳体结构（图 5-3）。病毒的螺旋壳体的特征可以用以下参数描述：螺旋长度、螺旋外径、螺旋内径、螺距、螺转数及每一螺转上的蛋白质亚基数目等。衣壳的直径是由蛋白质亚基的形状、大小及亚基之间的作用方式决定的，其长度则是由病毒核酸分子的长度决定的，衣壳的长度几乎总是和核酸长度一样。在螺旋对称壳体中，病毒核酸通过多个弱键与蛋白质亚基相结合，不仅能够控制螺旋排列的形式及衣壳的长度，而且核酸与衣壳的相互作用还增加了衣壳结构的稳定性。

烟草花叶病毒是这种类型的典型代表，外形呈长杆状，外壳由2130个相同的蛋白质亚基（每个亚基有158个氨基酸，相对分子质量为1.75×10^4）逆时针方向螺旋有序排列，形成一外径为18nm，内径4nm，长度为300nm的刚性长管。长管有130个螺旋，螺距为2.3nm，每一圈螺旋含有16.33个蛋白质亚基。其病毒核酸为由6390个核苷酸组成的ssRNA分子，相对分子质量为2×10^6，它以相同螺距螺旋状的方式共轴盘旋于外壳内，位于外壳蛋白质亚基形成的内侧螺旋状沟中，每3个核苷酸与1个蛋白质亚基相结合，每圈为49个核苷酸。烟草花叶病毒螺旋衣壳示意图如图5-3所示。

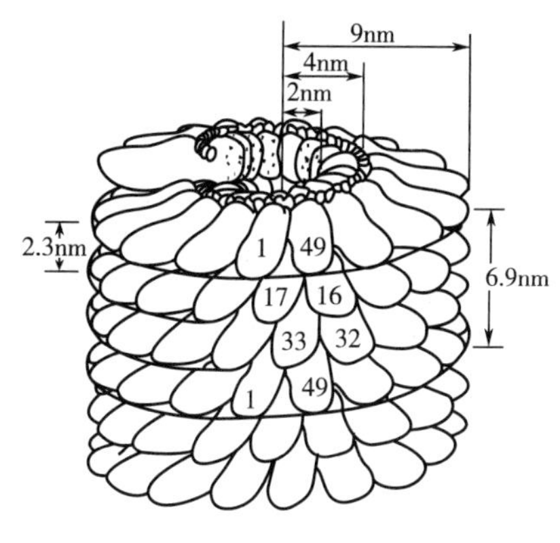

(1)烟草花叶病毒螺旋衣壳示意图

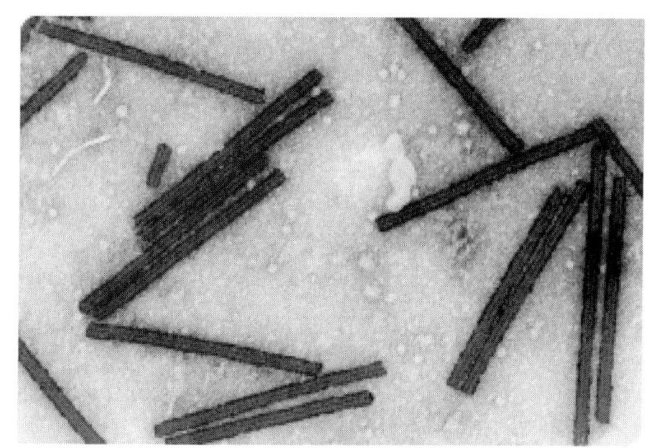
(2)烟草花叶病毒螺旋衣壳电镜照片

图5-3 烟草花叶病毒螺旋衣壳示意图（局部）及电镜照片

2. 二十面对称型壳体

几何学中的立方对称结构实体包括正四面体、正六面体、正八面体、正十二面体和正二十面体。在这些拓扑等价多面体中，当立方结构的表面积一定时，二十面体具有最大的容积，从而可以最有效地利用构建立方体的原材料。同样的道理，很多病毒衣壳体都具有二十面体对称结构。这类病毒表面上像球形，但经电子显微镜分析，实际上是典型的多面体结构，它包括20个等边三角形组成的面、12个顶角、30条边，并呈现出2°，3°和5°折叠对称。

这些核壳由不同数量的衣壳粒按五聚体（pentamers）、六聚体（hexamers）方式准确定位成对称多面体。五聚体由5个蛋白质亚基组成，常分布在二十面体的顶点；而六聚体由6个蛋白质亚基组成，常分布在二十面体的边和面中。因为五聚体和六聚体各与5个和6个其他的衣壳粒相邻，所以又分别称为五邻体（pemon）和六邻体（hexon）。衣壳粒之间是以非共价键结合。在大多数病毒的衣壳中，五聚体和六聚体是由同一种蛋白质亚基组成的，但在有些病毒中，如腺病毒，这两种形状衣壳粒是由不同类型的蛋白质亚基组成。各种病毒核壳的衣壳数目不同，小的病毒含有22个衣壳粒，大的病毒则含有几百个衣壳粒。

在二十面体壳体中，病毒核酸盘绕折叠在衣壳体内。在病毒二十面体壳体制备物中，常发现不具有核酸的空壳体（empty capsid）存在，这表明核酸对于二十面体壳体的形成并非必需，但空壳体很容易解离为游离的衣壳粒，所以核酸与衣壳的结合有助于增加壳体的稳定性。

动物的腺病毒（adenovirus）是这个类型的典型代表，病毒粒直径为70～80nm，没有包膜，壳体由 252 个球状衣壳粒组成一个具有二十面体的对称体，其中 240 个六邻体壳粒分布在二十面体的边和面中，12 个五邻体壳粒分布在 12 个顶角上。每个五邻体壳粒由一个五聚体（多肽Ⅲ）和一个三聚体纤维蛋白（Ⅳ）组成；六邻体壳粒是三聚体，而不是六聚体，它由 3 个 110K 多肽Ⅱ构成。每个五邻体上有一条 10～30nm 的蛋白纤维突起，称为刺突（spike）。腺病毒的核心是由 36500 个碱基对构成的线性双链 DNA（dsDNA），核酸分子以高度卷曲状态存在于衣壳内（图 5-4）。

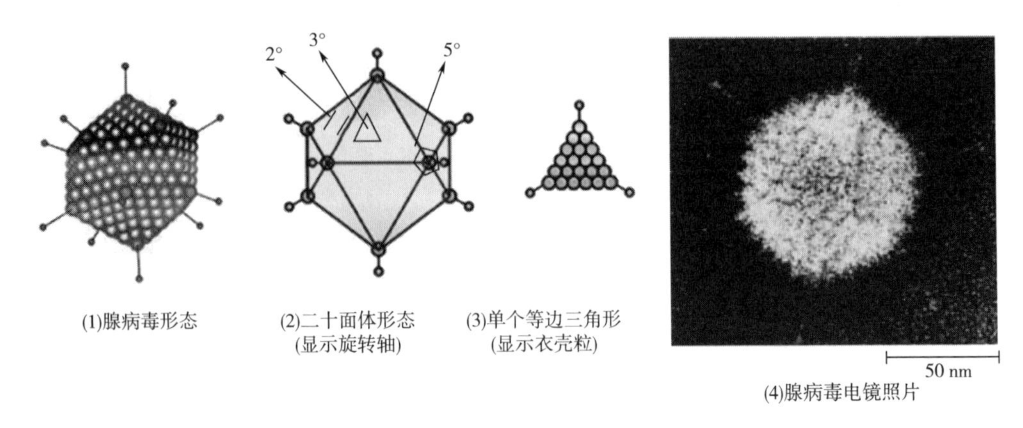

图 5-4　腺病毒的结构示意图和电镜照片

3. 复合对称型壳体

自然界中，有的病毒兼有螺旋对称型壳体和二十面对称体壳体两种结构，称为复合对称型壳体。例如，大肠杆菌 T4 噬菌体，由图 5-5 可知，这类噬菌体外形为蝌蚪状，主要由头部（head）、颈部（neck）和尾部（tail）三部分构成。

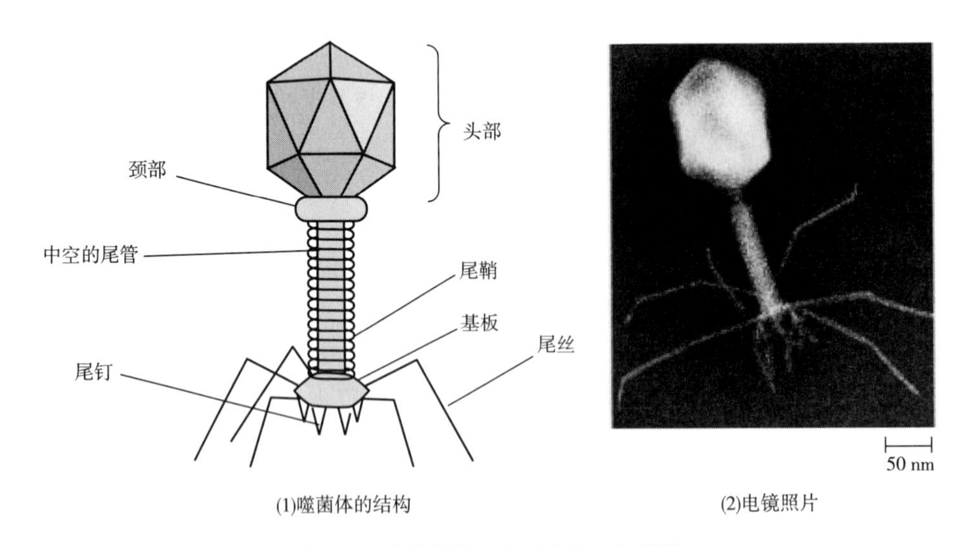

图 5-5　噬菌体的形态结构和电镜照片

其头部的长为 95nm，宽为 65nm，在电镜下呈椭圆形二十面体，由 212 个直径为 6nm 的衣壳粒组成，衣壳粒直径为 6nm。头部的核心为一条折叠盘绕的 dsDNA（1.66×10^{6}个核苷酸组成），长度约 50μm。

头、尾相连处的结构称为颈部，包括颈环（collar）和颈须两部分构成。颈环为一六角形的盘状构造，直径 36~37.5nm，其上长有 6 根颈须，其功能是裹住吸附前的尾丝。

尾部由尾鞘（tail sheath）、尾管或称为尾髓（tail-tube）、基板（base-plate）、尾钉或称为尾针、刺突（tail pins）和尾丝（tail fibers）六部分构成。尾鞘长 95nm，直径 13~20nm，是一个由 144 个蛋白质亚基（相对分子质量为 55000）螺旋缠绕而成的 24 环螺旋，尾鞘可以收缩。尾管长 95nm，直径为 8nm，其中央孔道直径为 2.5~3.5nm，尾管也由 24 环螺旋组成，与尾鞘上的 24 圈螺旋环相对应，是头部核酸（基因组）注入宿主细胞时的必经之路。尾部末端为基板、尾钉和尾丝。基板与颈环一样，为中央有孔的六角形盘状结构，直径为 30.5nm，上面长 6 个尾钉和 6 根尾丝。尾钉长为 20nm，具有吸附功能。尾丝长为 140nm，折成等长的两段，直径仅 2nm。它由 2 种相对分子质量较大的蛋白质和 4 种相对分子质量较小的蛋白质分子构成，静态时尾丝缠绕在尾部中部或者由颈须裹住，而当接触宿主细胞表面的特异受体，尾丝散开，专一地吸附在敏感宿主细胞表面的相应受体上。吸附后，由于基板受到构象上的刺激，中央孔开口，释放溶菌酶并水解吸附处的宿主细胞壁，然后噬菌体尾鞘蛋白收缩，尾管直接插入宿主细胞中。

（三） 病毒的包膜结构

一些病毒的毒粒就是一个核壳结构，这类毒粒又称裸露毒粒（naked virion），如烟草花叶病毒、脊髓灰质炎病毒（poliovirus）、腺病毒、呼肠孤病毒、小 RNA 病毒等。另外一些病毒除了还有一个衣壳外，还覆盖着一层脂蛋白膜，称为包膜，如披膜病毒、正黏病毒、副黏病毒、反转录病毒、弹状病毒、疱疹病毒等。包膜的获得是通过核膜、原生质体膜或者内质网膜的芽出（budding）方式得到的。病毒的包膜具有宿主细胞膜的特性，还具有一定的病毒特异性。病毒的芽出过程仍然有很多是未知的。病毒包膜的基本结构与生物膜相似，是脂双层膜。在包膜形成时，细胞膜蛋白被插入了一些由病毒基因编码形成的包膜糖蛋白（glycoprotein）。包膜糖蛋白靠一跨膜固着肽附着于脂双层，其主要的结构域凸出在包膜外侧，形成包膜突起或称为包膜粒（peplomer），另有一较小的结构域在包膜内侧。一些无包膜的病毒表面也长有一些向外凸出的突起，如腺病毒（adenoviruses）的二十面体核壳的 12 个顶角上的五邻体纤维，这些突起与病毒的包膜突起一起称为刺突。病毒包膜有松散型的包膜，如单纯疱疹病毒（herpes simplex virus，HSV），也有和衣壳紧密结合的包膜，如人类免疫缺陷病毒（human immunodeficiency virus，HIV）。病毒包膜有稳定毒粒结构，保护病毒核壳的作用。

三、 病毒的化学组分

病毒的基本化学组成是蛋白质和核酸。有些病毒还含有脂类、糖类、聚胺类化合物及无机阳离子等组分。

（一） 病毒的蛋白质

病毒蛋白质可分为结构蛋白（structure protein）和非结构蛋白（non-structure protein）两类。结构蛋白存在于病毒粒的衣壳、包膜和基质（matrix）中，是构成一个形态成熟的有感染性的病毒颗粒所必需的蛋白质，包括衣壳蛋白、包膜蛋白等，具有保护病毒基因组、维持病毒粒子结构完整性、参与病毒粒子的装配过程和使病毒粒子在宿主间进行转移的作用。通常情况下，结构蛋白在病毒复制周期的后期才大量合成。非结构蛋白是指由病毒基因组编码的，在病毒复制过程中产生并具有一定功能，但不结合于毒粒中的蛋白质。非结构蛋白可能存在于病毒粒子内（但不作为病毒体的结构元件的一部分），或者仅出现在被感染细胞中。

1. 衣壳蛋白

衣壳蛋白（capsid）是构成病毒壳体结构的蛋白质，占病毒蛋白质成分的绝大部分。由一条或多条多肽链折叠形成的蛋白质亚基是构成壳体蛋白的最小单位。由其组成的衣壳粒按照一定规则排列形成病毒的衣壳。

一些简单的病毒的衣壳蛋白仅由一种或少数几种蛋白质构成，而一些复杂病毒则可多达20余种。蛋白质亚基的种类和数目是区别不同衣壳蛋白的标志。衣壳蛋白的功能是构成病毒的衣壳，保护病毒核酸和装配形成病毒粒结构。无包膜的病毒，其衣壳蛋白参与病毒对宿主的吸附、侵染等生理活动，同时衣壳蛋白还是病毒的表面抗原，衣壳蛋白的组成决定病毒对宿主的专一性和病毒的抗原性。

2. 包膜蛋白

许多动物病毒、一些植物病毒和至少一种细菌病毒都被证明存在有包膜结构。动物病毒的包膜通常由宿主细胞膜或核膜形成。包膜的脂质和糖类是宿主的构成成分，而包膜蛋白是由病毒基因编码形成。构成病毒包膜结构的病毒蛋白质包括包膜糖蛋白（glycoprotein）和基质蛋白（matrix protein）或称为内膜蛋白两类。

包膜糖蛋白是由多肽链骨架与寡糖侧链组成，由*β*-*N*-糖苷键将糖链的*N*-乙酰葡萄糖胺与多肽链的天冬酰胺残基连接形成。糖蛋白通过跨膜结构域（transmembrane domains）锚固在包膜上，其大部分结构位于膜外，而在膜内部有一个相对短的“尾部”，这些糖蛋白由多个单体聚集在一起形成在电子显微镜下可见的刺突。根据寡糖链中单糖残基组成的区别，包膜糖蛋白又分为简单型糖蛋白和复合型糖蛋白两类。除通常的*N*-糖苷键外，有些病毒的包膜糖蛋白是通过*O*-糖苷键糖基化。包膜糖蛋白是病毒的主要表面抗原，其功能各异，多为病毒吸附蛋白，它们与病毒吸附、细胞受体识别和连接有关；有的包膜糖蛋白是病毒融合蛋白，它可以促进病毒包膜与细胞膜融合，介导病毒的侵入；还有的包膜病毒具有凝集脊椎动物红细胞、细胞融合以及酶活性等。

有些病毒的包膜结构中，除了包膜糖蛋白外，还含有一种基质蛋白。基质蛋白位于包膜内部，通常为非糖基化蛋白质。基质蛋白含有跨膜固定结构域或通过它们表面的疏水点与包膜相连，或通过蛋白与蛋白相互作用与包膜的糖蛋白相连，构成膜脂双层与核壳之间的亚膜结构。基质蛋白具有支撑包膜，维持病毒结构稳定性的功能，而且能促使衣壳蛋白与包膜糖蛋白之间的识别，在病毒芽出过程中发挥重要作用（图 5-6）。

3. 非结构蛋白

非结构蛋白的数量和功能因不同的病毒而有很大的差别，取决于每个科的病毒基因组及复制周期的复杂程度。非结构蛋白通常具有酶的活性，如反转录病毒的反转录酶（reverse transcriptase）、蛋白酶（protease）、整合酶（integrase）、HSV 病毒的胸腺嘧啶核苷酸激酶（thymidine kinase）和 DNA 聚合酶（DNA polymerase），这些酶是抗病毒药物的主要作用靶，是设计抗病毒药物的关键所在。另外一些非结构蛋白在病毒的转录中起调节作用，如 HIV 的 Tat 蛋白、HSV 的间层蛋白（tegument protein）。还有一些非结构蛋白，参与核酸合成以及复合物的形成，如 DNA 解旋酶（DNA helicase）、DNA 结合蛋白（DNA binding protein）。此外，非结构蛋白还与抑制细胞分裂、抗细胞凋亡（anti-apoptosis）、抗细胞因子（anti-cytokine）

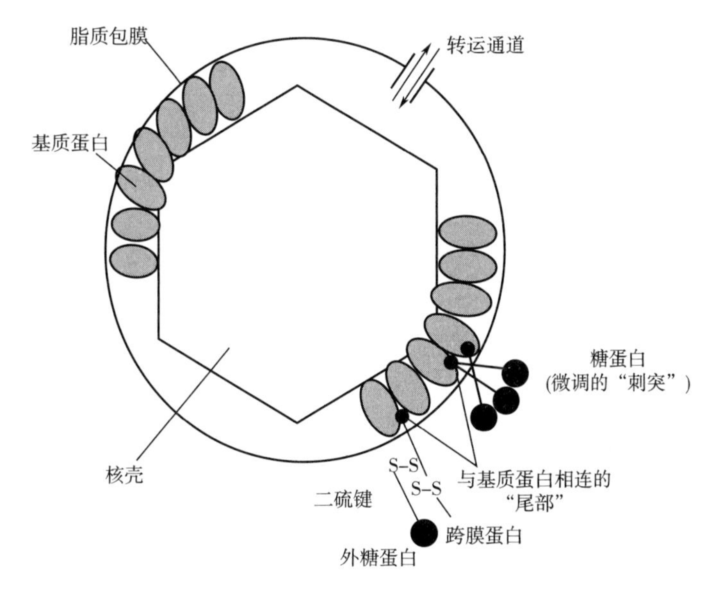

图 5-6　病毒包膜上的蛋白质

的活性、基因调控（gene expression and regulation）、免疫逃避（immune evasion）以及干扰主要组织相容性复合体（MHC）抗原呈递的功能等有关。

（二）　病毒的核酸

核酸是病毒的遗传信息的载体。一种病毒的毒粒只含有单一类型的核酸，DNA 或是 RNA。除逆（反）转录病毒（retrovirus）的基因组为二倍体外，其他 DNA 或 RNA 病毒的基因组都是单倍体。

通常在原核生物和真核生物的细胞中，都是以双链 DNA 作为主要的遗传物质。但是，病毒核酸类型有单链（股）DNA（ssDNA）、双链（股）DNA（dsDNA）、单链（股）RNA（ssRNA）和双链（股）RNA（dsRNA）4 种主要类型。除双链 RNA 均为线状外，其他三类核酸还有线状形式和环状形式之分。总的来说，植物病毒的核酸大部分为 ssRNA，动物病毒的核酸以线状的 dsDNA 和 ssRNA 为主，噬菌体以线状的 dsDNA 居多，真菌病毒都是 dsRNA 病毒。代表性病毒的核酸类型，如表 5-1 所示。

表 5-1　　病毒的核酸类型

核酸类型	核酸结构	病毒代表
单链 DNA（ssDNA）	线状单链	细小病毒、玉米条纹病毒
	环状单链	*ΦX*174，M13、fd 噬菌体
双链 DNA（dsDNA）	线状双链	疱疹病毒、腺病毒、T 系大肠杆菌噬菌体、λ 噬菌体
	有单链裂口的线状双链	T_5 噬菌体
	有交联末端的线状双链	痘病毒
	闭合环状双链	乳多孔病毒、PM_2 噬菌体、花椰菜花叶病毒、杆状病毒
	不完全环状双链	嗜肝 DNA 病毒

续表

核酸类型	核酸结构	病毒代表
单链 RNA（ssRNA）	线状、单链、正链	小 RNA 病毒、披膜病毒、RNA 噬菌体、冠状病毒、烟草花叶病毒和大多数植物病毒
	线状、单链、负链	弹状病毒、副黏病毒
	线状、单链、分段、正链	雀麦花叶病毒（多分体病毒）
	线状、单链、二倍体、正链	逆（反）转录病毒
	线状、单链、分段、负链	正黏病毒、布尼亚病毒、沙粒病毒（布尼亚病毒和沙粒病毒有的 RNA 节段为双义）
	环状、单链、负链	丁型肝炎病毒
双链 RNA（dsRNA）	线状、双链、分段	呼肠孤病毒、玉米矮缩病毒、噬菌体 $\Phi6$、许多真菌病毒

单链病毒核酸（主要是 RNA）还可根据它的极性（polarity）或意义（sense）分为正极性（正义）、负极性（负义或反义）和双极性（双义）。病毒 ssRNA 核苷酸序列与其 mRNA 一致，则规定它为正极性（正义），称为正链 RNA 或阳性链 RNA（+RNA）；病毒 ssRNA 核苷酸序列与其 mRNA 序列互补，即规定它为负极性（负义或反义），称为负链 RNA 或阴性链 RNA（-RNA）；还发现个别病毒的 RNA 是双义（ambisense），即核苷酸序列部分为正极性、部分为负极性。

大部分 DNA 病毒的基因组是由整段 DNA 分子组成。许多 RNA 病毒的基因组是由几个分开的相互独立的片段组成，如布尼亚病毒（Bunia virus）是由 3 个分开的单链 RNA 片段组成，大多数流感病毒是由 8 个分开的单链 RNA 片段构成。每个 RNA 片段只编码 1 个或几个病毒多肽。通常所有核酸片段都包含在同一个衣壳中，但是有些病毒的核酸片段分布在不同的病毒粒子中。

2019 年发现的新型冠状病毒（SARS-CoV-2）为线性单链 RNA（ssRNA）病毒，属于 β 属冠状病毒，有包膜，颗粒呈圆形或椭圆形，具有多形性，直径 60~140 nm，与非典型性肺炎病毒（severe acute respiratory syndrome coronavirus，SARS-CoV）及中东呼吸系统综合征病毒（Middle East respiratory syndrome coronavirus，MERS-CoV）为同一属。目前研究发现 SARS-CoV-2 编码 15 种非结构蛋白（nsp1~nsp10、nsp12~nsp16）、4 种结构蛋白（刺突蛋白、小包膜蛋白、膜蛋白和核衣壳蛋白）和 8 种辅助蛋白（3a、3b、p6、7a、7b、8b、9b 和 orf14）。

（三） 其他成分

有包膜病毒的包膜内含有丰富的磷脂和胆固醇，它们来源于宿主细胞的脂质化合物，其成分具有宿主细胞特异性。脂质主要构成包膜的脂双层结构。另外，少数无包膜病毒，如 T 系噬菌体、λ 噬菌体以及虹彩病毒科（iridoviridae）的某些成员的病毒粒子中也有脂类的存在。

有包膜病毒的包膜中还含有糖类，它们主要是以糖蛋白和糖脂的形式存在，或以黏多糖形式存在。有些复杂病毒的毒粒还含有内部糖蛋白或者糖基化的衣壳蛋白。由于这些糖类通常是来源于细胞合成，所以它们的种类和含量均与宿主细胞相关。

还有一些病毒粒子内，含有如丁二胺、亚精胺、精胺等有机化合物。某些植物病毒中还发现微量金属阳离子。这些含量极微的有机阳离子或无机阳离子与病毒核酸呈无规则的结合，结合量与环境中相关离子浓度有关，并对核酸的构型产生一定程度的影响。

第三节 病毒的增殖

病毒是严格细胞内寄生物，它只能在活细胞内繁殖。病毒进入细胞后，具有感染性的毒粒消失，存在于细胞内的是有繁殖性的病毒基因组。病毒的增殖（viral multiplication）是病毒基因组复制与表达的结果，它完全不同于其他生物的繁殖方式，又称病毒的复制（viral replication）。

一、病毒的复制过程

病毒的复制周期或称复制循环（replicative circle）是指自病毒吸附于宿主细胞开始，到子代病毒从感染细胞释放到细胞外的病毒复制过程。由于病毒的种类很多，各种病毒都有其独特的复制方式，但也有其共同的特征。故通常将这一连续过程分成吸附、侵入、脱壳、生物合成、装配与释放五个阶段。

（一）吸附

吸附（adsorption）是指病毒表面蛋白与宿主细胞的病毒受体特异性的结合，病毒附着于细胞表面的过程，这个病毒增殖的第一个阶段。

病毒吸附蛋白（viral attachment protein，VAP）是能够特异性地识别宿主细胞的病毒受体并与之结合的毒粒表面的结构蛋白分子，又称反受体（antireceptor）。有包膜病毒的 VAP 为包膜糖蛋白，无包膜病毒的 VAP 往往是衣壳的组成部分，如流感病毒包膜表面的血凝素糖蛋白、T 偶数噬菌体的尾丝蛋白。还有一些复杂的病毒，含有多种反受体，而且反受体可能有几个功能结构域，各与不同的细胞受体作用。

病毒的细胞受体或称病毒受体，是指能被病毒吸附蛋白特异性地识别并与之结合，介导病毒进入宿主细胞，启动感染发生的宿主细胞表面组分。病毒受体主要为蛋白质，也可能是糖蛋白或磷脂。病毒受体是细胞的功能性物质，为细胞正常生长代谢所必需，而不是病毒专一性的成分，例如，狂犬病毒（rabies virus）的受体是细胞表面的乙酰胆碱受体，单纯疱疹病毒的受体是硫酸乙酰肝素。不同种系的细胞具有不同病毒的细胞受体，病毒受体的细胞种系特异性决定了病毒的宿主范围。有些病毒的感染需要辅助受体（co-receptor）的参与，这种细胞表面组分又称第二受体。

（二）侵入

侵入（penetration）又称穿入或病毒内化，它是一个病毒吸附后几乎立即发生，病毒或其一部分进入宿主细胞的过程，是一个依赖能量的感染步骤。

不同的病毒侵入宿主细胞的方式和机制不同。注射式侵入一般为有尾噬菌体的侵入方式。T 偶数噬菌体先通过尾丝吸附于宿主细胞表面，尾丝的末端与革兰氏阴性菌外壁层的多糖核心特异性地结合。尾丝收缩使尾管触及细胞壁，尾管端携带的溶菌酶溶解局部细胞壁的肽聚糖成一小孔，然后尾鞘收缩，尾管推出，使尾管穿透细胞壁和膜，并将头部的核酸通过尾管注入宿主细胞内，其噬菌体的蛋白质空壳留在宿主细胞外。从吸附到侵入的时间极短，如 T4 只需要 15s，其过程如图 5-7 所示。其他类型的噬菌体的侵入方式同 T 偶数噬菌体有不同之处，如 T1 和 T5 噬菌体没有收缩的尾鞘，也能将 DNA 注入宿主细胞。fd 噬菌体是含有 ssDNA 的丝状噬菌体，其壳体可以进入宿主细胞内。

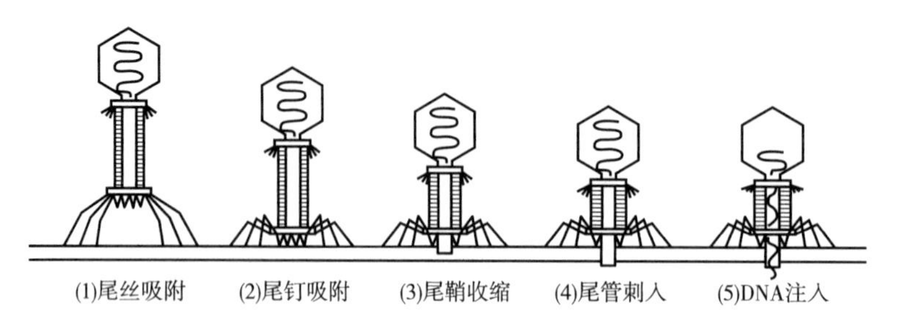

图 5-7　T4 噬菌体吸附和侵入宿主细胞示意图

动物病毒能以下 3 种方式侵入宿主细胞：①完整病毒穿过细胞膜的移位（translocation）方式而侵入，是由病毒壳体上蛋白和细胞质膜上的特殊受体结合转移所致。这个侵入方式相对少见；②利用细胞的内吞（endocytosis）功能，病毒粒被宿主细胞整个吞入，病毒粒进入细胞，这种侵入方式又称病毒入胞（viropexis）。病毒粒被细胞吞入后，被包围在由细胞质膜凹入形成的衣被小泡（coated vesicles）内，然后病毒包膜与衣被小泡膜的融合，溶酶体释放的酶分离复杂核壳的外层，释放出病毒核酸，胞内低 pH 环境有利于这一过程的进行。多数病毒采用此方式侵入细胞。③毒粒包膜与细胞质膜的融合，脱去包膜，使核壳进入宿主细胞中，然后去掉壳体而释放出核酸。在上述②和③方式中，病毒包膜与衣被小泡膜或细胞膜的融合，都需要病毒包膜中有融合活性的包膜蛋白参与，这些特异性蛋白能促进二者的融合作用，如流感病毒的血球凝集素、反转录病毒的转膜糖蛋白（图 5-8）。

植物病毒与噬菌体和动物病毒不同，不具有衣壳蛋白与宿主细胞表面受体之间的特异性，而且植物有角质化或腊质化的表皮和坚硬的细胞壁，所以植物病毒只能采用以下 4 种方式侵入植物细胞：①通过自然或人为地机械损伤所形成的微伤口进入细胞；②借携带有病毒的媒介，主要是靠有吮吸式口器的昆虫（蚜虫、叶蝉、飞虱）取食将病毒带入植物细胞；③有些植物病毒可以通过受感染的花粉或者种子直接转入植物的后代；④有些植物病毒可以通过植物细胞之间的胞间连丝而侵入细胞。

许多病毒并非只有一种侵入方式，而是多种侵入方式并存，如流行性感冒病毒和痘病毒，既能以细胞内吞的方式侵入宿主细胞，也能以膜融合的方式侵入宿主细胞。

（三）脱壳

脱壳（uncoating）是病毒侵入后，脱去病毒的包膜和（或）衣壳，释放出病毒核酸的过程，它是病毒基因组进行功能表达所必需的感染事件。病毒脱壳的机制和细节至今仍未完全清楚，但病毒与细胞受体的作用对于病毒脱壳是至关重要的。

有包膜病毒脱壳（包括脱包膜和脱衣壳两个步骤）和无包膜病毒（只需脱衣壳的过程）脱壳的方式随不同病毒而不同。大多数病毒在侵入时，就在宿主细胞表面完成脱壳过程，脱壳与侵入是同时发生，仅有病毒核酸及结合蛋白进入细胞，壳体留在细胞外，如 T 偶数噬菌

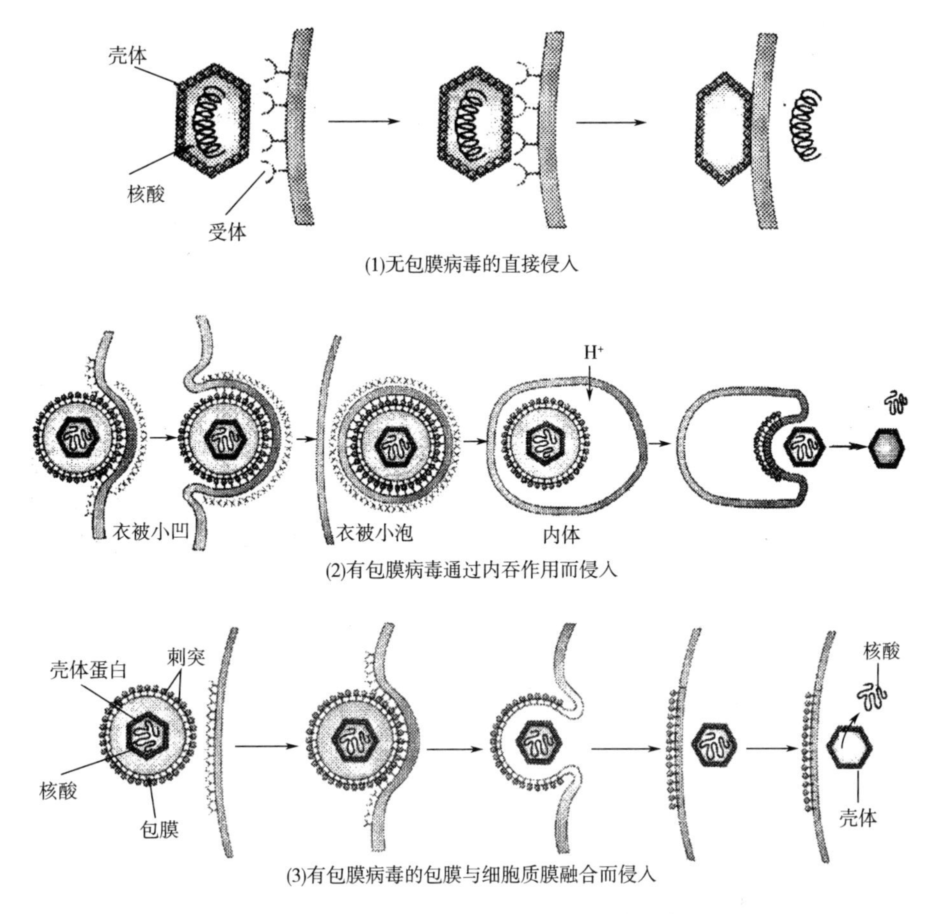

图 5-8 动物病毒侵入宿主细胞三种方式

体。有些病毒在宿主细胞内脱壳，如痘病毒需要在吞噬的衣被小泡中溶酶体酶的作用下部分脱壳，然后启动病毒基因部分表达出脱壳酶，在脱壳酶作用下完成全部脱壳。有些无包膜病毒的脱壳不是一步完成的，如呼肠孤病毒粒子具有双层衣壳，当病毒粒子通过细胞内吞的方式进入细胞后，首先被溶酶体中的酶水解脱掉外衣壳，形成中间次病毒颗粒（intermediate subviral particle，ISVP），然后 ISVP 进一步脱壳生成病毒核心。少数病毒脱壳比较复杂，这些病毒往往是在脱壳前，病毒基因组已经开始 mRNA 的转录。

（四） 生物合成

病毒基因组一旦从衣壳中释放后，就进入病毒复制的生物合成（biosynthesis）阶段。病毒的生物合成是指病毒利用宿主细胞提供的低分子物质和酶类合成大量病毒核酸、结构蛋白和一系列的非结构蛋白。简言之，病毒的生物合成包括核酸的复制、转录和蛋白质的合成。病毒生物合成是通过病毒基因组的表达与复制完成的，病毒基因组的表达与复制具有强烈的时序性，其主要表现为基因组转录的时间组织（temporal organization），即病毒基因组的转录是分期进行的。在整个生物合成阶段如用血清学方法和电镜检查，在细胞内检查不出病毒颗粒，故将此期间称为隐蔽期。隐蔽期实际是在病毒基因控制下，进行病毒核酸和蛋白质合成的阶段。这一生物合成阶段的详细过程是采用生物化学、分子生物学及标记核酸等技术分析研究后才发现的。

（五） 装配与释放

病毒的装配是指生物合成的蛋白质和核酸以一定的方式结合，组装成完整的病毒颗粒的过程，又称成熟（maturation）或形态发生（morphogenesis）。子代病毒颗粒成熟后，以一定的途径释放到细胞外，病毒的释放完成标志着病毒复制周期结束。病毒复制周期的时间长短与病毒种类有关，如小 RNA 病毒 6～8h，腺病毒约 25h，正黏病毒 15～30h，疱疹病毒 15～72h。通过了解病毒的复制周期，对病毒的致病性的理解、抗病毒治疗药物的研发和预防措施的建立等都具有十分重要的意义。

1. 噬菌体的装配与释放

在 T4 噬菌体的装配过程是一个极为复杂的装配过程，约需 30 种不同蛋白和至少 47 个基因参与，这一过程主要步骤有：衣壳装入 DNA 而形成完整的头部，无尾丝尾部和尾丝的独立装配，头部和尾部自发相结合，尾丝与前面已经装配好的颗粒连接（图 5-9）。

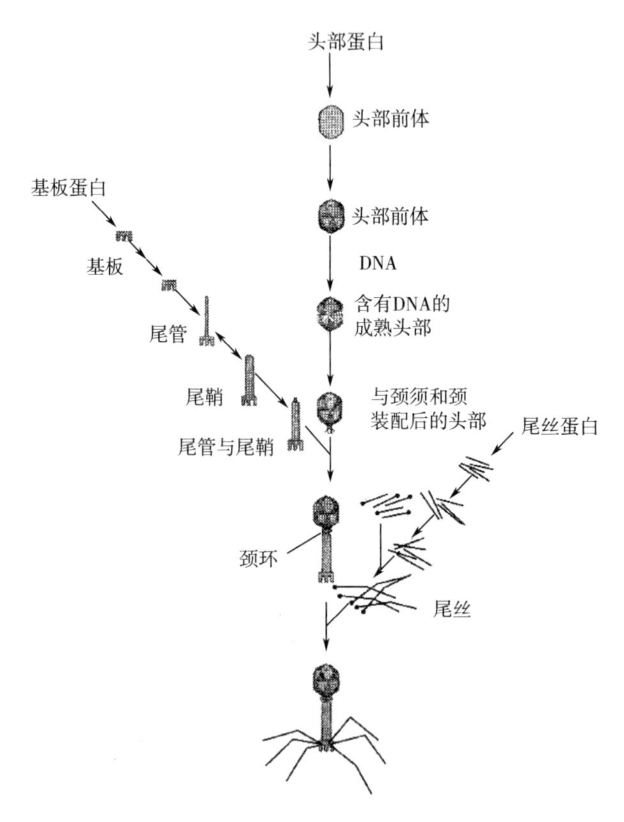

图 5-9 T4 噬菌体装配过程示意图

以上各个装配步骤是一系列绝对有序的装配反应过程，其中每一种结构蛋白在装配时都发生了构型的改变，为后一种蛋白质的结合提供了可识别位点。此外在装配过程，还有一些非结构蛋白如脚手架蛋白（scaffolding protein）等的参与，这些蛋白质在装配完成后被去除。

在生活周期中，不同噬菌体的释放过程有区别。大多数噬菌体的释放是宿主细胞破裂后，病毒体以突然爆发的方式释放出来，如 T4 噬菌体、单链 DNA 噬菌体 *ΦX*174 等。还有少数噬菌体，如丝状 fd 噬菌体，子代病毒粒成熟后，不破坏细胞壁，不杀死宿主细胞，而是从宿主细胞壁钻出来，不影响宿主细胞的生活。病毒与宿主建立了一种共生关系，子代病毒可以分泌方式连续不断释放。

2. 动物病毒的装配与释放

不同动物病毒的形态结构都不相同，它们的成熟和释放过程也各有特点，而且，病毒装配发生的部位也因病毒而异，核壳可在宿主细胞的细胞核或者细胞质中装配。动物病毒晚期基因编码指导衣壳蛋白合成，衣壳蛋白自我装配形成衣壳，裸露的二十面体病毒首先装配成空的前衣壳，然后核酸以某种未知的方式进入衣壳中，成熟为完整的病毒颗粒，这一自主装配过程与噬菌体的装配过程类似。

无包膜的病毒装配成核衣壳即为成熟病毒体。有包膜动物病毒包括所有具螺旋对称壳体和某些具二十面体壳体的病毒。除痘病毒外，有包膜病毒的衣壳装配通常与无包膜病毒相同，病毒的装配首先在核内或细胞质内组装成核衣壳，然后再包装宿主细胞核膜或质膜后，成为成熟病毒体，而且这一过程往往与病毒释放同时发生。

无包膜病毒（或称裸露病毒）和包膜病毒的病毒释放机制是不同的。无包膜病毒通常是通过细胞质膜溶解或者局部裂解而释放，通常发生在宿主细胞死亡之后，特点是突然释放出大量的病毒粒子。包膜病毒的释放是一个复杂的过程，其释放通常比较缓慢。包膜病毒的释放与装配过程联系十分密切，病毒的释放与包膜形成通常同时进行，宿主细胞在一段时间内持续释放子代病毒颗粒。包膜病毒的常见释放方式是芽出方式。有些病毒是在从宿主细胞质膜芽出的过程中裹上由修饰的细胞质膜形成的包膜，如流感病毒；有些病毒是在从宿主细胞核芽出的过程中从核膜上获得包膜，如疱疹病毒；此外，内质膜、高尔基体膜和其他内膜也可以形成包膜。

另外，肌动蛋白微丝有助于病毒粒子的释放。如牛痘病毒能形成长的肌动蛋白尾巴，推动牛痘病毒通过细胞膜。

3. 植物病毒的装配与释放

植物病毒在其核酸复制和衣壳蛋白合成的基础上，即可进行病毒粒的装配。在植物病毒中，烟草花叶病毒（TMV）的装配是病毒自我装配（self-assembly）的经典范例。TMV 杆状病毒的壳体不是由蛋白质亚基简单、逐一地装配到 RNA 分子上而成，而是首先聚集成 $20S$ 的双层扁平圆盘，中间有一个孔洞（每层 17 个亚基，2 层共 34 个亚基），然后随着 pH 的降低，圆盘与靠近 TMV 的 RNA 基因组 3′端的特异性装配起始序列结合，RNA 穿过螺旋的中心孔并在生长端形成一个可移动的环，扁平圆盘逐渐变成双圈螺旋状的装配单元。随着装配单元不断加入，螺旋壳体首先向 RNA 的 5′端生长，5′端包装完成后，再向 3′端延伸至核壳成熟（图 5-10）。病毒的整个装配过程高度有序。马铃薯 X 和 Y 病毒、烟草脆裂病毒、黄瓜条斑病毒等杆状病毒与 TMV 的装配类似。

植物球状病毒则是靠一种非专一的离子相互作用而进行的自我装配过程来完成的。它们的核酸能催化蛋白亚基的聚合和装配，并决定病毒准确的对称二十面体的球状外形。

植物病毒通过植物的维管进行长距离运动，它们通常在植物的韧皮部移动。植物病毒在细胞之间的运动则通过胞间连丝进行，这一过程需要一种特殊的运动蛋白（或称移动蛋白）的参与。有些植物病毒的运动蛋白与胞间连丝结合可增大胞间连丝的孔径，以允许病毒颗粒或病毒核酸通过胞间连丝在细胞间扩散；有的植物病毒的运动蛋白可取代胞间连丝，形成利于病毒在细胞间扩散的管状结构。

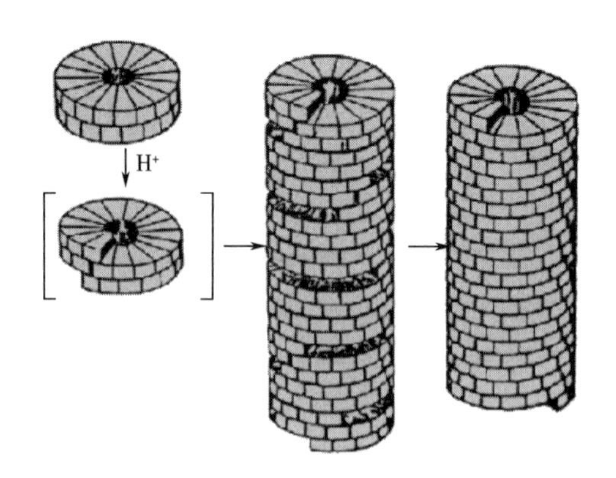

图 5-10　TMV 病毒装配过程示意图

二、 一步生长曲线

一步生长曲线（one-step growth curve）是研究烈性病毒复制的一个经典试验，最初是为研究噬菌体的复制而建立，现已推广应用到动物病毒和植物病毒复制研究中。基本方法是以适量的病毒接种于标准培养的高浓度的敏感细胞，使每个敏感细胞至多只能吸附到一个病毒。待病毒吸附（attachment）后，将“病毒-敏感细胞”的混合培养物进行高倍稀释或者加入抗病毒抗血清，以中和那些在指定时间未能与敏感病毒吸附的噬菌体，从而使已吸附的噬菌体建立同步感染。然后用保温的培养液稀释此混合液，同时终止抗病毒抗血清的作用，随即在适宜的温度下混合培养物继续培养，定时取样测定培养物中的病毒效价。以感染时间为横坐标，病毒的感染效价为纵坐标，绘制出定量描述病毒的繁殖特征曲线，称为一步生长曲线（图 5-11）。病毒的效价，又称滴度（titre）或毒力（virulence），是指单位体积（mL）样品中含有的侵染性病毒粒子的数目（IU/mL）。测定效价的方法很多，较常用且较精确的方法称为双层平板法（two layer plating method）。

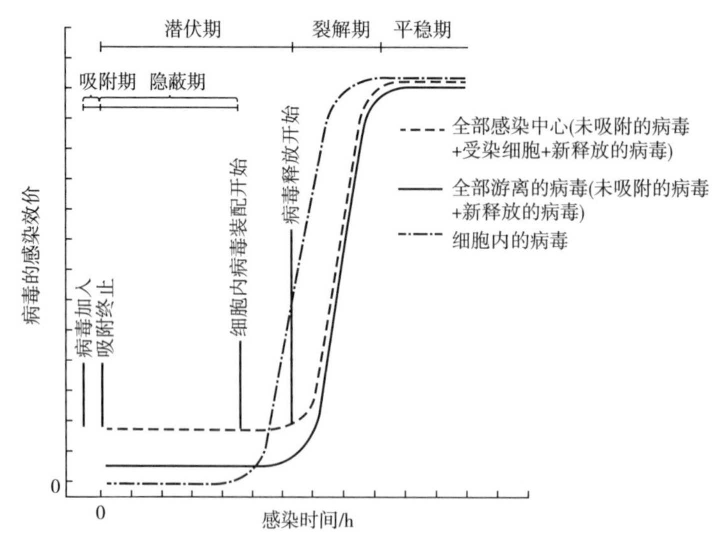

图 5-11　病毒繁殖的一步生长曲线

一步生长曲线分为潜伏期、裂解期和平稳期 3 个阶段。有 3 个特征参数：潜伏期、裂解期和裂解量。

1. 潜伏期

潜伏期（latent period）是病毒吸附于细胞到受染细胞释放出子代病毒所需的最短时间。不同病毒的潜伏期长短不同，噬菌体以分钟计，动物病毒和植物病毒以小时或天计。潜伏期有可分为 2 个阶段：①隐蔽期：在潜伏期的前一阶段，对病毒感染细胞进行人工裂解，感染细胞内检测不到感染性病毒粒子，在感染前可被检测到的病毒粒子消失了。在此期间，裂解液中没有完整的具有侵染性的病毒粒子，病毒在进行自身核酸和蛋白质的合成等工作，不具有侵染性，这个时期称为隐蔽期或隐晦期（eclipse period）。不同病毒的隐蔽期长短不同，如，DNA 动物病毒的隐蔽期为 5~20h，RNA 动物病毒隐蔽期为 2~10h。②胞内累积期：在潜伏期的后一阶段，具有侵染性的完整的病毒形成，且数量开始增加，宿主细胞即将裂解，病毒粒子可以通过电镜观察到。这个时期称为胞内累积期（intracellular accumulation period）。

2. 裂解期

从被感染的细胞开始裂解至最后一个细胞裂解完成所经历的时间，称为裂解期（rise period）（又称增殖期、上升期或成熟期）。在潜伏期后，宿主细胞迅速裂解、溶液中病毒粒子急剧增多的一段时间。噬菌体或其他病毒粒因只有个体装配而不存在个体生长，再加上其宿主细胞裂解的突发性，因此，从理论上来分析，其裂解期应是瞬间出现的。但事实上因为宿主群体中各个细胞的裂解不可能是同步的，故会出现较长的裂解期。

3. 平稳期

平稳期（plateau period）发生在裂解末期，是指感染后的宿主细胞已全部裂解，溶液中病毒效价达到最高点的时期。此时子代毒粒数目在最高处达到稳定，不再有新的病毒粒子释放。在这个时期，每一个宿主细胞释放的平均噬菌体粒子数称为裂解量，即裂解量等于稳定期受染细胞所释放的全部子代病毒数目与潜伏期受染细胞的数目之比，也等于稳定期病毒效价与潜伏期病毒效价之比。

从一步生长曲线中，还可以获得病毒繁殖的裂解量（burst size）特征数据。裂解量是每个受染细胞所产生的子代病毒颗粒的平均数目，其值等于平稳期受染细胞所释放的全部子代病毒数目除以潜伏期受染细胞数目，即等于平稳期病毒效价与潜伏期病毒效价之比。通过一步生长曲线测定，噬菌体的裂解量一般为几十到上百个，植物病毒和动物病毒可达数百乃至上万个。

三、 温和噬菌体和溶源性

大多数噬菌体感染宿主细胞，都能在细胞内正常复制，产生大量子代噬菌体，并引起细菌裂解，最终杀死细胞，这类噬菌体的裂解循环（lytic cycle）一般都是由烈性噬菌体（virulent phage）引起。而另有一些噬菌体除能以裂解循环在宿主细胞内增殖外，还能以溶源状态（lysogenic state）存在。在溶源状态下，噬菌体不能进行裂解循环，噬菌体与宿主建立了一种特殊的关系，噬菌体吸附和侵入宿主细胞后，其基因组并不接管和杀死宿主细胞，而是将 DNA 整合到宿主细胞的基因组上而与宿主长期共存，同宿主基因组一起复制，产生一群携带噬菌体基因的细胞，宿主表现依然正常，可长期生长和繁殖。这种噬菌体与宿主直接的关系称为溶源性（lysogeny）。溶源性不限于噬菌体，许多动物病毒与其宿主也具有类似的关系。

能够导致溶源性发生的噬菌体称为温和噬菌体（temperate phage）或称溶源性噬菌体（lysogenic phage）。在自然界中，温和噬菌体十分常见，例如大肠杆菌 λ 噬菌体、大肠杆菌 Mu-1、P1 和 P2 噬菌体、鼠伤寒沙门氏菌的 P22 噬菌体等。在大多数情况下，温和噬菌体（如大肠杆菌 λ 噬菌体）侵染宿主后，其核酸整合到宿主细胞染色体 DNA 上，这种处于整合状态的温和噬菌体的核酸称为原噬菌体或前噬菌体（prophage）。但还有少数噬菌体（如大肠杆菌噬菌体 P1）侵染宿主后，其核酸并不整合到再宿主细胞 DNA 上，而是附着在细胞质膜的某一位点，以质粒形式存在。在原噬菌体阶段，噬菌体的复制被抑制，宿主细胞正常生长繁殖，而噬菌体基因组与宿主细菌染色体同步复制，并随细胞分裂传递给子代细胞。细胞中含有以原噬菌体状态存在的温和噬菌体基因组的细菌称为溶源性细菌，或称为溶源菌（lysogenic bacteria）。溶源性细菌是一类能与温和噬菌体长期共存的宿主。

温和噬菌体具有 *cI* 基因，能编码产生一种特殊的阻遏蛋白，可以抑制原噬菌体重新变为烈性噬菌体，也可抑制其他烈性噬菌体的繁殖。这种阻遏蛋白又称免疫阻遏体，因为它可以使溶源性细菌对外来的同源噬菌体或其本身产生的噬菌体有阻遏作用。原噬菌体不能进行 DNA 复杂和蛋白质合成，但是可随宿主基因组的复制而同步复制，并随着宿主细胞的分裂，平均分配到子细胞中去，代代相传，这样就进入溶源性周期（lytic cycle）。在一定条件下，极少数处于溶源性细菌细胞中的原噬菌体会从宿主细胞的 DNA 上脱离，进行大量复制，产生大量成熟的子代噬菌体而导致细菌裂解，释放成熟的子代噬菌体，这称为裂解性周期（lytic cycle）（图 5-12）。

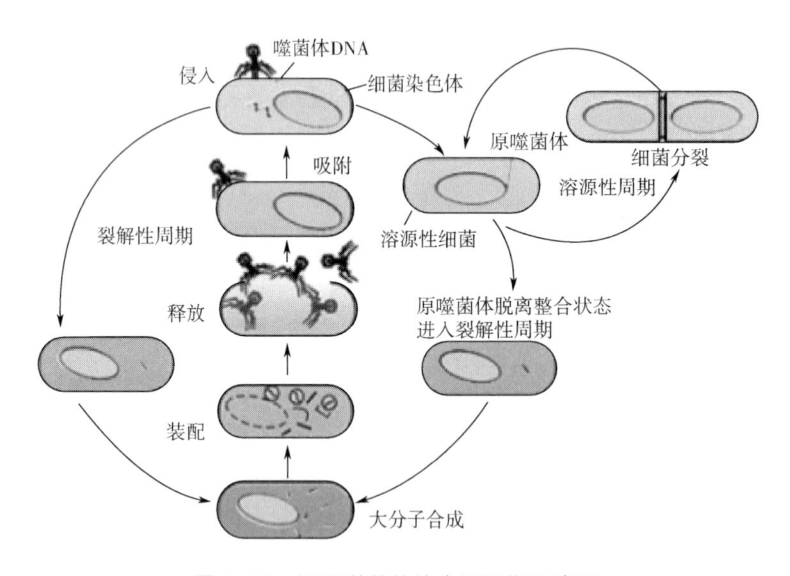

图 5-12　温和噬菌体的生活周期示意图

无论生活周期是否完成，温和噬菌体侵染细菌细胞后都会导致细菌表型的变化，这种现象称为溶源性转变（lysogenic conversion）。这种转变通常包括细菌表面特征和病原性两个方面的变化。如原来不产生毒素的白喉棒杆菌被 β 棒杆菌温和噬菌体感染而溶源化时变为产白喉毒素的致病菌。

溶源性细菌的检出在发酵工业有十分重要意义。通常是将少量溶源菌与大量的敏感性指示菌（遇溶源菌裂解后所释放的温和噬菌体会发生裂解循环周期者）相混合，然后与琼脂培养基混匀后倒一个平板，经培养一段时间后，溶源菌就长成菌落。由于溶源菌在生长过程中有极少数个体会引起自发裂解，其释放的噬菌体可不断侵染溶源菌周围的敏感性指示菌菌苔，于是就形成了一个个中央为溶源菌的小菌落，周围有透明圈的这种独特噬菌斑（图 5-13）。

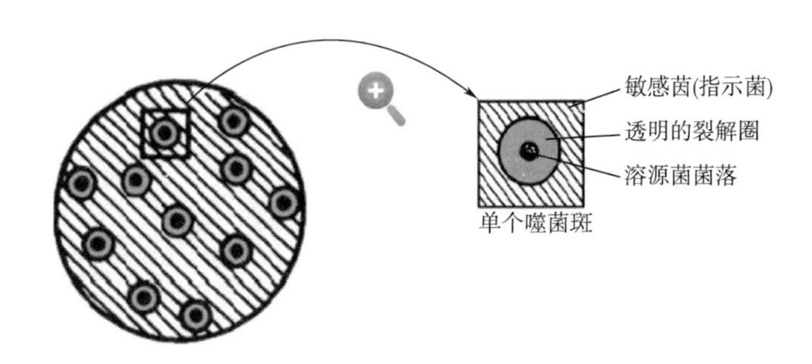

图 5-13　溶源菌及其特殊噬菌斑

一个噬菌斑是一个噬菌体侵染的结果，一个噬菌斑中的噬菌体遗传性都一样，故可通过多次重复接种获得纯系噬菌体。因不同种类的噬菌体的噬菌斑有特定的大小、形状、边缘和透明度，故可作为噬菌体鉴定的指标。

第四节　病毒的进化

"物竞天择，适者生存"是达尔文进化论中对生物进化的经典概括，但凡生命体都会为适应生存而不断产生适应性变化，从简单到复杂，从低级到高级。病毒作为由单一核酸分子（DNA 或 RNA）和（或）蛋白质构成的、营寄生生活的非细胞生命体，是目前发现的最小的生命存在形式。为更好地生存，病毒常发生多样性的变异，那些适宜生存的病毒准种（quasispecies）被保留下来，不适合生存的则被淘汰。然而由于病毒的完全寄生特征，病毒的突变与进化有着和普通细胞生命不同的特征。因此，对病毒起源、特点、发展演变规律，即病毒进化的了解和研究就显得至关重要，也是我们了解病毒源性疾病规律、并有针对性进行防治的基础。

虽然时至目前我们仍未找到病毒进化（evolution of viruses）的特异性规律，但病毒能够在宿主体内快速增殖出数目庞大的子代病毒，并通过变异产生巨大的遗传多样性，对宿主环境具有惊人的适应能力，这就构成了病毒的生存和进化的本质。正是由于病毒基因变异和遗传信息的交换，出现了与亲代病毒不同的基因型和表型，才赋予了病毒群体的多样性。而病毒基因的变异也正是病毒进化基础，只有那些适应能力强的具有进化优势的病毒才有可能生存下来。这也是病毒为适应选择压力而进化出的另一重要的生存机制。另外，病毒在不断变异的过程中产生了新的基因甚至新的病毒，新基因的产生也必然赋予病毒新的功能，不管是感染能力的变化还是宿主的变化，这种进化的最终目的还是维持病毒种群的繁衍和多样性。如 2020 年全球感染的新冠病毒已经变异分化成 A、B、C 三种类型，并且这三种类型的病毒在全球分布范围不同：A 型毒株是最原始的毒株，在美国最为普遍；B 型毒株被认为是 A 型变异而来的，在中国、日本及韩国等东亚区域最为普遍；C 类毒株是欧洲主要类型。研究人员认为，C 类毒株演化自 B 类，B 类演化自 A 类。新冠病毒不断发生变异，攻击不同人群的免疫系统。

第五节　亚病毒因子

亚病毒因子（subviral agents）是一类比病毒更简单，仅具有某种核酸不具有蛋白质，或仅具有蛋白质而不具有核酸，能够感染动植物的微小病原体。因不具有完整的病毒结构但又具有病毒的某些特点故称为亚病毒，包括类病毒（viroids）、卫星病毒（satellite virus）和卫星核酸（satellite nucleic acid）、朊病毒（prions，又称朊粒）等。

一、类病毒

类病毒是一类由 246~467 个核苷构成的具有高度二级结构的棒状 RNA 分子（图 5-14）。它们没有衣壳或包膜，仅由单一的核酸分子组成。类病毒主要与植物病害相关联，这和朊粒病毒相反，由一些碱基配对的双链区和不配对的单链环状区相间排列而成。

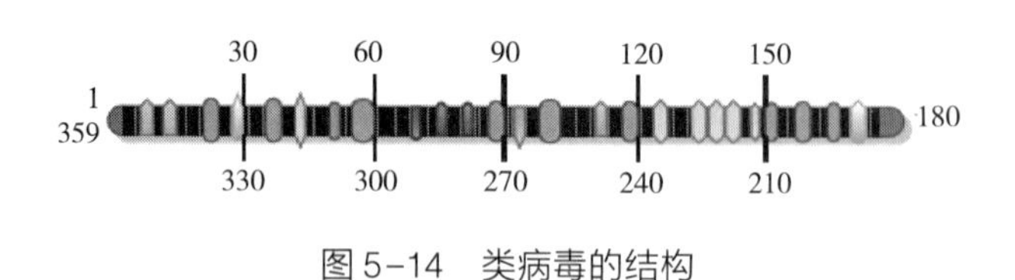

图 5-14　类病毒的结构

1971 年 Diener 发现的马铃薯纺锤块茎类病毒（potato spindle tuber viroid，PSTVd；类病毒名称缩写为 Vd，从病毒区别开来），是最早发现的类病毒也是研究最深入的类病毒。类病毒不编码任何蛋白，由宿主细胞 RNA 聚合酶Ⅱ或通过一些真核细胞中的 RNA 依赖性 RNA 聚合酶的基因产物而复制。复制的具体细节尚不清楚，但很可能通过滚环机制随后自催化切割和自身连接以产生成熟类病毒。

（一）类病毒的结构

类病毒 RNA 基因组全序列为单链共价闭合的 RNA 分子。不同的类病毒基因组 RNA 的碱基数不同，在 246~467nt，无 mRNA 活性，不编码蛋白质。

所有类病毒都有一个共同的结构特征（图 5-15）：包括被认为参与基因组复制的保守中心区域（conserved central region，C 结构域），靠近这一保守中心区的左侧有一个多聚嘌呤区（pathogenic region，P 结构域），P 结构域与症状有关，但椰子死亡类病毒缺乏 P 结构域；在 C 结构域的右侧为多变区（variable region，V 结构域），这一区段易于变异，最相近的毒株之间的同源性也小于 50%；位于两侧的 T 结构域（terminal domain），左端 T 结构域序列有利于依赖于 DNA 的 RNA 多聚酶Ⅱ的结合，而右端 T 结构域可能是类病毒复制酶所在的区域。能形成纺锤头结构的类病毒，具有核酶的特点（具有自催化，自我剪接 RNA 分子），这种核酶活性用于切割复制的过程中产生的多聚结构；其他类病毒则使用宿主核酶来实现这一目的。

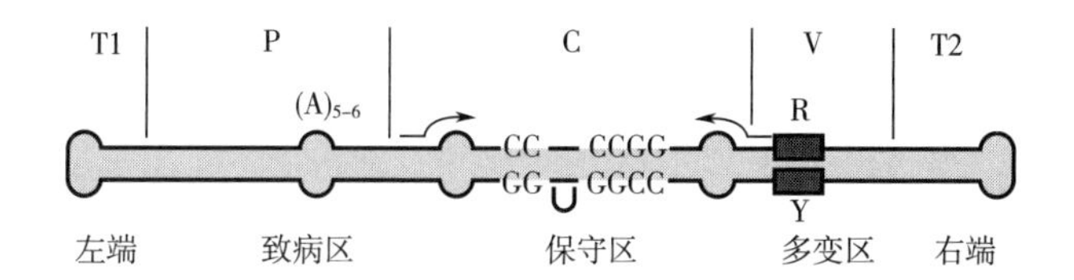

图 5-15　类病毒的 5 个结构域（T1，P，C，V，T2）模式

（二）类病毒的致病性

有些类病毒（如椰子死亡类病毒，CCCVd）可引起宿主植物致死性疾病，而一些却并无明显的致病作用（例如，啤酒花潜隐类病毒，HLVD）或只是引起轻度疾病症状（例如，苹果锈果类病毒，ASSVd）。尽管目前尚不清楚这些类病毒的确切致病机制，但最常见的是干扰宿主细胞的正常新陈代谢；另一方面，类病毒的部分序列与真核宿主细胞基因序列具有一定相似性，特别是与 5.8*S* 和 25*S* 核糖体 RNA 序列之间的内含子，和参与剪接的 U3 snRNA 序列具有较高的同源性，因此，类病毒能干扰感染细胞的 RNA 转录后加工。

（三）类病毒的传播

大多数类病毒是通过无性繁殖传播（即感染的植物之间），但也有少数可以通过昆虫媒介或机械损伤进行传播。因为类病毒不具有保护性衣壳，类病毒的 RNA 理论上讲很容易在环境中被降解，然而，由于其极小的尺寸和高度二级结构化在很大程度上保护了类病毒 RNA 免受降解，以保证它们能够在环境中维持足够长的时间从而在宿主之间传播。

二、卫星病毒和卫星核酸

卫星病毒（satellite virus）和卫星核酸（satellite nucleic acid）可统称为卫星因子，其是一类严格依赖于辅助病毒而繁殖的小 DNA 或 RNA 分子。因为卫星因子必须依赖相关病毒才能复制，这种与其复制有关的病毒称为辅助病毒（helper virus）。卫星因子大多以植物病毒为辅助病毒，也有以少数噬菌体或动物病毒作为辅助病毒的卫星因子。依赖于卫星因子是否具有编码自身外壳蛋白的能力分为卫星病毒和卫星核酸。他们的主要区别在于卫星病毒能够编码自己的外壳蛋白；而卫星核酸分子本身没有编码外壳蛋白的遗传信息，而是被包裹于辅助病毒编码的外壳蛋白中。卫星因子必须与辅助病毒共感染宿主细胞才能复制，但其与缺损病毒（defective interfering 病毒粒子，DI 病毒粒子）不同，尽管二者均需要依赖物辅助病毒的基因产物进行复制，但卫星因子和辅助病毒基因组之间几乎没有或根本没有相似的核苷酸序列；此外，卫星因子依赖辅助病毒复制而复制，但又干扰辅助病毒的复制，多数还能改变由其辅助病毒引起的寄主植物致病。

三、朊病毒

（一）朊病毒的理化特点

朊病毒是一类由宿主基因编码的构象异常的感染性蛋白质，分子质量为 27~30ku。这种异常折叠的蛋白在电镜下呈纤维状或杆状（直径 10~20nm，长 100~200nm）。朊病毒不含核酸，不具备病毒、类病毒或卫星因子等的特点，而具有其独有的特征：如对多种理化因素具有很强的抵抗力；耐受常见物理因素，如紫外线照射、电离辐射、超声波以及常规高压蒸汽灭菌（121℃，30min）；耐受常用化学试剂，如甲醛、羟胺、DNA 酶、RNA 酶及蛋白酶 K 等，而对尿素，SDS-苯酚，和其他蛋白质变性的化学品敏感。目前灭活朊病毒的方法主要是高压蒸汽灭菌法（134℃，>2h），或 5.35% 次氯酸钠、氢氧化钠（4N）、尿素（6~8mmol/L）等。

（二） 朊病毒的结构特点

朊病毒的理化特点均提示朊病毒本质上是一种蛋白，称为朊蛋白（prion protein，PrP），在人类和哺乳动物体内均发现编码朊蛋白的 *PrnP* 基因。小鼠 *PrnP* 基因位于第 2 号染色体上，而人类的 *PrnP* 基因位于第 20 号染色体。人类 *PrnP* 基因含两个外显子和一个内含子，在正常情况下基因编码产生细胞朊蛋白（cellular prion protein，PrP^{C}）。PrP^{C}是由 254 个氨基酸组成的糖基化的膜蛋白，表达于多种组织中，特别是中枢神经元中普遍表达。而PrP^{C}的异常折叠形成的异于正常 *PrP* 的高级结构（PrP^{SC}）是其致病的基础（图 5-16）。

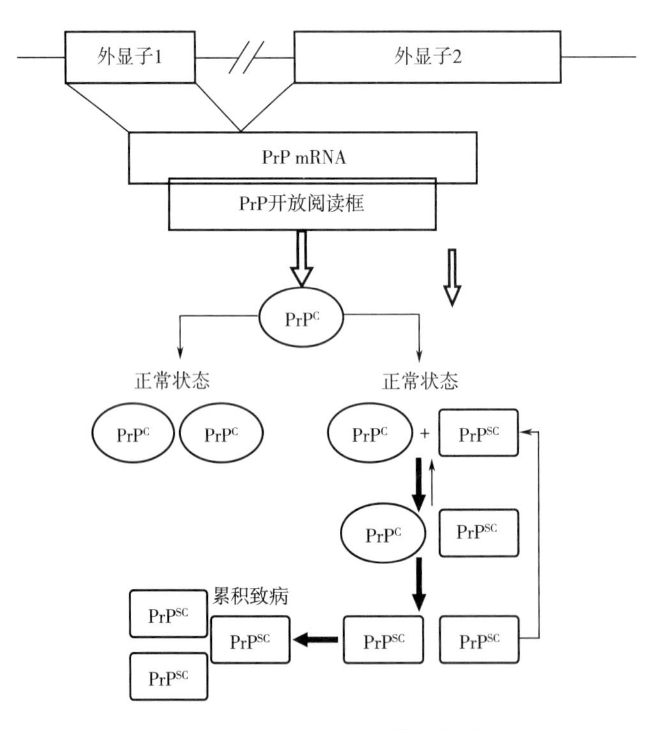

图 5-16 PrP 结构及致病模式

PrP^{C}和PrP^{SC}的一级结构完全相同，但高级结构却存在明显差异。PrP^{C}由约 42% 的 α 螺旋和 3% 的 β 折叠构成；而 PrP^{SC} β 折叠明显增多，由 30% 的 α 螺旋和 43% 的 β 折叠构成（图 5-17）。

在研究 *PrnP* 功能中发现敲除小鼠 *PrnP* 基因后，尽管绝大部分 *PrnP* 基因敲除的小鼠不发生传染性海绵状脑病（transmissible spongiform encephalopathy，TSE），但其中有一只却出现迟发性共济失调和神经变性。这就提示可能有其他导致 TSE 相关基因的存在，进一步研究发现与 *Prnp* 结构近似的 *Prnd* 基因，其为 179 氨基酸构成的 PrP-like 蛋白质 Dpl，过表达 Dpl 导

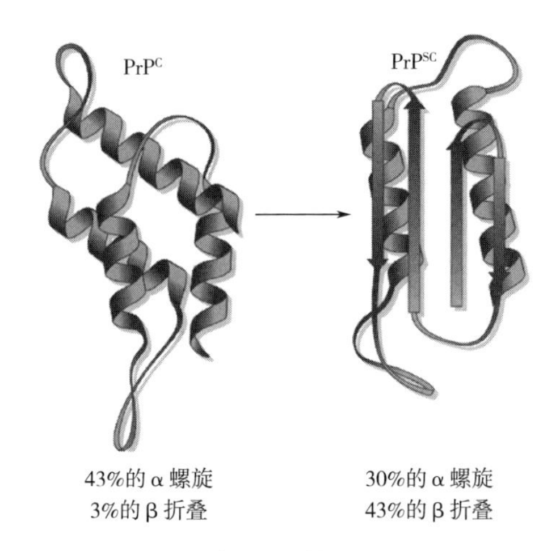

图 5-17 PrP^C与PrP^{SC}的三维结构模式

致神经退行性变（图 5-18）。与 *PrnP* 基因一样，Dpl 在脊椎动物中也具有高度保守性，提示 Dpl 为 *PrnP* 家族中的其他成员。

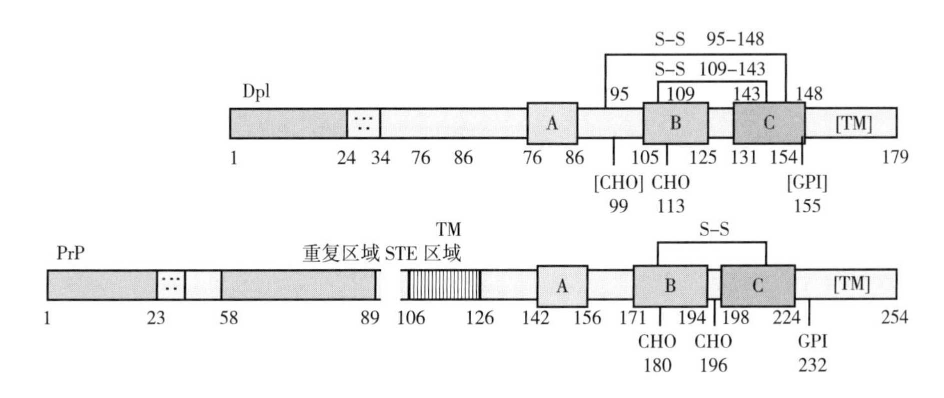

图 5-18 PrP 和 Dpl 蛋白的结构

（三） 朊病毒的致病特点

朊粒病是一种发生于人和动物中枢神经系统的慢性退行性、致死性疾病，即传染性海绵状脑病。该病具有一些共同的特性：①潜伏期长，一般为几个月，也可长达几年甚至十几年以上；②机体感染后不发热，不出现炎症症状，因其免疫原性低也不诱发特异性免疫反应；③病程呈慢性、进行性发展，最终死亡。临床主要表现为进行性共济失调、震颤、痴呆和行为障碍等神经系统症状；④病理检查主要以脑灰质的海绵样变性和淀粉样斑块形成为特征。

根据感染来源不同，人类朊粒病又分为传染性、遗传性和散发性三种类型。传染性朊粒病主要是由外源性朊粒感染所致，如：库鲁病、医源性克雅病、与疯牛病相关的变异型克雅病。遗传性朊粒病与宿主的 *PrnP* 基因突变有关，如家族性克雅病、格斯特曼综合征（GSS）和致死性家族失眠症（FFI）。散发性朊粒病的机制尚不明确，如散发性克雅病的发病可能与PrP^C的自发性异常折叠有关。

第六节 病毒的感染途径、 致病性与免疫

一、 病毒的感染途径

病毒侵入机体，并在体内细胞中增殖的过程称为病毒感染（viral infection），病毒感染的实质是病毒与机体、病毒与易感细胞相互作用的过程。

病毒入侵机体的方式和途径决定了病毒感染的发生和发展。从流行病学的角度将病毒的传播途径主要划分为水平传播（horizontal transmission）和垂直传播（vertical transmission）两种（图 5-19）。

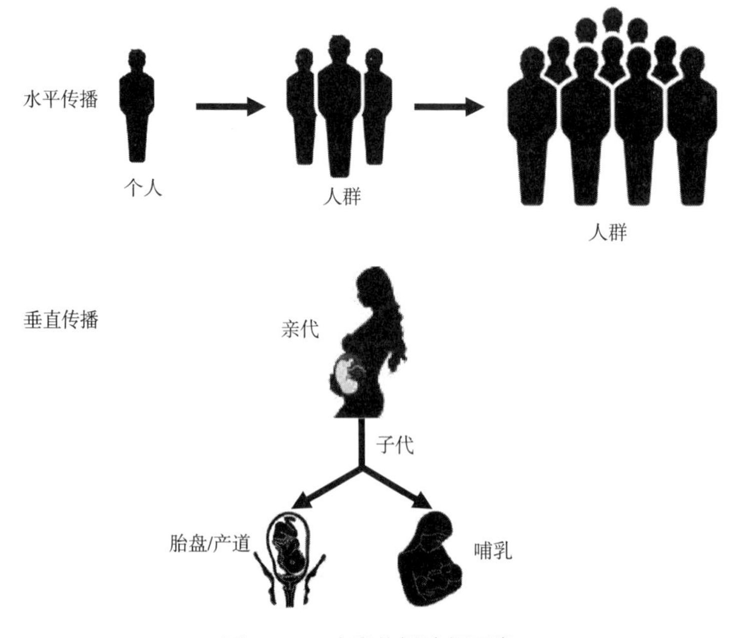

图 5-19 病毒传播途径示意

水平传播是指病毒通过皮肤、呼吸道、消化道、泌尿生殖道等途径在宿主之间传播，此外，在某些特定的情况下（如医源性有创诊疗或机械损伤等）可直接进入血循环。垂直传播则是指病毒经胎盘、分娩或哺乳等方式由亲代传播感染子代，主要见于人类免疫缺陷病毒、乙型肝炎病毒、巨细胞病毒等。

人类病毒感染的方式和途径如表 5-2 所示。

表 5-2 人类病毒感染的主要方式和途径

主要感染途径	传播方式及途径	病毒种类
呼吸道	空气、飞沫或皮屑	流行性感冒病毒、鼻病毒等
消化道	污染水或食物	脊髓灰质炎病毒，其他肠道病毒等

续表

主要感染途径	传播方式及途径	病毒种类
输血、注射或器官移植	污染血或血制品污染注射器	艾滋病、乙型肝炎病毒等
眼或泌尿生殖道	接触、游泳池、性交	艾滋病、疱疹病毒等
经胎盘、围产期	宫内、产道分娩、哺乳等	艾滋病、乙型肝炎病毒等
破损皮肤	昆虫叮咬、狂犬、鼠类	流行性乙型脑炎病毒、出血热病毒等

二、病毒的致病性

病毒侵入机体后，首先进入易感细胞并在细胞中增殖，进而对宿主产生致病作用。病毒能否感染机体、引起疾病，取决于病毒致病性和宿主免疫力两个因素。病毒致病性是指某病毒感染特定宿主并引起疾病；病毒毒力则是反映其引起宿主产生症状和病理变化的强弱。如流感病毒可感染人群，具有致病性，但人群中个体症状轻重程度不一。而同是流感病毒，其流行株和减毒疫苗株相比，则明显因毒力强弱不同，前者引起疾病，后者并不引起疾病。病毒的致病作用是从入侵细胞开始，并扩延到多数细胞，最终影响组织器官的损伤、功能障碍。显然，病毒致病作用表现在细胞和机体两个水平上。另一种是病毒感染诱导的宿主免疫对细胞的损伤作用。由于病毒表达异源蛋白，其感染宿主后必然诱导机体产生免疫应答，而在清除病毒的过程中，会产生对受感染的细胞的免疫攻击，如出现过强的免疫反应甚至可攻击自身正常细胞，从而会造成宿主细胞和组织损伤。

三、免疫

免疫（immunity）是指机体在长期进化中逐渐发展起来的防御感染和维护自身稳定的重要手段。通常由特异性免疫（specific immunity）和非特异性免疫（nonspecific immunity）两部分组成。特异性免疫又称获得性免疫或适应性免疫，是个体接触特定抗原而产生的仅针对该特定抗原的免疫应答，是个体后天获得，对病原体构成防御屏障，并在感染早期发挥主要的清除、杀灭病原体及限制其播散作用；该类免疫具有特异性、多样性、记忆性和耐受性特点。特异性免疫反应主要由可特异性识别抗原的淋巴细胞所承担，其在机体免疫效应机制中发挥主导作用。免疫系统（immune system）是机体担负特异性免疫的物质基础，由免疫器官、免疫细胞和免疫分子组成。非特异性免疫是指宿主在长期的种系发育和进化过程中逐渐建立起来的一系列天然防御功能，又称先天性免疫或自然免疫（natural immunity），可特异性针对特定病原体或病毒形成高效的清除机制，并可维持长期的选择性免疫作用。它的特点是同一种的所有个体都具有，代代相传，大多是机体的常备因素，有些是异物入侵后很快就出现的炎症反应，能迅速发生防御作用，故称为非特异性免疫。机体在抵抗感染的过程中，先是非特异性免疫发生作用，随后形成特异性免疫力。只有二者相互配合才能发挥最大效力，非特异性免疫是特异性免疫的基础，是进行人工免疫的基本条件。非特异性免疫主要包括生理屏障（皮肤、黏膜、微生物等）、细胞因素（吞噬细胞、自然杀伤细胞）和体液因素（溶菌酶、补体、干扰素等）。

第七节　病毒感染的检测和防治原则

病毒感染的检测是病毒流行现状调查和病毒防治的基础。病毒学实验室诊断是采用临床标本的细胞学试验证实可疑的诊断，根据检测的方法不同分为：基于病毒生物学特点的检测方法，如使用病毒动物接种、细胞培养、鸡胚培养等方法分离培养病毒；以及通过检测病毒造成宿主细胞表型或病毒成分做出诊断的方法。

一、病毒感染的检测方法

目前常用的病毒感染的微生物检测程序主要包括标本的采集与送检、病毒的分离鉴定以及病毒感染的诊断。随着分子病毒学的发展，不断建立的新型快速诊断方法，极大地提高了病毒感染的诊断水平。

（一）病毒的采集与送检

病毒标本的采集与送检应注意以下原则：

（1）采集急性期标本用于分离病毒或检测病毒及其核酸的标本应采集患者的急性期标本，以提高病毒的阳性检出率。

（2）对采集标本的部位本身存在其他微生物或易受污染的标本（如咽部、粪便、阴道分泌物等），进行病毒分离培养时，应该使用抗生素抑制或杀灭标本中的非病毒微生物，如细菌或真菌等。

（3）因病毒在室温中容易失去活性，故采集的标本应低温保存并尽快送检。

（4）对于血清血标本应该采集两份即在发病初期和发病后 2~3 周内各取一份血液标本以便对比两份血清中抗体效价，血清抗体标本应该保存在-20℃。

（二）病毒的分离培养技术

病毒的分离、培养鉴定是诊断病毒性疾病的金标准，特异性强，能发现新病毒，且能反应传染性，可在试验动物中验证。由于不同的病毒特性不同，因此针对不同的病毒需要不同的分离培养方法。

1. 实验动物接种

实验动物接种法是最原始的病毒分离培养方法，常根据病毒的亲嗜性选择不同的实验动物，诸如：小鼠、大鼠、豚鼠、兔等。但该方法不但操作烦琐、动物个体差异较大并有携带潜在病毒的可能。目前除了狂犬病毒或乙型脑炎病毒的分离鉴定和科研需要之外，一般不用该法进行病毒的分离检测。

2. 鸡胚培养接种

对多种病毒敏感，通常用孵化 9~14d 的活鸡胚培养病毒。根据病毒的不同特性选择不同的病毒接种部位：①绒毛尿囊膜，用于培养天花、痘病毒及人类单纯疱疹病毒等；②尿囊腔常用于培养流感病毒和腮腺病毒等，也可用于制备疫苗和大量病毒抗原；③羊膜腔，常用于流感病毒的初次分离；④卵黄囊，常用于某些嗜神经病毒的分离。在鸡胚接种后如有病毒增殖，鸡胚将发生异常变化或羊水、尿囊液出现红细胞凝集现象，常用于流感病毒及新城疫病毒等的分离培养，其他病毒的分离已基本被细胞培养所取代。

3. 细胞培养

适于绝大多数病毒生长，是病毒分离培养最常用的诊断技术。根据病毒的不同特点，选择合适的细胞。以细胞生长方式不同分为：贴壁细胞培养和悬浮细胞培养；从细胞来源、是否传代和染色体特性分为：①原代细胞培养，该类细胞对多种病毒敏感，但来源有限。②二倍体细胞，在有限的传代次数内仍保持二倍体，但超过50代后，细胞也会出现老化现象。③细胞系或细胞株培养，多为肿瘤来源的永生化细胞，如Hela、HEK293等，细胞容易获得、便于保存并能长期使用，对病毒感染较稳定，但不能用此类细胞生产疫苗。

（三） 病毒感染的诊断

病毒感染诊断复杂，目前主要使用以下几类方法对病毒感染性疾病做出诊断：①基于病毒形态学的诊断；②基于免疫学方法的诊断，用免疫荧光、放射性免疫、酶联免疫吸附剂测定（ELISA）、蛋白质印迹法（Western blot）等方法检测病毒抗原或免疫球蛋白M型抗病毒抗体检测；③基于分子生物学的诊断，病毒核酸检测（核酸电泳、限制性酶切图谱），核酸杂交（原位杂交、斑点杂交、DNA或RNA印迹杂交），PCR，基因测序等。

二、 病毒感染的防治

病毒性感染在人群中十分普遍，由于病毒为严格细胞内寄生生命体，故对抗病毒药物具有较高的要求，除了要求疗效确切之外，还需要对宿主尽可能产生小的副作用。

（一） 病毒感染的预防

目前尚无治疗病毒感染特效药物，因此预防病毒感染就显得尤为重要。病毒感染的一般预防原则而与其他微生物的预防原则基本一致，主要围绕控制传染源、切断传播途径及增强易感人群的免疫力三个方面展开。其中人工免疫是增强人群特异性免疫力的重要措施，包括人工自动免疫和被动免疫。人工主动免疫（artificial active immunization）是指将疫苗、类毒素和菌苗等免疫原接种至人体，使机体产生获得性免疫的措施。应用病毒性疾病预防的人工主动免疫制剂如脊髓灰质炎疫苗、麻疹疫苗、狂犬病疫苗、乙型肝炎疫苗等。人工被动免疫（artificial passive immunization）是采用人工方法向机体输入由他人或动物产生的免疫效应物，如免疫球蛋白、免疫血清、细胞因子等，使机体立即获得免疫力，达到防治某种疾病的方法。人工被动免疫制剂主要包括：胎盘丙种球蛋白、乙型肝炎免疫球蛋白、干扰素、白细胞介素、肿瘤坏死因子（TNF）、集落刺激因子（CSF）等。

（二） 病毒的药物治疗

由于病毒的严格细胞内寄生性，因此目前仍然缺专一靶向病毒的治疗药物。凡能杀死病毒的药物，同时多对宿主细胞也有较大毒性。从理论上讲，病毒生物合成的各个环节均是抗病毒治疗的靶位，特别是那些与宿主细胞不同的环节。

1. 抗病毒治疗的化学药物

化学药物仍然是当下治疗病毒性疾病最常用和最有效的药物。根据病毒生物合成的不同时期均有相应的化学抗病毒药物。

（1）抑制病毒吸附、侵入及脱壳的药物　在病毒感染的初始阶段，吸附、穿入和脱衣壳是病毒侵入细胞必经阶段。病毒接触和侵入细胞时，需要病毒特异的配体与宿主细胞膜上的受体结合，当然这一环节也可作为抗病毒化学药物的靶标。此类药物包括脱氧葡萄糖、海藻硫酸多糖、金刚烷胺、金刚乙胺等。

（2）作用于病毒核酸复制的药物　病毒的复制需要合成 DNA 或 RNA 的原料单核苷酸和 DNA 或 RNA 聚合酶，许多病毒的核酸复制需要特定的酶系统催化，而部分病毒特异的酶只出现在受感染的宿主细胞内，包括所有的 RNA 病毒以及部分 DNA 病毒，如痘病毒、疱疹病毒、腺病毒等。这类药物主要分为核酸合成原料（核糖核酸或脱氧核糖核酸）及其衍生物和识别核酸生物合成中的 DNA 或 RNA 聚合酶的药物，如苯并咪唑、胍及其衍生物、吗啉双胍、苯并咪唑和盐酸胍、5′-碘-2′-脱氧尿嘧啶核苷、碘苷、三氟胸苷、溴乙烯基脱氧尿苷、膦甲酸盐、磷酸基甲酸等。

（3）抑制病毒蛋白质翻译的药物　病毒 mRNA 的翻译过程，多依赖宿主细胞的翻译机制才能完成，包括病毒 mRNA 与细胞的核糖体结合、肽链前体的加工及蛋白的翻译后修饰等环节，所以大多数蛋白抑制剂不能选择性地抑制病毒蛋白的合成。如甲基靛红-β-缩氨基硫脲、氨基酸类似物（氟苯丙氨酸和萘氨基甲基丙氨酸）、碱性蕊香红等。

（4）抑制病毒蛋白质成熟和装配的药物　部分病毒的包膜蛋白是以前体的形式合成的，须经过酶的剪切加工方可成为成熟蛋白，形成成熟的病毒包膜，而剪切蛋白前体的酶是高度特异性的，因此可根据其特性，设计和制备酶抑制剂。近年来，根据被剪切蛋白的氨基酸序列，制成多肽同类物，可以呈现抗病毒活性。如胍类化合物、利福平等。

2. 抗病毒治疗的生物药物

DNA 重组技术、生物工程及蛋白质工程技术的建立和发展，不但为病毒的分子生物学研究开辟了新方法，也为抗病毒治疗开辟了新的途径，如重组人干扰素、反义核酸、核酶、干扰 RNA、CRISPR-Cas9 基因治疗法以及治疗性疫苗等。尽管这些药物还有很多处在临床前研究阶段，但这一定是将来病毒治疗的新方向。

3. 中草药的抗病毒作用

中医中药是中华民族文化的瑰宝，在数千年的实践和中医中药的现代化研究中发现有许多中草药对病毒性疾病有预防或治疗作用，或直接抑制病毒增殖，或通过增强机体特异和非特异性免疫力而发挥抗病毒作用，如：板蓝根、穿心莲、大青叶、金银花、黄芩、紫草、贯众、大黄、茵陈、虎杖、连翘、麻黄、鱼腥草、广藿香、甘草等。

第八节　病毒的应用

病毒的快速复制和感染多种宿主细胞的能力使其成为有效的基因克隆和表达工具。此外，某些病毒元件，如启动子、终止及加尾信号等因为其高效率而被广泛应用于各种非病毒载体的构建中。通过对病毒进行基因工程改造后可以获得满足人们需要的特殊“人工病毒”，达到为人类健康与生活服务的目的，如病毒在基因工程疫苗与基因治疗、生物防治等方面都有应用。在治疗口蹄疫（foot-and-mouth disease virus，FMDV）方面，运用基因工程技术在 DNA 水平上缺失毒力相关基因，再转录出 FMDV 的全长 cDNA，构建感染性克隆，制备减弱其毒力而不丧失免疫原性的弱毒疫苗。另外，直接将抗原基因重组到一种更安全的病毒载体上，将重组后的病毒用作疫苗，这样的疫苗称为活体重组疫苗（live recombinant vaccine）。

实践证明，活体重组疫苗非常安全，如痘病毒、腺病毒等。因为人群中部分人感染过痘病毒或腺病毒，可快速诱导机体产生抗载体病毒的免疫反应。

1892 年，德国科学家 Gehren 就利用模毒蛾核型多角体病毒对松林害虫进行了防治，随后进行了该病毒对其他害虫的防治试验，其中部分害虫被成功控制更激发科学家们着力于病毒杀虫剂的开发。1975 年是昆虫病毒杀虫剂产业化发展过程中的一个重要里程碑，由 Sandoz 公司研制的美洲棉铃虫 NPV（HzNPV）获得美国食品与药物管理局（FDA）的农药登记。目前，包括中国在内的 20 多个国家登记注册的病毒杀虫剂超过 30 余种。其中应用广泛的病毒种类有棉铃虫 NPV（HaNPV）、甜菜夜蛾 NPV（SNPV）、豆夜蛾 NPV（ANPV）、苹果套蛾 GV（CllaGV）、美洲棉铃虫 NPV（HzNPV）等，还有具有多种美丽花纹的郁金香，也是人类利用病毒感染技术培育出来的新品种。

思考题

1. 什么是病毒，病毒的主要特征是什么？
2. 病毒的一般大小为多少？试图示病毒的典型构造。
3. 病毒的化学成分有哪些？试分别简述它们的功能。
4. 病毒壳体有哪几种对称类型？试举例说明。
5. 病毒的复制周期可分为哪几个阶段？试述各阶段的主要过程及特点。
6. 病毒核酸有哪些类型和结构特征？各类病毒基因组的复制方式和表达策略有何特点？
7. 什么是病毒的一步生长曲线？包括哪几个阶段？各阶段有何特点？
8. 什么是温和噬菌体、溶源菌和溶源性？
9. 什么是类病毒、拟病毒和朊病毒？
10. 亚病毒因子有哪几类？各有何特点？
11. 如何预防病毒性疾病？
12. 简述人类病毒感染的主要方式和途径。
13. 病毒的检测方法有哪些？

第六章 微生物的营养

CHAPTER 6

第一节 微生物的营养需求

一、微生物细胞的化学组成

营养（nutrition）是一个广泛而又严格的概念，营养必须从外界获得，是生物体生长、发育、繁殖等生命活动所必需的能量和物质，也是所有生物生命活动的起点和物质基础。要微生物为人类所用，首先就要了解微生物的营养需求，通过分析微生物细胞的化学组成，从而对微生物的营养物有初步的认识。微生物细胞与其他生物细胞的化学组成基本相同，营养物在细胞中的物质存在方式主要有 3 种，分别为水、有机物和无机物。除此之外，则是非常规物质形式的光、辐射能等。

（一）化学元素组成

自然界生物细胞的化学组成具有共性，即微生物细胞的化学组成与摄食型的动物和光合自养的植物细胞高度相似，生物细胞在元素水平上的营养需求都是基本一致的，具有营养需求统一性。微生物细胞在元素水平需要 20 种左右：碳、氢、氧、氮、磷、硫、钠、钾、钙、镁、铁、锌、锰、硼、铜、钼、锡、钨、硒、钴、镍等，且以碳、氢、氧、氮、磷、硫 6 种元素为主，占细胞干重的 97%。

虽然微生物细胞的元素组成恒定，但是不同物种具体化学元素含量不同，并且同一种微生物在不同生长时期和不同生长条件下也会有差异。通过不同微生物元素含量统计发现，各种微生物的含碳量比较稳定，占干重的 5%左右，但主要元素中的其余 5 种则不尽相同，主要受到物种特点及营养条件限制。不同微生物的含氮量差异较大，细菌、酵母菌的含氮量占 13%~15%，丝状真菌为 5%左右；一般幼龄细胞的含氮量比老龄细胞高；在氮源丰富的培养基上生长的细菌比在一般培养基上生长的细菌含氮量高。各种微生物的含磷量为 5%左右，但有些细菌如聚磷菌能逆浓度梯度过量吸收磷酸盐合成多聚磷酸盐颗粒。硫细菌（sulfur bacteria）需要的硫较多，铁细菌（iron bacteria）含铁相对丰富，硅藻（diatom）细胞壁富含二氧化硅。部分微生物嗜好某些元素是与环境相适应的，例如生活在盐湖及海洋中的嗜盐细菌（halophilic bacteria），由于其细胞壁以脂蛋白为主，其结构完整性主要由离子键维持，所以必须

依靠高浓度的 Na^+ 生存。除此之外，部分真菌对特定元素具有超积累现象，如蛹虫草［*Cordyceps militaris*（*L.*）Fr.］对锌的积累可达干重1%以上，并能诱导金属硫蛋白超量产生。

（二）化学物质组成

微生物细胞中的各类化学元素绝大多数是以化合物的形式存在的。重要的组成物质有水、有机物和无机物。一般情况下，水分占微生物细胞湿重的70%~90%，含量最高，但在真菌孢子中这一数字可低至40%以下，而芽孢核心中可低于30%。有机物主要包括蛋白质、核酸、糖类、脂类、维生素以及它们的降解产物和一些代谢产物等，存在于微生物细胞的各个位置，相对来说，细胞核中蛋白质和核酸较多，细胞壁中多糖含量占优。无机物包括单独存在于细胞中的无机盐或与有机物结合的无机盐等物质，具有多种功能，如酶活中心及调节渗透压等，在特殊情况下同时作为部分自养微生物的能源。各类微生物细胞中的主要物质含量，如表6-1所示。

表6-1　微生物细胞中主要物质含量　单位：%

微生物类群	水分	干物质	占细胞干物质百分数				
			蛋白质	核酸	碳水化合物	脂肪	无机元素
细菌	75~85	15~25	58~80	10~20	12~28	5~20	2~30
酵母菌	70~80	20~30	32~75	6~8	27~63	2~5	4~7
丝状真菌	85~95	5~15	14~52	1~2	27~40	4~40	6~12

二、微生物的营养物质及生理功能

各种化学元素主要以营养物质的形式供给微生物细胞，营养物（nutrient）是微生物从外界获取的营养物质，根据其在机体中生理功能的不同，可将它们分为6大类：碳源、氮源、能源、无机盐、生长因子和水。

（一）碳源

碳源（carbon source）是在微生物生长过程中为微生物提供碳素来源的物质。由于碳占微生物细胞干物质的50%左右，所以又称大量营养物（macronutrient），几乎所有的生物大分子均具有核心碳骨架，因此碳素是除水外微生物需要量最大的营养物。碳源物质在微生物细胞内经过一系列复杂的化学变化转化为糖类、脂类、蛋白质等细胞物质、代谢产物和细胞内贮藏物质。微生物所能利用的碳源远超过动植物，至今人类已发现或合成的2000多万种有机含碳化合物，几乎都能被微生物分解和利用。微生物可利用的碳源范围称为碳源谱（spectrum carbon source）。

碳源谱可分为有机碳和无机碳两大类。凡必须利用有机碳源的微生物，就是自然界数量占多数的异养微生物（heterotrophic microbe）。对一切异养微生物而言，这种碳源称为双功能营养物（difunctional nutrient），如糖及糖的衍生物、醇类、有机酸、脂类、烃类、芳香族化合物等复杂的天然有机化合物，既为微生物细胞提供碳素来源，又通过代谢过程提供能量。化能异养微生物几乎可以利用所有有机碳为碳源，即使是石蜡、塑料等都可被不同程度的利用。因此，生产中常根据处理物质的不同选用能分解不同有机碳物质的微生物。种类较少的自养微生物（autotrophic microbe），则以 CO_2 为主要碳源，合成碳水化合物，进而转化成复杂的多糖、蛋白质、核酸、类脂等细胞物质。

不同微生物利用有机碳源的能力不同，一般来说，糖类是最好的利用的碳源，绝大多数微生物均能利用葡萄糖和果糖，己糖的使用是最普遍的。微生物对糖类的利用上，单糖优于双糖和多糖，己糖优于戊糖，葡萄糖、果糖优于半乳糖、甘露糖；在多糖中，淀粉优于几丁质、纤维素等多糖，同型多糖则优于杂多糖及其他聚合物如木质素等，如假单胞菌（*Pseudomonas*）的某些种可利用约 100 种不同的有机碳源；但甲基营养型微生物只能利用一碳化合物（如甲烷、甲醇）作为碳源。某些产甲烷古菌、自养细菌仅可利用 CO_2 为主要或唯一碳源；寄生型钩端螺旋体属（*Leptospira*）的细菌只能利用长链脂肪酸作为它们的主要碳源和能源。必须指出的是，虽然异养微生物碳源谱极广，但并非不需要 CO_2，在某些异养微生物，特别是病原微生物中，一定量的 CO_2 是其生长发育等活动所必需的。

实验室中，微生物培养基的碳源常用葡萄糖、蔗糖、果糖、淀粉、甘露醇、有机酸、丙三醇等纯度较高的物质。在工业发酵生产中选择碳源时需要综合考虑成本及原料的易得与否，因此，碳源的选择往往直接来源于植物体或工业生产副产品，如米糠、麸皮、面粉、玉米粉、糖蜜等。这些营养要素往往可以满足微生物的基本需求，在实际操作中则需要进行与其他原料进行搭配，结合成本和营养效果综合考虑，选择合适的碳源。

（二）氮源

氮源（nitrogen source）是微生物生长提供氮素来源的营养物质。它是微生物细胞蛋白质和核酸的主要成分，同样也是微生物的营养物，主要用于构成微生物细胞的物质和含氮代谢物。细菌、酵母菌细胞含氮量占细胞干重的 7%~13%，霉菌为 5%左右。氮源物质一般不作能源，只有少数自养微生物能利用铵盐、亚硝酸盐作为氮源和能源。另外，某些厌氧微生物在碳源物质缺乏的厌氧条件下，可以利用某些氨基酸作为能源物质。

将微生物可利用的氮源范围称为氮源谱（spectrum of nitrogen source）。微生物的氮源谱也很广泛，且明显比动物或植物的广，可分为有机氮源和无机氮源两大类。有机氮源又称蛋白质类氮源，主要是动、植物蛋白及其不同程度的降解产物，蛋白胨、牛肉浸膏、酵母浸膏、黄豆饼粉、花生饼粉、玉米浆、鱼粉、蚕蛹粉等是常用有机氮源，蛋白质类很难进入细胞，所以胨、肽等蛋白质降解物效果更好。无机氮源是一些含氮无机物，主要有铵盐、硝酸盐、NH_3 和 N_2 等。有机氮源和无机氮源都可以作为大多数微生物生长的氮源，在设计培养基，特别是发酵时有机氮源与无机氮源应混合使用。前期应多使用易同化的无机氮源，后期酶系建立后则应多利用有机氮源。

根据微生物对氮源利用的差异将其分为 3 种类型：一是氨基酸自养型（amino acid autotrophs），不需要利用氨基酸作氮源，能以铵盐、硝酸盐甚至尿素等较为简单的化合物为唯一氮源，自行合成所需要的一切氨基酸，进而转化成蛋白质及其他含氮有机物，大量微生物和所有绿色植物是氨基酸自养型生物；二是氨基酸异养型（amino acid heterotrophs），不能合成某些必需氨基酸，需要从外界吸收现成的氨基酸作氮源，所有动物和大量异养微生物属于该类型；三是固氮微生物（nitro-gen-fixing organisms，diazotrophs），能以空气中的氮气为氮源，其固氮酶系统将其还原为 NH_3，进一步合成所需的各种有机氮化合物，如固氮菌、根瘤菌、弗兰克氏菌等。无机氮源可以多种形态进入细胞，但是最终都要被转化为铵态，进而与碳骨架结合，形成氨基酸或核酸等形态，所以 $(NH_4)_2SO_4$ 称为速效氮，相较于无机氮的其他形态，铵态无须更为复杂的形态即可直接被细胞利用。需要注意的是，选用无机盐作为氮源时，由于微生物对氮源的吸收，会直接造成培养基的 pH 变化，例如（NH_4）$_2SO_4$作为氮源时，微生物对 NH_4^+的吸收较多，造成 pH 降低，而选择硝酸盐作为氮源时则往往会引起 pH 升高，所以在设计实验时应主动添加缓冲剂，维持培养基 pH 没有大的变化。虽然我们将微生物对氮源的吸收划分为三种类型，但部分微生物可根据环境的状态来改变氮源利用模式，如有的微生物既可以利用无机氮化合物合成氨基酸等，也可以直接从环境中吸收有机氮化物，最大限度提高自身的生物效率，比如固氮菌在环境中存在可吸收的氮化物时就失去固氮能力。

（三） 能源

能源（energy source）是为微生物提供最初能量来源的营养物质或辐射能，可分为：化学能和光能。多数微生物的能源是化学物质，仅有的少数微生物可利用光能。因此微生物的能源谱就显得十分简单。各种微生物的能源谱如下：

能源谱
- 辐射能（光能营养型）：光能自养和光能异养微生物的能源
- 化学物质（化能营养型）
  - 无机物：化能自养微生物的能源
  - 有机物：化能异养微生物的能源

在能源中，有些能源要素或物质仅有一种功能，有些则具有多种功能，如光辐射能是单功能营养“物”，还原态无机物如 NH_4^+是双功能营养物（兼具氮源、能源功能），氨基酸和蛋白质类是三功能营养物（兼具碳源、氮源、能源功能）。各种异养微生物的能源就是其碳源；化能自养微生物的能源来自相应的还原型无机物，如 NH_3、NO_2^-、H_2、H_2S、S、Fe^{2+}等氧化放出的化学能，因此自养微生物生长所需的能源不是来自碳源，至今发现的能利用这些物质作为能源的微生物均为原核生物，如亚硝酸细菌、硝酸细菌、氢细菌、硫细菌、铁细菌等。

（四） 无机盐

无机盐（mineral salt）或矿质元素主要可为微生物的生长提供除碳源和氮源外的各种重要元素，是微生物生命活动不可缺少的物质。微生物细胞中的矿质元素占细胞干重的 3%～10%，作为细胞组成、酶活性中心的组成部分，维持生物大分子及细胞结构的稳定性，调节并维持微生物细胞的渗透压、氧化还原电位和 pH。例如镁离子维持核糖体和细胞内膜系统的稳定，是己糖磷酸化酶、核酸聚合酶活性中心以及细菌叶绿素的成分；磷元素除了作为核酸、核蛋白、磷脂等成分外，还作为缓冲系统稳定培养基 pH；钙离子除了稳定蛋白酶活性外，还是芽孢的必需元素，也是建立感受态细胞的基础。某些元素如 S、Fe 还可作为一些自养微生物如硫细菌、铁细菌的能源。

根据微生物生长对矿质元素的需要量，可将其分为大量元素（macroelements）和微量元素（microelements）。生长所需浓度在 10^{-4}～10^{-3}mol/L 的称为大量元素，如 S、P、K、Mg、Na、Ca、Fe 等，主要构成生物的大分子和调节 pH，也同时是化能自养菌的能源，作为无氧呼吸的氢受体，如所有细菌都需要磷，磷是合成核酸、磷脂和一下重要辅酶（NAD、DADP、CoA）及高能磷酸化合物的重要原料；硫是半胱氨酸、蛋氨酸、谷胱甘肽、CoA、生物素、硫铵素的组成成分；镁是一些酶（己糖激酶、异柠檬酸脱氢酶、固氮酶和羧化酶）的激活剂，是光合细菌菌绿素的组成成分，镁还起到稳定核糖体、核酸和细胞膜稳定的作用，缺乏镁，微生物将停止生长。还有某些硫细菌的能源物质需求量极少，生长所需浓度在 10^{-8}～10^{-6}mol/L，这些元素在微生物生长过程中虽然需求量极少，但是不可或缺，往往作为酶的激活剂和一些特殊分子的结构成分，缺乏时导致细胞活性降低。这些元素通常称为微量元素，如 Cu、Zn、Mo、Mn、Se、Co、Ni、Sn 等。铜是多酚氧化酶和抗坏血酸氧化酶的成分；锌是醇脱氢酶、乳酸脱氢酶、肽酶和脱羧酶的辅助因子；硫是半胱氨酸、蛋氨酸、谷胱甘肽、CoA、生物素、硫铵素的组成成分，还是某些硫细菌的能源物质。

大量元素与微量元素是相对的概念，微生物在不同的生长阶段需求量也不同，不同物种需求量也有差异。一般来说，革兰氏阴性菌相对革兰氏阳性菌对镁离子的需求高 10 倍左右。即使在同一物种中，也往往会有差异，铁既可在不同阶段归属于大量元素和微量元素，也可将其称为“半微量元素”。另外，一些具有特殊结构或在特殊环境下生长的微生物，会有特殊的矿质元素要求。例如一些生活在盐湖和海洋中的细菌则依靠高浓度的钠离子（Na^+）才能正常生存；硅藻则需要硅酸来合成其富含二氧化硅的细胞壁。

在配制微生物培养基时，对大量元素来说，首选的无机盐是 K_2HPO_4 和 $MgSO_4$，可同时提供多种需要量大的元素。同时，许多微量元素是重金属，不能过量，否则可能产生毒害作用，但是在部分生物中，特别是真菌，会对某些重金属元素富集，这在重金属污染处理中具有重要意义。

（五） 生长因子

生长因子（growth factor）通常是指微生物生长必需的，但通常自身不能用简单的碳、氮源自行合成或合成量不能满足生长所需要的微量有机化合物。广义上的生长因子主要包括 3 类，分别为：维生素（辅酶）、氨基酸（合成蛋白质）、嘌呤和嘧啶碱基（合成核酸）。狭义上专指维生素，它是最先发现的生长因子，不提供能量，也不参与细胞结构组成，它们大多数是辅酶或辅基的成分，与微生物代谢有着密切的关系，比如维生素 B_1 主要作为脱羧酶、转醛酶、转酮酶的辅基，维生素 B_2 作为黄素蛋白的辅基，微生物 B_6 作为氨基酸脱羧酶、转氨酶的辅基。微生物最大生长时所需要的维生素浓度大约是 0.2μg/mL。

氨基酸是许多微生物都需要的生长因子，微生物需要氨基酸的量为 20~30μg/mL。若微生物缺乏合成某些必需氨基酸的能力，就必须在培养基中补充这些氨基酸或补充含有这些氨基酸的短肽才能使其正常生长。一般来说，革兰氏阴性菌合成氨基酸的能力比革兰氏阳性菌强，如肠膜明串珠菌合成氨基酸的能力很弱，需要补充 17 种氨基酸和维生素等生长因子才能正常生长；伤寒沙门氏菌仅需要补充色氨酸；大肠杆菌能合成自己所需要的全部氨基酸。

嘌呤和嘧啶也是很多微生物正常生长所需要的生长因子，主要作用是构成核酸、辅酶和辅基。微生物生长旺盛时需要嘌呤和嘧啶的浓度为 10~20μg/mL。嘌呤和嘧啶进入微生物细胞后须转化为核苷和核苷酸才能被利用。有些微生物不仅缺乏合成嘌呤和嘧啶的能力，还不能把它们正常结合到核苷酸上，这类微生物需供给核苷或核苷酸才能正常生长。

生长因子是不同于碳源、氮源和能源物质的重要营养物质。按微生物与生长因子的关系，可将微生物分为以下三类。

（1）生长因子自养型微生物（auxoautotrophs） 是指能自行合成而不需从外界提供生长因子的菌株。多数真菌、放线菌和多数细菌都属于这一类。

（2）生长因子异养型微生物（auxoheterotrophs） 是指自身缺乏合成一种或多种生长因子的能力，需外界提供所需的生长因子才能正常生长的微生物，如各种乳酸菌、动物致病菌、支原体、原生动物等。

(3) 生长因子过量合成型微生物　这些微生物在代谢过程中分泌大量维生素等生长因子，可用于生产维生素的微生物（表6-2）。有几种水溶性和脂溶性的维生素已全部或部分地利用工业发酵生产。

表6-2　生长因子过量合成型微生物

微生物	生长因子
阿舒假囊酵母（*Eremothecium shbyil*） 棉阿舒囊霉（*Ashbya gossypii*）	维生素 B_2
谢氏丙酸杆菌（*Propionibacterium shermanii*） 巴氏甲烷八叠球菌（*Methanosarcina barkeri*） 橄榄链霉菌（*Streptomyces olivaceus*） 灰色链霉菌（*Streptomyces griseus*）	维生素 B_{12}
梭菌属（*Clostridium*） 阿舒囊霉属（*Ashbya*） 假丝酵母属（*Candida*） 假囊酵母属（*Eremothecium*）	核黄素
棒杆菌属（*Corynebacterium*） 欧文氏菌属（*Erwinia*） 葡萄杆菌属（*Staphylococcus*）	维生素 C
酵母菌属（*Saccharomyces*）	维生素 D
杜氏藻属（*Dunaliella*）	β-胡萝卜素

同种微生物对是否需要外界补充生长因子随环境变化，如厌氧条件下的鲁氏毛霉（*Mucor rouxianus*）需补充维生素 B_1 和生物素，但在好氧条件下则可自身合成。对某些微生物生长所需的生长因子要求不了解，因此在配制相应培养基时，一般用生长因子含量丰富的天然物质如酵母膏、牛肉膏、麦芽汁、玉米浆或其他新鲜动、植物组织浸出液等作为原料，以保证微生物的需求。

（六）水

水是微生物细胞的重要组成成分，细菌、酵母菌和霉菌的营养体含水量分别为80%，75%和85%左右。除少数微生物如蓝细菌能利用水的氢还原 CO_2 合成糖外，其他微生物并不把水当作真正的营养物。但微生物的生长离不开水，因此水仍作为营养要素。水是一种起着溶剂和运输介质作用的物质，参与机体内水解、缩合、氧化与还原等反应在内的整个化学反应，并在维持蛋白质等大分子物质的稳定的天然状态上起着重要作用。

细胞通过水才能吸收营养物质和排泄废物。水还供给微生物氢和氧元素。水维持细胞的正常形态，含水量减少时，原生质由溶胶变为凝胶，生命活动减缓，质壁分离；含水量过多时，原生质胶体破坏，菌体膨胀死亡。由此可见，微生物离开水便不能进行正常的生命活动。

水的生理功能主要有：

（1）优良的溶剂，保证几乎一切生物化学反应的进行。水组成原生质胶体，起运输介质的作用。促进营养物质的吸收、代谢产物的排泄。

（2）参与细胞内一系列化学反应。

（3）维持细胞形态以及蛋白质、核酸等生物大分子稳定的天然构象。

（4）热的良好导体。水的比热高，能有效地吸收代谢过程中产生的热，并及时将热散发出体外，便于调节温度。

微生物细胞中的水分有游离水和结合水两部分，微生物细胞内游离水和结合水的比例大约是4：1。游离水处于自由流动状态，是最基本的溶剂，可被微生物利用的水。结合水是水与溶质或其他分子形成的水合物，它不流动、不易蒸发、不冻结、不能作为溶剂、不渗透、不能被微生物利用。

三、微生物的营养类型

微生物种类多，生态各异，营养类型比较复杂。微生物营养类型的划分方法很多，以碳源区分可将微生物划分为自养型微生物和异养型微生物，以能量来源区分可划分为光能营养型和化能营养型，以电子供体分可分为无机营养型和有机营养型，如将碳源、能源和电子供体（氢供体）三者结合起来可将绝大部分微生物分为光能无机自养型（光能自养型）、光能有机异养型（光能异养型）、化能无机自养型（化能自养型）、化能有机异养型（化能异养型）4种营养类型（表6-3）。

表6-3 微生物的营养类型

营养类型	能源	氢供体	基本碳源	实例
光能无机营养型（光能自养型）	光能	H_2O、H_2S、S或H_2等还原态无机物	CO_2	蓝细菌、紫色硫细菌、绿色硫细菌、藻类
光能有机营养型（光能异养型）	光能	有机物	CO_2及简单有机物	红螺菌科的细菌（即紫色无硫细菌）
化能无机营养型（化能自养型）	NH^{4+}、NO^{2-}、S、H_2S、H_2、Fe^{2+}等	无机物	CO_2	硝化细菌、硫化细菌、铁细菌、氢细菌、硫磺细菌等
化能有机营养型（化能异养型）	有机物	有机物	有机物	绝大多数细菌和全部真核微生物

（一）光能无机营养型

光能无机营养型（photolithoautotrophy）简称光能自养型，光能作为能量来源，CO_2为唯一或主要碳源、氢供体是还原态无机物进行光合作用的微生物。光合色素主要有叶绿素、类胡萝卜素和藻胆素。许多光合细菌（主要是紫色硫细菌和绿色硫细菌）、蓝细菌和藻类就属于这种营养类型，根据光合作用产物，可分为产氧光合作用（oxygenic photosynthesis）和不产氧光合作用（anoxygenic photosynthesis）。

产氧光合作用出现是地球生命演化的重要节点，为早期厌氧生命带来危机，并为有氧呼吸的出现奠定基础，早在24亿年前蓝细菌就开始了产氧光合作用。蓝细菌、藻类含叶绿素，它们与高等植物一样能利用水的光解产生 O_2 并同化 CO_2，即进行产氧光合作用。代表性反应式如下：

$$CO_2+H_2O \xrightarrow[\text{叶绿素}]{\text{光能}} [CH_2O]+O_2\uparrow$$

不产氧光合作用的主要代表性微生物是紫色硫细菌和绿色硫细菌等光合细菌，其电子供体为还原态无机物，主要为 $S_2O_3^{2-}$、S、H_2S，碳源为 CO_2，在严格的厌氧条件下，进行循环式光合磷酸化，无氧气产生。代表性反应式有：

$$CO_2+2H_2S \xrightarrow[\text{菌绿素}]{\text{光能}} [CH_2O]+H_2O+2S$$

$$CO_2+Na_2S_2O_3 \xrightarrow[\text{菌绿素}]{\text{光能}} [CH_2O]+Na_2S_2O_4+H_2SO_4$$

产氧光合作用和不产氧光合作用主要代表类群分别为蓝细菌、藻类和光合细菌，两者的不同除了是否有氧气产生外，另一主要区别是电子供体不同。不产氧光合作用的电子供体来自于还原态无机硫化物，所以在自然界中常分布在富含 CO_2、H_2、硫化物等的浅水池塘及湖泊的亚表层水域中，同时这一水层还能提供相对厌氧环境，而产氧光合作用氢供体来自于 H_2O，主要发生在表层水中。

（二） 光能有机营养型

光能有机营养型（photoorganoheterotrophy）又称光能异养型，光能作为能量来源，碳源则不能以 CO_2 为唯一碳源或主要碳源，氢供体为简单有机物，可利用光能将 CO_2 还原。大多数光能有机异养微生物需要外源生长因子，如红螺菌属（*Rhodospirillum*）的紫色非硫细菌就属于这种类型，利用异丙醇作为供氢体，利用光能同化 CO_2 并积累丙酮：

$$CO_2+2(CH_3)_2CHOH \xrightarrow[\text{菌绿素}]{\text{光能}} 2CH_3COCH_3+[CH_2O]+H_2O$$

它们中的一些类群不能在黑暗、好氧条件下停止光合色素的合成，依赖环境中的少量有机物进行化能异养；在有光和厌氧条件下进行光能有机营养。由于光能异养型微生物能高效利用废水中的低分子脂肪酸和醇，并具有多种代谢途径，目前已用于净化高浓度的有机废水，效果良好。该类微生物在处理污水和净化环境方面具有较好的发展前景。

（三） 化能无机营养型

化能无机营养型（chemolithoautotrophy）又称化能自养型，能量来源为无机物氧化产生的化学能，CO_2 为唯一碳源或主要碳源，电子供体为还原态无机物，主要为 H_2、H_2S、Fe^{2+}、NH_3、NO^{2-}。只有微生物存在化能无机自养型，此营养类型微生物可广泛分布在土壤及水环境，可以完全在暗环境或者无机环境里生长，但环境中需要一定量的 O_2 存在。常见的化能自养型微生物包括硝化细菌、硫化细菌、铁细菌和氢细菌等，它们分别氧化铵、还原态无机硫化物（H_2S、S、$S_2O_3^{2-}$ 和 SO_3^{2-} 等）、Fe^{2+}、H_2 获得生长所需的能量，同化 CO_2 为细胞有机物。化能无机自养型微生物一般生长缓慢，有机物对该类微生物一般有毒害。

自然界存在的微生物仅有1%被纯培养，主要是因为分离培养基或分离方法没有获得突破。但采用非传统的生长底物可以促进新型微生物的生长。近年来，利用非常规的电子供体与电子受体，发现了一些前所未知的化能自养型微生物。例如，从澳大利亚金矿中分离出以剧毒物质亚砷酸为电子供体，CO_2为唯一碳源，氧为受体的化能自养菌。

（四） 化能有机营养型

化能有机营养型（chemoorganotrophy）又称化能营养型，能量来源是有机物氧化产生的化学能。碳源也是有机物，所以在化能有机营养型中，碳源又称双功能营养物，多通过呼吸和发酵获得能量。绝大多数细菌、全部真菌和原生动物属于这种营养类型。对这一类群整体而言，它们几乎能利用全部的天然有机物和各种人工合成的有机聚合物。化能异养型微生物中，根据它们所利用有机物性质的不同，又可将其分为腐生型（metatrophy）和寄生型（paratrophy）两类。凡可利用无生命的有机物如动植物尸体或残体作为碳源和能源的为腐生型，细菌、酵母菌、放线菌、霉菌、大多数可栽培的食用菌等多为腐生型。凡可寄生在活的宿主机体内吸收营养物质的为寄生型，最典型的是无细胞结构的病毒，只能靠寄主复制存活。在腐生型和寄生型之间还存在着中间的过渡类型，即兼性腐生型和兼性寄生型。结核分枝杆菌、痢疾志贺氏菌是以腐生为主、兼营寄生的兼性寄生菌，大肠杆菌生活在动物肠道内时营寄生生活，而随粪便排出体外后则又可营腐生生活，所以也属于兼性寄生菌。

（五） 其他营养型

营养类型的划分比较符合一般营养和能量来源的标准，但不是绝对的，如在光能型和化能型之间、自养型和异养型之间都有一些中间类型，有些微生物兼具几种营养类型。异养型微生物并非绝对不能利用 CO_2，自养型微生物也并非不能利用有机物进行生长，有些微生物在不同生长条件下生长时，其营养类型也会发生改变。例如：紫色非硫细菌（purple non-sulphur bacteria），当没有有机物时，同化 CO_2，为自养型微生物；有机物存在时，利用有机物进行生长，为异养型微生物；光照和厌氧条件下，利用光能生长，为光能营养型微生物；黑暗与好氧条件下，依靠有机物氧化产生的化学能生长，为化能营养型微生物。

微生物营养类型的可变性有利于提高对环境条件变化的适应能力。

第二节 培养基

培养基（culture medium）是人工配制、适合微生物生长繁殖或产生代谢产物的营养基质。培养基是开展微生物生理生化、发酵工程等学科研究的基础，任何培养基均应具备微生物生长所需要的营养要素，且比例要合适。配制培养基前，要根据微生物的营养特点及实验目的进行设计，如自养菌的培养基不必含有机化合物，异养菌的培养基需要有机化合物作为碳源和能源。

一、 培养基类型

（一） 按成分划分

1. 天然培养基

天然培养基（natural medium）又称非化学限定培养基（chemically undefined medium），

是指利用动植物组织或微生物体或它们的提取物及粗消化产物等制成的培养基，天然培养基最大的特点是其所含成分种类、数量不确定，但又满足一般化能异养菌的生长所需。这种培养基的主要原料有：蛋白胨、牛肉膏、酵母膏、麦芽汁、糖蜜、马铃薯、玉米粉、麸皮、各种饼粉、牛乳和血清等。天然培养基多采用工农业副产品，所以具有价格低廉的特点，由于其是天然营养物的副产品或初加工产品，所以也具有营养丰富、种类多样、配制方便的优点，但同时也具有化学成分难以确定、很不恒定、试验重复性差的缺点。因此，适用于实验室的一般菌种培养、发酵工业中生产菌种以及较大规模的微生物发酵生产。

2. 合成培养基

合成培养基（synthetic medium），又称化学限定培养基（chemically defined medium），是营养成分背景完全清晰的培养基，由高纯化学试剂配制而成。它可以完全由无机盐或无机盐和有机化合物（如氨基酸、糖、嘌呤、嘧啶和维生素等）组成。合成培养基的优点是成分精确、重现性高，缺点是配制麻烦、价格较贵、微生物在其中生长较慢，一般是实验室用于有关微生物的营养需求、分类鉴定、菌种选育、代谢、生物量测定等对定量要求较高的研究工作。如培养放线菌的高氏1号（淀粉硝酸盐）培养基（可溶性淀粉20g；KNO_3 1g；K_2HPO_4 0.5g；$MgSO_4 \cdot 7H_2O$ 0.5g；NaCl 0.5g；$FeSO_4 \cdot 7H_2O$ 0.01g；琼脂15~20g；pH 7.2~7.6），培养真菌的察氏（无琼脂）培养基等。

3. 半合成培养基

半合成培养基（semisynthetic medium）是由部分天然材料和部分化学试剂配制的培养基，如马铃薯蔗糖培养基（干净削皮的马铃薯200g，蔗糖20g）。这类培养基成本低、配制方便、能有效地满足微生物的生长，因此在生产实践和实验中使用较多。应当注意的是，由于琼脂是从石花菜或者麒麟菜中提取出来的一种植物胶，其化学本质是多糖体，其一定含有部分未知的天然成分，所以一般都将含有琼脂的培养基划分为半合成培养基，部分琼脂经特殊处理的培养基除外。

（二）按物理状态划分

根据培养基的物理状态，可以分为液体培养基、固体培养基和半固体培养基。

1. 液体培养基

液体培养基（liquid medium）是指呈液态且不添加任何凝固剂的培养基。液体培养基营养成分分布均匀，可通过搅拌或晃动使培养基含氧量维持在一个较高水平，有利于微生物的生长和代谢产物的积累。因此，微生物发酵工业大都用液体培养基；实验室的微生物液体培养主要用于获取大量菌体，进行微生物生理和代谢研究。

2. 固体培养基

固体培养基（solid medium）是外观呈固体状态的培养基。根据固体的性质还可将固体培养基分为4种类型。

（1）固体培养基　是指由液体培养基加入适量的凝固剂后制成，在一般培养温度下呈固体状态的培养基。常用的凝固剂有琼脂（agar）、明胶（gelatin）和硅胶（silica gel）。制成固体培养基，通常用1.5%~2.0%的琼脂或5.0%~12.0%的明胶。理想的凝固剂应具备以下条件：对培养的微生物无毒害；不被培养微生物分解利用；能耐高温、高压，不会因灭菌而被破坏；在微生物培养过程中保持固体状态；凝固点温度不能太低；透明度好，黏着力强；配制方便；价格低廉。琼脂是一种从藻类（海产石花菜）中提取的高度分枝的复杂多糖，主要成分为琼脂糖和琼脂胶，绝大多数微生物不能利用琼脂作为碳源，并且熔解温度在96℃，凝固温度在40℃，所以是目前最广泛使用的培养基凝固剂。明胶是最早用来做凝固剂的物质，它是由动物的皮、骨等熬制出来的胶原蛋白制备，但由于其凝固点过低，易被微生物用作氮源，而且凝固效果不及琼脂，在大多数实验中已被琼脂取代。硅胶是硅酸钾和硅酸钠被硫酸或盐酸中和时形成的胶体，一旦凝固，就不能再融化。硅胶主要是硅酸钠和硅酸钾盐酸及硫酸中和产物，因不含有机物，适合培养自养微生物。通常在研究土壤微生物、自养微生物或微生物对碳氮的利用时，常用硅胶作固体培养基的凝固剂。除了琼脂、明胶和硅胶外，海藻酸胶、多聚醇F127及脱乙酰吉兰糖胶等也可作为凝固剂。

（2）非可逆性凝固培养基　是指一经凝固就不能再重新融化的固体培养基，如血清培养基或无机硅胶培养基。无机硅胶平板培养基专门用于化能自养微生物的分离和纯化。

（3）天然固体培养基　是指直接由天然固体物质制成，如马铃薯块、麸皮、玉米粉、米糠、木屑、麦粒、大豆等制成的培养基，生产酒的酒曲，生产食用菌的棉籽壳培养基等。

（4）滤膜　多用于水中微生物含量测定，由乙酸纤维素、尼龙、聚四氟乙烯、硝酸纤维素等制成的孔径≤0.45μm的坚韧薄膜，可对含菌量很少的水中微生物进行培养，测定。

3. 半固体培养基

在液体培养中加入少量凝固剂（如0.5%左右的琼脂）配制的硬度较低、柔软的培养基称为半固体培养基（semisolid medium）。静置时为固体状态，一旦经剧烈振荡就会破碎，主要用于观察微生物的运动性，噬菌体效价测定，各种厌氧菌、微好氧菌的培养等。

（三）按用途划分

1. 基础培养基

含有一般微生物生长繁殖所需的基本营养物质的培养基称为基础培养基（minimum medium），又称通用培养基（general purpose medium）。牛肉膏蛋白胨培养基是培养细菌常用的基础培养基，麦芽汁培养基和马铃薯蔗糖（或葡萄糖）培养基常用作酵母菌和霉菌的基础培养基。营养要求相似的微生物所需要的营养物质大多数种类是共同的，因此，基础培养基也可以作为一些特殊培养基的基础成分，再根据培养微生物的特殊营养要求，在基础培养基中加入所需要的特殊营养物质。

2. 加富培养基

加富培养基（enrichment medium），一般是在基础培养基内加入额外或特殊营养物质，以满足营养要求较苛刻的微生物的生长。通过增加某种营养物，如血液、血清、动植物组织液、酵母浸液使特定微生物增殖速度较快，从而在复杂环境中快速生长，在培养基中占据优势，较易识别和分离，加富培养基又称增殖培养基或富集培养基，常用于菌种的选择分离。

3. 鉴别培养基

鉴别培养基（differential medium）是在基础培养基内加入某种特殊化学物质（不起营养作用），用以鉴别不同微生物的培养基。鉴别培养基使难以区分的微生物，经培养后产生某种代谢产物，该代谢产物可以与培养基中特殊化学物质发生特定的化学反应，并能表现出明显的特征性变化，从而将这种微生物明显地区分出来。鉴别培养基主要用于快速分类鉴定，分离和筛选能产生某种代谢产物的微生物。例如，伊红-美蓝乳糖培养基（eosin-methylene blue agar medium，EMB，蛋白胨10g，乳糖10g，磷酸氢二钾2g，琼脂20~30g，蒸馏水1000mL，2%伊红水溶液20mL，0.5%美蓝水溶液13mL）是最常见的鉴别培养基，在水、饮料、牛乳等的细菌学检查中主要用于检测其中的大肠埃希氏菌等细菌。伊红为酸性染料，美蓝为碱性染料。如果有大肠杆菌，因其强烈分解乳糖而产生大量的混合酸，菌体带 H^+ 和带正电荷而被染成红色，再与美蓝结合形成紫黑色菌落，并带有绿色金属光泽。而产气杆菌则形成呈棕色的大菌落。在碱性环境中，不分解乳糖产酸的细菌不着色，伊红和美蓝不能结合，故沙门氏菌等为无色或琥珀色半透明菌落。金黄色葡萄球菌在此培养基上不生长。除此之外，蓝白斑筛选也是典型的通过鉴别培养基判断结果的实验，根据载体的遗传特征筛选重组子，由于插入外源基因后，突变体无法产生完整的 β-半乳糖苷酶，不能对无色化合物 X-gal 进行切割，所以菌落呈白色，而野生型的则因 β-半乳糖苷酶切割 X-gal 产生深蓝色的 5-溴-4-靛蓝导致菌落变蓝。

4. 选择性培养基

选择性培养基（selected medium）一般是根据目标微生物特殊物理、化学条件要求，有目的利用这种抗性进行设计，从而使劣势菌成为优势菌的培养基，如我国古代制曲就是利用了红曲霉耐酸耐高温的特点，使用十二水硫酸铝钾（明矾）或者酸米调节 pH，经高温培养获得高纯红曲的方法。

当样品或环境中菌群背景复杂时，单纯通过划线培养或者稀释法很难获得目标菌株，此时就可以用选择性培养基进行分离，主要有以下两种类型。

（1）抑制性选择培养基（inhibited selected media）　在基础培养基中加入某种特殊化学物质，对所需分离的微生物无害，也没有营养作用，但可抑制或杀死混杂微生物群体中的其他微生物，从而分离到对这种化学物质有抗性的微生物。选用的抑制剂可以是染料、抗生素、叠氮化钠等，加入抑制剂的培养基中原有优势菌群生长受到抑制，而目标菌株则因具有抗性而持续生长，最终达到选择的目的。在基础培养基中加入染料亮绿或结晶紫或刚果红，可以抑制革兰氏阳性菌的生长，从而达到分离革兰氏阴性菌的目的。

（2）特殊营养性选择培养基　根据某些微生物的特殊营养需求用以分离混杂微生物群体的某种或某类微生物，被称为特殊营养选择培养基。例如从混杂的微生物群体中分离能降解纤维素或液体石蜡的微生物，用以纤维素或液体石蜡作唯一碳源的选择培养基。

二、培养基设计和制作的原则

微生物生长离不开碳源、氮源、能源、无机盐、生长因子和水这六大类营养物质。自然界中存在种类繁多的微生物，设计培养基时，首先应考虑的是微生物的营养类型，如考察其是否为自养生物以及能量来源。除了六大营养要素外，还应设计培养基适宜的 pH、氧化还原电位、渗透压等。

设计微生物培养基主要应考虑以下原则。

1. 目的明确

明确微生物培养的目的。首先明确实验目的，是定性实验还是定量实验？实验室研究、小试生产、种子生产、还是大规模发酵生产？即使是培养同一种微生物，因实验目的不同，采用的培养基配方可能差异巨大。以上问题都明确后，根据实验所需设计培养基或查阅资料。如在研究微生物营养缺陷型时，需要配制组合培养基，然后再做筛选，此时的关注点在于限量营养物，而研究微生物发酵时，在满足生产的条件下，培养基的设计则主要考虑成本和原料的易得性。

2. 营养适宜

根据微生物营养类型设计培养基。总体来说，只要满足六大营养要素，所有可培养微生物都可以在设计培养基上生长繁殖。设计特定微生物培养基时，首先要考虑的是微生物的营养类型。对于自养生物，如其能源来自于光能，则除考虑其他营养要素外，还要营造光照环境，如其能源来自于化学能，则一般情况下，不必添加碳源或碳酸盐作为碳源，简单的无机物即可以满足其基本的生长繁殖条件。异养微生物则需在培养基中加有机物用作碳源和能源，不同类群的异养微生物的营养要求可能相差甚远，因此培养基的组成也可能差别很大。

多数异养微生物都是营养缺陷型，有的异养微生物需要多种生长因子，若无特别需要，通常在培养基内加入酵母膏、牛肉膏、动植物组织浸液等来提供微生物生长所需的多种生长因子和微量元素。在大多数化能异养菌的培养基中，各营养要素间在量上的比例大体符合以下十倍序列的递减规律：

要素：H_2O>C+能源>N 源>P、S>K、Mg>生长因子

含量：($\sim10^{-1}$)($\sim10^{-2}$)($\sim10^{-3}$)($\sim10^{-4}$)($\sim10^{-5}$)($\sim10^{-6}$)

天然基质的碳源、氮源可满足大多数异养生物对生长因素需求，但组合培养基中，微生物要求复杂碳源、氮源、生长因子、无机盐种类和数量，因此设计培养基时，在满足实验要求的前提下，应多使用天然基质以减少工作量。例如，许多细菌不能利用硝酸盐，因此铵盐一般适宜做细菌的氮源；大多数真菌既可利用铵盐，也可利用硝酸盐。细菌虽能利用无机氮生长，但不如利用有机氮普遍。此外，在选择氮源时还需注意速效氮源和迟效氮源的搭配，以发挥各自优势。

如果配制的培养基是用作微生物的生理、代谢或遗传研究用，应考虑用合成培养基；如果是用于一般研究，可尽量按天然培养基的要求来配制；如果是配制发酵工业生产用培养基，既要提供足够的营养又要考虑节约成本。

3. 浓度配比合适

培养基中营养物质浓度合适时才能使微生物生长良好，营养物质浓度过低微生物不能正常生长，如碳源过少会引起菌体的衰老或自溶，氮源过少则菌体生长缓慢；浓度过高则可能对微生物生长起抑制作用，例如高浓度无机盐、糖类物质、重金属离子等会起抑菌或杀菌作用。因此在配制培养基时应掌握好各种营养物质的浓度。

微生物的正常生长和（或）代谢产物的形成和积累还直接受培养基中各营养物质的浓度配比的影响，其中碳氮比（C/N）的影响较大。严格意义上，C/N 是指培养基中碳原子摩尔数和氮原子摩尔数之比，但在实际应用中，由于 C 和 N 的摩尔数难以计算，多以培养基中还原糖与粗蛋白质的百分含量之比表示。微生物种类不同，对 C/N 的要求也不同，例如细菌和酵母菌细胞 C/N 约为 5/1，霉菌细胞约为 10/1，因此，细菌、酵母菌的培养基的 C/N 就应较小，霉菌培养基的 C/N 应较大，放线菌蛋白酶培养基 C/N 为 10/(1~2)。即使是同一种微生物，在不同的阶段要求的 C/N 也是不同的，可根据实验或发酵的目的进行调整。如发酵生产谷氨酸时对 C/N 就是动态要求的，C/N 为 4/1 时，菌体大量繁殖，谷氨酸积累少；C/N 为 3/1 时，菌体繁殖受到抑制，谷氨酸产量则大量增加。此外，培养目的不同，C/N 也有差异，土壤混合微生物群体要求的 C/N 约为 25/1，发酵堆肥的 C/N 约为 30/1。一般情况下可从微生物代谢判断其 C/N 需求水平，如代谢产物含碳量高，则 C/N 就需要维持较高水平，若代谢产物含氮量较高则反之。

同样，使用无机盐也需注意各离子间的比例适当，避免单盐离子产生的毒害作用。生长因子的添加也应保证微生物对各生长因子的平衡吸收。

4. pH 适宜

培养基的 pH 必须控制在一定的范围内，以满足不同类型微生物的生长繁殖或产生代谢产物。一般各大类微生物都有其生长适宜的 pH 范围，细菌为 pH 7.0~8.0，放线菌为 pH 7.5~8.5，酵母菌和霉菌常为 pH 4.5~6.0，藻类为 pH 6.0~7.0，原生动物为 pH 6.0~8.0。

微生物培养过程中，由于营养物利用和代谢产物积累，pH 是动态变化的。pH 的剧烈变化会直接影响微生物的生长繁殖，在发酵中，则会影响产物的积累。为了维持培养基 pH 的相对恒定，通常在培养基中加入 pH 缓冲剂，或在进行工业发酵时补加酸、碱，即 pH 内源性调节和 pH 外源性调节。pH 内源性调节依赖培养基内成分对培养基 pH 的调节作用，主要物有磷酸缓冲液、备用碱（碳酸钙），如等摩尔的 K_2HPO_4/KH_2PO_4 可使溶液 pH 稳定在 6.8，但这种缓冲体系只能在 pH 6.4~7.2 起作用，若所培养微生物大量产酸，则可考虑提前添加备用碱（碳酸钙）进行调节。此外，培养基中还存在一些天然缓冲系统，如胨、牛肉膏及其分解产物氨基酸都具有缓冲作用。pH 外源性调节则是直接使用酸或碱进行调节，多用于缓冲剂无法有效调节时使用。

5. 合适的氧化还原电位

氧化还原电位（redox potential）又称氧化还原势，是衡量某氧化还原系统中氧化剂接受电子或还原剂释放电子趋势的一种指标。一般用 *Eh* 表示，是指以氢电极为标准时某氧化还原系统的电极电位值，其单位是 V 或 mV。还原环境具有负电位，氧化环境具有正电位。自然界中氧化还原电位的下限为-400mV，环境中无 O_2，上限为+820mV，环境中的 O_2 浓度高。

各种微生物对其培养基的氧化还原势也有不同的要求，如好氧性微生物以+0.3~+0.4V 为宜，厌氧性微生物低于+0.1V 条件下生长，兼性厌氧微生物+0.1V 以上时进行好氧呼吸、+0.1V 以下时进行发酵。*Eh* 值与氧分压有关，也与 pH 有关，还受某些微生物代谢产物影响。pH 相对稳定条件下，可增加通气量（如振荡培养、搅拌）提高其氧分压，也可加入氧化剂来增加 *Eh* 值。而对于厌氧微生物，培养基中的氧必须处于低水平，否则会受氧的毒害，发酵生产上常采用深层静置发酵法创造厌氧条件。实验室中培养严格厌氧微生物，除应驱走空气中的氧外，还应在培养基中加入适量的抗坏血酸（维生素 C）、2-巯基乙醇、二硫苏糖醇、半胱氨酸、谷胱甘肽、硫化氢、硫化钠或铁粉等还原性物质来降低 *Eh* 值。培养基中加入氧化还原指示剂刃天青可对氧化还原电位进行间接测定，但由于溶解氧和氧化型氢受体的消耗和 H_2S、H_2 等还原性代谢产物的形成和积累，不论是好氧微生物还是厌氧微生物，随着它们的生长和代谢活动的进行，培养基的最初氧化还原势常会逐步下降。

6. 原料易得

从经济角度考虑，在配制培养基时应尽量利用廉价且来源方便的原料。特别是在发酵工业中，培养基用量很大时，低成本的原料更能体现其经济价值。以粗代精、以烃代粮、以野代家、以废代好、以纤代糖、以次充好、以简代繁、以氮代朊、以国产代进口等已在某些微生物发酵产品中得到应用。工农业副产品，如糖蜜、乳清、豆制品、米糠、麸皮、酒糟、玉米浆、豆饼、花生饼、蛋白胨、酵母浸液等可作为培养基的原料。利用工农业副产品进行发酵生产往往可以一举两得，不但节约了废弃物处理的费用，并且为发酵工业提供了另外一种低成本原料。

三、 培养基设计的方法

1. 查阅文献，借鉴经验

设计培养基时，首先应该根据实验目的查阅文献，收集已发表的培养基配方，根据实验要求进行筛选，如根据现有文献无法查到某个具体物种的培养方式，可查阅相同营养类型或相近物种文献进行总结分析，利用一切直接或间接的有用信息，总结和借鉴前人的经验。

2. 生态模拟

凡有某种微生物大量生长繁殖的环境，一定存在着该微生物所必要的营养及赖以生存的其他条件。通过对类似的营养和生态环境进行模拟从而获得基础的培养方法，如肉汤的变质发臭主要是腐生细菌生长繁殖的结果，因此可用肉汤培养细菌；又如，地球上广泛分布着长期适应贫营养环境的细菌，此类细菌对过高盐类或有机物敏感，营养基质会造成它们复苏障碍，因此常采用将营养基质稀释100倍的稀释培养法来培养它们，甚至直接采用原生态水作为培养基；在真菌分离培养时，也往往在培养基中添加环境基质以提高成功率，如蛹虫草培养时，可以直接利用蚕蛹接种培养，也可以将蚕蛹磨成粉，加入培养基中同样也可成功。虽然很多时候在生态模拟中并不清晰培养基具体成分，但可培养往往是认知微生物的第一步，为后续研究奠定基础。

3. 营养需求，科学组合

根据微生物的营养需求，通过不同因素实验考察的优化方法确定最优配方。单因素试验时间较短，结果较为直接，但要求研究者做出准确的判断，因为方法的前提是各个因素之间没有交互作用，如果交互较多往往会得出错误结论，而各因素独立是极为少见的。另外，如果有多个因素要逐次考察，试验周期和实际工作量将会极大增加。实际操作中往往会选择多种方法结合，单因素试验确定最优碳氮源后，通过多因素实验，如正交试验、均匀实验、响应面优化设计、二次正交旋转组合法等，就能用较少的试验找出各因素之间的相互关系，较快获得被研究培养基的科学配方组合。

4. 试验比较，优化配方

初步设计的适合某种微生物生长的培养基配方，还必须经具体试验和比较后才能最后确定符合实际要求的培养基。实验的规模一般遵循由定性到定量、由小到大、由实验室到工厂等逐步扩大的原则。

第三节 营养物质运输

微生物结构简单，无专门摄取营养的器官或相关结构，可在细胞表面进行物质交换。物质进出细胞要经过细胞膜和细胞壁两层屏障，细胞壁不具选择透过性，但是细胞壁具有机械阻挡作用，例如 G^+细菌的细胞壁具有较厚的肽聚糖层，所以相较于 G^-细菌会在一定程度上影响物质的吸收。另外，某些细胞表面的特化结构也起到屏障作用，如荚膜，一定程度上影响物质的交换，通常影响不是很大。

微生物细胞吸收的营养物质均在6大营养要素范围内，但营养物的吸收效率不同，主要受大小、电负性、溶解性、极性等因素影响。例如，当营养物相对分子质量>800时，多数情况下就不能通过细胞壁的机械屏障，较为复杂的高分子化合物（多糖、蛋白质、纤维素等）则需要微生物分泌的胞外酶降解成小分子物质后才能通过细胞壁。细胞膜是一层半透膜，对周围营养物质的吸收具有选择性，因此在营养物质运输中起关键作用。

营养物能否通过细胞膜由多种因素决定，除了上述因素影响物质通过细胞膜外，pH、介质的离子强度对营养物的电离情况也具有较强的影响。按照是否有载体蛋白参与、是否耗能、转移前后是否发生变化，营养物质的运输可分为 5 种主要的吸收方式：简单扩散、促进扩散、主动运输、基团转位和吞噬作用。

一、简单扩散

简单扩散（simple diffusion）又称被动扩散（passive diffusion）或扩散（diffusion），是物质进出细胞最简单的一种方式，营养物按照浓度梯度从高向低通过细胞膜，整个过程不消耗能量（图 6-1）。简单扩散是一个纯粹的物理学过程，由于不能逆浓度梯度进行扩散，所以营养物吸收效率较低，一旦膜两侧浓度相同就达到一个动态平衡，但由于细胞始终消耗营养物，所以简单扩散得以持续进行。通过这种方式运输的物质主要是一些气体如 CO_2、O_2，一些水溶性小分子如丙三醇、乙醇和某些氨基酸。较大的分子、离子和极性物质不能通过简单扩散进行跨膜运输。

细胞膜是表面亲水、内部疏水的结构，所以影响简单扩散的主要是营养物的极性、脂溶性以及相对分子量的大小，极性小、脂溶性高、相对分子质量小的物质容易通过，反之则较难。另外，温度越高，细胞膜的流动性越强，也会加强简单扩散的效率。

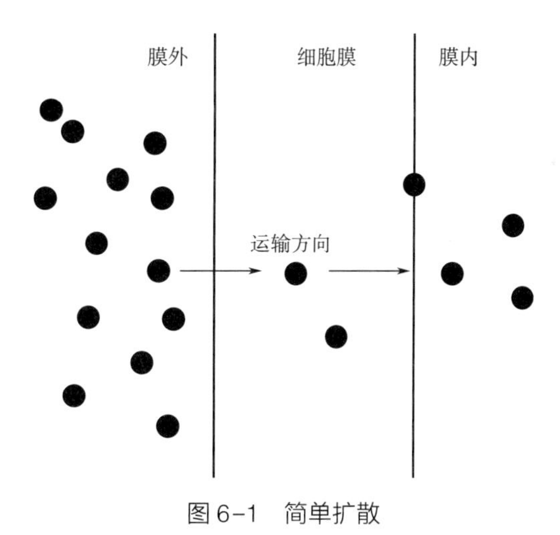

图 6-1　简单扩散

二、促进扩散

促进扩散（facilitated diffusion）是指溶质必须在细胞膜上的底物特异载体蛋白的协助下，不消耗能量的扩散运输方式，多见于真核生物，原核生物中少见（图 6-2）。促进扩散与简单扩散同属于被动扩散，是不耗能的跨膜运输方式，所以也不能进行逆浓度运输，但扩散效率较快，其原因则是有特异载体蛋白的参与。载体蛋白又称渗透酶（permease）、移位酶（translocase）或移位蛋白（translocator protein），属于诱导酶，通过自身的构象变化实现较高效率的物质转运。由于有载体蛋白参与，一些不能通过简单扩散的极性较大或者非脂溶性底物可实现较快速度的跨膜运输，如无机盐、单糖、氨基酸、维生素等。载体蛋白具有较高的专一性，特定的载体蛋白只能转运一种或几种底物，通过载体蛋白与底物在膜内外的亲和力不同实现跨膜运输。促进扩散只是加快底物的转运速度，并且转运速度与膜两侧底物的浓度差成正相关，载体蛋白饱和时达到最高的转运速率，当底物在膜两侧浓度相同时则浓度处于动态平衡状态。当环境中有底物类似物存在时，则会形成竞争，结合力更强或者浓度更高的底物转运速度更快。

载体蛋白具有较高的专一性，一般只转运特定化合物，但某些载体蛋白可同时完成几种结构接近的物质运输，例如大肠埃希氏菌能用一种载体蛋白运输缬氨酸、亮氨酸和异亮氨酸，但对这三种氨基酸的运输能力有差别。另外，也有微生物对同一物质的运输由一种以上的载体蛋白来完成。例如，酿酒酵母运输葡萄糖可利用三种不同的载体蛋白，鼠伤寒沙门氏菌（*Salmonella typhimurium*）运输组氨酸能利用四种不同的载体蛋白。

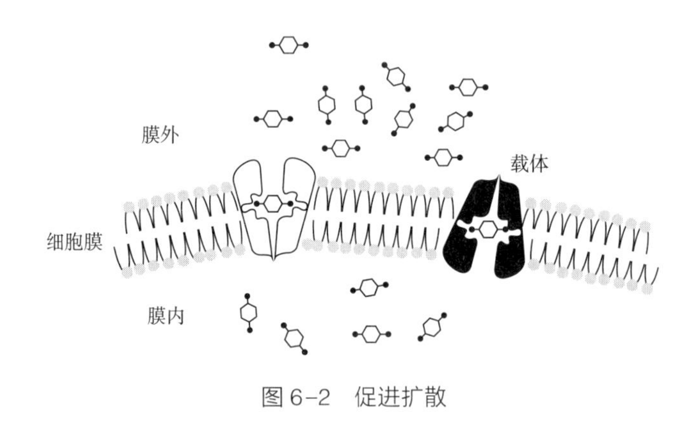

图 6-2　促进扩散

三、主动运输

简单扩散和促进扩散均是不耗能的过程，营养物顺浓度梯度移动，营养物在胞外浓度较高时才能有效转运。当环境中营养物浓度较低时，如细胞吸收糖类、氨基酸、核苷、K^+时，微生物细胞为了生长繁殖则需要消耗能量，进行逆浓度梯度运输，其中最主要的是主动运输和基团转位。

主动运输（active transport）是一种需要特异载体蛋白参与和消耗代谢能量的逆浓度梯度吸收营养物质的运输方式，对于许多生存于低浓度营养环境中的贫营养菌的生存极为重要(图 6-3)。主动运输与促进扩散类似，转运过程均需要载体参与，并且载体特异性较高，均是通过载体蛋白的构象变化及与营养物亲和力的大小进行转运。促进扩散无法进行逆浓度梯度运输，而主动运输则通过能量消耗实现逆浓度梯度运输。主动运输的能量来源主要有 3 种方式，分别是：质子动力型，通过建立质子浓度差产生质子动力；腺嘌呤核苷三磷酸（ATP）动力型，由 ATP 直接供能；光能驱动型，光合微生物利用光能，嗜盐细菌通过紫膜利用光能。

铁载体运输也是一种主动运输方式。铁元素作为细胞色素和酶的重要组成成分，在微生物的生长中不可或缺，但环境中的铁元素多为化合态，微生物较难吸收，所以铁元素常成为微生物生长的限制元素。在漫长的生物演化过程中，很多微生物进化出了铁载体（siderophores），专门从环境中螯合三价铁，形成铁-铁载体螯合物，然后该三价铁螯合物被细胞膜表面的特定受体蛋白识别后进入细胞，从而提高细胞吸收铁元素的效率（图 6-4）。另外，

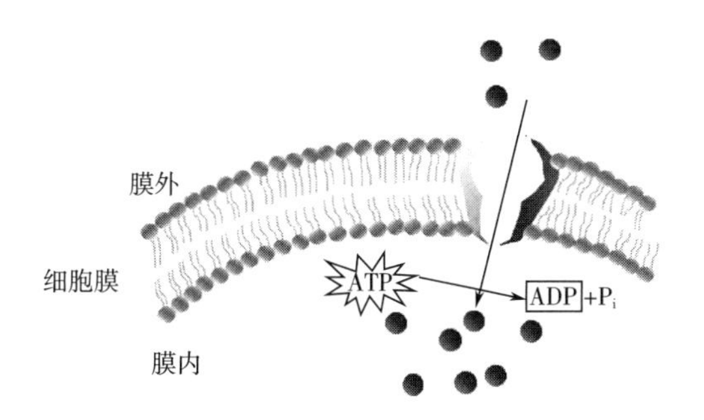

图 6-3 主动运输

Na^+-K^+泵系统也是微生物的一种主动运输方式。1957 年丹麦学者斯克（Skou J C）等发现了存在于原生质膜上的一种重要的离子通道蛋白，即 Na^+，K^+-ATP 酶（Na^+，K^+-ATPase），并在 1997 年获得了诺贝尔化学奖。Na^+，K^+-ATP 酶的功能是急用 ATP 的能量将 Na^+由细胞内“泵”出胞外，并将 K^+“泵”入出胞内。

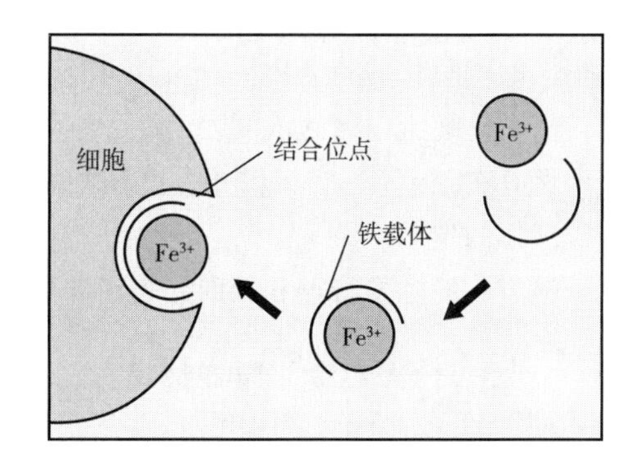

图 6-4 铁离子吸收

四、 基团转位

基团转位（group translocation）与主动运输相同，均是需要载体蛋白的逆浓度梯度转运方式，并且转运过程需要消耗能量，但运输后营养物会发生化学变化。基团移位常见于原核生物，特别是兼性厌氧菌和专性厌氧菌，主要用于单糖、双糖及糖的衍生物的运输，也可运输碱基、核苷、脂肪酸等。

基团转移主要依靠磷酸转移酶系统（phosphotransferase system，PTS），即磷酸烯醇式丙酮酸-己糖磷酸转移酶系统进行，每转运 1 个葡萄糖分子需要消耗 1 个 ATP 的能量。PTS 组成较为复杂，由酶Ⅰ、酶Ⅱ和一种低相对分子质量的热稳定载体蛋白（heat-stable carrier protein，HPr）组成。以大肠杆菌为例，PTS 由 24 种蛋白组成，整个过程有两步组成：①热稳定载体蛋白（HPr）的激活：细胞内磷酸烯醇式丙酮酸（PEP）的磷酸基团在酶Ⅰ的催化作用下激活为 HPr~P。HPr 和酶Ⅰ是非特异性地存在于细胞质中的蛋白，二者都不与糖类结合，无底物特异性，都不是载体蛋白。②糖经磷酸化而进入细胞膜内：膜外的糖分子先与酶Ⅱc（细胞表面的底物特异蛋白）结合，然后糖分子依次被 HPr~P、酶Ⅱa、酶Ⅱb 逐级传递的磷酸基因激活，最后这一磷酸糖通过酶Ⅱc 释放到胞内（图 6-5）。

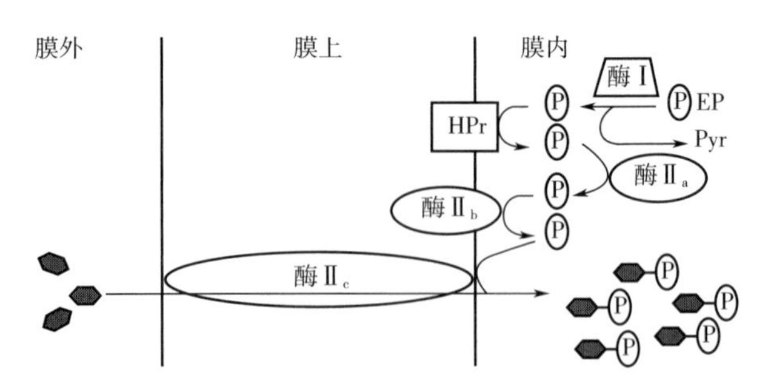

图 6-5 基团转变位模式图

酶Ⅱ结构多变，常由 a、b 和 c 三个亚基组成，其中酶Ⅱa 为无低物特异性可溶的细胞质蛋白；酶Ⅱb 和酶Ⅱc 均是对底物有特异性的膜蛋白，通过诱导产生，因此种类多。微生物生长在含葡萄糖的环境中，会诱导产生相应的酶Ⅱ，磷酸基团从 HPr～P 转移至葡萄糖形成葡萄糖-6-磷酸。如果生长在甘露糖中，即将 HPr～P 磷酸基团转移到甘露糖形成甘露糖-6-磷酸。这种运输机制的优点是：①运输产物（葡萄糖-6-磷酸）可立即进入代谢途径；②运输进细胞的营养物质转化为相应的磷酸化的糖类物质，因其具有高度的不渗透性，磷酸糖一旦生成，就不再渗透出细胞，从而使细胞内糖的浓度远远高于细胞外；③运输过程中虽消耗了一分子 PEP，但能量高效地保存在葡萄糖-6-磷酸中，并未浪费。磷酸烯醇式丙酮酸在基团转移运输过程中起高能磷酸载体的作用。

上述四种营养物质跨膜运输方式的主要特点和区别如表 6-4 所示。

表 6-4 四种运输营养物质方式的比较

比较项目	简单扩散	促进扩散	主动运输	基团转位
特异载体蛋白	无	有	有	有
载体饱和效应	无	有	有	有
能量消耗	无	无	有	有
运送物质	无特异性	有特异性	有特异性	有特异性
溶质运输方向	由高到低（顺向）	由高到低（顺向）	由低到高（逆向）	由低到高（逆向）
运输速度	慢	快	快	快
平衡时膜内外浓度	内外相等	内外相等	内部浓度高	内部浓度高
与溶质类似物	无竞争性	有竞争性	有竞争性	有竞争性
运输抑制剂	无	有	有	有
运输物质举例	水、气体、甘油、乙醇、少数氨基酸、盐类	一些无机离子、氨基酸、糖、维生素、脂肪酸	糖、氨基酸、核苷及一些阳离子	糖、核苷、碱基、嘌呤、脂肪酸
说明	不是微生物吸收营养物质的主要方式	主要存在于真核生物中	大多数微生物的运输方式，特别是严格好氧菌	主要存在于厌氧菌和兼性厌氧菌中

五、 吞噬作用

吞噬作用（phagocytosis）又称膜泡运输（membrane vesicle transport），是原生动物吸收营养物质的主要方式。除上述 4 种渗透吸收方式外，有些真核细胞通过细胞膜的内吞作用转运流体、颗粒、大分子甚至其他的细胞。当营养物质被吸附在细胞膜上时，其附近的细胞膜内陷，将营养物质包围，形成一个含有该营养物质的膜泡，之后膜泡离开细胞膜而进入细胞质中。如果膜泡中的营养物质是液体，则称为胞饮作用（pinocytosis）；如果膜泡中的营养物质是固体，称为胞吞作用（phagocytosis）。通过胞饮作用（或胞吞作用）进行的营养物质膜泡运输一般分为 5 个时期：吸附期、膜伸展期、膜泡迅速形成期、附着膜泡形成期和膜泡释放期（图 6-6）。进入细胞质中的膜泡与溶酶体合在一起形成消化泡，膜泡中的营养被各种溶解酶降解成低分子的营养物质后微生物利用。

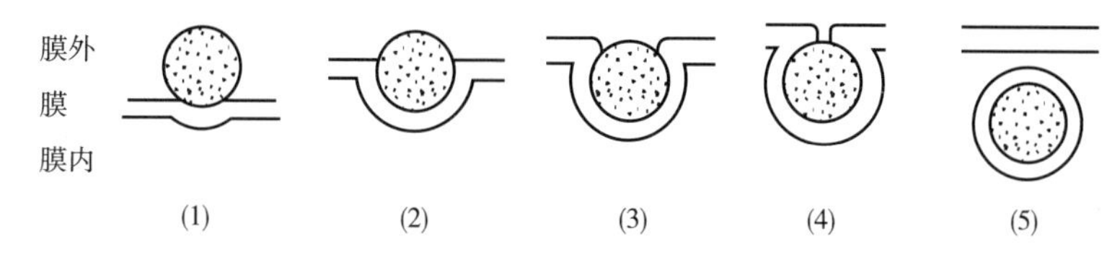

图 6-6　吞噬作用

（1）吸附期　（2）膜伸展期　（3）膜泡迅速形成期　（4）附着膜泡形成期　（5）膜泡释放期

思考题

1. 解释下列名词：促进扩散、主动运输、基团转位、光能自养微生物、光能异养微生物、化能自养微生物、化能异养微生物、天然培养基、合成培养基、半合成培养基、选择培养基、加富培养基、鉴别培养基。

2. 什么是培养基？培养基按物理状态可分为哪几类？按用途又可分为哪几类？

3. 什么是生长因子？生长因子包括哪些类型？

4. 设计和配制培养基应遵循哪些原则？

5. 说明微生物营养类型划分的依据，微生物分为哪几种营养类型？

6. 试比较简单扩散、促进扩散、主动运输、基团转位和吞噬作用 5 种营养物质进行跨膜运输的异同。

7. 常用的固体培养基的凝固剂是什么？有何特性？

8. 什么是选择培养基和鉴别培养基？二者在微生物工作中有何重要意义？

9. 利用蔗糖作为唯一碳源和能源的微生物应属于哪一种营养类型？利用 CO_2 作为唯一碳源、元素铁（指低价铁，如 Fe^{2+}）作为能源的微生物属于哪一种营养类型？

10. 如何设计培养基，可以进行选择性分离降解纤维素的微生物？

CHAPTER 7

第七章 微生物的生长繁殖与控制

微生物生长是细胞物质有规律地、不可逆地增加，导致细胞体积扩大的生物学过程。微生物生长到一定阶段，因细胞结构的复制与重建，并通过特定方式产生新的生命个体，即引起生命个体数量增加的生物学过程，这个生物学过程称为繁殖（reproduction）。生长与繁殖是两个不同但又相互联系的概念，生长是繁殖的基础，繁殖是生长的结果。生长是一个逐步发生的量变过程，繁殖是一个产生新的生命个体的质变过程。在高等生物里这两个过程可以明显分开，但在低等特别是在单细胞的生物里，由于个体微小，这两个过程是紧密联系又很难划分的过程。微生物的生长繁殖是其在内外各种环境因素相互作用下生理、代谢等状态的综合反映，因此，有关生长繁殖的数据就可作为研究多种生理、生化和遗传等问题的重要指标；同时，微生物在生产实践上的各种应用或是人类对致病、霉腐等有害微生物的防治，也都与它们的生长繁殖或抑制紧密相关。这些就是研究微生物生长繁殖规律的重要意义。

第一节　微生物生长的测定

一个微生物细胞在合适的外界环境条件下，会不断吸收营养物质，并按其自身的代谢方式不断进行新陈代谢。不久，原有的个体就会发展成一个群体。随着群体中个体细胞的进一步生长、繁殖，表征为这一群体的集体生长。群体的生长可用其重量、体积、个体浓度或密度等作为指标来测定。除了特定的目的外，在微生物的研究和应用中，只有群体的生长才有意义，因此，在微生物学中，凡提到“生长”时，一般均指群体生长（culture growth，population growth），这一点与研究大型生物时有所不同。微生物不论其在自然条件下还是在人为条件下发挥作用，都是通过“以数取胜”或“以量取胜”的。生长和繁殖就是保证微生物获得巨大数量或生物量（biomass）的必要前提。可以说，没有一定数量的微生物就等于没有它们的存在。

一、计数法

关于繁殖的测定，一定要计算出微生物所有个体的数目。因此，测定繁殖数只适宜于单细胞状态的微生物，而对放线菌和霉菌等丝状生长的微生物而言，则只能计算其产生的孢子数。

（一）直接计数法

1. 显微镜计数器直接计数

显微镜直接计数法（direct microscopic count）适用于测定单细胞微生物和丝状真菌的孢子数量。测定时需用特殊的计数器，测细菌数量时用细菌计数器（Petroff-Hausser counter），单细胞酵母菌或丝状真菌孢子用血细胞计数板（blood-cell counting chamber）测定。两种计数器都是一张加厚的载玻片，构造相同，只是细菌计数器稍薄，适合油镜观察；血细胞计数板较厚，只能在高倍和低倍物镜下观察。载玻片上刻有精确面积和体积的方格（又称计数室）。计数器方格总面积为 $1mm^2$，刻有 400（25×16 或 16×25）个小方格，每个小方格的深度为 0.1mm，计数室总容积为 $0.1mm^3$。测定时将稀释到一定稀释度（10^6～10^7个/mL）的菌液放入计数器小室中，盖上盖玻片（切勿有气泡），置显微镜下观察计数，换算成单位体积菌液中含菌数（计数单位一般是个/mL）（图 7-1）。

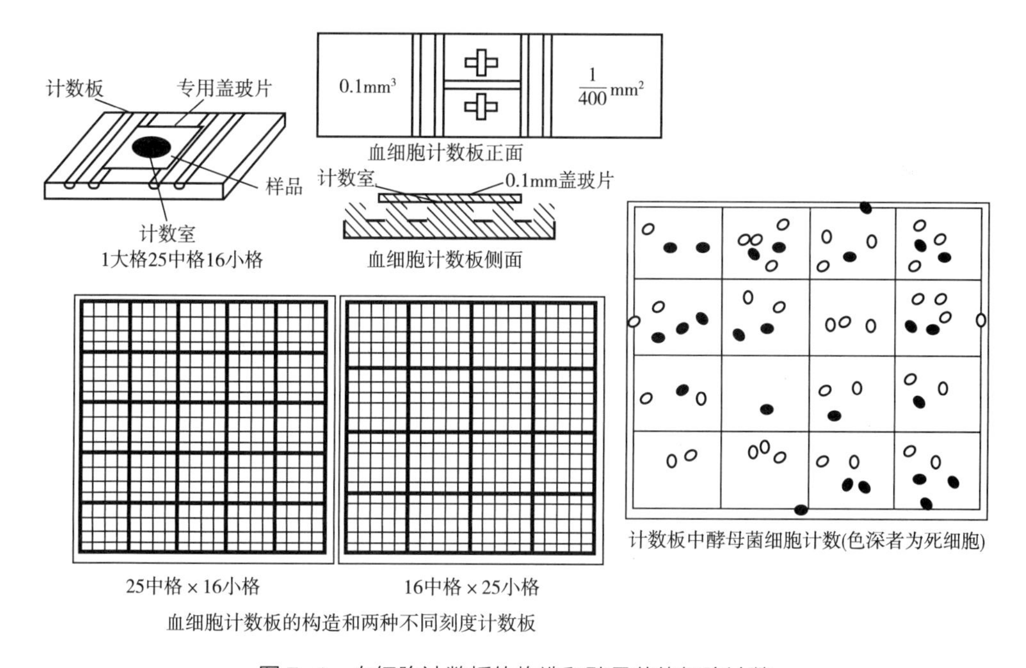

图 7-1　血细胞计数板的构造和酵母菌的细胞计数

用于直接测数的菌悬液浓度不宜过高或过低。一般细菌数应控制在 10^7个/mL 以下，酵母菌和真菌孢子应为 10^5～10^6个/mL。此方法的优点是快速简便、容易操作，还可以在测定中观察到细胞的形态。其缺点是无法区分死活细胞以及形状与微生物相似的颗粒性杂质。

2. 比浊法

比浊法（turbidity）是测定菌液中细胞数量的快速方法。原理是菌液中细胞数量越多，浊度越大，在一定浓度范围内，菌液中的细胞浓度与光密度（OD）呈正比，与透光度呈反比。故可以用光电比色计测定。需要预先测定光密度与细胞数目的关系曲线，然后根据此曲线可查得待测样品中的细胞数。由于细胞浓度仅在一定范围内与光密度呈直线关系，所以要调节好待测菌悬液的细胞浓度。培养液的颜色和颗粒性杂质均会影响测定结果的准确性。该方法常用于观察培养过程中细菌数目的消长情况，如细菌生长曲线的测定和工业生产上发酵罐中的细菌生长情况等。

（二） 间接计数法

间接法是指活菌计数法，其主要依据是活菌在液体培养基中会使培养基浑浊或在固体培养基上形成菌落。然后根据此原理设计计算微生物数量的方法。常见的有液体稀释法和平板菌落计数法。

1. 平板菌落计数法

平板菌落计数法可用浇注平板、涂布平板或滚管法等方法进行。适用于各种好氧菌或厌氧菌。其主要操作是将稀释到一定程度的菌样通过在琼脂平板上涂布的方法，让其内的微生物细胞逐一分散在琼脂平板上，待培养一段时间后，每一活细胞就形成了一个单菌落，即“菌落形成单位”（colony forming unit，CFU）；然后将每个培养皿上形成的 CFU 数乘以稀释度就可推算出菌样的含菌数。此法是一种最为常用的活菌计数法，但其操作较为烦琐且要求操作者技术娴熟。目前，为克服此法的缺点，国外已出现多种微型、快速、商品化的用于菌落计数的小型纸片或密封琼脂板，其主要原理是利用了加在培养基中的活菌指示剂——2，3，5-氯化三苯基四氮唑（TTC），它可使菌落在很微小时就被染色成易于辨认的玫瑰红色，以便于计数。

2. 最大概率法

最大概率法是取单细胞微生物悬液在定量培养液中做系列稀释培养，在一定稀释度数以前的培养液中出现细菌生长，而在这个稀释度以后的培养液中不出现细菌生长，将最后 3 级有菌生长的稀释度称为临界级数，将 3~5 次重复的临界数求得最大概率数（most probable number，MPN），可以计算出样品单位体积中细胞数的近似值。

3. 浓缩法

浓缩法又称滤膜法（membrane-filter count），用于测定空气、水体等体积大且含菌浓度较低的样品中的活菌数，方法是将待测样品通过微孔薄膜（如硝酸纤维素薄膜）过滤富集，再与膜一起放到合适的培养基或浸有培养液的支持物表面上培养，最后根据菌落数推算出样品含菌数。

值得强调的是：不管采用什么方法，都有其自身的优缺点和适用范围。所以，在使用这些方法之前，一定要根据自己的研究对象和研究目的，选用较为适宜的方法。

二、 重量法

重量法是根据每个细胞有一定的重量而设计的，它可以用于单细胞、多细胞以及丝状体微生物生长的测定。将一定体积的样品通过离心或过滤将菌体分离出来，经洗涤，再离心后直接称重，求出湿重；如果是丝状体微生物，过滤后用滤纸吸去菌丝之间的水分，再称重获得湿重。不论是细菌样品还是丝状菌样品，都可以将它们放在已知重量的培养皿或烧杯内，于 105℃烘干至恒重，取出放入干燥器内冷却，再称量，求出微生物干重。

如果要测定固体培养基上生长的放线菌或丝状真菌，可先加热至 50℃，使琼脂熔化，过滤得菌丝体，再用 50℃的生理盐水洗涤菌丝，然后按上述方法求出菌丝体的湿重或干重。

除了干重、湿重反映细胞物质重量外，还可以通过测定细胞中蛋白质或 DNA 的含量来反馈细胞物质的量。蛋白质是细胞的主要成分，含量稳定，其中氮是蛋白质的重要组成元素。从一定体积的样品中分离出细胞，洗涤后，按凯氏定氮法测出总氮量。蛋白质含氮量为

16%，细菌中蛋白质含量占细菌固形物的 50%～80%，一般以 65%为代表，有些细菌则只占 13%～14%，这种变化是由菌龄和培养条件不同所产生的。因此总含氮量与蛋白质总量之间的关系可按下列公式计算，如式（7-1）、式（7-2）所示：

$$蛋白质总量=含氮量\times 6.25 \qquad (7-1)$$

$$细胞总量=蛋白质总量\div 65\% \approx 蛋白质总量\times 1.54 \qquad (7-2)$$

核酸 DNA 是微生物的重要遗传物质，每个细菌的 DNA 含量相当恒定，平均为 8.4×10^{-5}ng。因此将一定体积的细菌悬液离心，从细菌细胞中提取 DNA，通过计算 DNA 含量可计算出悬液所含的细菌总数。

三、生理指标法

有时还可以用生理指标测定法测定微生物数量。生理指标包括微生物的呼吸强度、耗氧量、酶活性、生物热等。样品中微生物数量多或生长旺盛时，此指标越明显，因此可以借助特定的仪器如瓦勃氏呼吸仪、微量量热计等设备来测定相应的指标，根据微生物在生长过程中伴随出现的这些指标测定微生物数量。这类测定方法主要用于科学研究、分析微生物生理活性等。

第二节　微生物的个体生长

细胞从上一次分裂结束到下次细胞分裂完成所经历的过程称为细胞生长周期。真核微生物细胞和原核微生物细胞的生命周期在阶段划分与特点上有明显差别。

一、真核生物细胞的生长周期

真核生物的细胞生长周期比原核生物的复杂得多。电子显微镜观察显示，真核生物细胞的生长周期可明显分为 4 个时期，即分裂间期（gap）或起始生长期（G_1 期）、DNA 合成期（S 期）、第二次生长期（G_2 期）和有丝分裂期（M 期或 D 期）。细胞处于停止生长状态的时期称为静止期（G_0 期）。

1. 起始生长期

起始生长期是指上一次细胞分裂完成之后与 DNA 复制之前的间隙期。处于该时期的细胞进行细胞内大分子生物合成并准备充足的储存物，为进入下一时期做准备。只有当细胞达到一定体积后才可进行分裂。起始生长期的时间长短随不同种类而表现出差异。可以通过控制 G_1 期长短来调节细胞生长速率。

2. DNA 合成期

S 期是指 DNA 复制时期。处于 S 期的细胞需完成细胞内全部染色体中 DNA 的复制和组蛋白合成。此时期的细胞仍进行其他细胞物质的合成。S 期的长短随不同真核生物种类而变化。

3. 第二次生长期

G_2 期是指 DNA 复制完成之后与细胞分裂开始之前的间隔时期。这个时期细胞中的总蛋白质与 RNA 含量等物质继续稳定增加。

4. 有丝分裂期

本时期主要特征是进行有丝分裂，表现为一个时期，是在前 3 个时期的基础上通过细胞分裂产生新的子细胞的过程。

真菌、藻类和原生动物等真核微生物大都遵循以上细胞生长周期的规律。但不同微生物的 4 个时期在细胞生长周期中所占时间长短不同。从细胞形态特征上看，这四个时期中，S 期与 M 期的明显特征是 DNA 复制与细胞分裂；G_1期与 G_2期除细胞大小发生变化以外，无明显的形态学变化，只是通过这两个时期分别启动细胞内 DNA 复制与细胞分裂。因此可以说，G_1期与 G_2期分别是 S 期与 M 期的准备时期。

二、 原核生物细胞的生长周期

原核生物细胞的生长周期一般较短，阶段划分也不如真核生物细胞那样明显。以细菌个体细胞为例，其生长周期包括复制前的准备、细胞结构的复制与再生、细胞的分裂与控制，本节主要介绍细菌部分结构的复制和细菌分裂与控制等有关内容。

1. 染色体 DNA 的复制和分离

细菌的染色体为环形的双链 DNA 分子。在细菌个体细胞生长的过程中，染色体以双向的方式进行连续的复制，在细胞分裂之前不仅完成了染色体的复制，而且也开始了两个子细胞 DNA 分子的复制，例如，在迅速生长的细菌里就存在这种情况。也就是说，当细胞的一个世代即将结束时，不仅为即将形成的两个子细胞各备有一份完整的亲本的遗传信息，而且也具有已经按亲本的方式开始复制的基因组（图 7-2）。其复制起点附着在细胞膜上随着膜的生长和细胞的分裂，两个未来的子细胞基因组不断地分离开来，最后到达两个子细胞中。细菌在个体生长过程中通过染色体 DNA 的复制，使其遗传特性能保持高度的连续稳定性。

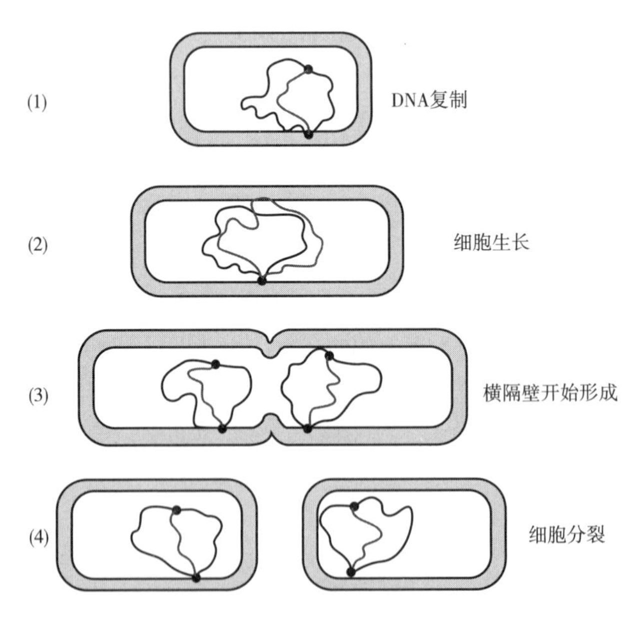

图 7-2　细菌个体生成过程中染色体 DNA 的分离

（1）刚产生的子代细胞已含有部分开始复制的基因组　（2）环形染色体已复制成两份

（3）细胞分裂之前两份染色体又开始了复制　（4）产生已经开始染色体复制的两个子细胞

（注：图中的环都是双链 DNA）

2. 细胞壁扩增

细胞壁是细胞外的一种“硬”性结构。细胞在生长过程中，细胞壁只有通过扩增，才能使细胞体积扩大。通常，肽聚糖短肽中第三个氨基酸是含两个氨基的氨基酸，它通过本身的氨基与另一个肽聚糖短肽中第四个氨基酸的羧基相连接形成肽键，使之形成一个完整的整体。新合成的肽聚糖可以通过本身的二氨基氨基酸的氨基连到原来的细胞壁肽聚糖短肽中第四个氨基酸的羧基上，或通过新合成肽聚糖短肽中第四个氨基酸的羧基连到原来细胞壁肽聚糖短肽中第三位的二氨基氨基酸的游离氨基上，导致细胞壁肽聚糖链的扩增，如杆菌在生长过程中，新合成的肽聚糖在细胞壁中是新老细胞壁呈间隔分布，新合成的肽聚糖不是在一个位点而是在多个位点插入；而球菌在生长过程中，新合成的肽聚糖是固定在赤道板附近插入，导致新老细胞壁能明显分开，原来的细胞壁被推向两端。

3. 细菌的分裂与调节

当细菌的各种结构复制完成之后就进入分裂时期。此时在细菌长度的中间位置，通过细胞质膜内陷并伴随新合成的肽聚糖插入，导致横隔壁向心生长，最后在中心会合，完成一次分裂，将一个细菌分裂成两个大小相等的子细胞。

细胞在生长和分裂过程中都伴随有细胞壁的裂解和闭合两个过程，前者将细胞壁打开，有利于合成的细胞壁物质插入；后者则是在新合成的细胞壁物质插入后的开口处重新闭合形成一个完整的细胞壁，以利于机体生存。目前已知作用于细胞壁肽聚糖的酶，有作用于双糖链的 *N*-乙酰葡糖胺酶和 *N*-乙酰胞壁酸酰胺酶；作用于肽聚糖短肽链的 *N*-乙酰胞壁酸-L-丙氨酸酰胺酶、D-A1a-D-Ala-羧肽酶、转肽酶、内肽酶和 LD-羧肽酶。它们在细菌细胞壁的裂开和闭合中起着重要作用。

三、 细胞分化

分化是细胞在发育过程中发生的形态、结构和生理功能上一系列的变化。高等动植物的分化已有大量研究，真核微生物的分化也有很多了解，但对细菌细胞分化的研究比较滞后。细菌的形态和结构虽然比较简单，但它们的细胞也会发生不同程度的分化。许多细菌在细胞水平上分化形成特殊形态结构，表现明显的生活循环，例如芽孢细菌形成芽孢、柄杆菌形成游走细胞、根瘤菌形成类菌体、链霉菌形成分生孢子、某些蓝细菌产生异形细胞、黏细菌形成子实体等。由营养细胞形成结构和功能不同的细胞的机制是很复杂的，其中不仅包括酶含量的变化而且有细胞结构的改变。细胞的分化潜力决定于遗传因子，但分化的发生和过程同环境条件密切相关。细菌芽孢的形成就是细胞分化的一个典型例子，包括一系列复杂变化过程，显微研究显示芽孢的形成分为多个不同阶段，这些阶段的形成受环境因子胁迫影响。

第三节　微生物的群体生长繁殖

一、 细菌的群体生长繁殖

细菌接种到均匀的液体培养基后，以二分裂（binary fission）繁殖，即细胞核首先进行有丝分裂，然后细胞质通过胞质分裂而分开，从而形成两个相同的个体。分裂后的子细胞都具有生活能力。在封闭系统中对微生物进行的培养，既不补充营养物质也不移去培养物质，保持整个培养液体积不变的培养方式称为分批培养（batch culture）。以时间为横坐标，以菌数为纵坐标，根据不同培养时间阶段细菌数量的变化，可以作出一条反映细菌在整个培养期间菌数变化规律的曲线，这种曲线称为生长曲线（growth curve）。一条典型的分批培养的生长曲线可以分为迟缓期、对数生长期、稳定生长期和衰亡期等4个生长时期（图7-3）。

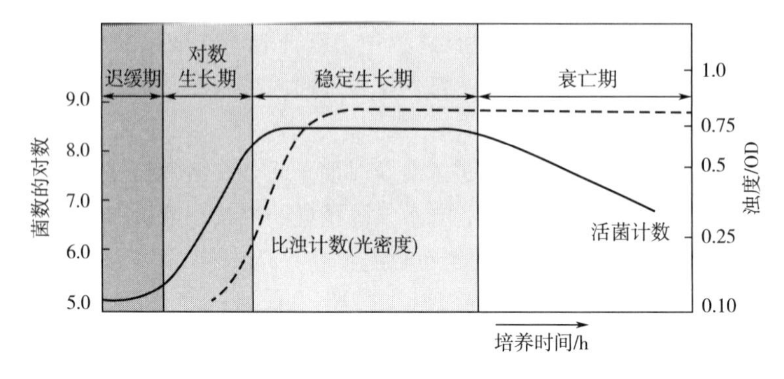

图7-3 细菌生长曲线

1. 迟缓期（lag phase）

细菌接种到新鲜培养基而处于一个新的生长环境，因此在一段时间里并不立即分裂，数量维持恒定，或增加很少。此时胞内的RNA、蛋白质等物质含量有所增加，细胞体积相对最大，说明细菌并不是处于完全静止的状态。产生迟缓期的原因，是由于微生物接种到一个新的环境，暂时缺乏足够的能量和必需的生长因子，“种子”老化（即处于非对数生长期）或未充分活化，接种时造成的损伤等。在工业发酵和科研中迟缓期会增加生产周期而产生不利的影响，但是迟缓期无疑也是必需的，因为细胞分裂之前，细胞各成分的复制与装配等也需要时间，因此应该采取一定的措施：①通过遗传学方法改造菌种的遗传特性使迟缓期缩短；②利用对数生长期的细胞作为“种子”；③尽量使接种前后所使用的培养基组成不要相差太大；④适当扩大接种量等。这4种方式可有效地缩短迟缓期，克服不良的影响。

2. 对数生长期（log phase）

对数生长期又称指数生长期（exponential phase）。细菌经过迟缓期进入对数生长期，并以最大的速率生长和分裂，导致细菌数量呈对数增加、此时细菌生长呈平衡生长，即细胞内各成分按比例有规律地增加，所有细胞组分呈彼此相对稳定速度合成。对数生长期细菌的代谢活性及酶活性高而稳定，细胞大小比较一致，生命力强，因而在生产上它常被广泛地用作“种子”，在科研上它常作为理想的实验材料。在细菌个体生长中，每个细菌分裂繁殖一代所需的时间称为代时（generation time），在群体生长中细菌数量增加一倍所需的时间称为倍增时间（doubling time）。代时在不同微生物差别很大，一般为1h左右，但生长快的微生物在条件适宜时还不到10min。对数生长期中微生物生长速率变化规律的研究有助于推动微生物生理学与生态学基础研究和解决工业发酵等应用中的问题。

3. 稳定生长期（stationary phase）

由于营养物质消耗，代谢产物积累和 pH 等环境变化，环境条件逐步不适宜于细菌生长，导致细菌生长速率降低直至零（即细菌分裂增加的数量等于细菌死亡数量），对数生长期结束，进入稳定生长期。稳定生长期的活菌数最高并维持稳定。如果及时采取措施，补充营养物质或取走代谢产物或改善培养条件，如对好氧菌进行通气、搅拌或振荡等可以延长稳定生长期，获得更多的菌体物质或代谢产物。当培养液中的营养物质消耗殆尽后，细菌开始消耗细胞内的贮藏物质，同时菌体死亡后裂解，释放出的营养物质，也作为其他细菌的养料，称为内源代谢（endogenous metabolism）。

4. 衰亡期（decline phase 或 death phase）

分批培养中，由于培养基中营养物质耗尽和有毒代谢产物的大量积累，细菌死亡速率逐步增加和活细菌逐步减少，标志细菌的群体生长进入衰亡期。该时期细菌代谢活性降低，细菌衰老并出现自溶。该时期死亡的细菌以对数方式增加，但在衰亡期的后期，由于部分细菌产生抗性也会使细菌死亡的速率降低。

此外，不同的微生物，甚至同一种微生物对不同物质的利用能力是不同的。有的物质可直接被利用（如葡萄糖或 NH_4^+ 等）；有的需要经过一定的适应期后才能获得利用能力（如乳糖或 NO_3^- 等）。前者通常称为速效碳源（或氮源），后者称为迟效碳源（或氮源）。微生物在同时含有速效碳源（或氮源）和迟效碳源（或氮源）的培养基中生长时，微生物首先会利用速效碳源（或氮源）生长直到该速效碳源（或氮源）耗尽，然后经过短暂的停滞后，再利用迟效碳源（或氮源）重新开始生长，这种生长或应答称为二次生长（diauxic growth）。实验室中常用的摇瓶培养以及工业生产中普遍采用的发酵罐通气搅拌培养都属于分批培养法，其生长曲线反映了细菌在这种营养液的体积基本不变时生长繁殖和死亡的规律。它既可作为营养与环境因素影响的指标，也可作为调控微生物生长发育的依据，指导微生物生产实践。

二、丝状真菌的群体生长繁殖

在液体培养基中，丝状真菌的生长方式主要分为：丝状生长和沉淀生长。丝状生长是指丝状真菌以分布均匀的丝状菌丝悬浮于液体培养基中生长；沉淀生长是指以分散的沉淀物出现在发酵液中的生长。沉淀物形态从松散的絮状到堆积紧密的菌丝球不等，若切开菌丝球里面可散发出酒精味，说明氧气不能进入中心，发酵过程已在其内部发生。当菌丝球表面活跃生长时其内部可能已开始自溶。丝状微生物是以丝状生长还是沉淀生长方式生长，其决定因素包括：接种体积的大小、接种物是否凝聚以及菌丝体是否易于断裂等因素的综合作用。丝状真菌在液体培养基中的生长方式在工业生产中很重要，因为它影响发酵中通气性、生长速率、搅拌能耗及菌丝体与发酵液的分离难易。丝状真菌生长通常以单位时间内微生物细胞的物质质量（主要是干物质质量）来表示。

在固体培养基中，丝状真菌的生长主要以顶端延长的方式进行。该过程大致是：孢子肿胀萌发并产生一短的芽管，然后沿该中心点向各方向均等生长发育形成菌丝（hypha），生长中的菌丝交织成菌丝体（mycelium）并最终形成菌落。

丝状真菌群体生长曲线和单细胞微生物的典型生长曲线不同，没有明显的对数期，尤其在发酵工业过程中一般经历三个阶段：①生长停滞期：这一阶段真菌孢子萌发，菌丝长出芽体；②迅速生长期：菌丝长出枝，形成菌丝体，菌丝质量迅速增加，无对数生长期；③衰亡期：菌丝体质量下降，出现空泡及自溶现象（图 7-4）。

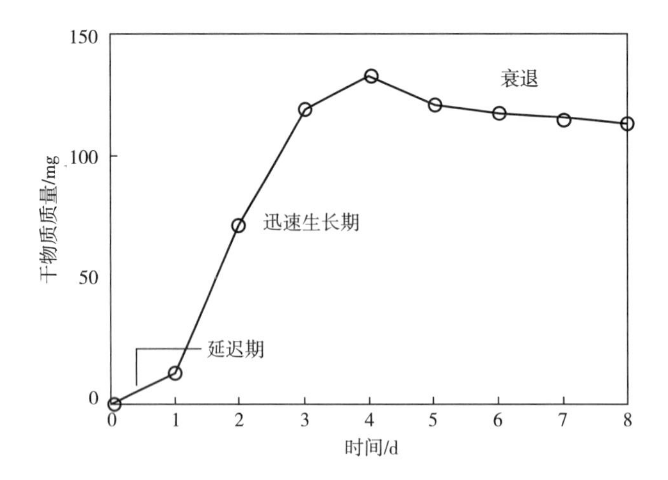

图 7-4　茄病镰刀菌（*Fusarium solani*）的生长曲线

三、微生物的连续培养

连续培养（continuous culture）是指向培养容器中连续流加新鲜培养液，使微生物的液体培养物长期维持稳定、高速生长状态的一种溢流培养技术，故它又称开放培养（open culture），是相对于上述绘制典型生长曲线时所采用的单批培养（即批式培养：batch culture）而言的。

连续培养是在研究典型生长曲线的基础上，通过深刻认识稳定期到来的原因，并采取相应的防止措施而实现的。具体地说当微生物以单批培养的方式培养到指数期的后期时，一方面以一定速度连续流入新鲜培养基和通入无菌空气（厌氧菌例外），并立即搅拌均匀；另一方面，利用溢流的方式，以同样的流速不断流出培养物。于是容器内的培养物就可达到动态平衡，其中的微生物可长期保持在指数期的平衡生长状态和恒定的生长速率上，于是形成了连续生长（图 7-5）。

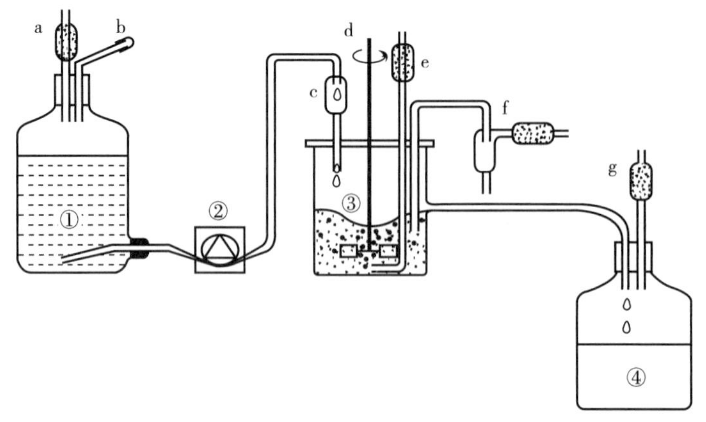

图 7-5　连续培养装置结构示意图

①培养液贮备瓶：过滤器（a）和培养基进口（b）　②蠕动泵

③恒化器：培养基入口（c）、搅拌器（d）、空气过滤装置（e）和取样口（f）　④收集瓶：过滤器（g）

连续培养器的类型很多，以下仅对控制方式和培养器级数不同的两种连续培养器的原理及应用范围做介绍。

1. 按控制方式分类

（1）恒浊器（turbidostat） 这是一种根据培养器内微生物的生长密度，并借光电控制系统来控制培养液流速，以取得菌体密度高、生长速率恒定的微生物细胞的连续培养器。在这一系统中，当培养基的流速低于微生物生长速率时，菌体密度增高，这时通过光电控制系统的调节，可促使培养液流速加快，反之亦然，并以此来达到恒密度的目的。因此，这类培养器的工作精度是由光电控制系统的灵敏度决定的。在恒浊器中的微生物始终能以最高生长速率进行生长，并可在允许范围内控制不同的菌体密度。在生产实践上，为了获得大量菌体或与菌体生长相平行的某些代谢产物（如乳酸、乙醇）时，都可以利用恒浊器类型的连续发酵器。

（2）恒化器（chemostat 或 bactogen） 与恒浊器相反，恒化器是一种设法使培养液的流速保持不变，并使微生物始终在低于其最高生长速率的条件下进行生长繁殖的连续培养装置。这是一种通过控制某一营养物的浓度，使其始终成为生长限制因子的条件下达到的，因而可称为外控制式的连续培养装置。可以设想，在恒化器中，一方面菌体密度会随时间的增长而增高；另一方面，限制因子的浓度又会随时间的增长而降低，两者相互作用的结果，则会出现微生物的生长速率正好与恒速流入的新鲜培养基流速相平衡。这样，既可获得一定生长速率的均一菌体，又可获得虽低于最高菌体产量，却能保持稳定菌体密度的菌体。在恒化器中，营养物质的更新速度以稀释率（dilution rate，D）表示，即培养基流速 f（mL/h）与培养器的容积 V（mL）的比值：

$$D=\frac{f}{V} \tag{7-3}$$

例如，当流速为 30mL/h，培养器容积为 100mL 时，$D=0.3/h$，即每小时有 30%的培养液被更新。恒化器主要用于实验室的科学研究工作中，尤其适用于与生长速率相关的各种理论研究中。恒浊器与恒化器的比较如表 7-1 所示。

表 7-1 恒浊器与恒化器的比较

装置	控制对象	培养基	培养基流速	生长速率	产物	应用范围
恒浊器	菌体密度	无限制生长因子	不恒定	最高速率	大量菌体或与菌体相平行的代谢产物	生产为主
恒化器	培养基流速（外控制）	有限制生长因子	恒定	低于最高速率	不同生长速率的菌体	实验室为主

2. 按培养器级数分类

按此法把连续培养器分成单级连续培养器（one-step continuous fermentor）和多级连续培养器（multi-step continuous fermentor）两类。如上所述，若某微生物代谢产物的产生速率与菌体生长速率相平行，就可采用单级恒浊式连续发酵器来进行研究或生产。相反，若要生产的产物恰与菌体生长不平行，例如生产丙酮、丁醇或某些次生代谢物时，就应根据两者的产生规律，设计与其相适应的多级连续培养装置。

以丙酮、丁醇发酵为例：丙酮丁醇梭菌（*Clostridium acetobutylicum*）的生长可分两个阶段，前期较短，以生产菌体为主，生长温度以37℃为宜，是菌体生长期（trophophase），后期较长，以产溶剂（丙酮、丁醇）为主，温度以33℃为宜，为产物合成期（idiophase）。根据这种特点，国外曾有人设计了一个两级连续发酵罐：第一级罐保持37℃，pH 4.3，培养液的稀释率 D（dilution rate）为0.125/h（即控制在8h可以对容器内培养液更换一次的流速）；第二级罐为33℃，pH 4.3，稀释率为0.04/h（即25h才更换培养液一次），并把第一、二级罐串联起来进行连续培养。这一装置不仅溶剂的产量高、效益好，而且可在一年多时间内连续运转。在上海，早在20世纪60年代就采用多级连续发酵技术大规模地生产丙酮、丁醇等溶剂了。

连续培养如用于生产实践，就称为连续发酵（continuous fermentation）。连续发酵与单批发酵相比，有许多优点：①高效，它简化了装料、灭菌、出料、清洗发酵罐等许多单元操作，从而减少了非生产时间并提高了设备的利用率；②自控，即便于利用各种传感器和仪表进行自动控制；③产品质量较稳定；④节约了大量动力、人力、水和蒸汽，且使水、气、电的负荷均衡合理。当然，连续培养也存在着明显的缺点：①菌种易退化，由于长期让微生物处于高速率的细胞分裂中，故即使其自发突变概率极低，仍无法避免突变的发生，尤其当发生比原生产菌株营养要求降低、生长速率增高、代谢产物减少的负变类型时；②易污染杂菌，在长时期连续运转中，存在着因设备渗漏、通气过滤失灵等而造成的污染；③营养物的利用率一般低于单批培养。因此，连续发酵中的“连续”是有限的，一般可达数月至一两年。

在生产实践上，连续培养技术已较广泛应用于酵母菌单细胞蛋白（single cell protein，SCP）的生产，乙醇、乳酸、丙酮和丁醇的发酵，用解脂假丝酵母（*Candida lipolytica*）等进行石油脱蜡，以及用自然菌种或混合菌种进行污水处理等各领域中。国外还报道了把微生物连续培养的原理运用于提高浮游生物饵料产量的实践中，并收到了良好的效果。

第四节　环境对微生物生长的影响

一、营养物质

营养物质不足导致微生物生长所需能量、碳源、氮源、无机盐等成分不足，此时机体一方面降低或停止细胞物质合成，避免能量的消耗，或者通过诱导合成特定的运输系统，充分吸收环境中微量的营养物质以维持机体的生存；另一方面机体对胞内某些非必需成分或失效的成分进行降解以重新利用，这些非必需成分是指胞内贮存的物质、无意义的蛋白质与酶、mRNA等。例如，在氮、碳源缺乏时，机体内蛋白质降解速率比正常条件下的细胞增加了7倍，同时tRNA合成减少和DNA复制的速率降低，最终导致生长停止。

二、水分活度

水分对微生物的影响不仅决定于其含量的多少，更重要的是其可给性。溶质浓度高低和固体表面对水的亲和力都影响水分对微生物的可给性。环境中水的可给性一般以水分活度（water activity，A_w）来表示，它是指在一定温度和压力条件下，溶液蒸气压（P）和纯水蒸气压（P_0）之比，如式（7-4）所示：

$$A_W = \frac{p}{P_0} \tag{7-4}$$

微生物在生长过程中，对培养基的水分活度 A_w 有一定的要求，每种微生物生长都有最适的 A_w，高于或低于所要求的 A_w 值，都会通过影响培养基的渗透压力变化而影响微生物的生长速率。微生物不同，生长所需要的最适 A_w 值也不同。通常微生物的 A_w 在 0.60～0.99（表 7-2），如果水分活度过低，微生物会出现生长迟缓期延长。一般而言，细菌生长最适水分活度比酵母菌和霉菌高，而嗜盐微生物水分活度可低至 0.60，当 A_w 值低于 0.5 时，微生物无法生长。

表 7-2　　微生物生长的水分活度

水分活度（A_w）	环境（材料）	微生物（代表种类）
1.00	纯水	柄杆菌、螺旋菌
0.90～1.00	一般农业土壤	大多数微生物
0.98	海水	假单胞菌、弧菌
0.95	面包	大多数革兰氏阳性杆菌
0.90	槭树糖浆、火腿	革兰氏阴性球菌、毛霉、链孢霉
0.85	咸腊肠	鲁氏酵母
0.80	水果、蛋糕、果酱	拜耳酵母、青霉
0.75	盐湖、咸鱼	盐杆菌、盐球菌、曲霉
0.70	谷物、蜜饯、干果	嗜干燥真菌

三、温度

温度是影响微生物生长的重要环境因素之一。根据微生物生长的最适温度不同，可以将微生物分为嗜冷、兼性嗜冷、嗜温、嗜热和超嗜热 5 种不同的类型。它们都有各自的最低、最适和最高生长温度范围（表 7-3）。其中，最低生长温度是指微生物能生长的温度下限。在此温度时，微生物尚能生长，但生长速度非常缓慢。最高生长温度是指微生物能生长的温度上限。在此温度下，微生物仍能生长，而超过该温度，即表现为停止生长或死亡。最适合微生物生长的温度称为最适生长温度，在此温度下，微生物生长迅速。如嗜冷芽孢杆菌（*Bacillus psychrophilus*）最低生长温度为-10℃，而最适生长温度是 23～24℃，其最高生长温度是 28～30℃；热叶菌（*Pyrolobus fumarii*）的最低生长温度为 90℃，而最适生长温度是 106℃，其最高生长温度是 113℃；酿酒酵母（*Saccharomyces cerevisiae*）的最低生长温度为 1～3℃，而最适生长温度是 28℃，其最高生长温度是 40℃。因此不同类型的微生物生长对温度的适应性差异比较大。

值得指出的是，最适生长繁殖温度不一定是微生物代谢的最适温度，例如青霉素的产生菌产黄青霉（*Penicillium chrysogenum*）在 30℃ 时生长最快，而青霉素产生的最适温度则在 20～25℃。因此在青霉素生产过程中应采用分阶段变温培养的方法以提高产量。

表 7-3　　微生物生长的温度范围

微生物类型	生长温度/℃		
	最低	最适	最高
嗜冷微生物（psychrophile）	0 以下	15	20
兼性嗜冷微生物（facultative psychophile 或 psychrotroph）	0	20~30	35
嗜温微生物（mesophile）	15~20	25~40	50
嗜热微生物（thermophile）	45	55~65	80
超嗜热或极端嗜热微生物（hyperthermophile）	65	80~90	100 以上

温度的变化会对每种类型微生物的代谢过程产生影响，微生物的生长速率会发生改变，以适应温度的变化。温度对微生物生长的影响具体表现在：①影响酶活性，微生物生长过程中所发生的一系列化学反应绝大多数是在特定酶催化下完成的，每种酶都有最适的酶促反应温度，温度变化影响酶促反应速率，最终影响细胞物质合成；②影响细胞质膜流动性，温度高流动性大，有利于物质的运输；温度低流动性降低，不利于物质运输，因此温度变化影响营养物质的吸收与代谢产物的分泌；③影响物质的溶解度，物质只有溶于水才能被机体吸收或分泌，除气体物质以外，物质的溶解度随温度上升而增加，随温度降低而降低，最终影响微生物的生长。

四、pH

微生物生长过程中机体内发生的绝大多数的反应是酶促反应，而酶促反应都有一个最适 pH 范围，在此范围内只要条件适合，酶促反应速率最高，微生物生长速率最大，因此微生物生长也有一个最适生长的 pH 范围。此外，微生物生长还有一个最低与最高的 pH 范围，低于或高出这个范围，微生物的生长就被抑制。不同微生物生长的最适、最低与最高的 pH 范围也不同（表 7-4）。

pH 通过影响细胞质膜透性、膜结构的稳定性和物质的溶解性或电离性来影响营养物质的吸收，从而影响微生物的生长速率。质子是一种唯一不带电子的阳离子，它在溶液里能迅速地与水结合成水合氢离子（H_3O^+等）。在偏碱性条件下，OH^-占优势，水合氢离子和 OH^-对营养物质的溶解度和离解状态，细胞表面电荷平衡和细胞的胶体性质等方面均会产生重大影响；在酸性条件下，H^+可以与营养物质结合，并能从可交换的结合物或细胞表面置换出某些阳离子，从而影响细胞结构的稳定性；同时由于 pH 较低，CO_2溶解度降低，某些金属离子如 Mn^{2+}、Ca^{2+}、Mo^{2+}等溶解度增加，导致它们在溶液中的浓度增加，从而对机体产生不利的作用。

表 7-4　　一般微生物生长的 pH 范围

微生物	pH		
	最低	最适	最高
一般细菌	3.0~5.0	6.5~7.5	8.0~10.0
放线菌	5.0	7.0~8.0	10.0
酵母菌	3.0	5.0~6.0	8.0

续表

微生物	pH		
	最低	最适	最高
一般霉菌	1.0~3.0	3.8~6.0	7.0~11.0
褐球固氮菌	4.5	7.4~7.6	9.0
大豆根瘤菌	4.2	6.8~7.0	11.0
亚硝酸细菌	7.0	7.8~8.6	9.4
氧化硫硫杆菌	1.0	2.0~2.8	4.0~6.0
嗜酸乳酸杆菌	4.0~4.6	5.8~6.6	6.8
黑曲霉	1.5	5.0~6.0	9.0

在发酵工业中，pH 的变化常可以改变微生物的代谢途径，导致产生不同的代谢产物。黑曲霉在 pH 2.0~3.0 的环境中分解蔗糖，产物以柠檬酸为主，只有少量草酸；当 pH 接近中性时，则主要产生草酸，柠檬酸产量很低。酿酒酵母生长的最适 pH 4.0~5.0，此时进行酒精发酵；当 pH>7.6 时，发酵产物中同时含有酒精、丙三醇和乙酸。因此，通过调控发酵培养基 pH，可以使微生物的代谢朝着人们所期望的方向进行，提高发酵效率。

五、氧

根据氧与微生物生长的关系可将微生物分为好氧、微好氧、耐氧厌氧、兼性厌氧和专性厌氧 5 种类型（表 7-5），它们在液体培养基试管中的生长特征如图 7-6 所示。

表 7-5 微生物与氧的关系

微生物类型	最适生长的 O_2 的体积分数
好氧菌（aerobe）	≥20%
微好氧菌（microaerophile）	2%~10%
耐氧厌氧菌（aerouolerent anaerobe）	2%以下
兼性厌氧菌（facultative anaerobe）	有氧或无氧
专性厌氧菌（obligate anaerobe）	不需要氧、有氧时死亡

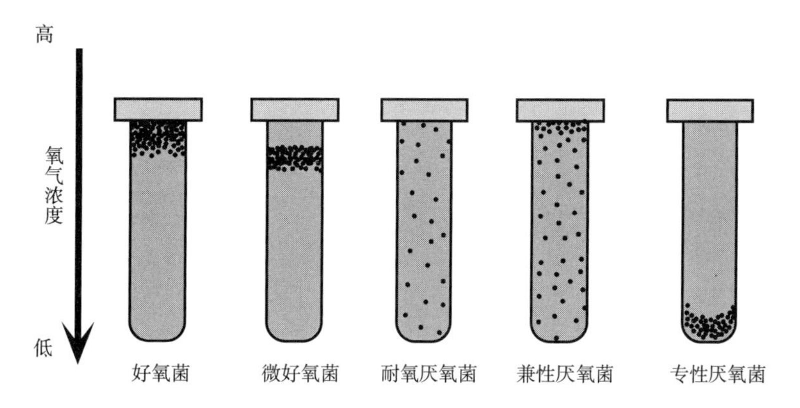

图 7-6 氧与细菌生长的关系

因此，在培养不同类型的微生物时，一定要采取相应的措施保证不同类型的微生物能正常生长。例如，培养好氧微生物可以通过振荡或通气等方式使之有充足的氧气供它们生长；培养专性厌氧微生物则要排除环境中的氧，同时通过在培养基中添加还原剂的方式降低培养基的氧化还原电势；培养兼性厌氧或耐氧厌氧微生物，可以用深层静止培养的方式等。

好氧微生物虽然可以通过好氧呼吸产生更多的能量，满足机体的生长，但另一方面，对一切生物氧，都会使其产生有毒害作用的代谢产物，如超氧基化合物与 H_2O_2，这两种代谢产物互相作用还会产生毒性很强的自由基 OH·：

$$O_2+e^- \rightarrow O_2^{-\cdot}$$

$$H_2O_2+O_2^{-\cdot} \rightarrow O_2+OH^-+\cdot OH$$

自由基是一种强氧化剂，它与生物大分子互相作用，可导致产生生物分子自由基，从而对机体产生损伤或突变作用，直至死亡。氧之所以对专性厌氧微生物以外的其他 4 种类型微生物不产生致死作用，是因为它们具有超氧化物歧化酶（superoxide dismutase，SOD）可催化 O^{2-} 分解成 H_2O_2，然后在 H_2O_2 酶（catalase）作用下生成水。

$$2O^{2-}+2H^+ \xrightarrow{SOD} H_2O_2+O_2$$

$$2H_2O_2 \xrightarrow{H_2O_2酶} 2H_2O+O_2$$

H_2O_2 的毒性比 O_2^- 弱，它可使细胞内的其他代谢产物氧化而降低自身毒性，目前尚未发现耐氧厌氧和专性厌氧两类微生物中存在有 H_2O_2 酶（表 7-6）。

表 7-6 超氧化物歧化酶（SOD）与 H_2O_2 酶在微生物中的分布

微生物	超氧化物歧化酶/（U/mg）	H_2O_2 酶/（U/mg）
好氧与兼性厌氧菌		
大肠杆菌	1.8	6.1
鼠伤寒沙门氏菌	1.4	2.4
大豆根瘤菌	2.6	0.7
耐辐射微球菌	7.0	289.0
假单胞菌	2.0	22.5
耐氧厌氧菌		
黏液真杆菌	1.6	0
粪链球菌	0.8	0
乳链球菌	1.4	0
乳清酸杆菌	0.6	0
专性厌氧菌		
产碱韦荣氏球菌	0	0
巴氏梭菌	0	0
斯氏梭菌	0	0
巴氏芽孢梭菌	0	0
溶纤维丁酸弧菌	0	0

第五节　微生物生长繁殖的控制

一、　控制微生物生长繁殖的化学物质

（一）　抗生素

抗生素（antibiotics）是一类由微生物或其他生物在其生命活动中合成的次生代谢产物或人工衍生物。它们在很低浓度时就能抑制或干扰他种生物（包括病原菌、病毒、癌细胞等）的生命活动，可作为化学治疗剂来使用。自从 A. Fleming 于 1929 年发现青霉素以来，人类已找到 1 万种以上新抗生素（1984 年），合成了 7 万多种的半合成抗生素，但真正在临床广泛应用的抗生素仅有五六十种。但值得注意的是，随着抗生素的广泛应用，微生物对其产生的耐药性及其本身产生的毒副作用等问题也逐渐突显，超级耐药菌的出现就是一个很好的佐证。

目前，抗生素及其产生菌的种类很多，其抑菌谱和作用机制各异，应用范围也较为广泛。多种具有代表性的抗生素名称及其作用，如表 7-7 所示。

表 7-7　　若干重要抗生素及其作用机制

名称及类型	作用机制	作用后果
抑制细胞壁合成		
D-环丝氨酸	抑制 L-Ala 变为 D-Ala 的消旋酶	阻止胞壁上肽尾的合成
万古霉素	抑制糖肽聚合物的伸长	阻止肽聚糖的合成
瑞斯托菌素	抑制糖肽聚合物的伸长	阻止肽聚糖的合成
杆菌肽	抑制糖肽聚合物的伸长	阻止肽聚糖的合成
青霉素	抑制肽尾与肽桥间的转肽作用	阻止之肽链间的交联
氨苄西林	抑制肽尾与肽桥间的转肽作用	阻止之肽链间的交联
头孢菌素	抑制肽尾与肽桥间的转肽作用	阻止之肽链间的交联
引起细胞壁降解		
溶葡萄球菌纱素	水解肽尾和分解胞壁酸-葡糖胺链	溶解葡萄球菌
干扰细胞膜功能		
短杆菌酪肽	损害细胞膜，降低呼吸作用	细胞内物质外漏
短杆菌肽	使氧化磷酸化解偶联，与膜结合	细胞内物质外漏
多黏菌素	使细胞膜上的蛋白质释放	细胞内物质外漏
抑制蛋白质合成		
链霉素	与 30*S* 核糖体结合	促进错译，抑制肽链延伸
新霉素	与 30*S* 核糖体结合	促进错译，抑制肽链延伸

续表

名称及类型	作用机制	作用后果
卡那霉素	与 30*S* 核糖体结合	促进错译，抑制肽链延伸
四环素	与 30*S* 核糖体结合	抑制氨基酰-tRNA 与核糖体结合
伊维菌素	与 30*S* 核糖体结合	抑制氨基酰-tRNA 与核糖体结合
嘌呤霉素	与 50*S* 核糖体结合	引起不完整肽链的提前释放
氯霉素	与 50*S* 核糖体结合	抑制氨基酰-tRNA 附着核糖体
红霉素	与 50*S* 核糖体结合	引起构想改变
林可霉素	与 50*S* 核糖体结合	阻止肽键形成
抑制 DNA 合成		
狭霉素 C	抑制黄苷酸氨基霉	因阻止 GMP 合成而抑制
萘啶酸	作用于复制基因	切断 DNA 合成
灰黄霉素	不清楚	抑制有丝分裂中的纺锤体功能
抑制 DNA 复制		
丝裂霉素	使 DNA 得互补链相结合	抑制复制后的分离
抑制 DNA 转录		
放线菌素 D	与 DNA 中的鸟嘌呤结合	阻止依赖于 DNA 的 RNA 合成
抑制 RNA 合成		
利福平	与 RNA 聚合酶结合	阻止 RNA 合成
利福霉素	与 RNA 聚合酶结合	阻止 RNA 合成

（二） 表面消毒剂

表面消毒剂（surface disinfactant）是指对一切活细胞都有毒性，但不能用作活细胞或机体内治疗的化学药剂。主要适用于消除传播媒介物上的病原体，故在传染病预防中，可有效切断疾病传播途径，以控制传染病流行，起到预防传染病暴发的作用。为比较各种表面消毒剂的相对杀菌强度，学术界常采用在临床上最早使用的消毒剂——苯酚作为比较标准，并提出了苯酚系数（phenol coefficient，*p. c*）这一参考指标。石炭酸系数，是指在一定时间内被试（药）剂能杀死全部供试菌（test organism）的最高稀释度与达到同效的石炭酸的最高稀释度的比率，一般规定处理时间为 10min，而供试菌定为伤寒沙门氏菌（*Salmonella typhi*）。例如，某药剂以 1∶300 的稀释度在 10min 内杀死所有供试菌，而达到同效的苯酚的最高稀释度为 1∶100，则该药剂的苯酚系数等于 3，如式（7-5）所示。

$$p.c=\frac{300}{100}=3 \tag{7-5}$$

由于化学消毒剂的种类繁多，杀菌机制也各不相同，如 3%~5%的苯酚可通过引起微生物的蛋白质变性和细胞膜损失，而用于地面、家具和器皿的表面消毒；0.1%~0.5% $CuSO_4$ 则通过与蛋白质的巯基结合使其失活而达到杀灭病原真菌的目的；0.5%~10%甲醛通过破坏蛋白质的氢键和氨基而实现消毒作用；0.2~0.5mg/L 的氯气通过破坏微生物的细胞膜、酶、蛋白质的特性，而在饮用水、游泳池中使用。另外，还有 70%~75%乙醇，2%红汞，70%~

75%乙醇，3% H_2O_2，2.5%碘酒，0.05%~0.1%“新洁尔灭”等也都是常用的表面消毒剂。

（三） 抗代谢药物——磺胺类药物

抗代谢药物（antimetabolite）又称代谢拮抗物或代谢类似物，是指某些在化学结构上与微生物细胞内必要代谢物结构相似，能阻碍酶的作用，并可干扰正常代谢活动的化学物质。抗代谢药物种类很多，都是有机合成药物，如磺胺类、氨基叶酸、异烟肼、6-巯基腺嘌呤和5-氟尿嘧啶等。

磺胺药（sulphonamides）作为一种经典而又实用的抗代谢药物，被人类广泛的使用。它还是人类第一个成功用于特异性抑制某种微生物生长以防治疾病的化学治疗剂。1934年，德国科学家G·Domagk发现，一种红色染料——“百浪多息”（prontosil，4-磺酰胺-2′，4′-二氨基偶氮苯）可治疗白鼠因链球菌属（*Streptococcus*）和葡萄球菌属（*Staphylococcus*）细菌所引起的感染，但在体外却无任何作用。1935年，又发现“百浪多息”可治疗人的链球菌病及儿童的丹毒症。随后法国的Trefouel和英国的Fuller等人认为“百浪多息”在体内可转化为具有制菌活性的磺胺（对氨基苯磺酰胺）。“百浪多息”的结构如图7-7所示。

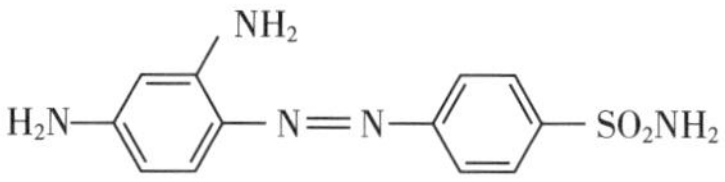

图7-7 “百浪多息”的分子结构

此后，磺胺就成了在青霉素应用前治疗许多细菌性传染病的最有效化学治疗剂，尤其在治疗由溶血链球菌（*Streptococcus hemolyticus*）、肺炎链球菌（*S. pneumoniae*）、痢疾志贺氏菌（*Shigellady senteriae*）、布鲁氏菌属（*Brucella*）、奈瑟氏球菌属（*Neisseria*）以及金黄色葡萄球菌（*S. aureus*）等引起的各种传染病中，效果更为显著。磺胺药的种类很多，至今仍常用的有磺胺、磺胺胍、磺胺嘧啶、磺胺甲恶唑和磺胺二甲嘧啶等。

1940年，Wood和Fildes研究了磺胺的作用机制，并阐明了其结构与细菌生长因子——对氨基苯甲酸（para-amino benzoic acid，PABA）高度相似（图7-8），故认为是它的代谢类似物，二者会发生竞争性拮抗作用。

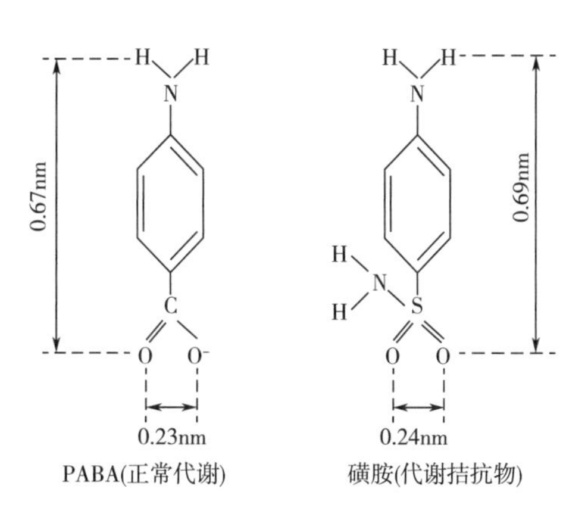

图7-8 PABA与磺胺结构的比较

在自然界中，很多细菌都要求外界环境提供 PABA，作为其生长因子以合成其代谢途径中必要的辅酶——转移一碳基的四氢叶酸（THFA 或 CoF），而 PABA 就是它结构的一个组分。在 THFA 的合成过程中，代谢拮抗物磺胺和磺胺增效剂三甲氧苄二氨嘧啶（trimethoprin，TMP，1959 年发现）的作用部位简示如图 7-9 所示。磺胺会抑制二氢蝶啶与 PABA 的缩合反应。这是由于磺胺是 PABA 的结构类似物，可与它发生竞争性拮抗作用，即二氢蝶酸合成酶也可利用磺胺作底物，使某些磺胺分子与二氢蝶啶，形成一个二氢蝶酸的类似物（即“假二氢叶酸”）。这样，就使那些能利用二氢蝶啶和 PABA 合成叶酸的细菌无法合成叶酸，于是生长受到抑制。另外，TMP 也能抑制二氢叶酸还原酶，使二氢叶酸无法还原成四氢叶酸，增强了磺胺抑菌的效果。在细菌合成四氢叶酸过程中，磺胺与 TMP 的双重阻断在防治有关细菌性传染病中，起到“双保险”的作用，如图 7-9 所示。

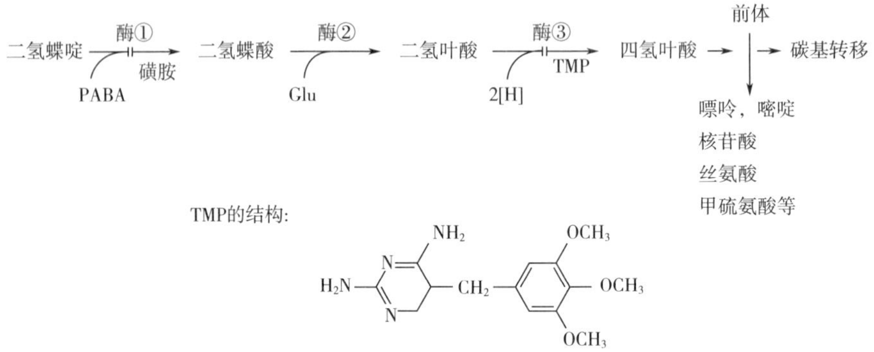

二氢蝶啶 + PABA —酶①（磺胺）→ 二氢蝶酸 + Glu —酶②→ 二氢叶酸 + 2[H] —酶③（TMP）→ 四氢叶酸 → 碳基转移

前体

嘌呤，嘧啶
核苷酸
丝氨酸
甲硫氨酸等

TMP的结构:

NH_2 OCH_3 H_2N N N CH_2 OCH_3 OCH_3

图 7-9　磺胺和磺胺增效剂三甲基苄二氨嘧啶的作用部位示意图

（注：酶①为二氢叶酸合成酶；酶②为二氢叶酸合成酶；酶③为二氢叶酸还原酶）

二、控制微生物生长繁殖的物理因素

（一）高温灭菌

高温灭菌法可分为：干热灭菌法和湿热灭菌法两大类。高温灭菌的原理是当温度超过微生物的最高生长温度时就会引起死亡。高温致死微生物主要是引起蛋白质、核酸和脂质等重要生物高分子发生不可逆的变性，例如，它可使核酸发生脱氨、脱嘌呤或降解；还可破坏细胞的组成，高温可热溶解细胞膜上类脂成分形成极小的孔，使细胞的内溶物泄露。一定时间内（一般为 10min）杀死微生物所需要的最低温度称为最低致死温度。

1. 干热灭菌法

将金属制品或清洁玻璃器皿放入电热烘箱内，在 150～170℃ 下维持 1～2h 后，即可达到彻底灭菌的目的。在这种条件下，可使细胞膜破坏、蛋白质变性、原生质干燥，以及各种细胞成分发生氧化。灼烧（incineration/combustion）是一种最彻底的干热灭菌方法，由于其破坏力极强，故应用范围仅限于接种环、接种针等少数对象的灭菌或带病原体的材料、动物尸体的烧毁等。

2. 湿热灭菌法

湿热灭菌法是一类利用高温水或水蒸气进行灭菌的方法，通常多指用 100℃ 以上的加压蒸汽进行灭菌。一般在相同温度和相同作用时间下，湿热灭菌比干热灭菌法更有效。原因是湿热蒸汽不但透射力强，而且还能破坏维持蛋白质空间结构和稳定性的氢键，从而加速这一重要生命大分子物质的变性。在湿热温度下，多数细菌和真菌的营养细胞在60℃左右处理5~10min后即可杀死，酵母菌和真菌的孢子稍耐热些，但在80℃以上温度处理也能杀死，而细菌芽孢最为耐热，一般需要120℃下处理15min才能杀死。

湿热灭菌法的种类很多，主要有以下几类。

（1）常压法

①巴氏消毒法：最初是由法国微生物学家巴斯德提出，现主要用于对牛乳、啤酒、果酒和酱油等不能进行高温灭菌的液体进行消毒，其主要目的是杀死液体中无芽孢的病原菌（如牛乳中的结核杆菌或沙门氏菌），而又不影响它们的风味。巴氏消毒法是一种低温消毒法，其具体处理温度和时间各有不同，一般选择在60~85℃下处理15s~30min即可。具体的方法也可分两类：一类是经典的低温维持法，例如在63℃下保持30min可进行牛乳消毒；另一类是较现代的高温瞬时法，用于牛乳消毒时只要在72℃下保持15s即可。

②煮沸消毒法：一般用于饮用水的消毒（可在100℃下煮沸数分钟进行消毒）。

③间歇灭菌法：又称丁达尔灭菌法或分段灭菌法。适用于不耐热培养基的灭菌。方法是：将待灭菌的培养基在80~100℃下蒸煮15~60min，以杀死其中所有微生物的营养细胞，然后置室温或37℃下保温过夜，诱导残留的芽孢发芽，第2天再以同法蒸煮和保温过夜，如此连续重复3d，即可在较低温度下达到彻底灭菌的效果。例如，培养硫细菌的含硫培养基就可采用此法灭菌，因为其中的元素硫在常规的加压灭菌（121℃）后就会发生熔化，而在99~100℃的温度下则呈结晶态。

（2）加压法

①常规加压蒸汽灭菌法：一般又称"高压蒸汽灭菌法"。这是一种应用最为广泛的利用高温（而非压力）进行湿热灭菌的方法。其原理十分简单：将待灭菌的物件放置在盛有适量水的加压蒸汽灭菌锅（或家用压力锅）内。把锅内的水加热煮沸，并把其中原有的空气彻底驱尽后将锅密闭。再继续加热就会使锅内的蒸气压逐渐上升，从而温度也上升到100℃以上。为达到良好的灭菌效果，一般要求温度应达到121℃（压力为100kPa），时间维持15~20min，也可采用在较低的温度（115℃，即70kPa）下维持30min的方法。此法适合于一切微生物学实验室、医疗保健机构或发酵工厂中对培养基及多种器材、物料的灭菌。需要注意的是培养基中泡沫过多时，会因形成隔热层影响灭菌效果，所以需要在培养基中加入有机硅类、聚醚类等消泡剂，也可直接加入植物油抑制泡沫的产生，或适当提高灭菌温度和延长灭菌时间。

②连续加压灭菌法：在发酵行业里又称"连消法"。此法适用于大型发酵厂的大批培养基灭菌。主要操作是将培养基在发酵罐外连续不断地进行加热、维持和冷却，然后才进入发酵罐。培养基一般在135~140℃下处理5~15s。这种高温瞬时灭菌方法既可杀灭微生物，又可最大限度减少营养成分的破坏，从而提高了原料的利用率和发酵产品的质量和产量；同时，也缩短了发酵罐的占用周期，适宜于自动化操作和降低操作人员的劳动强度。

（二）低温抑菌

低温能抑制微生物生长。当处于0℃以下时，菌体内水分冻结，各种生化反应无法进行，导致微生物生长停滞。0℃以上时，中温和高温型微生物因细胞膜内饱和脂肪酸含量较高而被"冻结"，致使营养物质无法进入细胞而停止生长。此外，细菌细胞内有许多高分子复合物（如核糖体、异构酶等）在低温下呈松散状态而失活，细胞则停止生长。有的微生物在冰点以下会死亡或部分死亡，主要原因是细胞内水变成了冰晶，导致细胞脱水；冰晶还可导致细胞膜内物理损伤。快速冷冻和加入保护剂如丙三醇、血清、葡聚糖等可防止冰晶过大，降低细胞脱水。低温的作用主要是抑菌，使其代谢活力降低，生长繁殖停滞，但仍保持活性。低温保藏食品和菌种就是最常用的方法。

冷藏法：将新鲜食物放于5℃保存（通常冰箱冷藏室的温度），防止腐败。然而贮藏只能维持几天，因为低温下，耐冷微生物仍能生长，造成食品腐败。利用低温下微生物生长缓慢的特点，可将微生物斜面菌种放置冷藏箱中保存数周至数月。

冷冻法：家庭或食品工业中采用-20℃的冷冻温度，使食品冷冻成固态加以保存，在此条件下，微生物基本上不生长，保存时间比冷藏法更长。冷冻法也用于菌种保藏，所用温度更低，如20℃低温冰箱或-70℃超低温冰箱或-195℃液氮。

（三） 过滤除菌

过滤除菌是指将液体通过某种多孔材料，利用物理学原理将微生物与液体分离的现象。膜滤器是一种常用的除菌材料，一般由硝酸纤维素制成，孔径可根据需要进行选择（0.025~25μm），当含微生物的液体通过微孔滤膜时，大于滤膜孔径的微生物被阻拦在膜上，小于滤膜孔径的滤液流走，进而使得微生物与液体发生分离。过滤除菌可用于对热敏液体的灭菌，如含有酶或维生素的溶液、血清等，还可用于啤酒生产代替巴氏消毒。膜滤器的微孔滤膜具有孔径小、价格低、滤速快、不易阻塞、可高压灭菌、可处理大容量的液体等优点。

（四） 辐射灭菌

辐射灭菌主要是指利用紫外光、电离辐射和强可见光等进行灭菌的方法。它可用于控制微生物的生长和食品保存。

1. 紫外光

紫外光主要是指波长100~400nm的太阳光，而在200~300nm的紫外光杀菌作用最强。紫外光杀菌作用的机理是蛋白质（约280nm）和核酸（约260nm）等可以吸收不同波段的紫外光，使其变性失活，达到灭菌的目的。其中核酸中的胸腺嘧啶吸收紫外光后易形成二聚体，导致DNA复制和转录中遗传密码阅读错误，引起致死突变。紫外线还可使空气中分子氧变为臭氧，分解释放出氧化能力极强的新生态［O］，破坏细胞的结构，使菌体死亡。

紫外光穿透能力很差，只能用于物体表面或室内空气的灭菌。紫外光灭活病毒特别有效，对其他微生物细胞的灭活作用效果不佳，主要是由于DNA修复机制的存在。紫外光的灭菌效果也与菌种生理状态有关，干细胞抗紫外辐射能力比活细胞强，孢子抗性比营养细胞强，带色细胞中的色素由于可吸收紫外光，能起到一定保护作用。

2. 电离辐射

电离辐射的射线主要是X射线和γ射线，其主要作用原理就是将H_2O分子分解为相关离子和游离基。在有氧情况下，生成一些具有强氧化性的基团，产生一些具强氧化性的过氧化物，将细胞蛋白质和酶的—SH基氧化，使细胞损伤或死亡。电离辐射波长短，比紫外线短6~7倍，但其穿透力强，能量高，效应无专一性，可作用于一切细胞成分。实践中主要用于一些其他方法不能解决的塑料制品、医疗设备、药品和食品的灭菌。如其中由某些放射性同位素（^{65}Co）发射的高能辐射的γ射线，能致死所有微生物。

3. 强可见光

在太阳光中，除紫外光可以杀菌之外，其中在400~700nm波长的强可见光也具有直接杀菌作用。它们能够氧化细菌细胞内的光敏感分子，如核黄素和卟啉环（构成氧化酶的成分），使得细菌失活。实验室应注意避免将细菌培养物暴露于强光下。此外，曙红和四甲基蓝能吸收强可见光使蛋白质和核酸氧化。因此，一般可将两者结合使用来灭活病毒和细菌。

（五）超声波灭菌

超声波（频率在20000Hz以上）具有强烈的生物破坏作用，它杀死微生物的机理是：通过探头高频振动引起周围水溶液的高频振动，当探头和水溶液的高频振动不同步时会在溶液内产生空穴（真空区），只要菌体接近或进入空穴中，由于细胞内外压力差，就直接导致细胞破裂，内含物外溢，细胞死亡。此外，由于超声波振动，机械能转变为热能，使溶液温度升高，细胞热变性，即可抑制或杀死微生物。

思考题

1. 测定微生物的生长量常用哪几种方法？试比较它们的优缺点。
2. 有哪些生理指标可用来表示微生物的生长量？其原理如何？
3. 计算微生物的繁殖数时，常用哪些方法？简述其操作，并比较各种方法的优劣。
4. 什么是生长曲线？单细胞微生物的典型生长曲线可分几期？其划分的依据是什么，各时期的特点是什么？
5. 什么是生长速率常数（R）？什么是代时（G）？什么是倍增时间？如何计算这些参数？
6. 丝状真菌有哪些群体生长特征？其群体生长有何规律？
7. 微生物作为整体来说，它们生长的温度范围有多广？嗜冷菌、中温菌和嗜热菌的最适温度范围如何？
8. 什么是最适生长温度？温度对同一微生物的生长速度、生长量、代谢速度、各代谢产物累积量的影响是否相同？研究这一问题有何实践意义？
9. 从对分子氧的要求来看，微生物可分为哪几种类型？它们各有何特点，举例说明之。
10. 目前一般认为氧对厌氧菌毒害的机制是什么？
11. 在微生物培养过程中，引起pH改变的原因有哪些？在实践中如何保证微生物能处于较稳定和合适的pH环境中？
12. 在实验室中，培养厌氧微生物的主要方法有哪些？其原理如何，哪两类属于培养严格厌氧菌的技术？
13. 什么是分批培养？什么是连续培养？它们之间有何差别？
14. 试列表比较两类连续培养器——恒浊器和恒化器的特点和应用范围。
15. 什么是高密度培养？如何保证好氧菌或兼性厌氧菌获得高密度生长？
16. 试比较杀菌（灭菌）、消毒、防腐和抑菌的异同，并举例说明之。
17. 控制有害微生物的物理方法有哪几类？其原理是什么？
18. 什么是抗生素？列举几种常见抗生素及其制菌的作用机制。
19. 试以磺胺及其增效剂TMP为例，说明这类化学治疗剂的作用机制。

CHAPTER 8

第八章 微生物的代谢

新陈代谢（metabolism）简称代谢，是指机体与环境之间的物质和能量交换以及生物体内物质和能量的自我更新过程，是活的生物体内进行的各种化学反应的总称，包括分解代谢（catabolism）与合成代谢（anabolism）。分解代谢又称异化作用，是指生物体能够把自身的一部分组成物质加以分解，释放出其中的能量、产生还原力，并且把分解的终产物排出体外的变化过程。合成代谢又称同化作用，是指生物体以简单的小分子物质为前体合成复杂的生物大分子的过程，也是能量储存的过程。生物体内的合成代谢和分解代谢往往是偶联进行的，这不仅体现在物质转化方面，在能量的产生与利用方面也是密切相关的。总之，新陈代谢是生物体最主要的生命活动形式，如果新陈代谢停止了，生命也就结束了。

第一节 微生物的能量代谢

一切生命活动都是耗能反应，故能量代谢成了新陈代谢的核心问题。能量可简单地定义为一种做功能力或引起特定变化的能力。能量代谢的主要任务是如何将外界环境中各种形式的最初能源转换成生命活动能直接利用、通用的能源物质——腺嘌呤核苷三磷酸（adenosine triphosphate，ATP），这主要靠生物氧化来实现。生物氧化是指物质在细胞内经过一系列连续的氧化还原反应，逐步分解并释放能量的过程。反应的结果是一种物质被氧化，另一种物质被还原，同时伴随着能量的释放。生物氧化是一种以脱氢为基础的氧化还原反应。一种物质失去电子的同时，伴随着脱氢，被氧化，为供氢体；另一种物质在得到电子的同时伴随着加氢，被还原，为受氢体，在氢的转移中有能量放出。这个过程会在一系列酶促反应下进行，产生的能量一部分被转化成生物体可利用的能量——ATP，大部分则以热量的形式放出。

一、ATP 的结构

ATP 的元素组成为：C、H、O、N、P，由 1 分子腺嘌呤，1 分子核糖和 3 分子磷酸基团组成（图 8-1）。结构中的两个磷酸酯键是高能键，另一个为低能键。高能键不稳定，在标准条件下水解时，1mol ATP 在水解生成二磷酸腺苷（ADP）和磷酸根（Pi）的过程中释放 31.8kJ 的能量，这是生物体内最直接的能量来源。

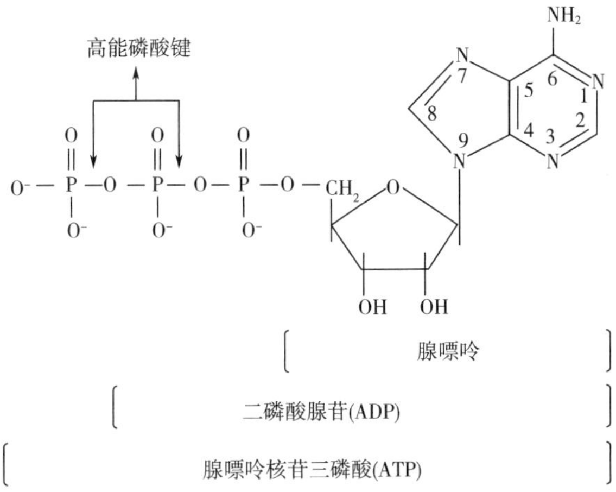

高能磷酸键

腺嘌呤

二磷酸腺苷(ADP)

腺嘌呤核苷三磷酸(ATP)

图 8-1　ATP 的结构示意图

ATP 在细胞代谢的能量转换中扮演着“通用货币”的重要角色，是细胞代谢途径中能量储存、释放和转移的载体。

$$ATP+H_2O \rightleftharpoons ATP+P_i+31.8kJ$$

ATP 生成于好氧呼吸、发酵和光合作用等产能过程，水解是一个耗能反应。如果细胞中没有耗能反应的进行，ATP 一般情况下是不会发生水解反应的。这是由于水解后产生的自由能如果不被有效利用，则会以热能的形式从细胞内损失掉。细胞能够通过调控机制将 ATP 的水解与另一个耗能反应相偶联，这使得水解后释放出的自由能能够有效地用于生物合成反应或支持其他的细胞功能。

二、 ATP 的产生方式

将生物氧化过程中释放出的自由能转移，使 ADP 形成 ATP 的过程称为磷酸化作用。ATP 主要是 ADP 磷酸化形成的。微生物的最初能源物质包括有机物（化能异养菌的能源）、还原态的无机物（化能自养菌的能源）和光能（光能营养菌的能源），生物氧化中释放出的能量，只有通过磷酸化作用生成 ATP，才能成为生物体可利用的能量。ATP 的生成按所需能源不同，可分为氧化磷酸化作用和光合磷酸化作用。

（一） 氧化磷酸化（ oxidative phosphorylation ）

利用生物氧化放出的能量进行磷酸化生成 ATP 的过程，称为氧化磷酸化作用。由于生物氧化的方式不同，发生磷酸化的方式也不一样，可分为底物水平磷酸化及电子传递磷酸化。

1. 底物水平磷酸化（substrate level phosphorylation）

底物在氧化过程中产生的含高能磷酸键的化合物，通过相应酶的作用将其所携带的能量转移给 ADP，生成 ATP。其特点是物质氧化过程释放的电子直接在两种物质之间转移，不经过电子传递链，也不需要分子氧参与，催化底物磷酸化的酶位于细胞质中。底物水平磷酸化是以发酵作用进行生物氧化获取能量的唯一方式。有氧呼吸作用与无氧呼吸作用进行生物氧化时，虽也有底物水平的磷酸化，但不是主要方式。底物水平磷酸化的通式可表示为：

$$X \sim P+ADP \longrightarrow ATP+X$$

例如：糖酵解过程中产生的磷酸烯醇丙酮酸（PEP），在丙酮酸激酶的催化作用下将高能磷酸键转移给 ADP，从而生成了 ATP，如图 8-2 所示。

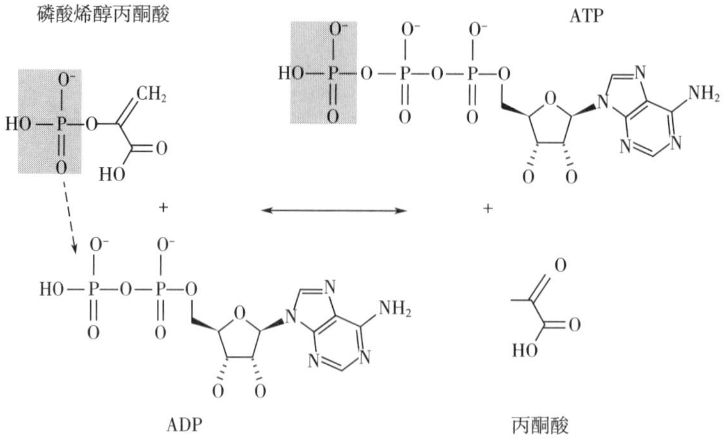

图 8-2　ATP 的生成示意图

2. 电子传递磷酸化（electron transpot phosphorylation）

电子传递链（electron transport chain，ETC）又称呼吸链（respiratiory chain），是指位于原核生物细胞膜上或真核生物线粒体膜上的由一系列氧化还原势不同的氢传递体（或电子传递体）组成的一组链状传递顺序，它能把氢或电子从低氧化还原势的化合物处传递给高氧化还原势的分子氧或其他无机、有机氧化物，并使它们发生还原反应。在氢或电子的传递过程中，通过与氧化磷酸化反应发生偶联，就可产生 ATP 形式的能量。

电子传递链的功能是：①接受电子供体释放出的电子，并将电子传递给最终电子受体 O_2 或其他无机、有机氧化物；②合成 ATP，把电子传递过程中释放出的能量储存起来。

电子传递链是由自由扩散型载体烟酰胺腺嘌呤二核苷酸（NAD）和烟酰胺腺嘌呤二核苷酸磷酸（$NADP^+$）、黄素腺嘌呤二核苷酸（FAD）或黄素单核苷酸（FMN），和与膜紧密结合型电子传递载体铁硫蛋白（Fe-S）、辅酶 Q（CoQ，泛醌）、细胞色素 b（Cyt. b）、细胞色素 C（Cyt. c）及细胞色素 a（Cyt. a）和细胞色素 a_3（Cyt. α_3）等组成（图 8-3）。虽然 NAD^+ 和 $NADP^+$ 具有相同的还原电势，但是在细胞内的功能却不相同。NAD^+/NADH 直接参与产能反应，$NADP^+$/NADPH 主要参与合成反应。在电子传递体系中，电子从一个组分传到另一个组分，最后借细胞色素氧化酶的催化反应传给 O_2，如图 8-3 所示。

无论在真核生物或原核生物中，呼吸链的主要组分都是类似的，一般为：NAD（P）→FP→Fe-S→CoQ→Cyt. b→Cyt. c→Cyt. a→Cyt. a_3。然而，在原核生物中，各具体组分却有很大的变化。这种变化除了表现在不同种间外，在同一种生活在不同的环境条件下（如生长期、碳源、末端电子受体等）也会发生明显的变化。在原核生物中，只有少数种如脱氮副球菌和真养产碱菌的呼吸链与真核生物的呼吸链相似。

与真核生物线粒体膜上的呼吸链相比，原核生物细胞膜上的呼吸链有几个主要差别，尤其是氧还载体的取代性强，如 CoQ 可被甲基萘醌（MK）或脱甲基甲基萘醌（DMK）所取代，如 Cyt. a_3 可被 Cyt. aa_3、Cyt. o 或 Cyt. d 所取代；氧还载体的数量可增可减，如大肠杆菌的

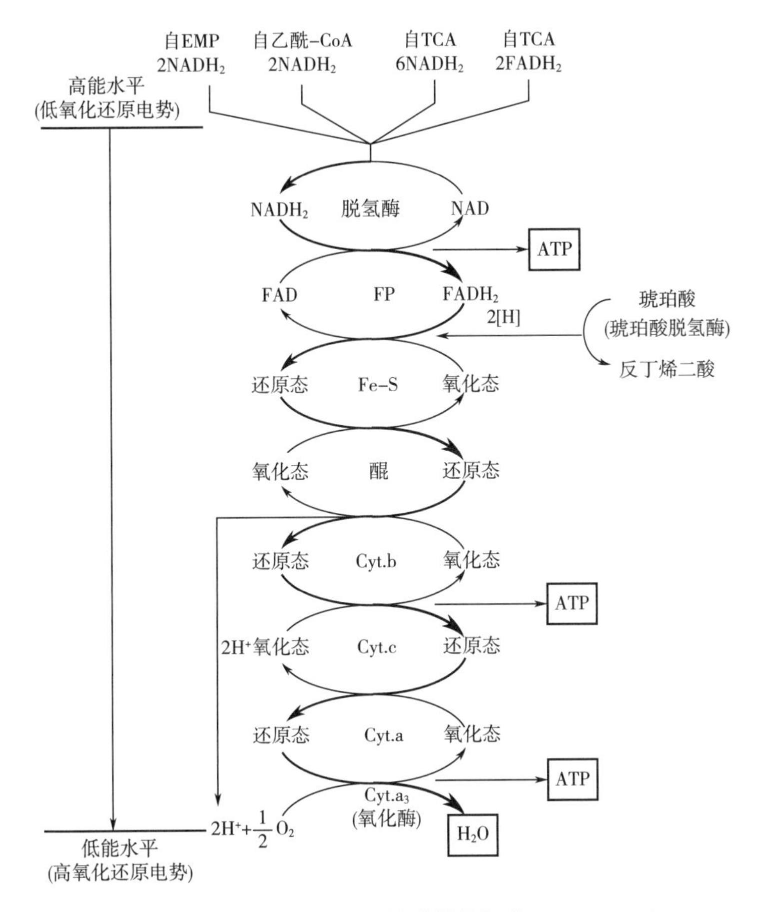

图 8-3　电子传递链的组成

细胞色素就有 9 种以上；有分支呼吸链的存在，除了前面已提及的来自不同底物的还原力［H］进入呼吸链的前端时有不同的分支外，主要是呼吸链后端细胞色素系统中的分支类型多。例如，大肠杆菌在缺氧条件下，在 CoQ 后的呼吸链就分成两支，一支是 Cyt. b556→Cyt. o；另一支是 Cyt. b558→Cyt. d（这一支可抗氧化物抑制）。

电子传递磷酸化：底物氧化脱下的氢或电子，经过电子传递链（按一定顺序排列成链的一系列中间电子传递体）传递给最终受氢体时，逐步释放出的能量使 ADP 磷酸化成为 ATP 的过程，称为电子传递磷酸化或氧化磷酸化。由于生物氧化与磷酸化这两个过程紧密联系在一起，即氧化释放的能量用于 ATP 的合成，所以称为氧化磷酸化。氧化是磷酸化的基础，而磷酸化是氧化的结果。该作用是生物体内生成 ATP 的主要方式，如图 8-4 所示。

（二）光合磷酸化（photophosphorylation）

以光合色素为媒介，将光能转变为化学能的过程称为光合磷酸化。光是不能被生物直接利用的一种辐射能，只有通过光合色素吸收并转变为化学能——ATP 后，才能为生命活动所利用。光合磷酸化是光能微生物产生 ATP 的主要方式。

光合色素在光能转化过程中起重要作用。光合色素由主要色素和辅助色素构成，主要色素是叶绿素（chl）或细菌叶绿素（菌绿素，bchl），直接参与光合作用；辅助色素是类胡萝

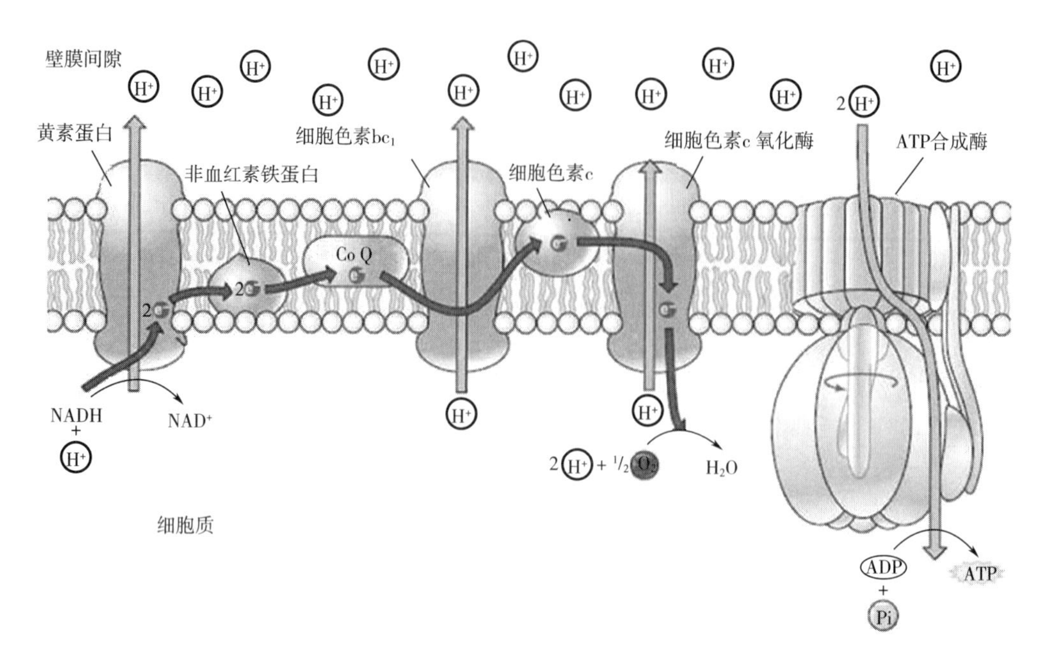

图 8-4 线粒体电子传递磷酸化示意图

卜素和藻胆素，不直接参与光合作用，但可以捕获光能，将吸收的光能高效地传给叶绿素或细菌叶绿素。除此之外，类胡萝卜素还可以作为叶绿素所催化的光氧化反应的淬灭剂，以保护光合结构不受光氧化损伤。光合色素存在于一定的细胞器或细胞结构中，主要色素构成光反应中心，并能吸收光和捕捉光，使自己处于激发态而逐出电子。辅助色素在细胞内只能捕捉光能并将捕捉的光能传递给主要色素。根据电子传递方式的不同，光合磷酸化作用主要有环式光合磷酸化和非环式光合磷酸化两种。

1. 环式光合磷酸化（cyclic photophosphorylation）

在厌氧性光合细菌中，吸收光量子而被激活的叶绿素释放出高能电子而处于氧化态，电子在传递的过程中释放能量，生成 ATP，最后又返回到叶绿素分子中，使叶绿素分子再恢复到原来的状态。电子的传递是一个闭合的回路，如此循环的方式称为环式光合磷酸化（图 8-5）。在电子循环的过程中，ATP 使外源氢供体（H_2S、H_2、有机物）逆电子流产生还原力，并由此使光合磷酸化与固定 CO_2的卡尔文循环联通。该作用在厌氧条件下进行，产物只有 ATP，不产生分子氧。

原核微生物中的光合细菌不能利用水作为二氧化碳的供氢体，只能利用还原态的硫化氢、氢气或有机物为供氢体，所以光合作用中不产生氧气，进行非产氧的光合作用。这类微生物因细胞内菌绿素和类胡萝卜素的含量及比例不同，而使菌体呈现红、绿、紫等颜色，是一些广泛分布于缺氧的淡水或海水的水生菌，如绿色硫细菌属、绿色非硫细菌属（绿屈挠菌属）、紫色硫细菌属（着色细菌属）和紫色非硫细菌属等。

2. 非环式光合磷酸化（non-cyclic photophosphorylation）

这是蓝细菌、藻类及各种绿色植物共有的利用光能产生 ATP 的磷酸化方式。该作用在有氧条件下进行，还原二氧化碳的电子来自水的光解，电子传递途径是非循环式的，进行放氧

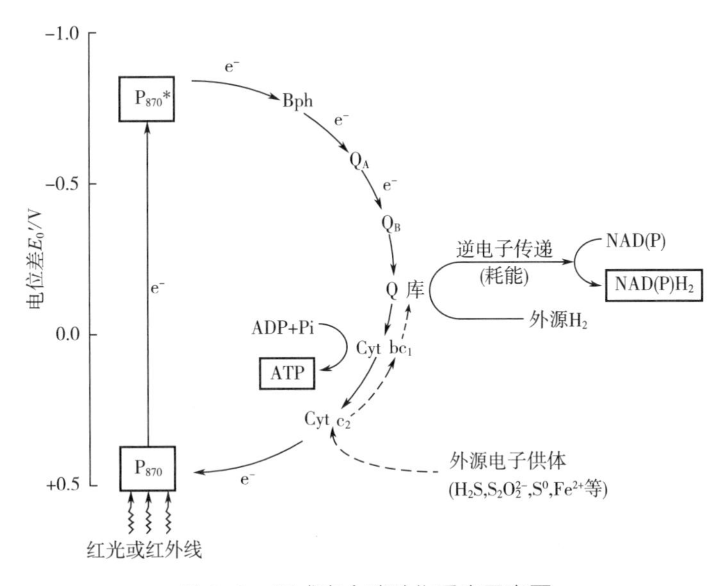

图 8-5 环式光合磷酸化反应示意图

（注：P_{870} * 为激发态菌绿素，虚线表示外源氢或电子通过耗能的逆电子传递产生还原力［H］）

性的光合作用，其过程与植物的光合作用相同，如图 8-6 所示。

例如：蓝细菌的叶绿素 a 有 P_{680}和 P_{700}两种。P_{700}位于光合系统Ⅰ（PSⅠ），有利于红光吸收；P_{680}位于光合系统Ⅱ（PSⅡ），有利于蓝光吸收。但是，当存在足够的还原力时，蓝细菌可以只利用光 PSⅠ进行环式光合磷酸化，从水之外的物质中获得还原力来还原 CO_2，这是不产氧的光合作用。

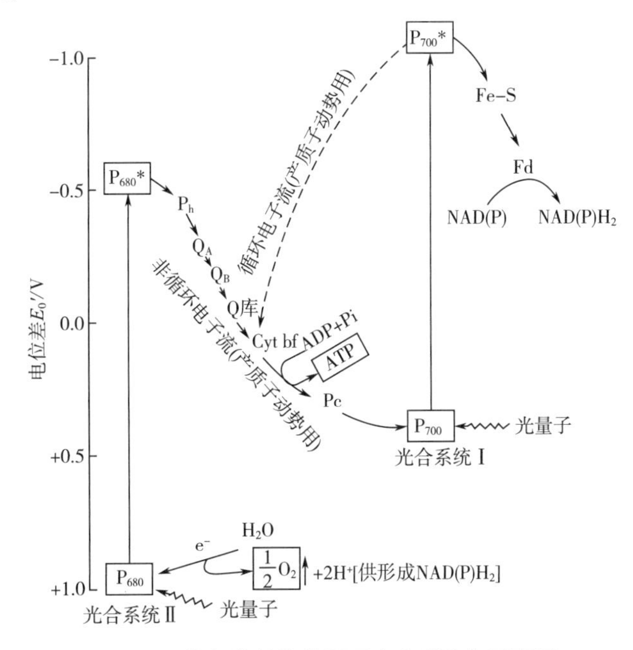

图 8-6 蓝细菌等的非循环光合磷酸化示意图

（注：P_{680} * 和 P_{700} * 为两种叶绿素的激发态；Ph 为褐藻素；Pc 为质体蓝素；Fe-S 为非血红素铁硫蛋白；Fd 为铁氧还蛋白）

三、微生物的呼吸（生物氧化）类型

（一）异养微生物的产能代谢

化能异养微生物的生物氧化及产能方式。最常用的生物氧化基质是葡萄糖，可在有氧或无氧条件下产能，基本途径有发酵和呼吸。

1. 发酵

广义是指工业上用微生物生产有用代谢产物的过程；狭义是指微生物在厌氧条件下，底物脱氢后所产生的还原力［H］未经呼吸链传递而直接交给某一自身内部的中间代谢物，以实现底物水平磷酸化产能的一类生物氧化反应。其在胞质中通过底物水平磷酸化合成 ATP，葡萄糖氧化不彻底，伴有多种发酵产物形成，大部分能量依然留在发酵产物中，产能效率低。如 1 分子葡萄糖进行酒精发酵时产生 2 分子乙醇和 2 分子 ATP。发酵是厌氧菌获得能量的主要方式，有些兼性厌氧菌也能进行发酵作用。

（1）发酵途径　葡萄糖在厌氧条件下分解产能的途径主要有糖酵解途径（EMP 途径）、磷酸戊糖途径（HMP 途径）、2-酮-3-脱氧-6-磷酸葡萄糖酸裂解途径（ED 途径）和磷酸酮糖裂解途径（PK 途径）。

（2）发酵类型　好氧性发酵：发酵过程必须不断通入一定量的无菌空气。厌氧性发酵：不供给空气。

乙醇发酵有酵母型和细菌型两种乙醇发酵。其中酵母型乙醇发酵研究最早，最清楚。代表菌是酿酒酵母（*Saccharomyces cerevisiae*）。

①酵母型乙醇发酵：根据不同发酵条件和不同代谢产物，可分为三种类型：

Ⅰ型发酵（乙醇发酵）：又称同型乙醇发酵（homoalcholic fermentation），发酵产物只有乙醇和 CO_2。用于工业发酵生产时要注意采取隔绝或排除 O_2 的措施。在 pH 3.5~4.5 以及厌氧的条件下，发酵是先通过 EMP 途径先将葡萄糖分解为丙酮酸，丙酮酸脱羧生成乙醛，以乙醛为受氢体，生成乙醇。

$$CH_3COCOOH \xrightarrow{\text{脱羧酶}} CH_3CHO+CO_2 \xrightarrow[NADH+H^+]{\text{乙醇脱氢酶}} CH_3CH_2OH+NAD^+$$

Ⅱ型发酵（甘油发酵）：如果在培养基中加入亚硫酸氢钠，其与乙醛生成难溶的磺化羟基乙醛，此时乙醛不能作为 $NADH_2$ 的氢受体，这迫使磷酸二羟丙酮代替乙醛作为氢受体，生成 α-磷酸甘油，然后再经水解去磷酸生成丙三醇。

$$C_6H_{12}O_6+NaHSO_3 \longrightarrow \begin{matrix} CH_2OH \\ | \\ CH_3\text{-}C\text{-}OH \\ | \\ CH_2OH \end{matrix} + \begin{matrix} H \\ | \\ CH_3\text{-}C\text{-}OH \\ | \\ OSO_2Na \end{matrix} + CO_2$$

Ⅲ型发酵（丙三醇发酵）：在 pH>7.5 的弱碱性条件下，乙醛不能作为氢受体，但是 2 分子乙醛之间发生了歧化反应，分别被氧化和被还原生成乙酸和乙醇。此时，磷酸二羟丙酮担任氢受体接受了来自 3-磷酸甘油醛脱下的氢而生成 α-磷酸甘油，再经α-磷酸甘油酯酶催化，生成甘油。所以发酵最终产物有乙酸、乙醇和丙三醇。

$$C_6H_{12}O_6 \longrightarrow 2\begin{matrix} CH_2OH \\ | \\ CH_3\text{-}OH \\ | \\ CH_2OH \end{matrix} + CH_3CH_2OH+CH_3COOH+CO_2$$

②细菌型乙醇发酵：只有少数细菌进行细菌型乙醇发酵，如运动发酵单胞菌（*Zymomonas mobilis*）和厌氧发酵单胞菌（*Z. anaerobia*）通过ED途径分解葡萄糖成丙酮酸，丙酮酸再脱羧生成乙醛，乙醛又被还原成乙醇。此过程产能更少，1分子葡萄糖经ED途径进行酒精发酵后，产生2分子乙醇、2分子CO_2和1分子ATP，故利用ED途径的微生物不多。

$$C_6H_{12}O_6+ADP+2Pi \longrightarrow 2CH_3CH_2OH+2CO_2+ATP+H_2O$$

经ED途径进行的细菌酒精发酵的优点在于代谢速率高、产物转化率高、菌体生成少、代谢副产物少、发酵温度较高以及不必定期供氧等。缺点则是生长pH较高（pH 5），容易杂菌污染，并且对乙醇的耐受性比酵母菌低。

许多乳酸细菌、肠道细菌和一些高温细菌，例如胃八叠球菌（*Sarcina ventriculi*）和肠杆菌（*Enterobacteriaceae*）等也能发酵丙酮酸产乙醇。

乳酸发酵：代表菌是乳酸菌，能发酵丙酮酸成乳酸。有两种类型：同型乳酸发酵（homolactic fermentation）和异型乳酸发酵（heterolactic fermentation）。

同型乳酸发酵是指1分子葡萄糖经由EMP途径生成2分子丙酮酸，而后2分子丙酮酸直接作为受氢体被2分子$NADH_2$还原全部生成2分子乳酸。

$$CH_3COCOOH+NADH+H^+ \xrightarrow{\text{乳酸脱氢酶}} CH_3CHOHCOOH+NAD^+$$

异型乳酸发酵是指葡萄糖经发酵后主要产生乳酸外，其终产物还有一些乙醇（或乙酸）和CO_2等产物。它们因缺乏EMP途径中的醛缩酶和异构酶等，故只能依靠HMP（或PK）途径分解葡萄糖，其产能较低。乳酸菌在厌氧条件下产乳酸。能进行异型乳酸发酵的乳酸菌有肠膜明串珠菌（*Leuconostoc mesenteroides*）、乳脂明串珠菌（*L. cermoris*）、短乳杆菌（*Lactobacillus brevis*）、发酵乳杆菌（*L. fermentum*）和两歧双歧杆菌（*Bifidobacterium bifidum*）等。乳酸发酵产生的乳酸不仅应用于食品工业，其在饲料青贮过程中也可以起到防腐、增加饲料风味等作用。

混合酸发酵和丁二醇发酵：一些肠道细菌如埃希氏菌属（*Escherichia*）、沙门氏菌属（*Salmonella*）和志贺氏菌属（*Shigella*）中的一些细菌发酵丙酮酸生成乳酸、甲酸、乙酸、琥珀酸、乙醇、CO_2和H_2等产物，称为混合酸发酵（mixed acids fermentation），其是以EMP途径为基础，由分解丙酮酸在多种酶催化下完成的。混合酸发酵时，1分子葡萄糖产生2. 5molATP（图8-7）。丁二醇发酵：肠杆菌属（*Enterobacter*）、沙雷氏菌属（*Serratia*）和欧文氏菌属（*Erwinia*）中一些细菌的葡萄糖发酵产物中有大量的2，3-丁二醇、CO_2、H_2和少量乳酸、乙醇等，故称为丁二醇发酵（butanedio1 fermentation）（图8-8）。其中间产物——3-羟基丁酮是菌种鉴定的VP试验（Voges-Proskauertest）的物质基础。V-P试验是指3-羟基丁酮在碱性条件下被空气中O_2氧化成乙二酰，它能与试剂中精氨酸的胍基反应，生成红色化合物。

2. 呼吸

呼吸（respiration）又称好氧呼吸（aerobic respiration），是指葡萄糖或其他有机基质脱下的电子（H）经一系列载体最终传递给分子氧或其他氧化型化合物并产生较多ATP的生物氧化过程。有氧呼吸的特点是有氧存在、氧化彻底和产能量大。这是大多微生物的产能方式，基质在氧化过程中释放的氢不是直接交给有机物或O_2，而是通过呼吸链交给电子受体。这是区别于发酵的最大特点。化能异养菌氧化有机物进行呼吸作用，而化能自养菌则氧化无机物进行呼吸作用。

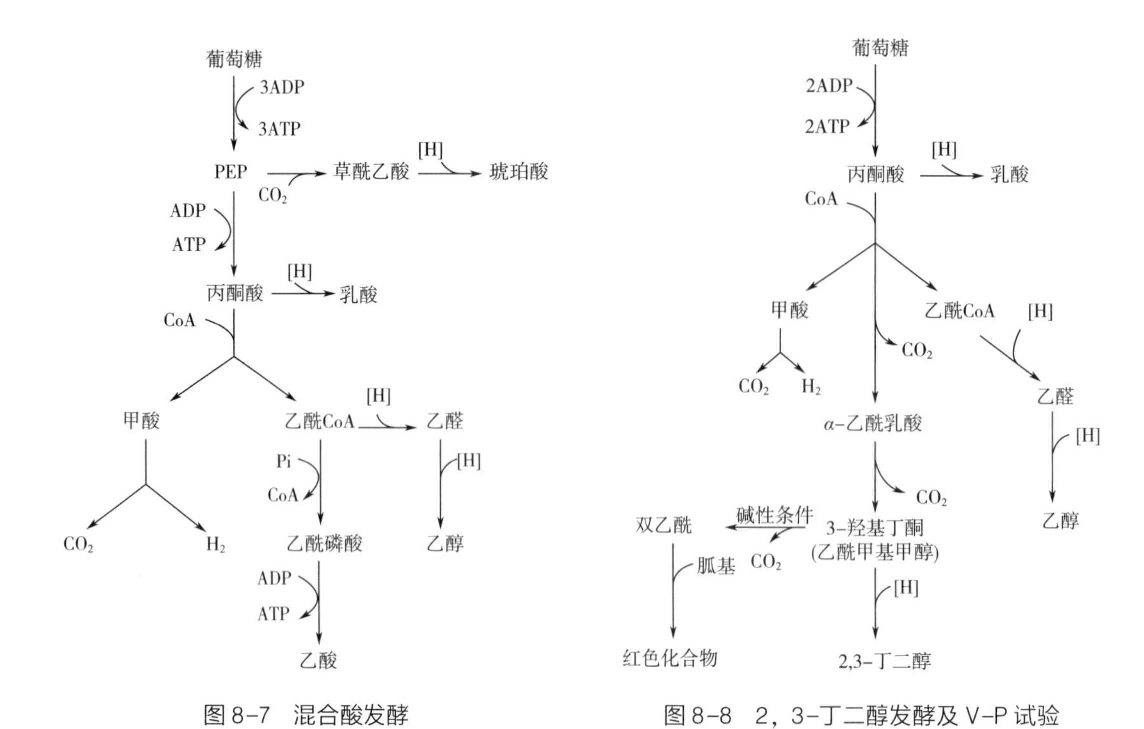

图 8-7 混合酸发酵

图 8-8 2，3-丁二醇发酵及 V-P 试验

（1）葡萄糖（有机氧化物）在有氧条件下通过有氧呼吸彻底氧化为二氧化碳和水并产生能量（ATP）的过程。三羧酸循环和电子传递是有氧呼吸中两个主要的产能环节。上述过程脱下的 H 直接供给 O_2，生成 H_2O，共形成 38 个 ATP。

（2）三羧酸循环（TCA）是一切分解、合成代谢的枢纽，与微生物大量发酵产物如柠檬酸，苹果酸、延胡索酸、琥珀酸和谷氨酸等的生产密切相关。其中柠檬酸是葡萄糖经 TCA 循环而形成的最有代表性的发酵产物，广泛应用在工业发酵中。

（3）真核微生物的呼吸链位于线粒体内膜，而原核微生物的呼吸链位于细胞膜上。

3. 无氧呼吸

无氧呼吸（anaerobic respiration）又称厌氧呼吸，是指在厌氧条件下，厌氧或兼性厌氧微生物以外源无机氧化物（NO^{3-}，NO^{2-}，SO_4^{2-}，CO_3^{2-}，Fe^{3+} 等）或有机氧化物（延胡索酸等）作为末端氢（电子）受体的呼吸，产能效率低。因最终电子受体为无机氧化物，一部分能量转移给了它们，故产生的能量低于有氧呼吸。根据呼吸链末端氢受体的不同，可把无氧呼吸分成以下多种类型：

（1）硝酸盐呼吸　某些微生物（反硝化细菌）还原硝酸盐成为亚硝酸，再逐步还原为氮气的过程，又称异化性硝酸盐还原作用（dissimilative）或反硝化作用（denitrification）。反硝化细菌能够进行硝酸盐呼吸，如地衣芽孢杆菌（*Bacillus licheniformis*）、脱氮副球菌（*Paracoccus denitrificans*）、铜绿假单胞菌（*Pseudomonas aeruginosa*）和脱氮硫杆菌（*Thiobacillus denitrificans*）等。好处是利于氮循环，可以保持土壤疏松，也可以进行污水脱氮，对环境保护具有重要意义。害处是造成可利用氮肥的损失，并且 N_2O 等具有温室效应。

（2）硫酸盐呼吸（sulfate respiration）　某些微生物（反硫化细菌）利用硫酸盐、亚硫酸盐、硫代硫酸盐或其他氧化态硫化物作为受体而形成 H_2S 的过程，又称反硫酸化作用。反硫化细菌有脱硫脱硫弧菌（*Desulfovibrio desufuricans*），巨大脱硫弧菌（*D. gigas*）和致黑脱硫肠状菌（*Desulfotomaculum nigrificans*）等。好处是可以清除土壤中的重金属离子和有机污染。害处是由于此类菌在厌氧条件下产生大量 H_2S，会引起土壤中、水中 H_2S 过量，使作物烂根、烂苗。

（3）碳酸盐呼吸（carbonate respiration） 某些微生物以 CO_2 或碳酸氢盐作为呼吸链末端氢受体的无氧呼吸。这些产甲烷菌存在于泥沼、污泥、食草动物盲肠、瘤胃、粪便等厌氧环境中，在污水的厌氧处理中，由于产甲烷菌的活动产生大量甲烷，称为沼气发酵。它们存在于厌氧生物链中的最末端，在沼气形成和环境保护的厌氧消化（anaerobic digestion）等方面扮演重要角色。

（二） 光合细菌的能量代谢（光能异养、光能自养）

细菌的光合作用就是自养微生物对 CO_2 的固定，通过光循环将光能转变为化学能，即以光为原始能源，利用 CO_2（光能自养）或有机碳化合物（光能异养）作为碳源，通过光合磷酸化产生 ATP 的过程。光合细菌有 3 种类型的光合作用：依靠菌绿素、叶绿素和菌视紫红质的光合作用。

1. 依靠菌绿素的光合作用

不产 O_2 光合细菌，利用 H_2S、H_2 或丁酸、乳酸等有机化合物为还原 CO_2 的供氢体，通过循环光合磷酸化产生 ATP。

2. 依靠叶绿素的光合作用

蓝细菌是单细胞生物，没有细胞核，但细胞中央含有核物质，通常呈颗粒状或网状，染色质和色素均匀地分布在细胞质中，含有叶绿素 a，其光合作用具有绿色植物的特征。

3. 依靠菌视紫红质的光合作用

极端嗜盐古细菌（halophilic bacteria）广泛分布于盐湖和盐场，如盐生盐杆菌（*Halobacterium halobium*）、盐沼盐杆菌（*H. salinarium*）和红皮盐杆菌（*H. cutirubrum*）等。其不含菌绿素或叶绿素，细胞膜包括红膜和紫膜两种组分，红膜含红色类胡萝卜素、细胞色素和黄素蛋白等。紫膜（purple membrane）则由视紫红质（bacteriorhodopsin）组成。这类细菌依靠特有的菌视紫红质进行光合作用，这是迄今所知道的最简单的光合磷酸化反应，如图 8-9 所示。

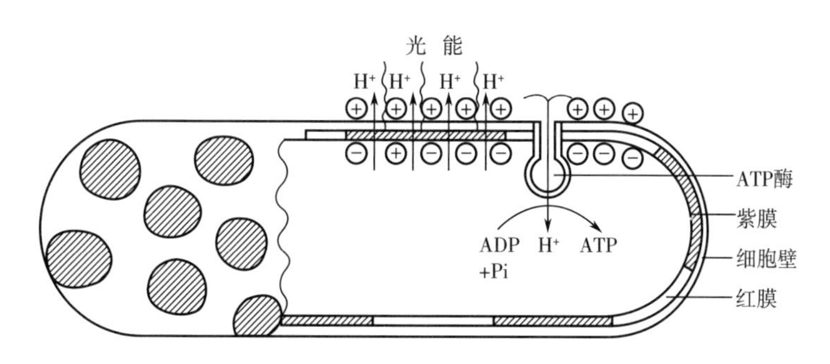

图 8-9 嗜盐菌紫膜上的光合磷酸化示意图

（三） 化能自养微生物的生物氧化与产能

以 CO_2 为主要或唯一碳源，从还原态无机化合物（铵根离子、亚硝酸盐、硫化氢、氢气、硫、铁等）的生物氧化获得能量和还原能力的微生物称为化能自养微生物。绝大多数为好氧菌。在这些菌中，无机物的氧化与 ATP 的产生相偶联。根据用作能源的无机化合物种类，主要分为以下生理类群：

1. 氢细菌

氢细菌是能够利用分子态氢和氧之间的反应所产生的能，并以碳酸作为唯一碳源而生长的细菌。若给予有机物，又能作为异养生物而生长，因而它是兼性化能自养细菌。

$$H_2+1/2O_2 \rightarrow H_2O+237.2kJ$$

2. 硝化细菌

硝化细菌是一类好氧性细菌，包括亚硝酸菌和硝酸菌，生活在有氧的水中或沙层中，在氮循环水质净化过程中扮演着很重要的角色，它能利用还原性无机氮化合物进行，如 $NO^{2-} \rightarrow NO^{3-}$（可利用氮肥）。

$$2NH_4^++3O_2 \rightarrow 2NO_2^-+2H_2O+4H^++552.3kJ$$

3. 硫细菌

硫细菌是一类在生长过程中能利用硫化氢、硫代硫酸钠、硫等无机硫化合物进行自养生长，使低价硫变成高价硫，并再将硫氧化为硫酸盐的细菌。如发硫菌（*Thiothrix*）、无色硫细菌（*Achromatium*）、硫杆菌（*Thiobacillus*）和紫色硫细菌（*Chromatium*）等。

$$H_2S+1/2O_2 \rightarrow H_2O+S+209.6kJ$$

$$S+2/3O_2 \rightarrow H_2SO_4+626.8kJ$$

4. 铁细菌

铁细菌是一类生活在含有高浓度二价铁离子的池塘、湖泊、温泉等水域中，能将二价铁盐氧化成三价铁化合物（$Fe^{2+} \rightarrow Fe^{3+}$），并能利用此氧化过程中产生的能量来同化二氧化碳进行生长的细菌的总称。如纤发菌（*Leptothrix*）和泉发菌（*Crenothrix*）等。

$$2Fe^{2+}+1/2O_2+2H^+ \rightarrow 2Fe^{3+}+H_2O+88.7kJ$$

第二节 微生物独特的合成代谢

一般生物体共有的合成代谢有糖类、脂类、蛋白质和核酸的合成代谢。而微生物特有的合成代谢有固氮作用，一些结构大分子（如肽聚糖）的合成，细胞贮藏物（如聚-β-羟丁酸）的合成及一些次生代谢产物（如抗生素）的合成。

一、 固氮作用

（一） 固氮微生物

荷兰微生物学家 M. beijerinck 分别于 1886 年和 1901 年分离发现了固氮微生物根瘤菌（*Rhizobium*）和固氮菌（*Azotobacter*），目前知道的固氮微生物包括细菌、放线菌和蓝细菌在内的 80 多个属。

固氮作用（nitrogen-fixing organisms，diazotrophs）是指常温常压下，固氮微生物依靠其固氮酶系催化作用，将大气中游离的分子态 N_2还原为 NH_3的过程。生物界中只有原核生物才具有固氮能力，固氮微生物种类包括：与豆科植物共生的根瘤菌；与非豆科植物共生的固氮菌；自生固氮菌；联合固氮菌；自生固氮蓝藻，其作用有自生固氮、联合固氮、共生固氮几种方式。常用的有豆科植物的根瘤菌共生固氮，其直接利用空气中的 N_2固定为氨，再转为硝酸盐（可利用氮肥），无须另外施氮肥，故种花生、大豆有根瘤菌存在，产量高。另一共生固氮菌是与浮萍共生的鱼腥藻，为蓝藻的一种，生活在浮萍的小叶片腹面腔里。

（二） 固氮机理

固氮是还原分子氮的过程，由于 N≡N 分子中存在 3 个共价键，因此要把 1 分子 N_2还原成 2 分子 NH_3时需要消耗大量的能量和还原力。固氮所需要的能量是以 ATP 形成供应的。固定 1mol 分子氮需耗费 18~24mol/L 的 ATP。还原力［H］以还原型吡啶核苷酸或者铁氧还蛋白的形式提供。能量与还原力由有氧呼吸、无氧呼吸、发酵或光合作用提供。还原分子氮成为氨的作用由双组分固氮酶（dnitroRenase）复合体催化。

1. 固氮酶

组分Ⅰ为固氮酶（dinitrogenase），组分Ⅱ为固氮酶还原酶（dinitrogenase reductase），组分Ⅰ组分Ⅱ均含有铁，但组分Ⅰ还含有钼，所以组分Ⅰ为铁钼蛋白，组分Ⅱ为铁蛋白。

①组分Ⅰ是固氮酶，为铁钼蛋白，是固氮的活性中心，起结合、活化、还原 N_2的作用。钼铁蛋白是 $\alpha_2\beta_2$型四聚体，分子质量约为 220ku。每个 $\alpha\beta$ 单位含一个铁钼辅因子和一个 P-簇。钼铁辅因子是固氮酶的催化中心，P-簇是电子传递的中间载体。

②组分Ⅱ是固氮还原酶，为铁蛋白，其功能是将电子传递到组分Ⅰ上。固氮酶还原酶由两个相同的 γ 亚基组成，分子质量为 58~78ku。其将 ATP 水解的能量交给电子，是电子活化的中心。

固氮酶对氧极其敏感，所以固氮需要有严格厌氧的微环境。固氮时还需要有 Mg^{2+}的存在。应该指出，固氮酶对 N_2不是专一的，它也可还原其他一些化合物，如 $C_2H_2 \rightarrow C_2H_4$；$2H^+ + N_2O \rightarrow N_2 + H_2O$ 等。特别是其中还原乙炔的反应灵敏度高，测定简便，只要将样品（可以是土壤、水、培养物或细胞提取物）与乙炔一起保温，然后用气相色谱分析所产生的乙烯就可测得酶活力。所以乙炔还原法成为当今固氮研究中测定纯酶制剂固氮活力和天然固氮系统固氮活力的一种常规方法。

2. 固氮过程

可以把固氮分为以下几个阶段，其总反应为：

$$N_2 + 8[H] + 18\sim24ATP \rightarrow 2NH_3 + H_2 + 18\sim24ADP + 18\sim24Pi$$

（1）固氮酶的形成　还原型吡啶核苷酸的电子经载体铁氧还蛋白或黄素氧还蛋白传递到组分Ⅱ的铁原子上形成还原型组Ⅱ，它先 ATP-Mg 结合生成变构的Ⅱ-Mg-ATP 复合物，然后再与此时已与分子氮结合的组分Ⅰ一起形成 1∶1 的复合物——完整的固氮酶。

（2）固氮阶段　固氮酶分子的一个电子从组分Ⅱ-Mg-ATP 复合物转移到组分Ⅰ的铁原子上，由此再转移给钼结合的活化分子氮。通过 6 次这样的电子转移，将 1 分子氮还原成 2 分子 NH_3。组分Ⅱ-Mg-ATP 复合物转移掉电子以后恢复成氧化型，同时 ATP 水解成为 ADP+Pi。实际上，在 1 分子氮还原形成 2 分子 NH_3的过程中有 8 个电子转移，其中的 2 个电子以氢气的形式除去，但其原因尚不清楚，不过有证据表明，H_2的产生是固氮酶反应机制中一个不可分割的组成部分。固氮作用的产物 NH_3与相应的 α-酮酸结合生成相应的氨基酸。例如，与丙酮酸结合生成丙氨酸，与 α-酮戊二酸结合生成谷氨酸等。然后进一步合成蛋白质或其他有关的化合物。

（3）固氮作用的调节控制　固氮作用受严格的调节控制。固氮酶遇氧失活，所以固氮作用必须在严格的厌氧微环境下进行。好氧性固氮微生物有各种保护其固氮酶不受氧伤害的机制。在正常环境条件下，经固氮酶催化形成的 NH_3因在一些诸如氨基酸等化合物的合成中用去，所以不阻遏固氮酶的合成。但是在富氨的环境中或氨过量时，固氮酶合成很快受到阻遏，这也是一种在终产物过量时避免能量和养料浪费的方法（详见本章“酶合成的调节”），在一些固氮的光合细菌中，固氮酶的活力也受到氨的抑制，这种抑制作用称为氨关闭效应。在这种情况下，过量的氨通过使固氮酶发生共价修饰而导致酶失活，当氨再次限量时，被共价修饰的酶又回复到活性状态，固氮又恢复进行。氨关闭是一种迅速又可逆地控制固氮酶消耗 ATP 的方法。

（三） 好氧固氮菌防止氧伤害其固氮酶的机制

固氮酶对氧极其敏感，因此固氮作用必须在严格的厌氧条件下进行。这对于厌氧固氮菌当然不成问题。但是大多数固氮菌却是必须在有氧条件下才能生活的好氧菌，它们是如何解决需氧但又必须防止氧伤害其固氮酶这个矛盾的呢？已知有以下一些保护固氮酶免受氧伤害的机制。

1. 固氮菌保护固氮酶的机制

（1）呼吸保护　固氮菌科（Azotobacteraceae）的许多细菌以其较强的呼吸强度迅速耗去固氮部位周围的氧，使细胞周围微环境处于低氧状态，借此保护固氮酶。

（2）构象保护　维涅兰德固氮菌（*Azotobacter vinelandii*）和褐球固氮菌（*A. chroococcum*）等有一种起着构象保护功能的蛋白质即铁硫蛋白Ⅱ，在氧分压增高时，它与固氮酶结合形成耐氧的复合物，此时固氮酶构象发生改变并丧失固氮活力。一旦氧浓度降低，该蛋白便从酶分子上解离，固氮酶恢复原有的构象和固氮能力。

2. 蓝细菌保护固氮酶的机制

蓝细菌是一类进行产氧光合作用的生物（oxygenic phototrophs），普遍有固氮能力，其具有独特的保护固氮酶机制。由于光照会使其光合作用释放出氧，故分化有异形胞的丝状细菌在异形胞中进行固氮作用。异形胞是部分蓝细菌适应于在有氧条件下进行固氧作用的特殊细胞。体积较一般营养细胞大，细胞外有一层由糖脂组成的片层式的较厚外膜，具有阻止氧气进入细胞的屏障作用；缺乏氧光合系统，这些特性使异形胞保持着高度的无氧或还原状态；超氧化物歧化酶（superoxide dismutase，SOD）的活性很高，也具有解除氧毒害的功能，因此固氮酶不会受氧的伤害；此外，异形胞的呼吸强度高于邻近的营养细胞 2 倍，能够消耗过多的氧并产生对固氮必需的 ATP。没有异形胞分化的蓝细菌，有的将固氮作用与光合作用分开进行（黑暗下固氮，光照下进行光合作用），如织线蓝细菌属（*Plectomena*）等；有的通过束状群体中央处于厌氧环境下的细胞失去能产氧的光合系统Ⅱ，以便于进行固氮反应，如束毛蓝细菌属（*Trichodesmium*）等；有的则通过提高细胞内过氧化物酶或超氧化物歧化酶活力以解除氧毒害，如黏球蓝细菌属（*Gloeocapsa*）等，以保护固氮酶。

3. 根瘤菌保护固氮酶的机制

根瘤菌侵入根毛并形成侵入线再到达根部皮层后，会刺激内皮层细胞分裂繁殖，根瘤菌随后分化成不能繁殖但有很强固氮活性的类菌体（bacteroids）。与豆科植物共生的根瘤菌以类菌体形式生活在豆科植物根瘤中，根瘤不仅提供根瘤菌以良好的营养环境，还为根瘤菌固氮酶提供免受氧伤害的场所。类菌体周围有类菌体周膜（peribacteroid membrane，pbm）包裹，在此层膜的内外都存在着一种能与氧发生可逆性结合的豆血红蛋白（leghaemoglobin），它与氧的亲和力极强，起着调节根瘤中膜内氧浓度的功能，氧浓度高时与氧结合；氧浓度低时又可释放出氧：

$$豆血红蛋白（Lb）+O_2 \rightarrow 加氧豆血红蛋白（Lb.O_2）$$

从而既保证了类菌体生长所需的氧，又不致对其固氮酶产生氧伤害。

非豆科植物共生根瘤菌（如共生在糙叶山麻黄根瘤中的豇豆根瘤苗）依靠非豆科植物所含的植物血红蛋白（具有与豆血红蛋白类似功能的蛋白）保护着固氮酶免受氧伤害。共生在赤杨、杨梅和山麻黄等非豆科植物根瘤中的弗兰克氏菌属的放线菌在其营养菌丝末端膨大的球形泡囊中进行固氮作用。泡囊与蓝细菌的异形胞相似，有着保护固氮酶免受氧伤害的功能。

二、 肽聚糖的合成

肽聚糖是细胞壁特有的一大类结构大分子物质（G^+、G^-有区别），具有重要的生理功能，它还是青霉素、头孢霉素、万古霉素、环丝氨酸（恶唑霉素）和杆菌肽等许多抗生素作用的靶位点。肽聚糖是由不同单糖分子聚合而成的杂型多糖，它的基本单位是*N*-乙酰葡萄糖胺（NAG）、*N*-乙酰胞壁酸（NAM）和肽链三部分。肽聚糖的合成机制复杂，并必须运送至细胞膜外进行最终装配。肽聚糖生物合成分在细胞质中，细胞膜上以及细胞膜外合成 3 个阶段。正因为肽聚糖合成不是在一个部位完成的，所以合成过程中必须要有能够转运与控制肽聚糖结构元件的载体参与。已知有两种载体：一种是尿苷二磷酸（UDP），另一种是细菌萜醇（GCL-P，又称糖基载体脂）。以金黄色葡萄球菌的肽聚糖合成为例。首先，*N*-乙酰胞壁酸在细胞质中与载体 UDP 相结合成 Park 核苷酸（胞壁酸五肽）；其次，在细胞膜上由*N*-乙酰胞壁酸五肽与*N*-乙酰葡萄糖胺合成肽聚糖单体——双糖肽亚单位；期间有细菌萜醇的脂质载体参与运载的肽聚糖单体插入到细胞膜外正在活跃合成肽聚糖的部位；最后，再通过转肽酶的转肽作用使前后 2 条多糖链间形成肽桥而发生纵向交联形成肽聚糖（图 8-10）。这一阶段的第一步是多糖链伸长。通过转糖基作用使多糖链延伸一个双糖单位；第二步转肽时先是*D*-丙氨酰-*D*-丙氨酸间的肽链断裂，释放出一个*D*-丙氨酰残基，然后倒数第 2 个*D*-丙氨酸的游离羧基与邻链甘氨酸五肽的游离氨基间形成肽键而实现交联。转肽作用为青霉素所抑制，原因是青霉素是肽聚糖单体五肽尾末端的*D*-丙氨酰-*D*-丙氨酸的结构类似物，二者互相竞争转肽酶的活性中心。当转肽酶与青霉素结合后，前后 2 个肽聚糖单体间不能形成肽桥且无法交联，这样的肽聚糖就缺乏应有的强度，结果就形成原生质体或球状体这样的细胞壁缺损的细胞，它们在不利的渗透压环境下极易破裂而死亡。由于青霉素的抑菌作用在于抑制肽聚糖的生物合成，所以青霉素只对生长繁殖的细菌有抑制作用，而对生长停滞状态的休止细胞（rest cell）无抑制作用。

三、 微生物的次生代谢产物

次生代谢产物是指微生物生长到一定阶段才产生的化学结构十分复杂、对该微生物无明

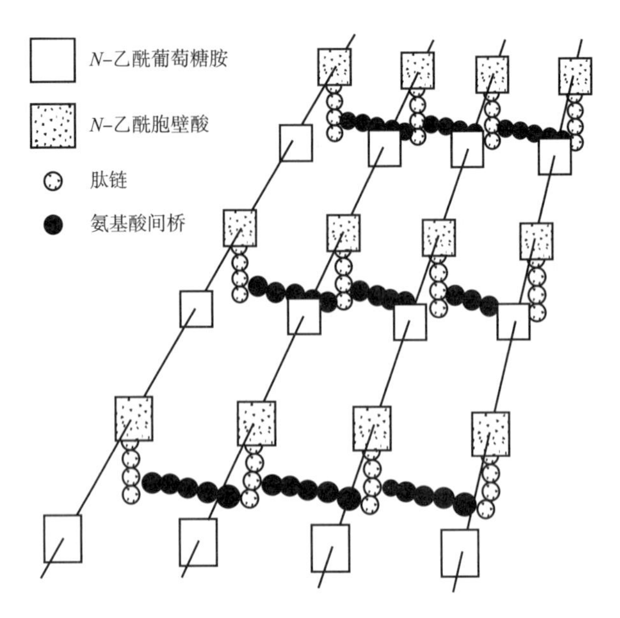

图 8-10 肽聚糖合成示意图

显生理功能，或并非是微生物生长和繁殖所必需的物质，如抗生素、毒素、激素、色素、维生素和生物碱等。不同种类的微生物所产生的次级代谢产物不相同，它们可能以结晶体、颗粒体、油脂滴等状态积累在细胞内，也可能排到外环境中。许多微生物的次级代谢产物对人类的社会发展产生了重大影响。

（一） 维生素

动物体内不能合成或者合成量不足而必须由食物供给的一类低分子有机化合物，称为维生素。有些微生物能合成远超过它们自身需要量的不同种类维生素，由于维生素不是构成机体组织和细胞的组成成分，故大量分泌到细胞之外。维生素对调节物质代谢过程具有十分重要的作用。例如，丙酸细菌和芽孢杆菌属的一些种以及放线菌中的链霉菌属和一些高温性种类能产生维生素 B_{12}；极毛杆菌产生生物素；乙酸杆菌产生维生素 C；分枝杆菌能利用碳氢化合物为代谢基质能产生吡哆醇（B_6）；酵母菌产生 B 族维生素；假单胞菌产生生物素；霉菌产生核黄素和β-胡萝卜素等。

（二） 抗生素

由微生物产生的在低浓度下具有选择性抑制或杀死其他微生物作用的化学物质，称为抗生素。微生物产生抗生素有专一性，即一定种类的微生物只能产生一定种类的抗生素。现已从自然界获得约 5000 多种抗生素，并通过人工的化学结构改造，获得了约 3 万余种合成抗生素。大多数放线菌以及某些霉菌、细菌均能产生抗生素，如点青霉和产黄青霉产生的青霉素；荨麻青霉产生的灰黄霉素；放线菌产生的土霉素、链霉素、庆大霉素、博来霉素等，据报道已有三千余种，有些还是珍贵的医用和农用抗生素。由于不同种类抗生素的化学成分不同，对微生物的作用机理就有所不同，主要是通过抑制菌体蛋白质、核酸、细胞壁的合成、破坏细胞质膜等方式，以达到抑制或杀死病原菌的目的。抗生素可使 95% 以上由细菌感染而引起的疾病得到控制，因此在防治人类、动物疾病与植物的病虫害上起着重要作用。但在临床使用上还存在着微生物对抗生素的耐药性及有些用药者对抗生素产生过敏反应等问题。

（三）激素

微生物产生的一类具有高度生理活性的物质，称为激素，又称生长刺激素。极少量的激素存在就有显著的生物效应。激素有调控新陈代谢、促进细胞增殖分化、控制机体生长发育和生殖机能、增强机体对环境的适应性等作用。目前已发现微生物能产生约 15 种激素，如农业生产上使用的赤霉素、生长素、细胞分裂素、乙烯等都是微生物产生的天然植物生长刺激素。赤霉素是引起稻秧疯长的赤霉菌（又称水稻恶苗病菌）产生的，是农业上广泛应用的高效能的植物生长刺激素，具有促进植物细胞分裂和细胞伸长的作用，在农作物、水果、蔬菜及牧草上已广泛应用。可使叶菜类（如芹菜、白菜、菠菜等）作物提高产量及提前收获；能打破马铃薯的休眠期，进行两季栽培；使葡萄变为无核、有利于制备葡萄干；还可明显促进晚稻在寒露来临之前抽穗。此外，在许多霉菌、放线菌和细菌的培养液中也能积累吲哚乙酸、萘乙酸等生长素类物质。近年来，人们已成功地应用遗传工程原理，通过微生物生产人类激素，如通过大肠杆菌生产胰岛素，为激素在医药和工农业生产及科学研究中的应用开辟了广阔的前景。

（四）毒素

微生物产生的对人和动植物细胞有毒杀作用的化合物，称为毒素。能产生毒素的微生物很多，某些细菌、放线菌和真菌都可产生相应的毒素。如破伤风梭菌（*Clostridium tetani*）产生的破伤风毒素，白喉杆菌（*Corynebacterium diphtheriae*）产生的白喉毒素，肉毒杆菌（*Clostridium botulinum*）产生的肉毒毒素及苏云金芽孢杆菌（*Bacillus thuringiensis*）产生的伴胞晶体杀虫毒素，黄曲霉（*Aspergillus flavus*）产生的黄曲霉毒素，镰刀菌产生的镰刀菌毒素等。被分泌于细胞外的为外毒素，保留在细胞内的是内毒素，外毒素的毒性都很强。人或动物摄入含微生物毒素的食品会发生急性中毒，长期摄入含少量毒素的食品会导致慢性中毒或癌症。肉毒梭菌的外毒素是已知毒素中最强的一种细菌毒素，约比氰化钾的毒力强一万倍，人体摄入 0.1μg 即可致命，1mg 纯肉毒素约能杀死 2 亿只小鼠。

根据微生物毒素的化学成分可分为蛋白质类毒素、多肽类毒素、糖蛋白类毒素和生物碱类毒素。可分别引致人体的过敏反应，神经系统、呼吸系统、胃肠道和肝脏的病变，甚至致畸致癌等，对人类健康及饲养业的危害性很大。如在受潮玉米、花生等粮食或食品上生长的黄曲霉属，约有 30%以上的黄曲霉菌株能产生黄曲霉毒素。黄曲霉毒素是目前发现的最强的致癌性真菌毒素，目前已分离出了黄曲霉毒素 B1、黄曲霉毒素 B2、黄曲霉毒素 C1、黄曲霉毒素 C2 等十几种毒素，其中毒性最强的是黄曲霉毒素 B1，毒性约比二氧化二砷（砒霜）强 68 倍，属剧毒物质。黄曲霉毒素很耐热，加热到 268～269℃时才开始分解破坏，故一般烹调加工温度难以去毒。最好的防治方法是预防粮食等食物的霉变，消除毒素的主要方法是加碱破坏毒素。

（五）色素

色素是一类本身具有颜色并能使其他物质着色的高分子有机物质。许多微生物在生长过程中能产生各种色素，或储存于细胞内或排泌于细胞外。色素可分为水溶性及脂溶性色素。水溶性色素常分泌到细胞外，如绿脓杆菌产生的绿脓菌素可使培养基绿色；脂溶性色素不溶于水，仅保持在菌落内使之呈色而培养基颜色不变，如灵杆菌的灵菌红素、金黄色葡萄球菌的黄色素、八叠球菌的黄色素等。不同微生物产生不同的色素，所以色素是进行微生物分类鉴定的重要依据之一。有的微生物可产生食用色素，如红曲霉（*Monascus*）是目前世界上唯一用之生产食用色素的微生物，在生长代谢过程中产生的红曲色素是常用于肉类制品、酒、豆腐乳和一些饮料的着色。具有耐光耐热性强、对 pH 变化稳定、不受金属离子的影响、对蛋白质的着色力强、对人体健康安全无害等优点。

（六） 生物碱

生物碱是指一类来源于生物（以植物为主）的碱性含氮有机化合物，又称植物碱。麦角生物碱（ergot alkaloids，EA），是由麦角菌属（*Claviceps*）侵染黑麦、小麦、裸麦、燕麦以及多种禾本科植物而产生的生物碱毒素，其是麦角酸或异麦角酸的衍生物。麦角酸衍生物（如麦角新碱、麦角胺碱等）为左旋光性，有刺激子宫收缩的作用，异麦角酸衍生物为右旋光性，无上述作用。麦角碱的毒性效应主要是外周围和中枢神经效应。当人们吃了含有麦角碱的面粉后，便会中毒发病，开始四肢和肌肉抽筋，接着手足、乳房、牙齿感到麻木，然后这些部位的肌肉逐渐溃烂剥落，直至死亡。麦角碱主要污染黑麦、小麦、大麦、燕麦、高粱等谷类作物及牧草，也污染粮食制品，如面包、饼干、麦制点心等。另外，在动物的乳、蛋中均发现过麦角碱残留。虽然麦角碱的存在有很多弊端，但是它能引起血管平滑肌、瞳孔，尤其是子宫收缩，临床用于产妇分娩后使子宫收缩复原，减少流血。使之成为妇产科疗效很好的药剂。

第三节 微生物的分解代谢

一、 微生物糖代谢的途径

糖是生物的重要能源，也是微生物细胞壁、荚膜和贮藏物的主要组成成分，机体所需要的能量主要来源于糖的分解。为了利用糖分子中蕴藏的能，生物体所采用的方式是复杂的，微妙的，也是高效率的。糖的分解代谢实际上是它的氧化过程。

微生物体内葡萄糖（或糖原）的分解主要有三条途径（图 8-11）：

（1）在无氧的条件下进行的糖酵解途径（EMP 途径）。

（2）在有氧的条件下通过三羧酸循环（TCA 循环）进行有氧分解。

（3）磷酸戊糖途径（HMP 途径）。

（一） 糖的无氧分解

糖的无氧分解是指糖原或葡萄糖在无氧条件下，经多种酶的催化，分解成不完全的代谢产物并放出少量能量的过程。

1. 糖酵解途径（EMP 途径）

EMP 途径又称糖酵解途径（glycolysis）或己糖二磷酸途径（hexose diphosphate Pathway），广泛存在于生命体中，是绝大多数微生物糖代谢的基本途径。是在缺氧条件下，细胞中发生一系列的酶促反应，将葡萄糖逐步分解成乳酸的过程。糖酵解途径全部过程从葡萄糖开始，分别由 12 或 13 个连续的酶促反应组成，为了方便，简述为四个阶段（图 8-12）。

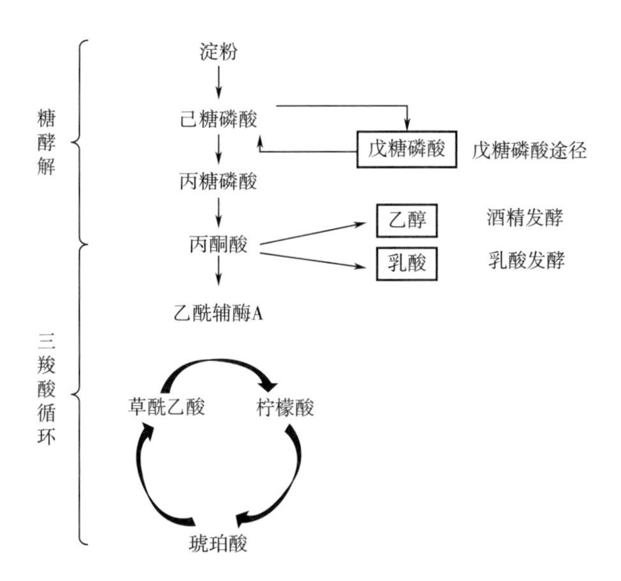

图 8-11　EMP 途径、TCA 循环、HMP 途径相互关系

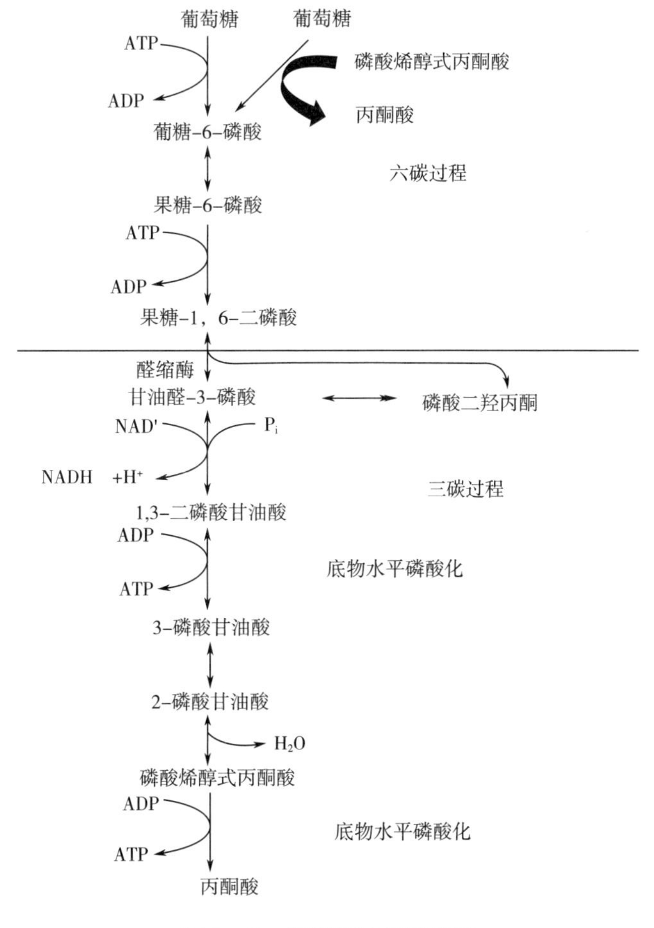

图 8-12　糖酵解途径示意图

第一，起始阶段——己糖磷酸酯生成：葡萄糖的磷酸化、异构化、再磷酸化转变为1，6-二磷酸果糖。该过程是葡萄糖进行任何代谢途径的起始反应，是不可逆反应。

葡萄糖+ATP→1，6-二磷酸果糖+ADP

第二，裂解阶段——磷酸丙糖生成：在醛缩酶的催化下，1，6-二磷酸果糖分子断裂为2个三碳化合物，即磷酸二羟丙酮和3-磷酸甘油醛。它们两个是同分异构体，在异构酶作用下，转化成3-磷酸甘油醛。这样1分子葡萄糖通过上面反应，实际分解成2个分子3-磷酸甘油醛。

1，6-二磷酸果糖→3-磷酸甘油醛

第三，氧化阶段——丙糖氧化及高能键的生成：从3-磷酸甘油醛开始，到丙酮酸生成为止，是氧化放能的过程。释放的能量可由ADP转变为ATP储存。

3-磷酸甘油醛+ADP→丙酮酸+ATP

第四，还原阶段——丙酮酸还原成乳酸：在乳酸脱氢酶的催化下，丙酮酸可还原成乳酸。反应中所需要的氢由3-磷酸甘油醛脱氢时产生的NADH供给。乳酸是糖酵解的最终产物。

丙酮酸+NADH+H^+→乳酸+NAD

从糖酵解的整个过程来看，糖酵解由一系列的氧化还原反应组成，但没有氧的参与，是糖的无氧分解过程。在整个过程中从糖原或葡萄糖开始至丙酮酸生成为止，都是以各种磷酸化物的形式进行演变的过程，成为丙酮酸后，再经还原变为乳酸，1分子的葡萄糖可以变为2分子乳酸。总反应式如下：

$$C_6H_{12}O_6+2NAD^++2ADP+2Pi \rightarrow 2CH_3COCOOH+2NADH+2H^++2ATP+2H_2O$$

1分子的葡萄糖通过无氧酵解可净生成2分子ATP，这一过程全部在胞质中完成。

糖酵解的生理意义：

①在机体缺氧或无氧状态时为生理活动提供ATP和$NADH_2$，是微生物获得能量的有效措施。

②是某些组织细胞获得能量的方式，如红细胞视网膜、角膜、晶状体、睾丸、肾髓质等。

③糖酵解是连接TCA循环、HMP途径和ED途径等代谢途径的桥梁，其某些中间产物是脂类、氨基酸等的合成前体，并与其他代谢途径相联系。

2. 生醇发酵

在无氧条件下，酵母菌能将葡萄糖分解，产生丙酮酸，丙酮酸继续分解产生乙醇，这个过程称为生醇发酵。反应过程如下所示。

①葡萄糖生成丙酮酸：此过程和糖酵解过程完全相同。

②丙酮酸脱羧：丙酮酸在丙酮酸脱羧酶的催化下脱去羧基，生成乙醛和二氧化碳。

$$CH_3—CO—COOH \rightarrow CH_3—CHO+CO_2$$

③乙醛还原：乙醛在乙醇脱氢酶的催化下还原成乙醇。由葡萄糖经生醇发酵产生乙醇的总反应如下所示。

$$C_6H_{12}O_6+2ADP+2H_3PO_4 \rightarrow 2CO_2+2ATP+2CH_3-CH_2OH$$

（二） 糖的有氧分解

它是指葡萄糖在有氧的条件下，完全分解为水和CO_2的过程。同时伴随大量的能量产生，因此，它是各种需氧微生物获取能量的最有效途径。

1. 糖有氧分解的三个阶段

糖的有氧分解的过程，包括从葡萄糖到丙酮酸经三羧酸循环，彻底氧化为二氧化碳和水的一系列连续的反应。分为三个阶段：

（1）葡萄糖氧化为丙酮酸　此阶段和糖酵解过程完全相同。它是在细胞液中进行的，是无氧分解和有氧分解的共同途径。

（2）丙酮酸氧化脱羧　丙酮酸的氧化脱羧反应是在丙酮酸脱氢酶系的催化下，丙酮酸进行不可逆得到氧化脱羧，并与辅酶 A（CoA）结合生成乙酰 CoA。丙酮酸氧化脱羧反应是连接糖酵解和三羧酸循环的中心环节，是有氧分解的关键步骤。产物乙酰 CoA 是一个非常活泼的物质，能够参加许多代谢反应，也是糖、脂肪和氨基酸代谢相互联系的枢纽。

（3）三羧酸循环　三羧酸循环是德国学者 H. A. Krebs 于 1937 年提出的。它是由乙酰 CoA 和草酰乙酸缩合成柠檬酸开始，经过一系列脱氢、脱羧反应，直到重新生成草酰乙酸为止，形成一个循环反应。由于这个循环开始的几个步骤中有几个三元羧酸，故称为三羧酸循环，又称 Krebs 循环或柠檬酸循环（citric acid cycle），简称 TCA 循环。

TCA 循环是乙酰 CoA 氧化分解的途径，反应在细胞中的线粒体中进行，经此途径，乙酰 CoA 被完全氧化成二氧化碳和水并产生大量的能量。

三羧酸循环包括下列反应，现分述如下：

①乙酰 CoA 进入三羧酸循环。乙酰 CoA 进入线粒体中，与草酰乙酸循环缩合成柠檬酸。

②异柠檬酸的形成。柠檬酸脱水生成顺乌头酸，然后加水生成异柠檬酸。

③第一次氧化脱羧。异柠檬酸在异柠檬酸脱氢酶的催化下，异柠檬酸脱氢生成草酰琥珀酸，继而脱羧生成 α-酮戊二酸。

④第二次氧化脱羧。α-酮戊二酸经 α-酮戊二酸脱氢酶系的催化下，脱氢、脱羧后生成琥珀酰 CoA。

⑤底物磷酸化生成 ATP。在琥珀酸硫激酶的催化下，琥珀酰 CoA 将高能键转给二磷酸鸟苷（GDP）生成三磷酸鸟苷（GTP），并释放出 CoA-SH。然后，GTP 将高能键转给 ADP 生成 ATP，它本身则复还 GDP。

⑥琥珀酸脱氢。反应由琥珀酸脱氢酶催化，琥珀酸被氧化成延胡索酸。

⑦延胡索酸的水化。催化这一反应的是延胡索酸酶，此酶专一性很强。延胡索酸加水生成苹果酸。

⑧草酰乙酸的再生。此反应有苹果酸脱氢酶催化，苹果酸脱氢生成草酰乙酸。这是三羧酸循环最后一步反应。至此产生的草酰乙酸又可参与新的循环（图 8-13）。

从三羧酸循环图可以看出，丙酮酸氧化产生的乙酰 CoA 经此循环，被完全氧化成二氧化碳和水，同时释放出能量。值得注意的是，在该循环途径中虽然没有氧气的直接参与，但因为 NAD^+ 和 FAD 再生时需氧，所以该途径必须在有氧条件下才能正常运转。其总反应归纳如下：

$$CH_3COCOOH+O_2+15ADP+15Pi \rightarrow 2H_2O+3CO_2+15ATP$$

2. 糖的有氧分解的生理意义

（1）三羧酸循环是生物机体获取能量的主要方式。1 分子葡萄糖经无氧酵解净生成 2 分子 ATP，而有氧氧化可净生成 38 个 ATP（不同生物化学书籍上数字不同，近年来大多数倾

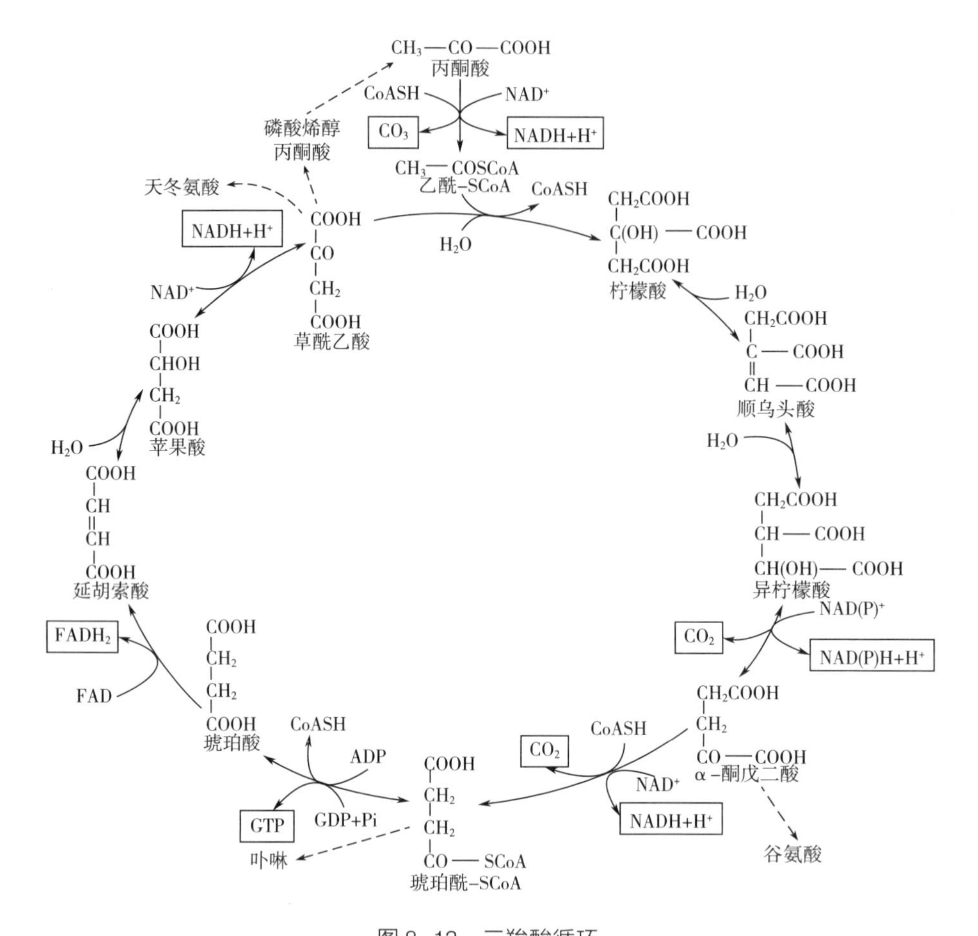

图 8-13　三羧酸循环

（注：虚线表示可为生物合成提供原材料的中间代谢物，打方框者表示产物）

向于 32 个 ATP），其中三羧酸循环生成 24 个 ATP，在一般生理条件下，许多组织细胞皆从糖的有氧氧化获得能量。糖的有氧氧化不但释能效率高，而且逐步释能，并逐步储存于 ATP 分子中，因此能的利用率也很高。

（2）三羧酸循环是糖、脂肪和蛋白质三种主要有机物在体内彻底氧化的共同代谢途径，三羧酸循环的起始物乙酰 CoA，不但是糖氧化分解产物，它也可来自脂肪的丙三醇、脂肪酸和来自蛋白质的某些氨基酸代谢，因此三羧酸循环实际上是三种主要有机物在体内氧化供能的共同通路，估计人体内 2/3 的有机物是通过三羧酸循环而被分解的。

（3）三羧酸循环是体内三种主要有机物互变的联络机构，因糖和甘油在体内代谢可生成 α-酮戊二酸及草酰乙酸等三羧酸循环的中间产物，这些中间产物可以转变成为某些氨基酸；而有些氨基酸又可通过不同途径转变成 α-酮戊二酸和草酰乙酸，再经糖异生的途径生成糖或转变成甘油，因此三羧酸循环不仅是三种主要的有机物分解代谢的最终共同途径，而且也是它们互变的联络机构（图 8-14）。

3. 磷酸戊糖途径（HMP 途径）

磷酸戊糖途径（hexose monophosphate pathway）是从 6-磷酸葡萄糖开始的，即在单磷酸

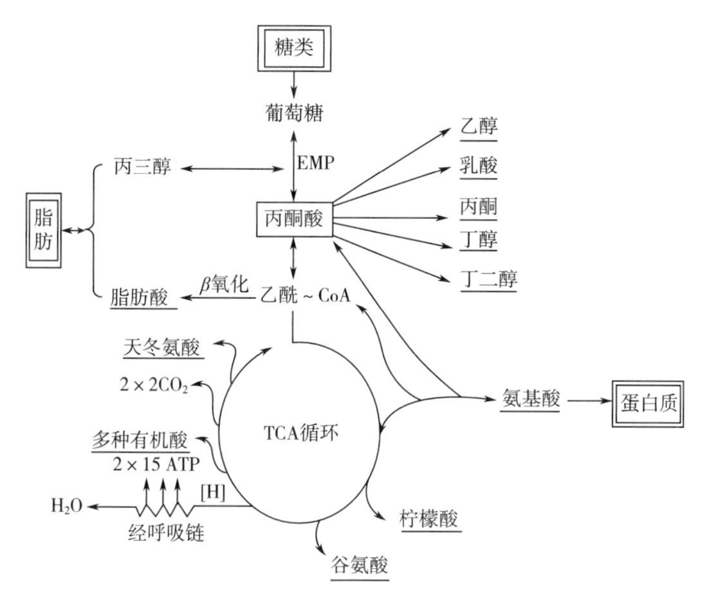

图 8-14　三羧酸循环是体内三种主要有机物互变的联络机构
（注：双框内为主要营养物，单框内为主要中间代谢物，划底线者为重要发酵产物）

己糖基础上开始降解，故又称磷酸己糖支路。

（1）磷酸戊糖途径的化学过程　磷酸戊糖途径（图 8-15）是在细胞液中进行的需氧代谢过程。主要包括 6-磷酸葡萄糖脱氢生成 6-磷酸葡萄糖酸，再经过脱羧作用转化为磷酸戊糖，最后通过转移二碳单位的转酮醇酶和转移三碳单位的转醛醇酶等的催化作用，进行分子间的基团交换，重复生成磷酸己糖和磷酸甘油醛。

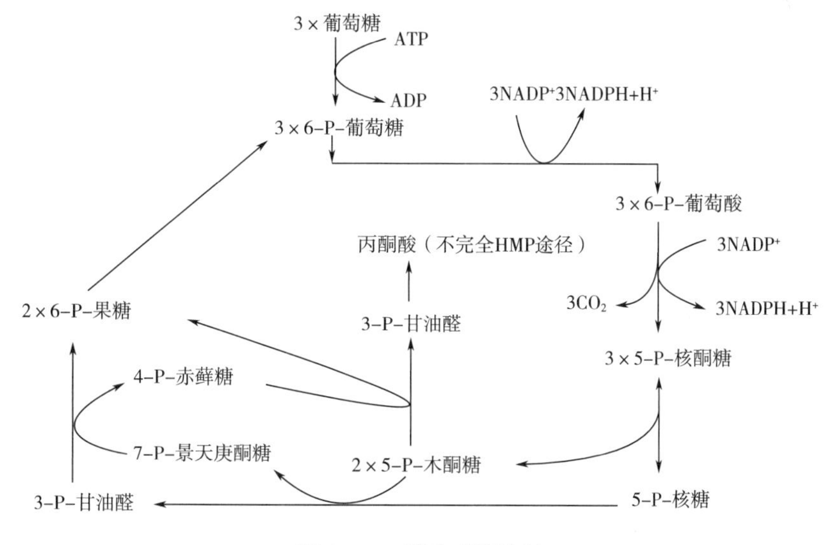

图 8-15　磷酸戊糖途径

磷酸戊糖途径可分为两个阶段：

①第一阶段：氧化性阶段。本阶段从6-磷酸葡萄糖开始，经过两次脱氢、一次脱羧到5-磷酸核酮糖为止。为不可逆过程。

葡萄糖→6-磷酸葡萄糖酸

6-磷酸葡萄糖酸→5-磷酸核酮糖→5-磷酸木酮糖

其中5-磷酸核糖参与核酸生成。

②第二阶段：非氧化阶段。在此阶段5-磷酸核酮糖经过丙、丁、戊、己、庚糖等一系列的中间产物，重新生成6-磷酸葡萄糖。

5-磷酸核酮糖→6-磷酸果糖+3-磷酸甘油醛

产物可进入EMP途径转化成丙酮酸后进入TCA循环，也可通过果糖二磷酸醛缩酶和果糖二磷酸酶的作用转化为己糖磷酸。

（2）磷酸戊糖途径的特点和意义　磷酸戊糖途径的主要特点是葡萄糖直接脱氢和脱羧，不必经过糖酵解途径，也不必经过三羧酸循环，葡萄糖得到彻底氧化并产生大量 $NADPH+H^+$ 形式的还原力以及多种重要中间代谢产物。在整个过程中，产生大量的脱氢酶的辅酶为 $NADP^+$（辅酶Ⅱ）而不是NAD（辅酶Ⅰ）。一方面为脂肪酸、固醇等物质的合成提供还原力，另一方面可通过呼吸链产生大量的能量。一般认为HMP途径不是产能途径，而是为生物合成提供大量的还原力（NADPH）和中间代谢产物。

反应中有磷酸戊糖生成，即5-磷酸核糖，是核酸生物合成的必需原料，并且核酸中核糖的分解代谢也可以通过此途径进行。与EMP途径在果糖-1，6-二磷酸和甘油醛-3-磷酸处连接，可以调剂戊糖供需关系。

途径中的赤藓糖、景天庚酮糖等可用于芳香族氨基酸合成、碱基合成及多糖合成。途径中存在3~7个碳的糖，使具有该途径微生物的所能利用的碳源谱更为更为广泛。通过该途径可产生许多种重要的发酵产物，如核苷酸、若干氨基酸、辅酶和乳酸（异型乳酸发酵）等。

磷酸戊糖途径是与上述的糖有氧、无氧分解两种途径相联系的，此途径产生的中间产物如磷酸甘油醛就是糖分解的三种途径的枢纽，如果磷酸戊糖途径由于受到某种因素影响不能进行时，可通过磷酸甘油醛这一枢纽点进入有氧或无氧分解途径，以保证糖的分解仍然能继续进行。糖分解代谢的多样性，可以认为物质代谢上表现出生物对环境的适应性。

总反应式为：

$$6\text{葡萄糖-6-磷酸}+12NADP+6H_2O \rightarrow 5\text{葡萄糖-6-磷酸}+12NADPH+12H^++6CO_2+Pi$$

4. 其他糖代谢途径

（1）ED（Entner-Doudoroff）途径　又称2-酮-3-脱氧-6-磷酸葡萄糖酸（KDPG）途径。这条途径是N. Entner和M. Doudoroff两人（1952年）在嗜糖假单胞菌（*Pseudomonas saccharophila*）的代谢时发现的，所以简称ED途径。这是存在于某些缺乏完整EMP途径微生物中利用葡萄糖的替代途径，为微生物所特有。特点是葡萄糖只经过四步反应即可快速获得由EMP途径须经十几步反应才能够形成的丙酮酸（图8-16）。

在ED途径中，6-磷酸-葡萄糖首先脱氢生成6-磷酸葡萄糖酸，然后6-磷酸葡萄糖酸脱水生成2-酮-3-脱氧-6-磷酸葡萄糖酸（KDPG），随后在该途径的特征性酶KDPG醛缩酶的催化下裂解为丙酮酸和甘油醛-3-磷酸。3-磷酸甘油醛可进入EMP途径转变成丙酮酸。在极端嗜热古菌和极端嗜盐古菌中，葡萄糖的分解是靠经过修饰的ED途径而进行的，而且其初期的中间产物不经过磷酸化。

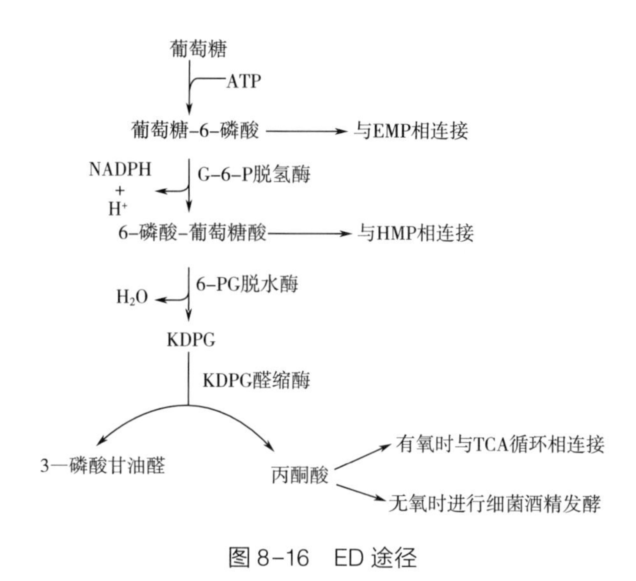

图 8-16　ED 途径

ED 途径的产能水平较低。1 分子的葡萄糖分解为 2 分子丙酮酸时，只净得 1 分子 ATP、1 分子 NADPH 和 1 分子 NADH。该途径可与 EMP 途径、HMP 途径和 TCA 循环等代谢途径相联通，故可协调供给微生物对能量、还原力和不同中间代谢产物的需求。也可用于发酵生产：细菌酒精发酵。具有 ED 途径的细菌有嗜糖假单胞菌（*Pseudomonas saccharophila*）、铜绿假单脑菌（*Pseudomonas aeruginosa*）、荧光假单胞菌（*Pseudomonas fluorescens*）、林氏假单胞菌（*Pseudomonas lindneri*）、运动发酵单胞菌（*Zymomonas mobilis*）和真养产碱菌（*Alcaligenes eutrophus*）等。

总反应式为：

$$C_6H_{12}O_6+NAD^++NADP^++ADP+Pi\rightarrow 2CH_3COCOOH+NADH+NADPH+2H^++ATP+2H_2O$$

（2）磷酸酮解途径　存在于某些细菌如明串珠菌属和乳杆菌属中的一些细菌中，进行磷酸酮解途径的微生物缺少醛缩酶，所以它不能够将磷酸己糖裂解为两个三碳糖。它有两种途径，一种是磷酸戊糖酮解途径简称 PK 途径，另一种磷酸己糖酮解途径简称 HK 途径。

①磷酸戊糖酮解途径：分为以下两个阶段（图 8-17）。

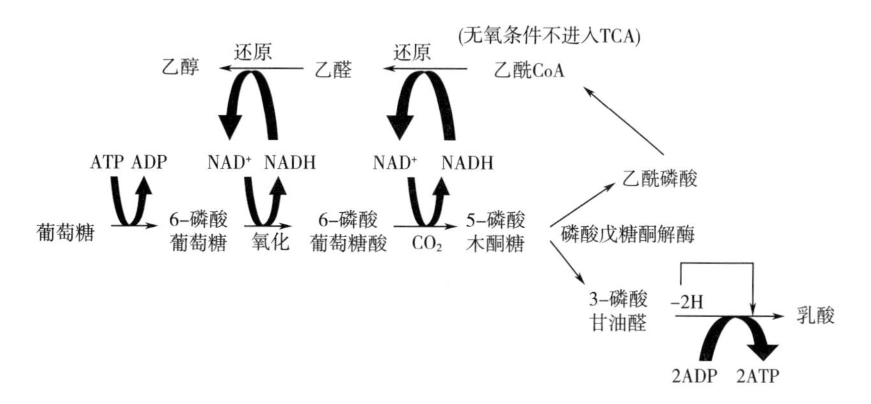

图 8-17　磷酸戊糖酮解途径

第一阶段为氧化阶段。从6-磷酸葡萄糖开始，经过两次脱氢、一次脱羧到5-磷酸核酮糖为止。5-磷酸核酮糖经过异构化作用成为5-磷酸木酮糖。

葡萄糖→6-磷酸葡萄糖酸

6-磷酸葡萄糖酸→5-磷酸核酮糖→5-磷酸木酮糖

第二阶段为分解阶段。5-磷酸木酮糖在磷酸戊糖酮解酶作用下，分解为乙酰磷酸和3-磷酸甘油醛。乙酰磷酸与辅酶A结合乙酰辅酶A，经过两次脱氢产生乙醇；3-磷酸甘油醛经过受氢形成丙酮酸，丙酮酸脱氢产生乳酸。

5-磷酸木酮糖→乙酰磷酸+3-磷酸甘油醛

它的特点：

a. 分解一分子葡萄糖只能产生一个ATP，相当于EMP途径的一半；

b. 几乎产生等量的乳酸、乙醇、二氧化碳。

②磷酸己糖酮解途径：分为以下三个阶段（图8-18）。

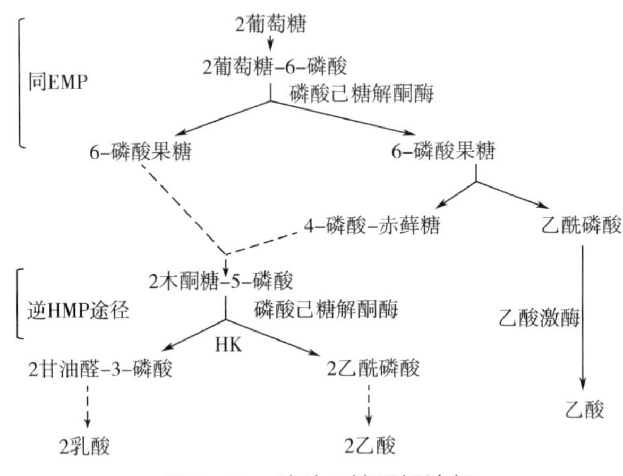

图8-18 磷酸己糖酮解途径

第一阶段：2分子葡萄糖磷酸化成为2分子6-磷酸葡萄糖酸（葡萄糖-6-磷酸），它在磷酸已糖解酮酶作用下，转化为2分子6-磷酸果糖（果糖-6-磷酸）。

2葡萄糖→2葡萄糖-6-磷酸→2果糖-6-磷酸

第二阶段：1分子6-磷酸果糖分解为乙酰磷酸和4-磷酸-赤藓糖（赤藓糖-4-磷酸），酰磷酸在乙酸激酶作用下生成乙酸，另一个分子6-磷酸果糖和分解产生的赤藓糖-4-磷酸结合生成两个分子木酮糖-5-磷酸（木酮糖-5-磷酸）。

果糖-6-磷酸→乙酰磷酸 +赤藓糖-4-磷酸

果糖-6-磷酸+赤藓糖-4-磷酸→2木酮糖-5-磷酸

第三阶段：2分子5-磷酸木酮糖在磷酸已糖解酮酶作用下，转化为2分子3-磷酸甘油醛（甘油醛-3-磷酸）和2分子乙酰磷酸；2分子3-磷酸甘油醛生成2分子乳酸，2分子乙酰磷酸生成2分子乙酸。

2木酮糖-5-磷酸→2甘油醛-3-磷酸+2乙酰磷酸

它的特点：

a. 有二个磷酸酮解酶参加反应。

b. 在没有氧化作用和脱氢作用的参与下，2 分子葡萄糖分解为 3 分子乙酸和 2 分子 3-磷酸-甘油醛，3-磷酸-甘油醛在脱氢酶的参与下转变为乳酸，乙酸磷酸生成乙酸的反应则与 ADP 生成 ATP 的反应相偶联。

c. 每分子葡萄糖产生两个半 ATP。

d. 许多微生物（如双歧杆菌）的异型乳酸发酵即采取此方式。

二、糖的分解

糖类是自然界分布最广的物质。糖类代谢为生物体提供重要的碳源与能源。已知 1g 葡萄糖彻底氧化分解可释放能量约为 16.74kJ，人体所需能量主要来自于糖。

糖的分解代谢是指大分子糖经酶促降解，生成小分子单糖后，进一步氧化分解成二氧化碳和水，并释放出能量的化学变化过程。

糖类中多糖和低聚糖，因分子大，不能直接通过微生物的细胞膜进入细胞，所以在被生物体利用之前必须水解成单糖，其水解均依靠酶的催化。

（一）多糖的分解

我们在这里说的糖，并不只是平常所说的有甜味的糖，主要是指淀粉、纤维素、半纤维素、几丁质、果胶质和木质素等。它们是由许多简单的糖化合物分子聚合在一起形成的多糖。

1. 淀粉的分解

淀粉可分为直链淀粉和支链淀粉两种，直链淀粉是由葡萄糖分子以 α-1，4 糖苷键相连的长链；支链淀粉除了具有 α-1，4 糖苷键外，在分支处以 α-1，6 糖苷键相连。淀粉的分解由微生物产生的淀粉酶催化完成的，因为淀粉是由许多葡萄糖分子聚合而成的，所以最终产物是葡萄糖、麦芽糖等。

$$淀粉 \rightarrow 糊精 \rightarrow 麦芽糖 \rightarrow 葡萄糖$$

能够利用淀粉的微生物都能分泌淀粉酶，按照作用方式和产物的不同，淀粉酶主要包括 α-淀粉酶、β-淀粉酶、葡萄糖淀粉酶和异淀粉酶四种。后三种淀粉酶的共同特点是可将淀粉水解为麦芽糖或葡萄糖，所以称为糖化酶。

2. 纤维素的分解

纤维素是地球上最丰富的多糖类化合物，是植物细胞壁的主要成分，它是由葡萄糖通过 β-1，4 糖苷键连接的大分子结构多糖，每个分子由 10000 个以上的葡萄糖残基组成。不溶于水，人和动物均不能消化。但是许多微生物能够分泌分解纤维素的酶，土壤微生物产生的纤维素酶分解农作物秸秆，最终产生葡萄糖。

$$纤维素 \rightarrow 纤维素二糖 \rightarrow 葡萄糖$$

纤维素酶是能够水解纤维素形成纤维二糖和葡萄糖的一类酶的总称，包括 C1 酶、Cx 酶和 β-葡萄糖苷酶。C1 酶破坏纤维素的晶体结构，使之转变为水合非结晶纤维素。Cx 酶分为内切酶和外切酶两种。内切酶随机切割水合非结晶纤维素分子内部的 β-1，4 糖苷键，一般产生纤维二糖和纤维糊精。外切酶从水合非结晶纤维素分子的非还原性末端切割 β-1，4 糖苷键，得到葡萄糖。β-葡萄糖苷酶可将纤维二糖水解生成葡萄糖。

$$天然纤维素 \xrightarrow{C1酶} 水合非结晶纤维素 \xrightarrow{Cx酶} 纤维二糖+葡萄糖 \xrightarrow{\beta-葡萄糖苷酶} 葡萄糖$$

3. 半纤维素的分解

半纤维素的结构与组成随植物的种类或存在部位不同而异，主要是各种聚戊糖和聚己糖，最常见的是木聚糖。半纤维素更容易被微生物所分解，许多微生物如曲霉、镰刀霉、木霉等霉菌，芽孢杆菌等细菌以及一些放线菌都能够产生半纤维素酶。微生物分解半纤维素的酶也多种多样。半纤维素分解后产生木糖、阿拉伯糖等单糖。

4. 果胶质的分解

果胶质是构成植物细胞间质的主要物质，它是甲基半乳糖醛酸以 α-1，4 糖苷键形成的直链高分子化合物，与钙结合成原果胶质。果胶质的分解是一系列酶作用的结果。原果胶质酶将原果胶质水解成可溶的果胶（多聚甲基半乳糖醛酸），其聚合链较短；果胶酶作用于果胶生成果胶酸；果胶酸再由果胶酸酶水解生成半乳糖醛酸。分解果胶的微生物主要是一些细菌和真菌，工业上常用黑曲霉生产果胶酶。

5. 几丁质的分解

几丁质又称甲壳质，它是 *N*-乙酰氨基葡萄糖以 β-1，4 糖苷键相连的大分子化合物，是真菌细胞壁和昆虫体壁的组成成分，也是甲壳类动物（虾、蟹）外壳的主要成分。它们是不易被分解的含氮多糖物质，一般生物都不能分解它，只有一些细菌和放线菌能分解和利用它。例如嗜几丁素芽孢杆菌（*Bacillus chitinovorus*）和链霉菌（*Streptomyces* sp.）。壳多糖（几丁质）首先被几丁质酶分解成为甲壳二糖（几丁二糖），后者被甲壳二糖酶（几丁二糖酶）分解为 *N*-乙酰氨基葡萄糖。在制备原生质体的实验中，常用几丁质酶分解真菌细胞壁。

壳多糖→甲壳二糖→*N*-乙酰氨基葡萄糖

6. 木质素的分解

木质素是植物体内含量仅次于纤维素和半纤维素的一个组分，一般占植物干重的 15%～20%，在木材中可占 30%左右。木质素的化学结构非常复杂，但在自然界中，仍然有一些微生物能够分解该类物质，其中，以担子菌的分解能力最强。担子菌分解木质素时，还常同时分解纤维素、半纤维素等物质。漆酶是一种含四个铜离子的多酚氧化酶，常以单体糖蛋白的形式存在，其可作用于木质素的分解。

（二） 低聚糖的分解

低聚糖通常是指 20 个以下的单糖缩合的聚合物，寡糖是少数单糖（2～10 个）缩合的聚合物。寡糖存在于细胞质中，也覆盖于细胞膜表面。在激素、抗体、维生素、生长素和其他各种重要分子中都有寡糖。自然界中最常见的寡糖是双糖，重要的双糖有麦芽糖、纤维二糖、乳糖、蔗糖等。通常麦芽糖分解为 α-D-葡萄糖；纤维二糖分解为 β-D-葡萄糖；乳糖分解为 β-D-半乳糖和 α-D-葡萄糖；蔗糖分解为 α-D-葡萄糖和 β-D-葡萄糖。

三、 蛋白质的分解

蛋白质是由氨基酸组成的大相对分子质量的含氮化合物，种类繁多，是构成生物细胞的主要成分。蛋白质不仅可作为微生物生长的氮源，在某些情况下，也可作为碳源和能源。蛋白质是大分子化合物，不能直接进入细胞。微生物中产生的胞外蛋白酶可将蛋白质分解为片段较小的肽，然后再由肽酶将肽分解成氨基酸后才能进入细胞。微生物产生的蛋白酶大多数可以分泌到细胞外面，称为胞外酶，但肽酶虽有胞外酶，也有不向外分泌而只存在于细胞内的胞内酶。肽酶可以从多肽的任意一端开始，每次水解出一个氨基酸。微生物利用蛋白质的能力因菌种而差异很大。有些微生物还能分解组成蛋白质的氨基酸，形成胺类和醇类。一般认为革兰氏阴性菌分解氨基酸的能力大于革兰氏阳性菌。

蛋白质→多肽→寡肽→二肽→氨基酸

四、 脂肪和脂肪酸的分解

（一） 脂肪的分解

脂肪是甘油和脂肪酸组成的甘油三酯，微生物分解脂肪主要靠脂酶的作用。脂酶有胞外酶也有胞内酶，故细胞内外的脂肪都能够被分解利用。脂肪分解的起初产物是丙三醇和脂肪酸。甘油激酶又作用于甘油生成 α-磷酸甘油，随后经过 α-磷酸甘油脱氢酶催化生成磷酸二羟丙酮，磷酸二羟丙酮直接进入 EMP 或 HMP 途径。脂肪酸经过 β 氧化途径，形成乙酰辅酶 A，进入 TCA 循环。

（二） 脂肪酸的分解

在有氧条件下，脂肪酸首先活化为脂肪酰辅酶 A，脂肪酰辅酶 A 经过 β 氧化过程连续脱下二碳的片段，被彻底氧化生成乙酰辅酶 A，进入三羧酸循环，并释放出大量能量。

脂肪酸→脂肪酰辅酶 A→乙酰辅酶 A→三羧酸循环

第四节 微生物的代谢调节

微生物在长期的进化过程中，形成了一整套完善的代谢调节系统，以保证各种代谢活动经济而高效地进行。微生物的代谢调节主要有两种方式：酶合成的调节和酶活性的调节。酶合成调节（粗调）：即调节酶的合成量。通过诱导或阻断来进行。酶活性调节（细调）：调节已有酶的活力。通过激活或抑制来进行。

一、 酶合成的调节

酶合成的调节是一种通过调节酶的合成量进而调节代谢的调节机制，这是一种在基因水平上（在原核生物中主要在转录水平上）的代谢调节。凡是能促进酶生物合成现象，称为诱导，而能阻碍酶生物合成的现象，称为阻遏，与上述调节酶活性的反馈抑制等相比，调节酶的合成（即产酶量）而实现代谢调节的方式是一类较间接而缓慢的调节方式，其优点是通过阻止酶的过量合成，有利于节约生物合成的原料和能量，在正常代谢途径中，酶活性调节和酶合成调节二者同时存在且密切配合，协调进行。酶合成的调节的类型为诱导和阻遏。酶合成调节的本质是基因表达的调控，如大肠杆菌乳糖操纵子（lactose operon）学说（图 8-19）。

大肠杆菌的 *lac I* 基因与乳糖操纵子的作用是典型的负调控诱导系统。在这个系统中 *I* 基因是调节基因，当它的产物——阻遏蛋白与操纵区（*lac O*）结合时，RNA 聚合酶不能转录结构基因，因此，在环境中缺乏诱导物（乳糖），或者乳糖的类似物（异丙基-β-D-硫代半乳糖苷，IPTG）时，乳糖操纵子是受阻的。而当环境中存在乳糖时，进入细胞的乳糖在细胞内极少量的 β-半乳糖苷酶的作用下发生分子重排，由乳糖变成异乳糖。异乳糖作为诱导物可以与阻遏蛋白紧密结合，使后者的构型发生改变而不能识别 *lac O*，也不能与其结合，因而

RNA 聚合酶能顺利转录结构基因，形成大分子的多顺反子 mRNA，进而在翻译水平上合成 3 种不同的蛋白质：β-半乳糖苷酶、透性酶和乙酰基转移酶。

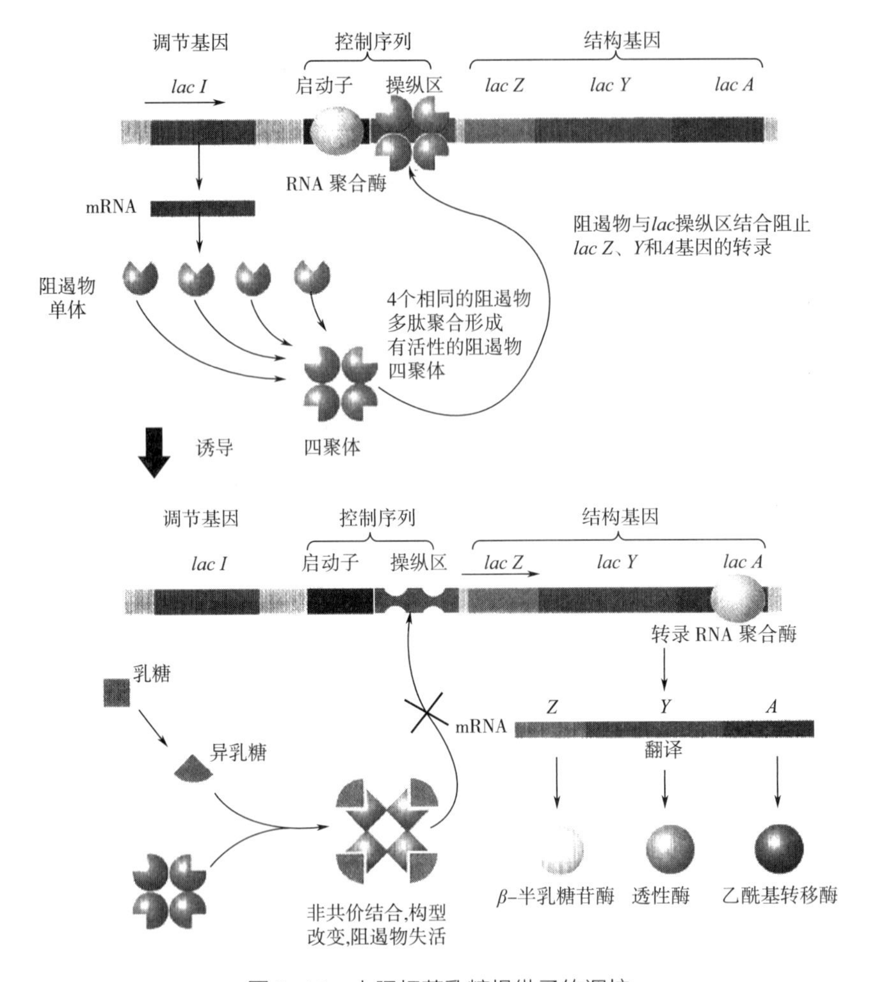

图 8-19　大肠杆菌乳糖操纵子的调控

酶合成调节的意义是既要保证细胞的代谢需要，又要避免细胞内物质和能量浪费，以此增强细胞对各种环境的适应性。

（一） 酶合成的诱导（induction of enzyme synthesis）

微生物细胞内的酶可以分为组成酶和诱导酶两类。组成酶是微生物细胞内一直存在的酶，它们的合成只受遗传物质基因的控制，它不因分解底物或其结构类似物的存在而受影响，例如 EMP 途径的有关酶类。而诱导酶则是在环境中存在某种物质或结构类似物的情况下才能够合成的酶。诱导酶普遍存在于微生物界。例如，β-半乳糖苷酶只有在乳糖存在才能形成，能诱导 β-半乳糖苷酶除乳糖之外，还能够被异丙基-β-D-硫代半乳糖苷（IPTG）所诱导，后者是不能被细胞利用的结构类似物，并且诱导效果高于乳糖。所以在大肠杆菌的培养基中加入 IPTG，其 β-半乳糖苷酶的活力可以陡然提高 1000 倍。诱导酶在没有诱导剂存在时，产酶量很少，但不为零，即会保持本底表达。在加入诱导剂后，酶的表达量会迅速飙升（图 8-20）。酶合成的诱导作用可表现出两种情况，一种是协同诱导，一种是顺序诱导。

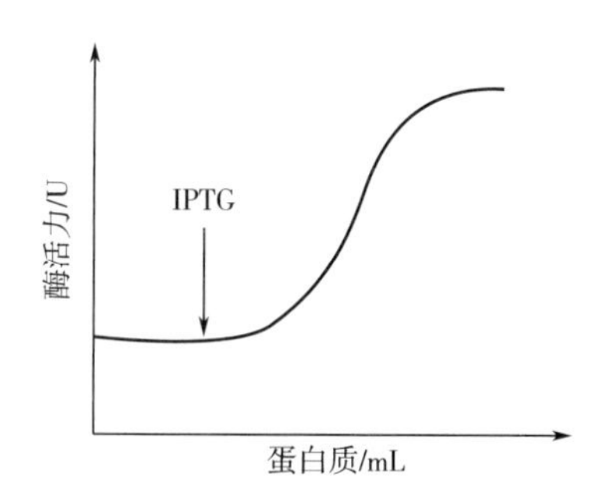

图 8-20　大肠杆菌中 IPTG 诱导 β-半乳糖苷酶的合成

1. 协同诱导（coordinated induction）

协同诱导是指一种诱导剂加入后，微生物能够同时或几乎同时合成几种酶的现象，它主要存在于较短的代谢途径中，合成这些酶的基因由同一个操纵子控制（图 8-21）。

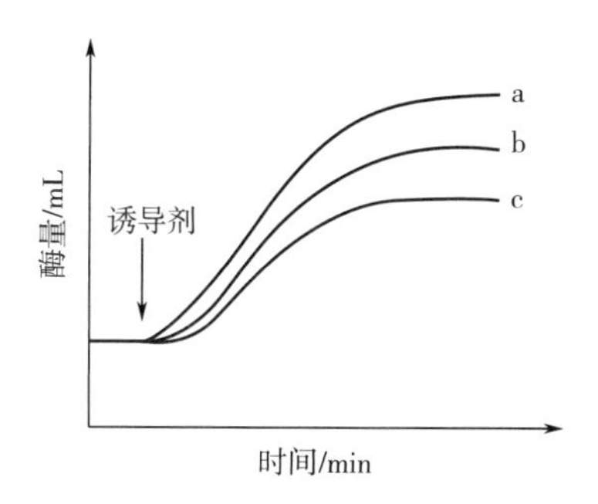

图 8-21　协同诱导

（注：加入诱导剂后，a、b、c 被同时诱导合成）

2. 顺序诱导（sequential induction）

顺序诱导是指加入一种诱导剂后，可连续诱导产生一系列酶的现象。第一种酶的底物会诱导第一种酶的合成，而第一种酶的产物又可诱导第二种酶的合成，依此类推合成一系列的酶。常见于用来降解若干底物的降解途径（图 8-22）。

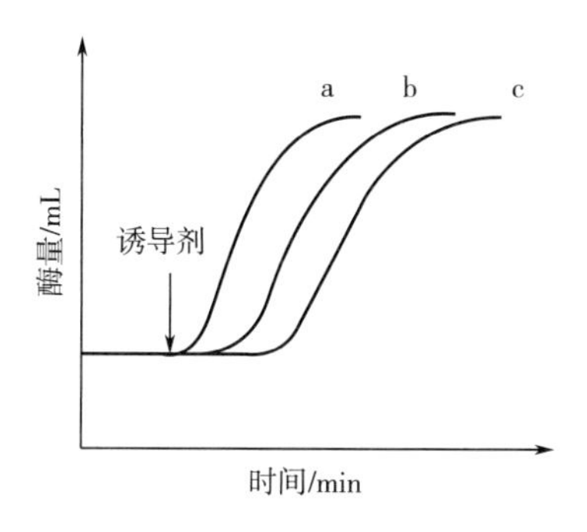

图 8-22　顺序诱导

（注：加入诱导剂后，a、b、c 被依次诱导合成）

（二） 酶合成的阻遏（repression of enzyme synthesis）

在微生物的代谢过程中，当代谢途径中某末端产物过量时，除可用反馈抑制的方式来抑制该途径中关键酶的活性以减少末端产物的生成外，还可以通过阻遏作用来阻碍代谢途径中包括关键酶在内的一系列酶的生物合成，从而更彻底地控制代谢和减少末端产物的合成，阻遏作用有利于生物体节省有限的养料和能量，阻遏类型主要有末端代谢产物阻遏和分解代谢产物阻遏两种。

1. 末端产物阻遏（end-product repression）

末端产物阻遏是指由某代谢途径末端产物的过量累积而导致生物合成途径中酶合成的阻遏的现象，对直线式反应途径来说，末端产物阻遏的情况较为简单，即产物作用于代谢途径中的各种酶，使之合成受阻遏。通常发生在氨基酸、嘌呤和嘧啶等重要结构元件生物合成的时候。例如精氨酸的生物合成途径（图 8-23）。

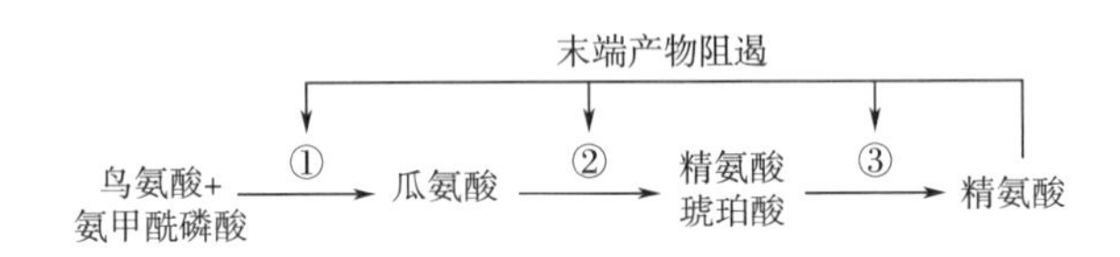

图 8-23 精氨酸合成中的末端产物阻遏

（注：①为氨甲酰基转移酶；②为精氨酸琥珀酸合成酶；③为精氨酸琥珀酸裂合酶）

末端产物阻遏在代谢调节中有着重要的作用，它可保证细胞内各种物质维持适当的浓度，例如在嘌呤、嘧啶和氨基酸的生物合成中，它们的有关酶类就受到末端产物阻遏的调节。

2. 分解代谢物阻遏

分解代谢物阻遏（catabolite repression）又称代谢物阻遏，是葡萄糖或代谢物或葡萄糖的降解产物对一个基因或操纵子的阻遏作用。具体是指微生物在含有两种能够分解底物的培养基中生长时（碳源和氮源），利用快的那种分解底物会阻遏利用慢的底物的有关酶合成的现象。这种作用并非是因为快速利用的碳源本身直接作用的结果，而是通过碳源在其分解过程中所产生的中间代谢产物所引起的阻遏作用。因此，分解代谢物的阻遏作用，就是指代谢反应链中，某些中间代谢物或末端代谢物的过量累积而阻遏代谢途径中一些酶合成的现象。

例如，在用葡萄糖和乳糖作为碳源的培养基上培养大肠杆菌时，由于细菌生长优先利用葡萄糖，只有当葡萄糖被消耗完毕以后，大肠杆菌才开始利用乳糖，结果导致 *lac* 操纵子的表达被葡萄糖抑制。其原因是葡萄糖的存在，阻遏了分解乳糖酶系的合成，这一现象又称葡萄糖效应。这种抑制作用是随着细胞的生理状态变化而使基因同步表达的作用，只要有可利用的葡萄糖存在，大肠杆菌就会优先代谢葡萄糖。分解代谢物抑制可消除其他诱导物的影响，防止乳糖等能源酶系统的浪费。此外，用山梨醇或乙酸来代替上述乳糖时，也有类似的结果。由于这类现象在其他代谢中（例如铵离子的存在可阻遏微生物对精氨酸的利用等）的普遍存在，后来，人们索性把类似葡萄糖效应的阻遏称为分解代谢物阻遏。

二、 酶活力的调节

酶活力的调节是指在酶分子水平上的一种代谢调节，它是通过改变现成的酶分子活性来调节新陈代谢，包括酶活力的激活和抑制两个方面，酶活力的激活是指在分解代谢途径中，后面的反应可被较前面的中间产物所促进。

（一） 激活（activation）

一些物质可以改变一个无活性酶前体（酶原），使之成为有活性的酶，或加快某种酶反应的速率产生酶激活作用，称为激活剂（activator）。在激活剂的作用下，可使原来无活力的酶具有活力，或使原来低活力的酶提高活力，这种现象称为激活。激活剂种类很多：①无机阳离子，如钠离子、钾离子、铜离子、钙离子等；②无机阴离子，如氯离子、溴离子、碘离子、硫酸盐离子磷酸盐离子等；③有机化合物，如维生素 C、半胱氨酸、还原性谷胱甘肽等。许多酶只有当某一种适当的激活剂存在时，才表现出催化活性或强化其催化活性，这称为对酶的激活作用。代谢调节的激活作用主要是指代谢物对酶的激活。这类激活作用有两种情况：前体激活和中间代谢物的反馈激活。前体激活是指代谢途径中后面的酶促反应可被该途径中较前面的一个中间产物所促进；反馈激活指代谢途径中间产物对该途径中前面的酶起激活作用（图 8-24）。

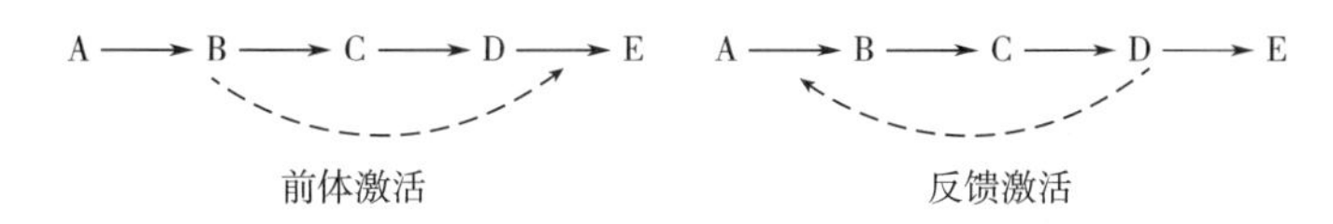

图 8-24 代谢物的激活模式

（二） 抑制（inhibition）

抑制是指在某个酶促反应系统中，加入某种低相对分子质量的物质后，导致酶活力降低的过程。如果抑制是不可逆的，将造成代谢作用停止，因此不属于代谢调节的范畴，可逆的抑制在去除抑制剂以后，酶又恢复活力。在代谢调节过程中所发生的抑制现象主要是可逆的，而且多数是反馈抑制。

1. 协同反馈抑制（concerted feedback inhibition）

协同反馈抑制是指分支代谢途径中的几种末端产物同时过量时，才能抑制共同途径中的第一个酶，如果末端产物单独过量，则对途径中的第一个酶无抑制作用（图 8-25）。

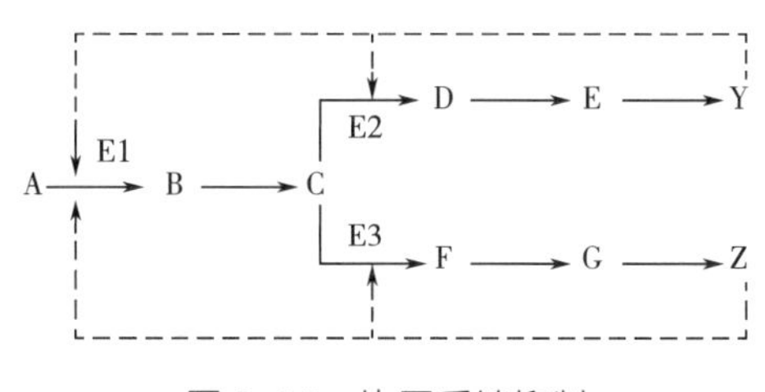

图 8-25 协同反馈抑制

2. 累积反馈抑制（cumulative feedback inhibition）

在分支代谢途径中，任何一种末端产物过量时都能对共同途径中的第一个酶起抑制作用，而且各种末端产物的抑制作用互不干扰。当各种末端产物同时过量时，它们的抑制作用是累加的（图 8-26）。累积反馈抑制最早发现于大肠杆菌的谷氨酰胺合成酶调节过程，该酶受 8 个终产物的累积反馈抑制，只有当它们同时存在时，酶活力才被全部抑制。

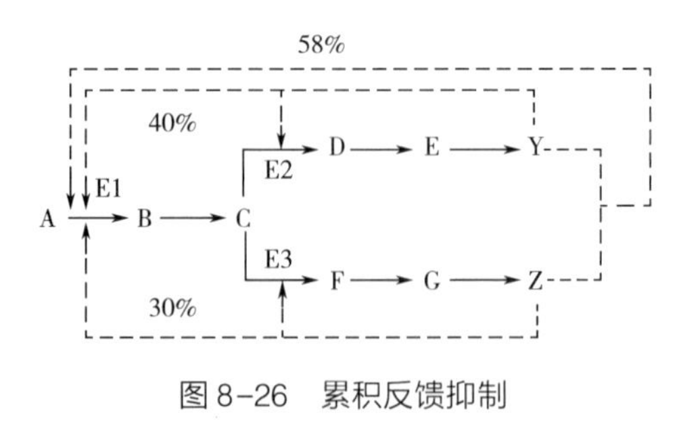

图 8-26　累积反馈抑制

3. 增效反馈抑制（enhanced feedback inhibition）

增效反馈抑制是指分支代谢途径的几个终产物，其中任何一个过量时仅部分抑制共同途径中某个酶的活力。同时过量时，其抑制程度可超过各产物单独存在时抑制值的总和（图 8-27）。

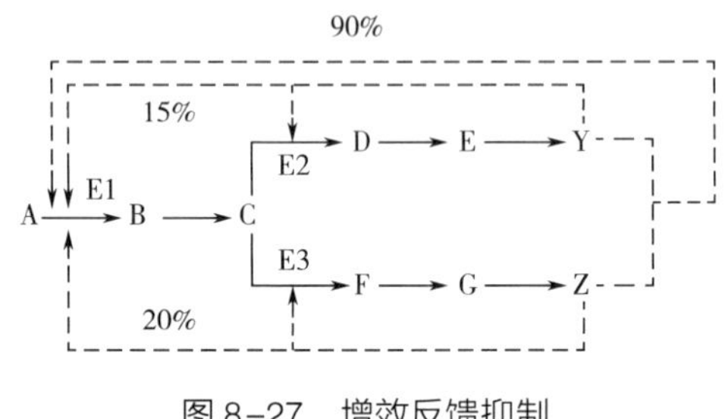

图 8-27　增效反馈抑制

4. 顺序反馈抑制（sequential feedback inhibition）

顺序反馈抑制是指分支代谢途径中的两个末端产物，不能直接抑制代谢途径中的第一个酶，而是分别抑制分支点后的反应步骤，造成分支点上中间产物的积累，这种高浓度的中间产物再反馈抑制第一个酶的活性。是一种逐步有顺序的调节方式（图 8-28）。

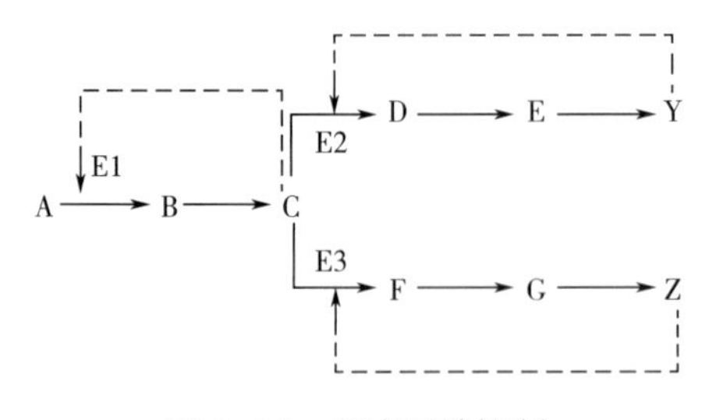

图 8-28　顺序反馈抑制

5. 同工酶反馈抑制（isozyme feedback inhibition）

同工酶是指生物体内催化相同反应而分子结构不同的酶。同工酶反馈抑制是指在分支途径中第一个酶有几种结构不同的同工酶，每一种代谢终产物只对一种同工酶具有反馈抑制作用，只有当几种终产物同时过量时才能阻止反应的进行。例如第一个反应的酶有两个同工酶 E1 和 E2，E1 被 Y 抑制，E2 被 Z 抑制，只有当终产物 Y 和 Z 同时过量时才能完全阻止 A 转变为 B。另两个控制点——分支点 C 后的第一个酶 E3 和 E4，分别受 Y 和 Z 的抑制（图 8-29）。

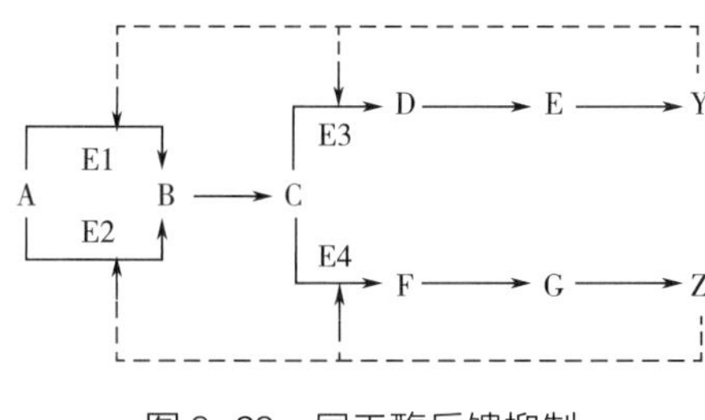

图 8-29 同工酶反馈抑制

上述调节方式时同时存在，并且密切配合、协调作用。通过对代谢的调节，微生物细胞内一般不会累积大量的代谢产物。但在工业生产中，人们总希望微生物能够最大限度地积累对人类有用的代谢产物，这就需要对微生物代谢的调节进行人工控制。

思考题

1. 在化能自养细菌中，亚硝化细菌和硝化细菌是如何获得其生命活动所需的 ATP 和还原力［H］的？

2. 微生物产生 ATP 的方式有哪些？试比较其异同。

3. 试述 EMP 途径在微生物生命活动中的重要性。

4. 试述 HMP 途径在微生物生命活动中的重要性。

5. 试述 TCA 循环在微生物产能和发酵生产中的重要性。

6. 试列表比较呼吸、无氧呼吸和发酵的异同点。

7. 细菌的酒精发酵途径如何？它与酵母菌的酒精发酵有何不同？细菌的酒精发酵有何优缺点？

8. 什么是非环式光合磷酸化和环式光合磷酸化？各有什么特点？哪些微生物能分别利用这两种途径。

9. 画简图表示细胞壁肽聚糖的合成过程，哪些化学因子可抑制其合成？

10. 什么是固氮酶？它含有哪两种化学组分？各组分的功能如何？试列表比较。

11. 既然固氮酶在有氧条件下会丧失其催化活性，为何多数固氮菌（包括蓝细菌）却都是好氧菌？试简述不同类型好氧固氮菌的抗氧机制。

12. 什么是诱导酶？酶的诱导有何特点？其意义如何？

13. 什么是阻遏？什么是末端产物阻遏？什么是分解代谢阻遏？

14. 青霉素为何只能抑制代谢旺盛的细菌？其制菌机制如何？

第九章

微生物遗传

微生物遗传学是研究和揭示微生物遗传变异规律的一门自然科学，是微生物学与遗传学的一个重要分支。可以使得人们在基因及其组学水平上更全面的认识微生物遗传规律和多样性，从而更有目的的定向利用微生物资源。基因的转移与变换是普遍存在的，是生物进化的重要动力，是生物多样性的基础。基因水平转移（horizontal gene transfer，HGT）在生物界是一种普遍现象。微生物在自然界可通过多种途径进行水平方向的基因转移，并通过基因重组来适应随时改变的环境以求生存，如引起人体结核病的结核分枝杆菌的基因组上就有 8 个人类的基因，微生物获得这些基因后可以使得该菌抵抗人体的免疫防御系统，而获得生存。

第一节　遗传的物质基础

染色体是由 DNA 和蛋白质组成的，生命的遗传物质是 DNA 还是蛋白质，曾是生物学中激烈争论的重大问题之一。

一、 DNA 作为遗传物质

（一） 格里菲斯转化实验

1928 年，英国细菌学家弗雷德里克·格里菲斯（F. Griffith）以肺炎链球菌（*Streptococcus pneumoniae*）为研究对象，进行了著名的细菌转化实验，该菌的光滑型菌株（S 型）能够使小鼠患败血症死亡，粗糙型菌株（R 型）不具备致病性。

Griffith 将 S 型菌株加热杀死，注入小鼠体内，发现小鼠没有死亡。而将加热杀死的 S 型菌和少量活的 R 型菌一起注入小鼠体内，发现小鼠死亡，并在死亡的小鼠体内分离得到活的 S 型菌株。显然，小鼠致死的原因是体内的 S 型菌株毒性作用，那么这些 S 型菌是从何而来的呢？实验开始已经证明注入小鼠体内的 S 型细菌已经全部杀死，因此不可能是 S 型菌的残留者。可以解释的这一现象的原因是：活的、非致病性的 R 型菌株是从已经被杀死的 S 型菌株中获得了遗传物质，使其产生荚膜成为致命的 S 型菌，Griffith 称其为转化（图 9-1）。1944 年 Avery 等以微生物为研究对象进行实验，终于以实验事实证实了核酸，尤其是 DNA 才是一切生物遗传变异的真正物质基础。

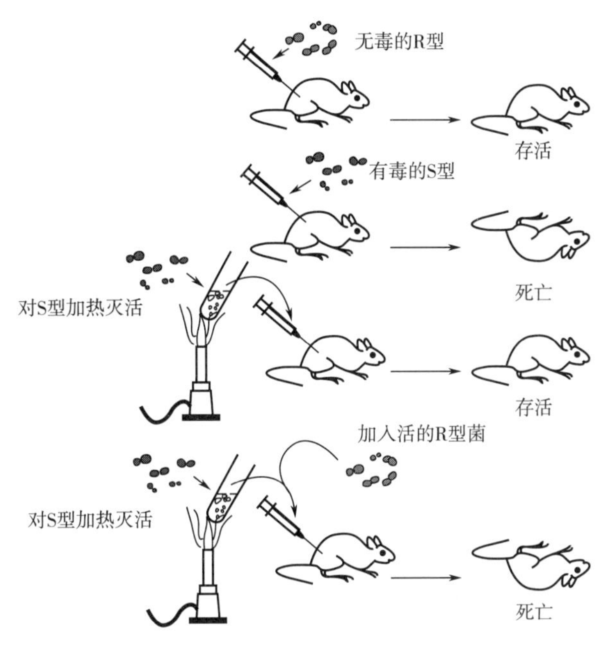

图 9-1 肺炎双球菌的转化实验

（二） T2 噬菌体的感染实验

美国科学家 A. D. Hershey 和 M. Chase 在 1952 年用放射性同位素 ^{35}S 和 ^{32}P 分别标记 T2 噬菌体中的蛋白质和 DNA，并用标记的噬菌体侵染大肠杆菌。结果发现，用含有 ^{35}S 蛋白质的 T2 噬菌体侵染 *E. coli* 时，大多数放射性标记的蛋白质留在宿主细胞体外，用含有 ^{32}P 的 T2 噬菌体与宿主混合时，^{32}P DNA 注入宿主细胞，并产生噬菌体后代。实验结果说明，T2 噬菌体侵染细菌时，只有 DNA 进入宿主细胞，而其蛋白质外壳则留在细菌细胞外，证明了噬菌体的遗传物质是 DNA 而非蛋白质（图 9-2）。

二、 RNA 作为遗传物质

有些微生物只有 RNA 和蛋白质组成，如一些动物病毒、植物病毒和部分噬菌体等。1956 年 Fraenkel Conrat 在烟草花叶病毒（TMV）中进行了病毒分离与重建实验，证明了 RNA 是烟草花叶病毒的遗传物质，而不是蛋白质。实验过程如图 9-3 所示。

实验图示可见，将 TMV 蛋白质外壳和 RNA 核心分离，同时将人乳头瘤病毒（HRV）蛋白质外壳和 RNA 分离，并进行重组，得到 TMV-RNA 与 HRV-衣壳重新组建的杂合病毒以及 HRV-RNA 与 TMV-衣壳组建的杂合病毒。用杂合病毒分别去感染烟草，烟叶上分别出现的是 TMV 病斑和 HRV 病斑，再从中分离出的新病毒也是典型的 TMV 病毒和 HRV 病毒。这充分说明遗传物质基础是 RNA。

三、 质粒与转座因子

（一） 质粒

1. 质粒的概念

质粒（plasmid）是一类亚细胞有机体，它的结构比病毒还要简单，没有蛋白质外壳，也

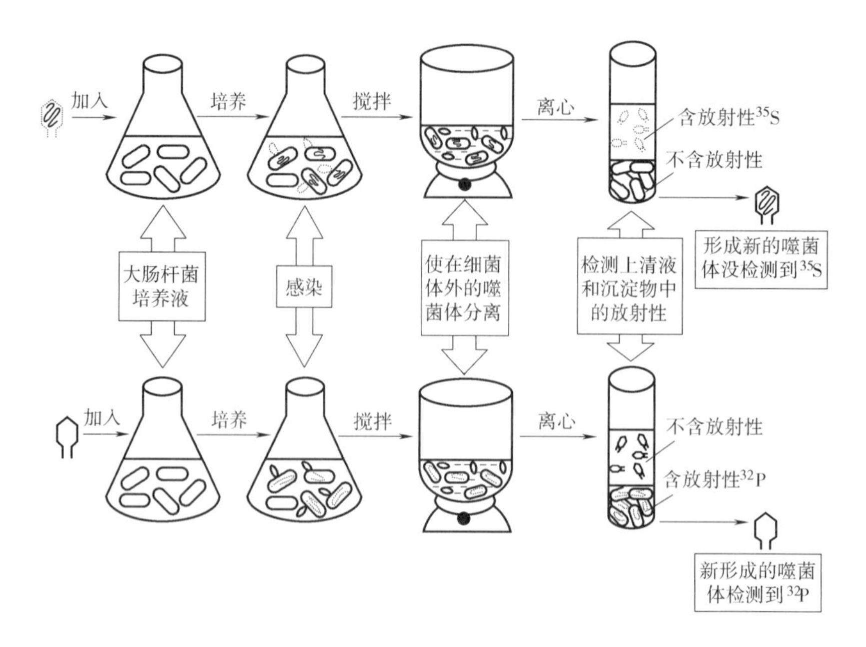

图 9-2 *E. coli* 噬菌体的感染实验

——实线表示不带放射性 - - - - -虚线表示带放射性

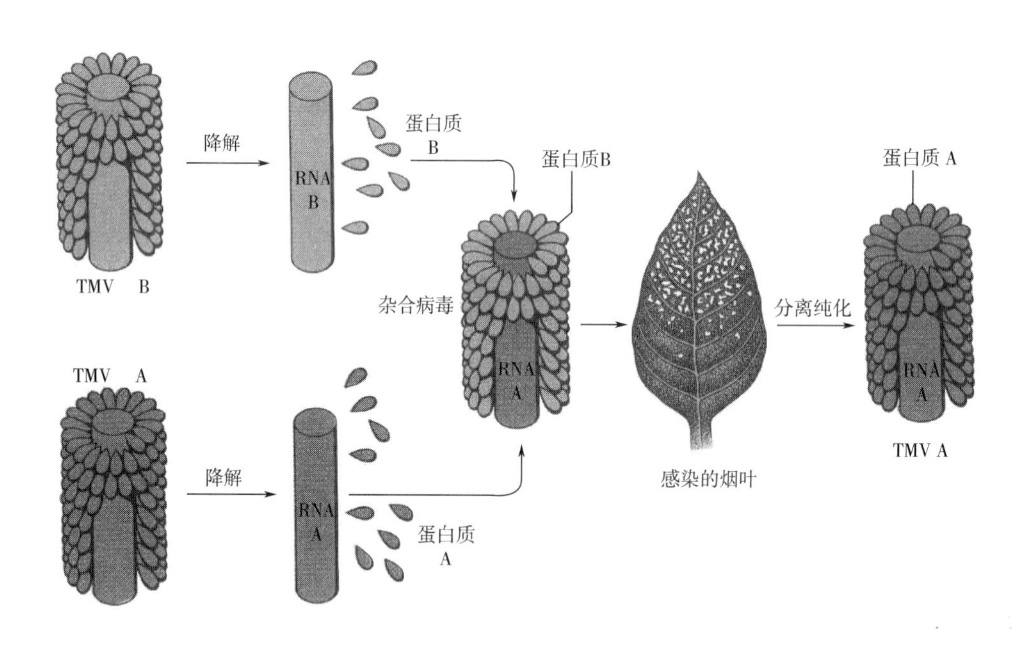

图 9-3 TMV 分离与重建实验

没有细胞外的生命周期，只能够在寄主细胞内独立增殖，并随着寄主细胞的分裂遗传下去。

细菌质粒是存在于细胞质中的一类独立于染色体外的自主复制的遗传成分，已知的大多数质粒都是由环形双链 DNA 组成的复制子。质粒 DNA 分子可以持续稳定地处于染色体外的游离状态，但在一定条件下又会可逆地整合到寄主染色体上，随着染色体的复制而复制，并通过细胞分裂传递到后代。

环形双链的质粒 DNA 分子具有三种不同的构型（图 9-4）：当其两条多核苷酸链均保持着完整的环形结构式，称为共价闭合环形 DNA（cccDNA）；如果两条多核苷酸链中只有一条保持着完整的环形结构，另一条链出现一质数个缺口，称为开环 DNA（ocDNA）；若质粒 DNA 经过适当的核酸内切酶切割之后，发生双链断裂而形成线性分子，通称 L 结构。

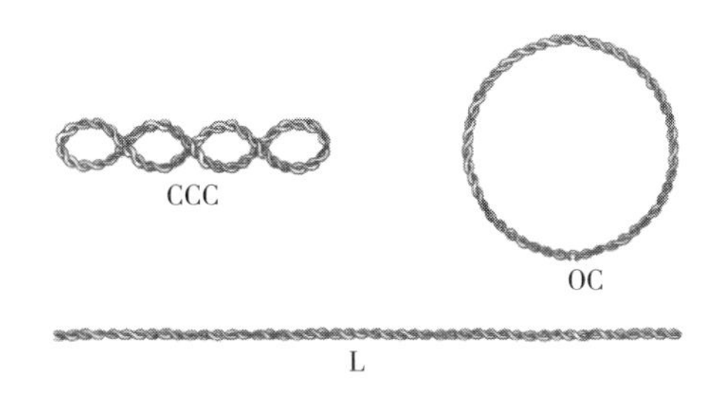

图 9-4　质粒的三种构型

2. 质粒的类型

染色体 DNA 作为细胞中的主要遗传因子，携带有微生物在所有生长条件下所必需的基因，这些基因又称“持家基因（housekeeping gene）”。质粒则所含的基因对宿主细胞一般来说是非必需的，只在某些特殊条件下，质粒能赋予宿主细胞以特殊的功能，如抗药性质粒能够使得宿主细胞在含有该药物的环境中生存。

根据质粒所编码的功能和赋予宿主的表型效应，可将质粒分为不同的类型。

（1）F 质粒　F 质粒（F plasmid）又称致育因子，大小约 100kb，总共编码着 19 个转移基因，能促使两个细胞之间的接合，即接合作用相关的单拷贝质粒（图 9-5）。F 因子是雄性决定因子，F^+ 又称雄性细胞，F^- 则称为雌性细胞。在合适的条件下，将雄性细胞和雌性细胞混合培养，通过 F^+ 表面性须的作用，形成雌-雄细胞配对，这就是细菌的接合作用。

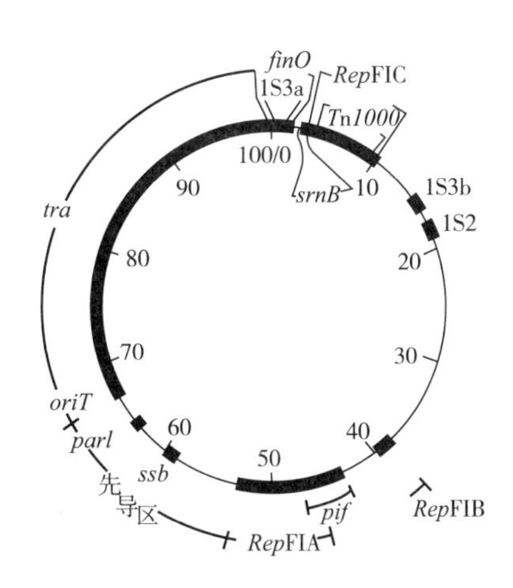

图 9-5　F 质粒的遗传图谱

（2）R 质粒　R 质粒（R plasmid）又称抗性质粒，附加有抗生素抗性基因，抗性质粒在细菌间的传递是细菌产生抗药性的重要原因之一。抗药性质粒不仅可以在种间进行转移，也可在大肠杆菌和痢疾志贺氏菌、变形杆菌和伤寒杆菌等各属细菌之间转移。带有抗药性因子的细菌有时对几种抗生素或其他药物呈现抗性，例如，R100 质粒可使宿主对汞、四环素、链霉素、磺胺、氯霉素等药物具有抗性。

R 质粒在细胞内的拷贝数可从 1~3 个至几十个，分属严紧型和松弛型复制控制。根据质粒的拷贝数、宿主范围等将质粒分成不同类型。例如，有些质粒在宿主细胞中有 10~100 个拷贝，则称为高拷贝数（high copy number）质粒，又称松弛型质粒（relaxed plasmid）；还有一些质粒在宿主细胞中有 1~4 个拷贝，则称为低拷贝数（low copy number）质粒，又称严紧型质粒（stringent plasmid）。

松弛型控制 R 质粒，用氯霉素处理后，拷贝数可达 2000~3000 个。由于 R 质粒可引起致病菌对多种抗生素的抗性，对传染病防治等医疗实践有极大危害；而将它作为菌种筛选时的选择性标记或改造成外源基因的克隆体，则对人类有利。

在肠道细菌转移的抗药性质粒 R100 的基因如图 9-6 所示。

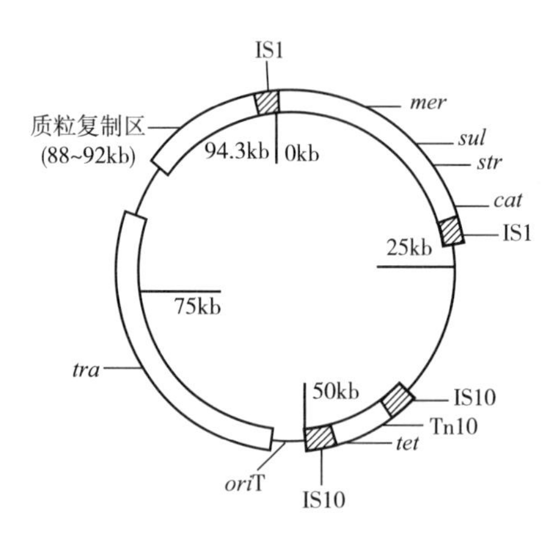

图 9-6　抗药性质粒 R100 的基因图

（3）Col 质粒　Col 质粒（colicin plasmid，Col plasmid）是产细菌素的质粒，最初在大肠杆菌中发现而得名。细菌素是某些细菌产生的代谢产物，能够抑制或者杀死其他近缘细菌或同种不同菌株，这些代谢产物是由质粒编码的蛋白质，不具有很广的杀菌谱。有些乳酸细菌产生的细菌素 Nisin A 也是由质粒基因编码，能强烈的抑制某些革兰氏阳性菌的生长，而被用于食品工业的保藏。

Col 质粒种类很多，主要分为两类：第一类以 col El 为代表，相对分子质量较小，9kb，约 5×10^6，无接合作用，为松弛型控制、多拷贝；第二类以 col Ib 为代表，相对分子质量较大，94kb，约 8.0×10^7，与 F 因子相似，具有通过接合而转移的功能，属于严紧型控制，只有 1~2 个拷贝。

（4）Ti 质粒　Ti 质粒（tumor inducing plasmid）是引起双子叶植物冠瘿瘤的致病因子，其宿主根癌土壤杆菌（*Agrobacterium tumefaciens*）感染植物时，可将 Ti 质粒上的一段特殊的 DNA 片段（T-DNA，含有致癌基因，与植物基因结合的部位）转移至植物细胞内，并整合其染色体上，导致细胞无限制地瘤状增生，合成正常植物上没有的冠瘿碱化合物，使得在感染部位长出一个肿块组织，称为冠瘿。冠瘿碱是土壤杆菌的代谢产物，受感染后的植物组织代谢发生紊乱，造成外源 DNA 进入的机会。冠瘿碱的合成与正常植物组织的癌化是由土壤杆菌的 Ti 质粒引起的。

Ti 质粒是一种经过人工改造的环状质粒，其大小约 200kb，包括毒性区（vir）、接合转移区（con）、复制起始区（ori）和 T-DNA 区 4 部分（图 9-7）。T-DNA 可携带任何外源基因整合到植物基因组中，它是当前植物基因工程中使用最广、效果最佳的克隆载体。至今全世界已获成功的约 200 种转基因植物中，约有 80%是由 Ti 质粒介导的。

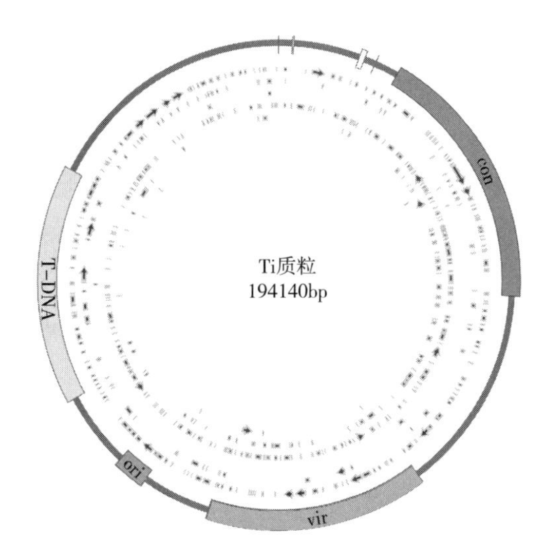

图 9-7　根癌土壤杆菌 Ti 质粒的构造

（5）毒性质粒　许多致病菌的致病毒素是由其所携带的毒性质粒（virulence plasmid）编码的，例如，产肠毒素性大肠杆菌是引起人类和动物腹泻的主要病原菌之一，其中许多菌株含有一种或多种肠毒素编码的质粒。金黄色葡萄球菌产生的剥脱性毒素、破伤风梭菌产生的破伤风毒素、炭疽芽孢杆菌产生的炭疽毒素等都是由质粒编码的。有些使昆虫致病乃至死亡的细菌毒素也是由质粒编码的，例如苏云金杆菌编码的 δ-内毒素的质粒就是此种类型典型的例子。

（6）代谢质粒　代谢质粒（metabolic plasmid）上携带有能编码某些基质降解酶的基因，含有这类质粒的微生物，可以将复杂的有机化合物降解为能被利用的简单形式的碳源和能源物质。含有分解甲苯的基因的 TOL 质粒和含有分解樟脑辛烷基基因的 CAM-OCT 质粒等，在环境保护方面具有重要的应用前景。此外，有些代谢质粒还包括一些编码固氮功能的质粒，或者合成抗生素的质粒。

（7）隐秘质粒　上述质粒类型均具有某种可检测的遗传表型，而隐蔽质粒（cryptic plasmid）不显示任何表型效应，只有通过物理方法才能检测到它们的存在，例如凝胶电泳检测细胞抽提液的方法。目前，对于它们的存在意义还不了解，如酵母的 2μm 质粒不授予宿主任何表型效应，也属于隐秘质粒。

3. 质粒的特性

通常，质粒具有以下特性。

（1）是非必要的遗传物质　一般只控制生物的次要性状，但能自我复制和稳定遗传。质粒的存在一般也有助于生物在特殊环境下生长。

（2）在细胞内的大小和数量（或拷贝数）不相同　一般大质粒（分子质量>60Mu）的拷贝数较少，而小质粒（分子质量<15Mu）较多。用氯霉素等抑制染色体DNA复制时，可使质粒拷贝数扩增。

（3）不亲和性（incompatibility）　细菌通常含有一种或多种稳定遗产的质粒，这些质粒可认为是彼此亲和的。但如果将一种类型的质粒通过接合或其他方式（如转化）导入已经含有一种质粒的细胞，只经少数几代后，大多数子细胞只含有其中一种质粒，那么这两种质粒便是不亲和的，他们不能共存于同一个细胞中。质粒的这种特性，称为不亲和性。

（4）可转移性　某些质粒能以较高的频率（$>10^{-6}$）通过细胞间的接合作用或其他机制从供体细胞向受体细胞转移。

（5）可整合性　在一定条件下质粒可以整合到染色体DNA上并可重新脱落下来。

（6）可重组性　不同质粒或质粒与染色体上的基因可以在细胞内或细胞外进行交换重组并形成新的重组质粒。

（7）可消除性　当两种同一不亲和群的质粒共处同一个细胞时，其中一种质粒由于不能复制而在细胞的不断分裂过程中被稀释（diluted out）或消除（curing）。消除是指细胞中由于质粒的复制受到抑制，而染色体的复制并未受到明显的影响，细胞可继续分裂的情况下发生的质粒的丢失。质粒的消除可自发产生，也可通过人工处理提高消除率，如质粒经高温、一定浓度的吖啶橙染料或丝裂霉素C等处理可以消除，宿主细胞同时也将失去质粒所携带的表型性状。

（8）耐碱性　与染色体DNA相比，质粒有较强耐碱性，在分离质粒操作中常将pH调至12.4而使染色体DNA变性，并通过离心与质粒DNA区分开来。

4. 质粒在基因工程上的应用

质粒是理想的克隆载体，相对分子质量小。首先质粒更容易操作，可抵抗剪切力的破坏，因此更容易从宿主细胞中分离出来。第二，相对分子质量小的质粒通常以多拷贝存在，不仅便于分离，而且对所有克隆的基因有了基因剂量效应。最后，相对分子质量小，降低了载体上多个某限制性内切酶酶切位点的可能。

可以在宿主细胞中产生便于选择的表型特征。当把一段外源DNA插入到一个载体中后，所形成的融合分子必须转化到一个合适的受体中，因为转化效率非常低，融合分子必须具有某些易于检测的表型。这项任务常由载体上携带的某些基因完成，例如抗生素抗性基因，也可由插入DNA上携带的基因完成。

多种限制性内切酶有单一位点，位点最好位于易检测表型基因上。克隆的第一步是用同一种内切酶或产生相同末端的内切酶来切割载体DNA和欲插入的DNA。如果载体含有多个内切酶位点，就会产生很多个片段。当两种经过切割的DNA样品混合并连接后，所形成的融合分子一定会缺失一个载体片段。如果外源DNA在内切酶敏感位点插入使某个表型易于检测的基因失活那将极为有利，因为这样就可以把融合分子切开的载体与自身退火形成的分子区别开。

（二）转座因子

1. 转座因子的类型和分子结构

转座是一种特殊类型的基因重组，通常是指特定的遗传因子从宿主DNA的一个位点移动到另一个新位点，这些可移动的遗传因子称为转座因子、转座子或跳跃基因。它们可以直接以 DNA 的形式或者以 RNA 为介导进行转座。

1950 年美国科学家 B. McLintock 首先在玉米中发现并描述了转座因子，打破了传统遗传学关于基因在染色体上固定排列及同源染色体交换的观点，揭示了基因的可移动性，并在 1983 年获得诺贝尔奖。

原核生物的转座因子有 3 种类型，包括插入序列（insertion sequence，IS）、转座子（transposon，Tn）和某些特殊病毒（如 Mu、D108）。IS 和 Tn 有 2 个共同的特征：它们都携带有编码转移酶的基因，该酶是转移位置，是转座所必需的；另一个共同特征是它们的两端都有反向末端重复序列（inverted terminal repeat，ITR）。

IS 是最简单的转座因子，分子大小在 250~1600bp，只含有编码转座所必需的转座酶的基因。它们分布在细菌的染色体、质粒和某些噬菌体 DNA 上。转座子（Tn）比 IS 分子大，与 IS 的主要区别是 Tn 携带有授予宿主某些遗传特性的基因，主要是抗生素和某些毒物（如汞离子）抗性基因，也有其他基因（如负责乳糖发酵的基因）。

2. 转座子的遗传效应

转座因子的转座可以引发多种遗传学效应，不仅能给基因组带来新的遗传信息，而且也能诱发突变，同时还能导致 DNA 的重排。在生物进化上有重要意义，同时也是遗传学研究中重要工具。

（1）诱发突变　当一个转座因子插入到结构基因中时，破坏原有基因结构，使其沉默。例如，玉米中 *Ds* 基因插入到色素 *C* 基因中，使其失去功能而不能合成相应的色素。而当 *Ds* 基因进一步转座到其他地方时，*C* 基因又回复到原有功能。

（2）产生染色体畸变　处在同一染色体不同位置的两个拷贝之间可能发生同源重组，重组的结果取决于两个转座因子相互间的排列方向。如果排列方向相同就会产生缺失，若是排列方向相反则会产生倒位，即染色体畸变。

（3）引起基因的移动　由于转座作用，可能使一些原来在染色体上相距很远的基因组合到一起，构建成一个操纵子或者表达单元，也可能产生一些具有新的生物学功能的基因和新的蛋白质分子，对于生物进化具有重大意义。

第二节　基因突变

一、基因突变的类型

由于 DNA 分子中发生碱基对的增添、缺失或者改变引起的基因结构的改变，称为基因突变。

（1）碱基置换　碱基置换（substituton）是指 DNA 分子多核苷酸的某一碱基对被另一个碱基对所置换、替代的突变形式，通常又称点突变。碱基置换包括转换和颠换两种方式，前者是指嘌呤与嘌呤之间或者嘧啶与嘧啶之间发生互换，后者是指一个嘌呤替换另一个嘧啶或者一个嘧啶替换另一个嘌呤的现象。

（2）移码突变　移码突变（frame-shift mutation，phase-shift mutation）是指基因组DNA多核苷酸链中插入或缺失一个或多个碱基对，导致插入或缺失点下游DNA读码序列发生移动，从而改变密码子的编码意义。移码突变的遗传学效应是导致其所编码的多肽链的氨基酸在组成种类和顺序上的改变。

（3）整码突变　整码突变是指基因组DNA多核苷酸链的密码子之间插入或缺失三个或者三的倍数个碱基，即以三联体密码的方式增加或减少，不造成读码框的改变，结果导致多肽链中增加或减少一个或几个氨基酸。

（4）片段突变　片段突变是指在基因组DNA分子中某些小的序列片段发生的改变，包括缺失、重复或者重排等。在减数分裂中，同源染色体的错误配对和不等交换式造成缺失、重复和重组的主要原因，而DNA断裂后片段的倒位重接是重排的分子基础。

二、基因的自发突变

基因自发突变（spontaneous mutation）是不经过诱变剂处理而自然发生的突变，通常具有以下特性。

（1）随机性　是指基因突变的发生与环境因子没有对应性。如抗药性突变并非由于接触了药物引起的，抗噬菌体突变也不是因为接触了噬菌体引起的，而是突变在接触它们之前就已经自发随机的发生了，药物或噬菌体只是起到选择的作用。Luria等1943年开展的变量试验（又称彷徨实验），Newcombe的涂布试验（1949年）以及1952年Lederberg夫妇的平板影印试验都很好地证明了基因突变是随机的，而不是定向的。

（2）低频性　自发突变的频率很低，通常突变率在10^{-8}～10^{-9}。所谓突变率是指每一个细胞在每一个世代中发生某一特定突变的概率，也用每单位群体在繁殖一代过程中所形成的突变体的数目表示。例如，10^{-9}的突变率意味着10^9个细胞在分裂成2倍的10^9个细胞过程中，平均形成一个突变体。

（3）可逆性　基因可以发生自然突变。同样，突变基因可以通过突变成为野生型基因，这一过程称为回复突变。正向突变率总是高于回复突变率。

（4）独立性　引起各种性状改变的基因突变彼此是独立的，即某种细菌可以以一定的突变率产生不同的突变，一般互不干扰。

三、基因的诱发突变

自发突变的频率是很低的，为此，人们利用许多化学、物理和生物因子提高其突变频率，将这些能使突变率提高到自发突变水平以上的物理、化学和生物因子（mutagen）称为诱变剂。所谓诱发突变（induced mutation）并非是用诱变剂产生新的突变，而是通过不同的方式提高突变率，如碱基类似物（base analog）5-溴尿嘧啶（胸腺嘧啶结构类似物）和2-氨基腺嘌呤（腺嘌呤结构类似物），在DNA复制过程中能够整合进DNA分子，但由于它们比正常碱基产生异构体的频率高，因此导致出现碱基错配的概率也高，从而提高突变频率。有些化学诱变剂，如亚硝酸能引起含NH_2基的碱基（A. G. C）产生氧化脱氨反应，使氨基变为酮基，从而改变配对性质造成碱基置换突变；羟胺（NH_2OH）几乎只和胞嘧啶发生反应，因此只引起GC→AT的转换；亚硝基胍是一种诱变作用特别强的诱变剂，因而有超诱变剂之称，它可以使一个群体中任何一个基因的突变率高达1%，而且能引起多位点突变，主要集中在复制叉附近，随复制叉的移动，其作用位置也移动。另外，紫外线（ultraviolet，UV）是实验室中常用的非电离辐射诱变类因子，其作用机制也了解得比较清楚，由UV引起的主要损伤是相邻碱基形成二聚体（dimer），阻碍碱基的正常配对而导致碱基置换突变。

现已发现许多化学诱变剂能够引起动物和人的癌症，因此利用细菌突变来检测环境中存在的致癌物质是一种简便、快速、灵敏的方法。该方法是由美国加利福尼亚大学的Ames教授首先发明，因此又称Ames试验，该试验是利用鼠伤寒沙门氏菌的组氨酸营养缺陷型菌株（*his*$^-$）的回复突变性能来进行的。所谓回复突变（reverse mutation或back mutation）是指突变体失去的野生型性状，可以通过第二次突变得到恢复，这种第二次突变称为回复突变。*his*$^-$菌株在不含组氨酸的培养基中不能生长，或只有极少数的自发回复突变子生长，如果回复突变率因某种化学诱变剂（或待测物）的作用而增加，那么这种化学药物可判断为具有致癌性。由于许多潜在的致癌剂在体外试验中可能不显示诱变作用，但进入人体后可转变成致癌活性，这种转变主要是由于肝内的混合功能氧化酶系的作用。因此，为了使体外试验更接近于人体内代谢条件，Ames等采用了在体外加入哺乳动物（如大鼠）微粒体酶系统，使待测物活化，使得Ames试验的准确率达80%~90%。

对于细菌来说，许多突变是致死性的。为了生存，细菌必须对细胞在DNA复制过程中出现的错误，或者出现的自发和诱发的前突变或损伤进行校正和修复。已知DNA聚合酶除了5′-3′的DNA复制功能外，还有3′-5′核酸外切酶活性的纠错功能，可随时进行错配碱基的校正。除此之外，细胞还有其他复杂的修复系统，如光复活（photoreactivation）作用、切除修复（excision repair）、重组修复（recombination repair）和SOS修复（SOS repair）等。

第三节 接合、转导与转化

一、细菌的接合

接合（conjugation）是通过供体菌和受体菌的直接接触而产生的遗传信息转移和重组的过程。

（一）实验证据

细菌的接合作用在1964年由Joshua Lederberg和Edward L. Taturm通过细菌的多重营养缺陷型（避免回复突变的干扰）杂交实验得到证实。如图9-8所示，只有在两个多重营养缺陷型菌株混合培养后才能在基本培养基上长出原养型菌落，而为混合的菌株则不能在基础培养基上生长，这说明长出原养型的菌落（由营养缺陷型恢复至野生型表型的菌株形成的菌落）是两个菌株之间发生了遗传交换和重组所致。

Lederberg等人的实验第一次证实了细菌之间可以发生遗传交换与重组，但这一过程是否需要细胞间的直接接触则是由Davis的U型管实验证实的（图9-9）。U型管中间放置有滤板，该滤板只允许培养基通过，而细菌不能通过。管的两臂装有完全培养基，当将两株营养缺陷型菌株分别接种到U型管的两臂中进行“混合”培养后，没有发现基因的交换与重组（基本培养基上无原养型菌落生长），从而证明了Lederberg等人观察到的重组现象是需要细胞直接接触的。

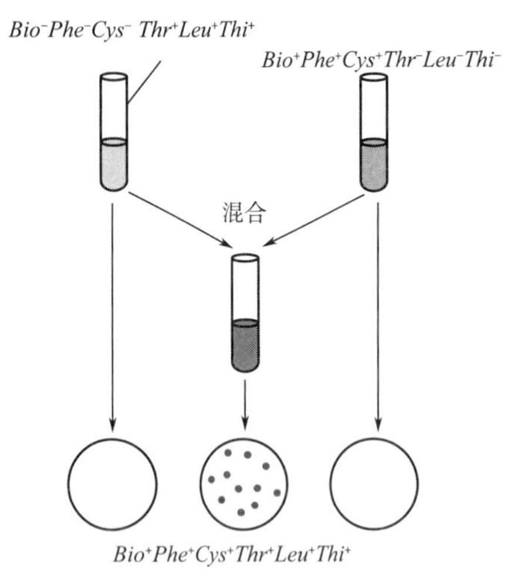

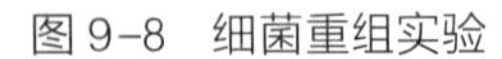

图 9-8 细菌重组实验

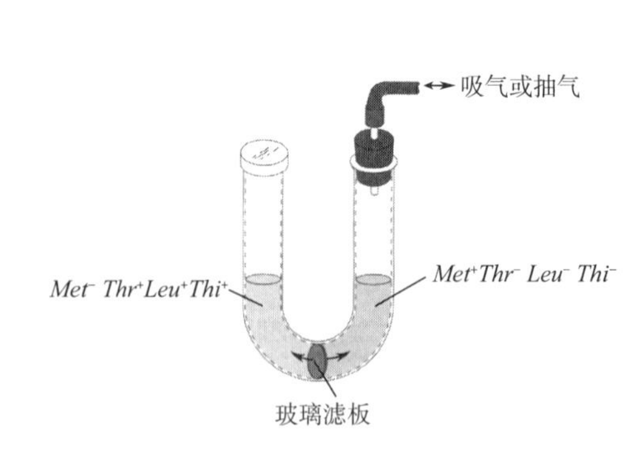

图 9-9 U 型管实验

（二） F 因子

在细菌中，对接合现象研究最清楚的是大肠杆菌（*E. coli*）。大肠杆菌的接合与其细菌表面的性纤毛有关，大肠杆菌有雄性和雌性之分，而决定它们性别的是 F 因子的有无。F 因子又称致育因子，能促使两个细胞之间的接合，是一种质粒。

其遗传组成包括 3 个部分：原点、致育基因群、配对区域。F 因子约有 6×10^4 对核苷酸组成，相对分子质量为 5×10^7，约占大肠杆菌总 DNA 含量的 2%。其与转移有关的基因占整个遗传图谱的 1/3，包括编码性菌毛，稳定接合配对、转移的起始和调节等 20 多个基因。

F 因子具有自主地与细菌染色体进行同步复制和转移到其他细胞中去的能力。它既可脱离染色体在细胞内独立存在，也可整合到染色体基因组上；它既可通过接合获得，也可通过理化因素的处理而从细胞中消除。

雌性细菌不含 F 因子，称为 F^- 菌株，雄性含有 F 因子，根据 F 因子在细胞中存在的情况的不同而有不同名称。F^+ 是指含有一种游离在细胞染色体之外的能够自主复制的小环状 DNA 分子的菌株。高频重组菌株（high frequency recombination，Hfr）是指 F 因子整合在细菌染色体上，成为细菌染色体的一部分，随同染色体一起复制的菌株；还有一种 F' 菌株是指 F 因子能被整合到细胞核 DNA 上，也能从上面脱落下来，呈游离存在，但在脱落时，F' 因子携带一小段细胞核 DNA 的菌株。这 3 种状态的雄性菌株与雌性菌株接合时，将产生 3 种不同的结果。

（三） $F^+\times F^-$ 杂交

当 F^+ 和 F^- 细胞混合在一起时，不同类型的细胞，只要几分钟，便成对地连在一起，即所有 F^+ 细胞跟 F^- 细胞配对完成，同时在细胞间形成一个很细的接合管（图 9-10），F 因子穿过接合管，进入 F^- 细胞，使其变为 F^+ 菌株。

具体过程包括接合配对的形成和 DNA 的转移。首先，性菌毛的游离端和受体细胞接触，通过具体供体与受体细胞膜产生解聚作用和再溶解作用，使供体和受体细胞紧密联结起来，接合配对完成之后，F^+ 菌株的 F 因子的一条 DNA 单链在特定位置上发生断裂，断裂的单链

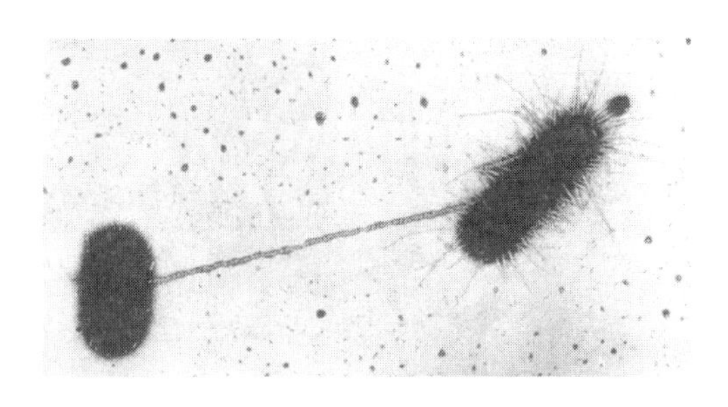

图 9-10 供体细胞与受体细胞相连接

逐渐解开，同时留下另一条环状单链为模板，通过模板的旋转，一方面，解开的一条单链通过性菌毛而推入 F^-菌株中；另一方面，又在供体细胞内，重新组合成一条新的环状单链，以取代解开的单链，此即为滚环模型。在 F^-菌株细胞中，外来的供体 DNA 单链上也合成一条互补的新 DNA 链，并随之恢复成一条环状的双链 F 因子。这样，F^-就变成了 F^+菌株。在 $F^+\times F^-$杂交中，虽然 F 因子以很高的频率传递，但供体遗传标记的传递是十分稀少的。F' 菌株与 F^-菌株接合过程同 F^+与 F^-菌株的接合过程，接合后，产生 2 个 F' 菌株。

（四） Hfr $\times F^-$杂交

当 Hfr 细菌与 F^-细菌混合时，两细胞结合配对，接着从 Hfr 细胞把染色体通过接合管定向转移给 F^-细胞。Hfr 菌株与 F^-菌株接合情况比较复杂，接合结果也不完全一样。

在大多数情况下，受体细胞仍是 F^-菌株，只有在极少数情况下，由于遗传物质转移的完整，受体细胞才能成为 F^+菌株。原因如下：当 Hfr 菌株与 F^-菌株发生接合时，Hfr 染色体在 F 因子处发生断裂，由环状变成线状。紧接着，由于 F 因子位于线状染色体之后，处于末端，所以必然要等 Hfr 的整条染色体全部转移完后，F 因子才能进入到 F^-细胞。而由于一些因素的影响，在转移过程中，Hfr 染色体常发生断裂，因此 Hfr 菌株的许多基因可以进入 F^-菌株，越是前段的基因，进入的机会越多，在 F^-菌株中出现重组子的时间就越早，频率也越高。而对于 F 因子，进入 F^-菌株的机会很少，引起性别变化的可能性也非常小。这样 Hfr 与 F^-菌株接合的结果重组频率虽高，但却很少出现 F^+菌株。

Hfr$\times F^-$杂交过程如图 9-11 所示：具有整合 F 因子 Hfr 细胞跟 F^-细胞配对，双重圆圈表示构成细菌染色体的双螺旋 DNA；接合管形成，Hfr 染色体从 F 插入点附近的起始位置开始复制并传递，亲本 DNA 的一条链穿过接合位点附近的起始位置开始复制，亲本 DNA 的一条链穿过接合管进入受体细胞；在复制和传递过程中，正在交配的细菌分开，形成一个 F 部分合子或部分双倍体细胞。在 F^-细胞中大概还合成了 DNA 的一条互补链；F^-染色体与从 Hfr 传递进入染色体片段发生重组产生稳定的重组型。

二、 细菌的转导

转导（transduction）现象在很多原核生物中都存在，是由病毒介导的细胞间进行遗传交换的一种方式。具体是指利用完全缺陷或部分缺陷噬菌体为媒介，把供体细胞的 DNA 片段转移到受体细胞中，通过交换与整合，从而使后者获得前者部分遗传性状的现象，称为转导。获得新性状的受体细胞称为转导子；能将一个细菌的部分遗传物质带到受体菌的噬菌体称为转导噬菌体。在噬菌体内仅含有供体 DNA 的称为完全缺陷噬菌体；在噬菌体内同时含

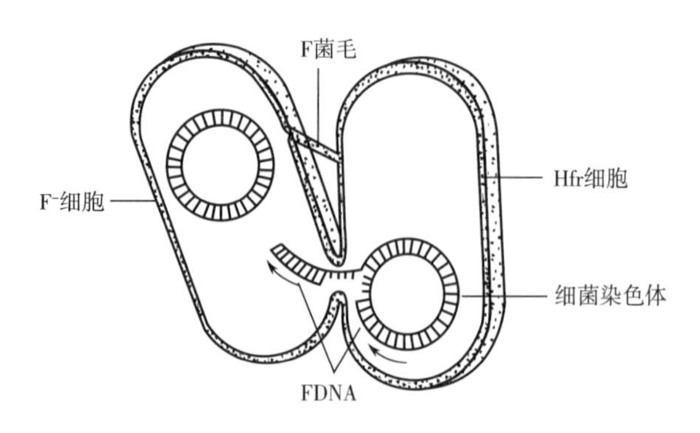

图 9-11 Hfr×F⁻杂交过程

有供体 DNA 和噬菌体 DNA 的称为部分缺陷噬菌体。根据噬菌体和转导 DNA 产生途径的不同，可将转导分为普遍性转导和局限性转导。

（一） 普遍转导

1951 年，Joshua Lederberg 和 Norton Zinder 为了证实大肠杆菌以外的其他菌种是否也存在接合作用，用两株不同的多重营养缺陷型的鼠伤寒沙门氏菌进行了类似的实验，结果发现两株营养缺陷型混合培养后产生了大约 10^{-5}的重组子，又一次成功证实了该菌中也存在重组现象。但当他们沿着接合作用的思路继续用 U 型管进行同样的实验时发现：在供体和受体不接触的情况下，却出现了原养型细菌。幸运的是，他们的混合实验中，所用的沙门氏菌 LT22AS 携带 P22 噬菌体的溶原性细菌，另一株是非溶原性细菌，因此结果的解释就必然集中到了可以透过滤板的 P22 噬菌体上，推测是它们的基因传递造成的。后来通过研究，发现了普遍性转导（generalized transduction）这一重要的基因转移途径。通过完全缺陷噬菌体对供体菌任何 DNA 片段的"误包"，实现其遗传性状传递至受体细胞的转导现象，称为普遍转导，普遍转导又分为完全普遍转导（complete transduction）和流产转导（abortive transduction）两种。

完全普遍转导，简称完全转导。在鼠伤寒沙门氏菌完全普遍转导实验中，曾以其野生型菌株作供体菌，营养缺陷型突变株做受体菌，P22 噬菌体作为转导媒介。当 P22 在供体菌内增殖时，宿主的核染色体组断裂，待噬菌体成熟与包装之际，极少数噬菌体的衣壳将与噬菌体头部 DNA 芯子相仿的一小段供体菌 DNA 片段误包入其中，因此形成一个完全缺陷噬菌体。当供体菌裂解时，如把少量裂解物与大量受体菌群体混合，这种完全缺陷噬菌体就可将这一外源 DNA 片段导入受体细胞内；在这种情况下，由于一个受体细胞只感染了一个完全缺陷噬菌体，故受体细胞不会发生往常的溶源化，也不显示其免疫性，更不会裂解和产生正常的噬菌体；还由于导入的外源 DNA 片段可与受体细胞核染色体组上的同源区段配对，再通过双交换而整合到受体菌染色体组上，使后者成为一个遗传性状稳定的转导子，实现完全普遍转导（图 9-12）。完全转导的供体细胞最终产生两种子代病毒，其中一种（右边）病毒颗粒内包含的不是病毒 DNA，而是供体细胞的染色体 DNA，这种病毒，称为转导颗粒（transducing particle）。

经转导而获得了供体菌 DNA 片段的受体菌，如果外源 DNA 在其内不进行交换、整合和复制，也不迅速消失，而仅进行转录、转译的性状表达，这种现象称为流产转导。

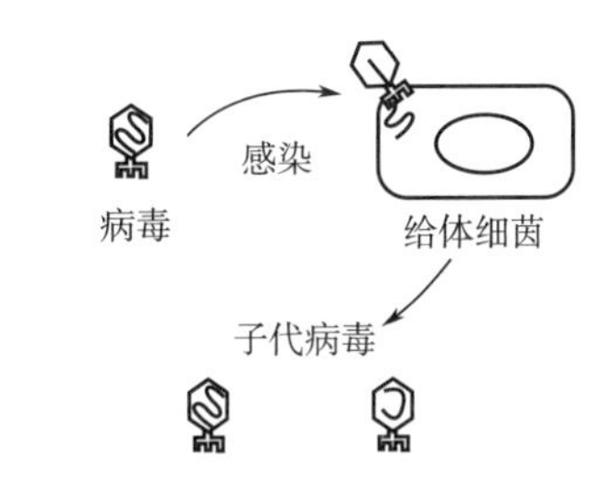

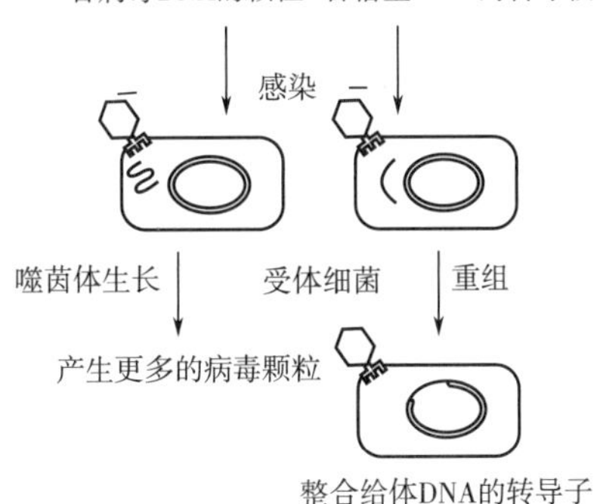

图9-12　完全普遍转导

（二）局限转导

局限转导（specialized transduction）是指通过部分缺陷的温和噬菌体把供体的少数特定基因携带到受体菌中，并获得表达的转导现象。普遍转导与局限转导的特性及其比较如表9-1所示。二者的主要区别在于：第一，被转导的基因共价地与噬菌体DNA连接，并与噬菌体DNA一起复制、包装以及被导入受体细胞中；第二，局限性转导颗粒携带特殊的染色体片段并将固定的个别基因导入受体。

表9-1　普遍转导与局限转导的特性及其转导比较

比较项目	普通转导	局限转导
转导的发生	自然发生	人工诱导
噬菌体形成	错误的装配	前噬菌体反常切除
形成机制	包裹选择模型	杂种形成模型
内含DNA	只含宿主染色体DNA	同时含有噬菌体DNA和宿主DNA
转导性状	供体的任何性状	多为前噬菌体邻近两端的DNA片段
转导过程	通过双交换使转导DNA替换了受体DNA同源区	转导DNA插入，使受体菌为部分二倍体
转导子	不能使受体菌溶源化，转导特性稳定	为缺陷溶源菌，转导特性不稳定

三、细菌的转化

（一）转化（transformation）的定义

转化是指游离的DNA分子（质粒和染色体DNA）被自然或人工感受态细胞摄取，并得到表达的水平方向的基因转移过程。根据感受态建立方式，可以分为自然转化（naturaltrans-formation）和人工转化（artificial transformation），前者感受态的出现是细胞一定生长阶段的生理特性；后者则是通过人为诱导的方法，使细胞具有摄取 DNA 的能力，或人为地将 DNA 导入细胞内。转化后的受体菌称为转化子，供体菌的 DNA 片段称为转化因子。呈质粒状态的转化因子转化频率最高，但受体细胞只有在感受态的情况下才能吸收转化因子。

感受态是指细胞能从环境中接受转化因子的这一生理状态。处于感受态的细菌，其吸收 DNA 的能力比一般细菌大 1000 倍。感受态可以产生，也可以消失。它的出现受菌株的遗传特性、生理状态、培养环境等的影响。例如，肺炎双球菌的感受态出现在对数生长期的中后期，枯草芽孢杆菌等细菌则出现在对数期末和稳定期初。

（二） 转化过程

转化的第一步是受体细胞要处于感受态（competence），即能从周围环境中吸取 DNA 的一种生理状态；然后是 DNA 在细胞表面的结合和进入，进入细胞内的 DNA 分子一般以单链形式整合进染色体 DNA，并获得遗传特性的表达。这一系列过程涉及细菌染色体上 10 多个基因编码的功能。图 9-13 所示为细菌对线型染色体 DNA 进行转化的模型。图 9-13 中（1）表示感受态的出现过程：细菌生长到一定的阶段分泌一种小分子的蛋白质，称为感受态因子，其相对分子质量为 5000~10000。这种感受态因子又与细胞表面受体相互作用，诱导一些感受态特异蛋白质（competence specific protein）表达，其中一种是自溶素（autolysin），它的表达使细胞表面的 DNA 结合蛋白及核酸酶裸露出来，使其具有与 DNA 结合的活性。图 9-13中（2）表示线型 DNA 分子的结合和进入细胞：DNA 以双链形式在细胞表面的几个位点上（1，2，3，4）结合并遭到酶的切割，核酸内切酶首先切断 DNA 双链中的一条链，被切断的链遭到核酸酶降解，成为寡核苷酸释放到培养基中，另一条链与感受态特异蛋白质结合，以这种形式进入细胞，并通过同源重组以置换的方式整合进受体染色体 DNA，经复制和细胞分裂后形成重组体。

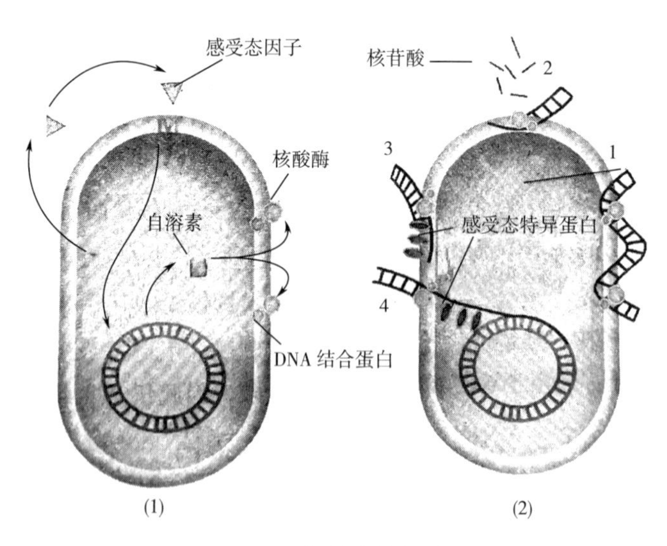

图 9-13　细菌的转化模型

（三） 影响转化效率的因素

在原核微生物中，转化是一种比较普通的现象。受体细胞的感受态，它决定转化因子能否被吸收进入受体细胞；受体细胞的限制酶系统和其他核酸酶，它们决定转化因子在整合前是否被分解；受体和供体染色体的同源性，它决定转化因子的整合。转化时培养基环境中加入环腺苷酸可以使感受态水平提高 10^4 倍。

第四节 微生物育种

微生物在自然进化过程中形成了越来越完善的代谢调节机制，使细胞内复杂的生物化学反应能高度有序地进行，并对外界环境条件的改变迅速做出合理的反应。微生物育种的目的就是要人为地把生物合成的代谢途径朝人们所希望的方向加以引导，或者促使细胞内发生基因的重组，优化遗传性状，实现人为控制微生物，获得我们所需要的高产、优质和低耗的菌种。为了实现这一目的必须设法解除或突破微生物的代谢调节控制，进行优良性状的组合，或者利用基因工程的方法人为改造或构建我们所需要的菌株。由于自发突变的频率较低，变异程度较轻微，因此依靠传统的定向培育育种通常进展十分缓慢，带有守株待兔的被动状态。然而，传统育种技术也能够创造出好的育种效果。例如，当今世界上应用最广的预防结核病制剂——卡介苗（BCG vaccine）的获得，便是定向育种的结果。它是法国科学家 Calmette 和 Guerin 经历了 13 年时间，把牛型结核分枝杆菌接在牛胆汁、丙三醇、马铃薯培养基上，连续转接了 230 代，才在 1923 年成功地获得了这种减毒的活菌苗——卡介苗。

一、 营养缺陷型突变育种

营养缺陷型（auxotroph）是一种缺乏合成其生存所必需的营养物的突变型，只有从周围环境或培养基获得这些营养或其前体物（precursor）才能生长。它的基因型常用所需营养物的前 3 个英文小写斜体字母表示，例如，*hisC*、*lacZ* 分别代表组氨酸缺陷型和乳糖发酵缺陷型，其中的大写字母 *C* 和 *Z* 则表示同一表型中不同基因的突变，相应的表型则用 *HisC* 和 *LacZ*（第一个字母大写）表示。在容易引起误解的情况下，则用 $hisA^-$ 和 $hisA^+$，$lacE^-$ 和 $lacZ^+$ 分别表示缺陷型和野生型（wild-type gene，没有发生突变的基因）。

营养缺陷型是微生物遗传学研究中重要的选择标记和育种的重要手段，由于这类突变型在选择培养基（或基本培养基）上不生长，所以是一种负选择标记，需采用影印平板（replica plating）的方法进行分离，步骤如下：

①将待分离突变株的原始菌株以合适的稀释度涂布到野生型菌株和突变株均能生长的主平板图 9-14（1）（含完整培养基）上，经培养后形成单菌落。

②通过消毒的“印章”（直径略小于培养皿底，表面包有丝绒布），使其尽量平整，将图 9-14（1）平板的菌落分别原位转印到（3）平板［含有与（1）平板相同的营养成分］和（4）平板（不含缺陷型所需的营养因子，即基本培养基）。

③经培养后对照观察图 9-14（3）和（4）平板上形成的单菌落，如果在（3）平板上长

而在（4）平板上不长的，则为所需分离的突变型。

④在图 9-14（3）平板上挑取（4）平板上不长的相应位置的单菌落，并进一步在完全培养基上划线分离纯化。

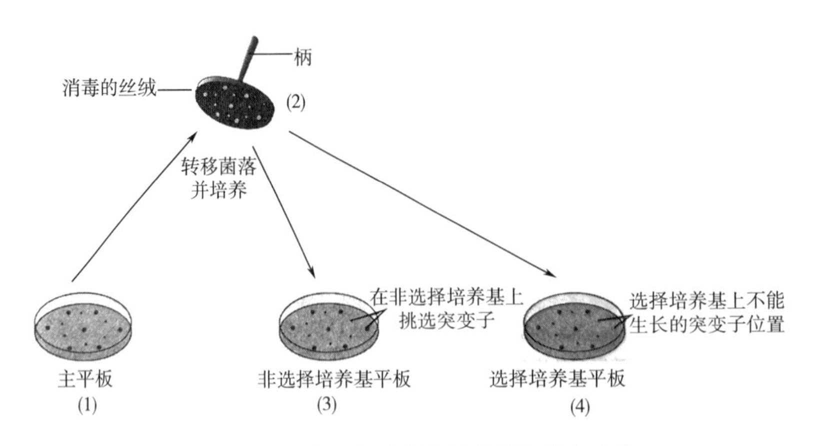

图 9-14　影印平板法分离营养缺陷型突变株

利用营养缺陷型突变株来生产氨基酸和核苷酸是典型的例子。由于在营养缺陷型中，生物合成途径中某一步发生酶缺陷，合成反应不能完成。通过外加限量的所要求的营养物，克服生长的障碍，而又使最终产物不至于积累到引发反馈调节的浓度，从而有利于中间产物或某种最终产物的积累。

二、条件致死型突变育种

条件致死突变型（conditional lethal mutant）是指在某一条件下具有致死效应，而在另一条件下没有致死效应的突变型。这类突变型常被用来分离生长繁殖必需的突变基因。因为这类基因一旦发生突变是致死的（如为 DNA 复制所必需的基因），因而也就不可能得到这些基因的突变。常用的条件致死突变是温度敏感突变，用 t^s（temperature sensitive）表示，这类突变在高温下（如 42℃）是致死的，但可以在低温（如 25～30℃）下得到这种突变。筛选 t^s 突变型的方法也是采用影印平板法，所不同的是影印法中的 3 个平板上培养基相同，均可生长。只是将图 9-14（3）和（4）平板分别置低温（30℃）和高温（42℃）下培养，然后在（3）平板上挑取相应于（4）平板上未生长的菌落。

温度敏感突变常用于提高代谢产物产量。适于在中温条件下（如 37℃左右）生长的细胞，经诱变后可得到在较低温度下生长而在较高温度（37℃以上）不能生长的突变株，即温度敏感性突变株。这是由于某一酶蛋白结构改变后，在高温条件下活力丧失的缘故。如此酶为某蛋白质、核苷酸合成途径中所需的酶，则此突变株在高温条件下的表型就是营养缺陷型。诱变处理谷氨酸产生菌乳酸发酵短杆菌 2256，得到的温度敏感突变株 Ts88，在 30℃培养时能正常生长，40℃时死亡，但能在富含生物素的培养基中积累谷氨酸，而野生型菌却受生物素的反馈抑制。在富含生物素的天然培养基中进行发酵时，可先在 30℃（容许条件）中进行培养以得到大量菌株，适当时间后提高温度（40℃，非容许条件），就能获得谷氨酸的过量生产。

三、抗药性突变育种

抗药性突变型（resistant mutant）是由于基因突变使菌株对某种或某几种药物，产生抗性的一种突变型，普遍存在于各类细菌中，也是用来筛选重组子和其他遗传学研究的重要正选择标记。这类突变类型常用所抗药物的前 3 个小写斜体英文字母加上“r”表示，如：str^r 和 str^s 分别表示对链霉素的抗性和敏感性（sensitivity）。在加有相应抗生素的平板上，只有抗性突变能生长。所以很容易分离得到。

在抗生素产生菌选育中，通过筛选抗生素抗性突变可提高抗生素产量。例如，解烃棒杆菌（C. *hydrocarboclastus*）可以产生棒杆菌素（corynecin），它是氯霉素的类似物。抗氯霉素的解烃棒杆菌突变株能产生 4 倍于亲株的棒杆菌素。抗生素抗性突变株除能提高抗生素的产量外，还能提高其他代谢产物的量。例如，衣霉素可抑制细胞膜糖蛋白的产生，枯草杆菌的衣霉素抗性突变株的 α-淀粉酶的产量较亲本提高了 5 倍，这是由于分泌机制改变的结果。抗利福平的蜡状芽孢杆菌的无芽孢突变株的 β-淀粉酶产量提高了 7 倍，这是由于芽孢杆菌的延迟利于 β-淀粉酶的形成，而抗利福平突变往往失去了形成芽孢的能力。

四、代谢工程育种

诱变育种虽然是一种行之有效的微生物育种手段，但由于其非定向性、随机性、低效性，使其应用受到一定的限制。随着基因工程技术的应用和发展，一种称为代谢工程（metabolic engineering）的新育种技术应运而生。这是一种利用基因工程技术对微生物代谢网络中特定代谢途径进行有精确目标的基因操作，改变微生物原有的调节系统，使目的代谢产物的活性或产量得到大幅度提高的一种育种技术，如扩展细胞的代谢途径，来提高产物产量的技术。

这是指在引入外源基因后，使原来的代谢途径向后延伸，产生新的末端产物，或使原来的代谢途径向前延伸，可以利用新的原料合成代谢产物。例如，α-酮基古洛酸（α-KLG）是合成维生素 C 的前体物质，已知草生欧文氏菌（*Erwinca herbicola*）可将葡萄糖转化为 2，5-二酮基-D-葡萄糖酸（2，5-DKG），但由于缺少 2，5-DKG 还原酶，而不能继续将 2，5-DKG 转化为所需要的前体物质 α-KLG。因此只好通过加入另一种菌（棒杆菌，能产生 2，5-DKG 还原酶）进行串联发酵，它们像接力赛运动员一样，各自承担一段转化任务。但用两株菌发酵不仅操作烦琐，而且能源消耗也大，而利用基因工程技术将棒状杆菌的 2，5-DKG 还原酶基因导入草生欧文氏菌中，只需一种菌就能从葡萄糖直接转化为 2-KLG，再经催化生成维生素 C。这是使原来的代谢向后延伸产生新的末端产物的典型例子。

酿酒酵母不能直接将淀粉转化为乙醇。如果能将淀粉酶基因转入酿酒酵母，使其代谢途径向前延伸，利用新的原料淀粉来生产乙醇，则能使工艺简化，成本降低，这一直是人们所希望的。由于淀粉酶在酵母中的表达量太低，并不能达到由淀粉大量地生产乙醇的目的。后来的研究发现将巴斯德毕氏酵母的抗乙醇阻遏的醇氧化酶基因的启动子用来表达淀粉酶基因，可提高淀粉酶的产量（可达 25mg/L），从而可以使酿酒酵母有效地将淀粉直接发酵产生乙醇，3%的淀粉可产生至少 2%的乙醇。

五、杂交育种

基因重组又称遗传传递，是指两个不同来源的遗传物质通过交换与重新组合，形成新的基因型，产生新的遗传型个体的过程。通过基因重组所获的后代具有特异的、不同于亲本的基因组合。基因重组是分子水平上的概念，是遗传物质在分子水平上的杂交。在真核微生物和原核微生物中可通过杂交获得有目的、定向的新品种。

（一） 有性杂交

杂交是通过双亲细胞的融合，使整套染色体发生基因重组，或者是通过双亲细胞的沟通，使部分染色体基因重组。凡能产生有性孢子的酵母菌或者真菌，原则上都可应用于高等动、植物杂交育种相似的有性杂交方法进行育种。

以工业上常用的酿酒酵母为例。酿酒酵母有其完整的生活史。从自然界中分离到的，或在工业生产中应用的酵母，一般都是它们的双倍体细胞。将不同生产性状的甲、乙两个亲本，分别接种到乙酸钠培养基等产孢子培养基斜面上，使其产生子囊，经过减数分裂后，在每个子囊内会形成4个单倍体子囊孢子，用蒸馏水洗下子囊，经机械法或者酶法破坏子囊，再经离心，然后用获得的子囊孢子涂布平板，就能得到单倍体菌落。把两个亲体不同性别的单倍体细胞密集在一起就有更多机会出现双倍体的杂交后代。它们的双倍体细胞核单倍体细胞有很大不同，便于识别。有了各种双倍体的杂交子代后，就可以进一步从中筛选出优良性状的个体。生产实践中利用有性杂交培育优良品种的例子很多，例如用乙醇发酵的酵母和利用面包发酵的酵母虽然是同一种酿酒酵母，但二者是不同的菌株。表现在前者产乙醇率高而对麦芽糖和葡萄糖发酵力弱，后者则产乙醇率低而对麦芽糖和葡萄糖的发酵力强。二者通过杂交，就得到了既能生产乙醇，又能将其残余的菌体综合利用作为面包厂和家用发面酵母的优良菌种。

（二） 准性杂交

准性生殖是一种类似于有性生殖，但比它更为原始的一种两性生殖方式，它可使同种生物两个不同菌株的体细胞发生融合，且不以减数分裂的方式而导致低频率的基因重组并产生重组子。因此可以认为，准性生殖是在自然条件下真核微生物体细胞间的一种自发性的原生质体融合现象。准性生殖在构巢曲霉（*Aspergillus nidulans*）中最为常见。通常，构巢曲霉核融合的频率为10^{-5}~10^{-7}，通过某些理化因素如樟脑蒸汽、紫外线或高温等处理，可以提高核融合的频率。另外，构巢曲霉的双倍体杂合子的遗传性状极其不稳定，在其进行有丝分裂过程中，极少数核内染色体会发生交换和单倍体化，从而形成了极个别的具有新性状的单倍体杂合子。如果对双倍体杂合子用紫外线、γ射线或氮芥等进行处理，就会促进染色体断裂、畸变或导致染色体在两个细胞中分配不均，因而有可能产生各种不同性状组合的单倍体杂合子。国内在灰黄霉素生产菌——荨麻青霉（*Penicillium urticae*）的育种中，曾用准性杂交的方法取得了较大的成效。

六、 原生质体融合育种技术

原生质体融合属于体内基因重组技术，是利用遗传学的方法和技术使微生物细胞内发生基因重组，从而获得优良菌株的一种育种方法。20世纪70年代以来发展起来的原生质体融合技术为微生物育种开辟了一条新途径，成为重要的育种手段之一。

原生质体融合就是通过人为的方法，使遗传性状不同的两个细胞的原生质体进行融合，借以获得兼有双亲遗传性状的稳定重组子的过程。由此法获得的重组子，称为融合子。原生质体融合技术打破了微生物的种属界限，为远缘微生物间的重组育种展示了广阔前景。

原生质体融合育种一般包括如下步骤：①标记菌株的筛选；②原生质体的制备；③原生质体的再生；④原生质体的融合；⑤融合子的检出与鉴定。原生质体融合的基本过程如图 9-15 所示。

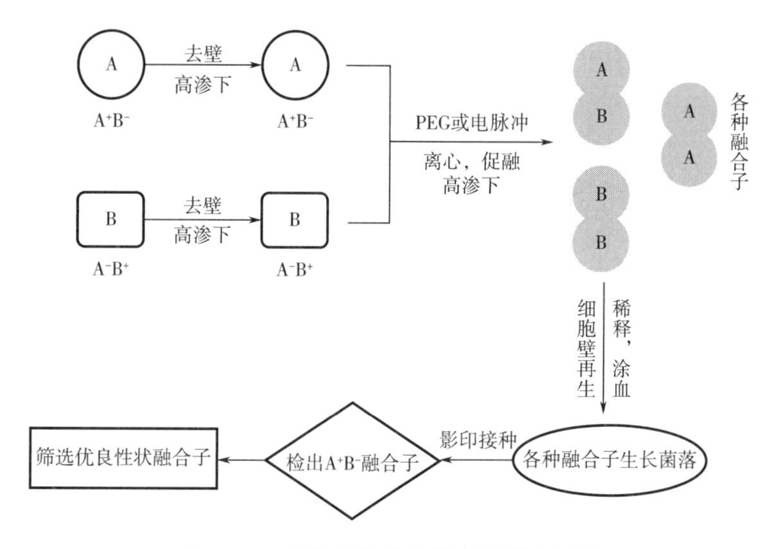

图 9-15 原生质体融合基本过程示意图

（一） 标记菌株的筛选

在原生质体融合的过程中，所用的亲本需要携带一定的遗传标记以便于融合子的筛选。一般多采用营养缺陷型和抗性突变作为标记，也可以采用热致死（灭活）、孢子颜色、菌落形态作为标记。究竟采用那种遗传标记，要根据实验目的来确定。对于工业生产菌来说，应尽可能采用该菌株自身已带的各种遗传标记。

（二） 原生质体的制备

获得有活力和去壁较为完全的原生质体是原生质体融合育种的关键步骤。在细菌和放线菌主要采用溶菌酶去壁，制备原生质体；在酵母菌和霉菌中一般采用蜗牛酶和纤维素酶。影响原生质体制备的因素有许多，主要有以下几个方面。

1. 菌体的前处理

为了使酶的作用效果更好，可对菌体做一些前处理。例如，可在细菌中加入乙二胺四乙酸（EDTA）、甘氨酸、青霉素和 D-环丝氨酸等；在放线菌的培养液中加入1%~4%的甘氨酸等；在酵母菌中加入 EDTA 和巯基乙醇等。加入这些物质可以增加菌体细胞壁对酶的敏感性。以细菌为例：青霉素能干扰甘氨酸交联桥与四肽侧链上的 D-丙氨酸之间的联结，使细菌不能合成完整的具有空间网络结构的细胞壁，结果细胞壁结构疏松，便于溶菌酶处理；环丝氨酸的结构与 D-丙氨酸相似，可竞争性抑制丙氨酸消旋酶的作用，使 L-丙氨酸不能转变为 D-丙氨酸，结果细菌就不能合成 *N*-乙酰胞壁酸五肽，细胞壁难以形成；甘氨酸可以取代细胞壁肽聚糖中的 L-丙氨酸和 D-丙氨酸残基，干扰肽聚糖的相互交联。

2. 菌体培养时间

为了使菌体细胞易于原生质化，一般选择对数生长期后期的菌体。这时的细胞正在生长，代谢旺盛，细胞壁对酶解作用最为敏感。采用这个时期的菌体制备原生质体，原生质体形成率高，再生率也很高。

3. 去壁酶浓度

一般来说，酶浓度过低，不利于原生质体的形成；酶浓度过高，则导致原生质体再生率的降低。为了兼顾原生质体的形成率和再生率。有人建议以使原生质体形成率和再生率的乘积达到最大时的酶浓度作为最佳酶浓度。

4. 酶解温度

温度对酶解作用有双重影响，一方面随着温度的提高，酶解反应速度加快；另一方面，随着温度的增加，酶蛋白逐渐变性而使酶失活。而且酶解温度对原生质体的再生也有很大的影响。所以酶的作用温度要根据酶的特性和菌种特性决定。一般地说，酶解温度应控制在20~40℃。

5. 酶解时间

充足的酶解时间是原生质体化的必要条件，但是如果酶解时间过长，则再生率随酶解时间的延长而显著降低。其原因是当酶解达到一定时间后，绝大多数的菌体细胞均已形成原生质体，再进行酶解作用，酶便会进一步对原生质体发生作用而使细胞质膜受到损伤，造成原生质体失活。因此必须选择合适的酶解时间。

6. 渗透压稳定剂

渗透压在原生质体制备中，不仅起到保护原生质体免于膨胀作用，而且还有助于酶和底物的结合。对于不同的微生物细胞，选用的稳定剂也不相同。对于细菌或放线菌，多采用蔗糖、琥珀酸钠、NaCl 等为渗透压稳定剂；对于酵母菌，则多用山梨醇、甘露醇等；在霉菌中多用 KCl 和 NaCl 等。稳定剂的使用浓度一般均在 0.3~0.8mol/L。

除此以外，破壁时的 pH、培养基成分、培养方式、离子强度和种类等对原生质体的形成也有一定的影响。

（三） 原生质体的再生

酶解去壁后得到的原生质体应具有再生能力，即能重建细胞壁，恢复细胞完整形态并能生长、分裂，这是原生质体融合育种的必要条件。原生质体已经失去细胞壁，仅有一层10nm 的细胞质膜，是失去了原有细胞形态的球状体。它具有生物活性，但不是一种正常的细胞，在普通培养基平板上不能正常地生长、繁殖。为此，必须想办法使其细胞壁再生出来，以恢复细胞原有形态和功能。原生质体的再生必须使用再生培养基，再生培养基由渗透压稳定剂和各种营养成分组成。

原生质体的再生是一个十分复杂的过程。除培养基外，影响原生质体再生的主要因素还包括菌种本身的再生特性、原生质体制备条件及再生培养条件等。

通常在原生质体融合前要测定原生质体的再生率，以此分析不能融合或融合频率低是由于双亲原生质体本身没有活性或再生率很低，还是由于融合条件不适合所致。因此，测定原生质体形成率和再生率不仅可作为检查、改善原生质体形成和再生条件的指标，而且也是分析融合实验结果、改善融合条件的一个重要指标。原生质体再生率可用式（9-1）进行计算：

$$\text{原生质体再生率}=\frac{\text{再生菌数}-\text{剩余菌数}}{\text{破壁前菌数}-\text{剩余菌数}}\times 100\% \tag{9-1}$$

（四） 原生质体的融合

制备好的二亲本原生质体可以通过生物助融、物理助融或化学助融的方法融合。生物助融是通过病毒聚合剂，如仙台病毒等病毒和某些生物提取物使原生质体融合。物理助融是通过离心沉淀、电脉冲、激光等物理方法刺激原生质体融合。化学助融是通过化学助融剂刺激其融合，早期主要是用硝酸盐类，现在应用较多的是 PEG 加 Ca^{2+}。

影响原生质体融合的因素主要有融合剂的浓度、作用时间、阳离子浓度及 pH 等，更为重要的是亲本的选择以及原生质体的活力。一般原生质体融合选用的 PEG 以分子质量在 4000~6000 为好，融合时 PEG 的最终浓度常采用 30%~40% 为最佳。

（五） 融合子的检出与鉴定

融合子的检出主要依靠两个亲本的选择性遗传标记，在选择性培养基上，通过两个亲本的遗传标记互补而挑选出融合子。原生质体融合后产生两种情况，一种是真正的融合，即产生杂合二倍体或单倍重组体；另一种是细胞质发生了融合，而细胞核没有融合，形成异核体。二者均可以在选择培养基上生长，一般前者较稳定，后者不稳定，会分离成亲本类型，有的甚至可以以异核状态移接几代。因此，要获得真正的融合子，必须在融合原生质体再生后，进行几代自然分离和选择，才能加以确定。

对经过传代选出的稳定融合子，可以从形态学、生理生化及遗传学等几个方面进行鉴定，并最终筛选出稳定高产的融合子。

第五节　微生物的基因组

基因组（genome）是指一个生物体、细胞器或病毒的整套基因。为了深刻揭示这种遗传语言的奥秘，科学家们开始测序人类及其他模式生物基因组，希望在基因组整体水平彻底解读和破译遗传信息。到目前为止，人们对遗传语言了解得还很少，仍不清楚编码在 DNA 序列上的一维程序如何在四维时空中控制生命体的生长发育，不知道遗传信息怎样从空间形式转化为它的时间形式。然而，实验数据的迅速增加对于揭示新规律是一个非常有利的因素，并为全面破译遗传密码创造了很好的条件。充分利用这些数据，通过数据分析与处理，揭示这些数据的内涵，获得对人类有用的信息。

基因组学出现于 1980 年，噬菌体 ΦX174（5368 碱基对）成为第一个被完全测定的基因组。1995 年，流感嗜血杆菌（*Haemophilus influenzae*，1.8Mb）测序完成，这代表了利用鸟枪测序法成功地测出了第一个全基因组的序列。该方法是获得基因组序列的快速而有效的方法，这个基因组测序的完成花费一年时间，标志着基因组学纪元的开始。2001 年，人类基因组计划公布了人类基因组草图，为基因组学研究揭开新的一页。随后基因组学取得长足发展，但要全面地描述活细胞的内部作用关系是一项十分艰巨的任务。基因组序列信息表明，组成大肠杆菌枯草芽孢杆菌的染色体的超过 30%的可读框（ORF）功能未知。这个问题在已测序的酿酒酵母基因组中反复提到，在酿酒酵母中大的 6000 个预测基因中的 1/3 仍被归为未知细胞功能的 ORF。因此，很明显，除了基因组结构分析以外，其他的系统研究得到的信息对大量的序列数据归类于生物学上有意义的位置是十分必要的。

一、 大肠杆菌的基因组

（一） 大肠杆菌

大肠杆菌（*Escherichia coli*）种分类学上属于变形菌门（Proteobacteria）、变形菌纲（Gamma-proteobacteria）、肠杆菌目（Enterobacteriaceae）、肠杆菌科（Enterobacteriaceae）、埃希氏菌属（*Escherichia*），拥有极其丰富多样的生理学类型。在生物（包括人类）、水、土壤、沉积物等多种环境中生存，在人类和动物出生不久就在胃肠道定殖，属于肠道正常菌群的一部分，与宿主正常生理功能和健康状况息息相关，宿主终生伴随其生长。根据大肠杆菌与宿主的关系可以把它分成共生（commensalism）、益生（symbiosis）和致病（pathogenicity）三大类型。共生和益生都是不致病的细菌。作为人们熟知的模式生物和重要的致病性微生物，大肠杆菌很早就受到了生物学家的关注，并且进行了深入研究，是人类认识最透彻的物种之一。对大肠杆菌的研究往往要和具体的生物学意义相关，人们关注健康，所以研究最多的是致病性大肠杆菌。目前对于肠道大肠杆菌的研究还主要以致病性大肠杆菌（EPEC）、肠产毒素性大肠杆菌（ETEC）、肠侵袭性大肠杆菌（EIEC）、肠出血性大肠杆菌（EHEC）和肠黏附性大肠杆菌（EAEC）这五类致病性细菌为主。

（二） 大肠杆菌全基因组分析

大肠杆菌的全基因组序列最早在1997年发表。截至2016年12月，GenBank基因组数据库共收录77株大肠杆菌全基因组序列。大肠杆菌全基因组（图9-16）大小为5.03Mbp，(G+C）含量为50.43%。综合运用序列相似性搜索、基因结构域比对，以及基因预测软件的一致性策略（consensus strategy）对编码蛋白质基因进行预测注释，预测所得蛋白质编码区（CDS）数为4666个。在基因序列上共找到68个转运RNA（tRNA），4个核糖体（rRNA），13个非编码RNA（ncRNA）。在预测的4581个CDS中，无染色质结构和动力相关的基因。化合物的转运和代谢以及氨基酸转运和代谢的基因多达240和336个；细胞周期控制、细胞分裂和染色体分离有44个；涉及核苷酸转运和代谢、辅酶的转运和代谢、脂类转运和代谢、无机离子的转运和代谢、次级代谢产物的生物合成、转运和分解代谢的基因也较多，分别为104，167，115，213，53个；复制、重组和修复以及转录相关基因分别为151和242个；与能量产生和转换有关的基因266个；翻译、核糖体结构和生物合成相关基因237个；细胞壁、细胞膜和细胞外膜的合成相关的基因238个；细胞运动相关89个；翻译后修饰、蛋白翻转和分子伴侣相关基因149个；细胞内转运，分泌和小泡运输52个；与信号转导机制相关基因158个，与防御机制有关的基因有85个；而最大的一类是未分类的未知功能的基因，共有1180个基因与碳水化合物相关。

二、 枯草芽孢杆菌的基因组

（一） 枯草芽孢杆菌

枯草芽孢杆菌（*Bacillus subtilis*）是革兰阳性菌中最具特色的典型。它是一种需氧的杆状菌，能够形成内生孢子，在土壤和水中普遍存在。枯草芽孢杆菌和它关系相近的菌因为具有代谢的多样性而具有商业意义。尤其是，它们产生胞外水酶（如淀粉酶和蛋白酶）的能力比较强，这些水解酶能够降解多糖、核酸、脂质。降解产物将作为生物体的碳源。除了大分子水解酶的产生，*B. subtilis* 在营养饥饿的条件开始次级代谢途径，如抗生素（如表面活性素、

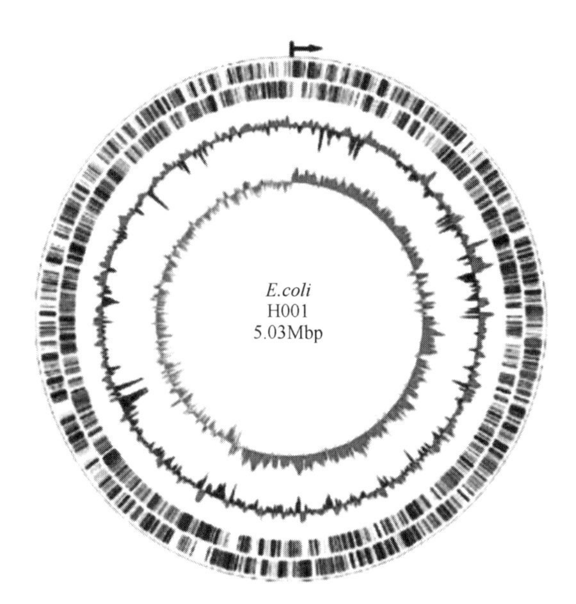

图 9-16　大肠杆菌 H001 基因组圈图

丰原素）的产生。枯草芽孢杆菌的全基因组序列在 1997 年发表，是第一个得到全基因组序列的革兰阳性细菌

（二）枯草芽孢杆菌（*Bacillus subtilis*-916）全基因组

枯草芽孢杆菌全基因组（图 9-17）大小为 3925958bp，（G+C）含量为 46.4%。综合运用序列相似性搜索、基因结构域比对，以及基因预测软件的一致性策略（consensus strategy）对编码蛋白质基因进行预测注释，预测所得 CDS 数为 4056 个，编码（coding）区域的长度 3491649bp。在基因组序列上共找到 152 个串联重复区域，平均拷贝数为 4.38882，转座子 103 个，IS 序列数量 37 个。在基因序列上共找到 46 个 tRNA，39 个 rRNA。在预测的 4056 个 CDS 中，染色质结构和动力相关的基因最少，只有 1 个；与碳水化合物的转运和代谢以及氨基酸转运和代谢的基因多达 240 和 276 个；细胞周期控制、细胞分裂和染色体分离有 35 个；涉及核苷酸转运和代谢、辅酶的转运和代谢、脂类转运和代谢、无机离子的转运和代谢、次级代谢产物的生物合成、转运和分解代谢的基因也较多，分别为 76，113，117，148，84 个；复制、重组和修复以及转录相关基因分别为 117 和 249 个；与能量产生和转换有关的基因 166 个；翻译、核糖体结构和生物合成相关基因 134 个；细胞壁、细胞膜和细胞外膜的合成相关的基因 180 个；细胞运动相关 53 个；翻译后修饰、蛋白翻转和分子伴侣相关基因 90 个；细胞内转运，分泌和小泡运输 24 个；与信号转导机制相关基因 111 个，与防御机制有关的基因有 55 个；而最大的一类是未分类的未知功能的基因，共有 1180 个。

三、酿酒酵母的基因组

（一）酿酒酵母

酿酒酵母（*Saccharomyces cerevisiae*），又称面包酵母。酿酒酵母是与人类关系最广泛的一种

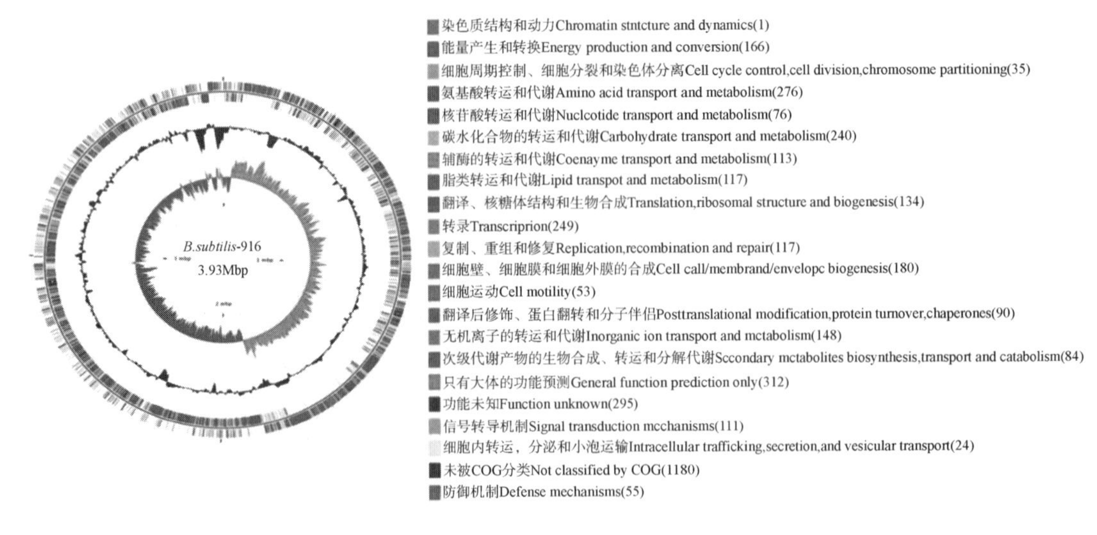

图 9-17 枯草芽孢杆菌 *B. subtilis*-916 基因组圈图

酵母，不仅因为传统上它用于制作面包和馒头等食品及酿酒，在现代分子和细胞生物学中用作真核模式生物，其作用相当于原核的模式生物大肠杆菌。酿酒酵母是发酵中最常用的生物种类。酿酒酵母的细胞为球形或者卵形，直径 5~10μm。其繁殖的方法为出芽生殖。酵母为单细胞真菌，作为模式生物的酵母主要有两种：一种是酿酒酵母（*S. cerevisiae*），其无性生殖方式为芽殖，故又称芽殖酵母（budding yeast）；另一种是粟酒裂殖酵母（*Schizosaccharomyces pombe*），其无性生殖方式为裂殖，故又称裂殖酵母（fission yeast）。这两种酵母虽然同属于子囊真菌，均为模式生物，但二者在进化上的亲缘关系较远，在许多方面并不相同。例如，粟酒裂殖酵母营养体为单倍体，而酿酒酵母营养体则为二倍体，这使得二者的生活史刚好相反。

（二） 酿酒酵母的全基因组

酵母 DNA 只存在于细胞核中，酵母菌染色体功能的支持主要由复制起点（ARS 元件）、着丝粒（CEN 元件）和端粒（telomere）构成。同时，酵母菌还具有同时兼容几种不同质粒（带有酵母固有质粒 2μm 复制子）的特点。酵母的基因组很小，酿酒酵母的单倍体就含有 16 条 200~2200kb 的线性染色体，DNA 容量仅为大肠杆菌的 3.5 倍。通过完整的基因组测序其基因组大小为 12.1kb，编码 5885 个专一性蛋白质的开放阅读框。而裂殖酵母的基因组大小尽管与酿酒酵母相近，但仅分布在 3 条染色体上，编码 4824 个蛋白质。这意味着在酵母基因组中平均每隔 2kb 就存在一个编码蛋白质的基因，即整个基因组有 72%的核苷酸顺序由开放阅读框组成。酵母基因组的紧密性是因为基因间隔区较短与基因中内含子稀少。酵母基因组的开放阅读框平均长度为 483 个密码子，最长的是位于Ⅻ号染色体上的一个功能未知的开放阅读框（4910 个密码子）。此外，酿酒酵母基因组中还包含有大约 140 个编码 rRNA 的基因，排列在Ⅻ号染色体的长末端；40 个编码核小 RNA（snRNA）的基因，散布于 16 条染色体；属于 43 个家族的 275 个 tRNA 基因也广泛分布于基因组中。

四、 微生物基因组测序

1. 基因组 DNA 的提取与测序

提取基因组 DNA 并随机打断，电泳回收所需长度的 DNA 片断，并加上接头进行 cluster 制备，最后上机测序。

建库方法和测序流程分为以下 3 个步骤：①DNA 样品被接收后，对样品进行检测。②用检测合格的样品构建文库。首先采用超声法 Covaris 或者 Bioruptor 将大片段 DNA（如基因组 DNA、BAC 或长片段 PCR 产物）随机打断并产生主带≤800bp 的一系列 DNA 片段，然后用 T4 DNA 聚合酶、Klenow DNA 聚合酶和 T4 多聚核苷酸激酶（PNK）将打断形成的黏性末端修复成平末端，再通过 3′端加碱基 A，使得 DNA 片段能与 3′端带有 T 碱基的特殊接头连接，用电泳法选择需回收的目的片段连接产物，再使用 PCR 技术扩增两端带有接头的 DNA 片段；③用合格的文库进行 cluster 制备和测序（图 9-18）。

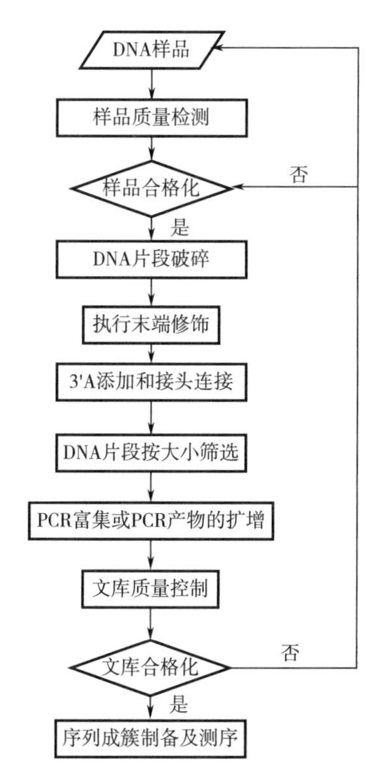

图 9-18　基因组分析流程图

2. 生物信息分析流程

测序下机的数据经过处理后进行信息分析。下面为标准信息分析内容的详细描述（图 9-19）。

（1）数据过滤　对测序得到的原始数据进行过滤及统计。

（2）组装　运用 SOAPdenovo 1.05 短序列组装软件，对处理后的 reads 数据进行组装。

（3）组装结果评价　若有近源参考序列，可以对基因组和基因区覆盖度进行评价。

（4）ncRNA 注释　通过与参考序列 rRNA 比对找到 rRNA，或 rRNAmmer 软件预测 rRNA；

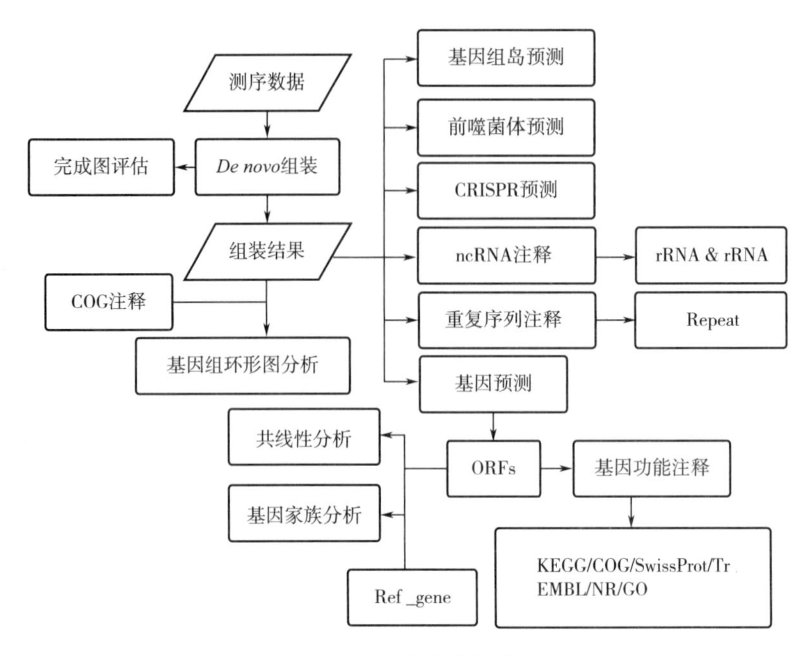

图 9-19 标准信息分析流程图

通过 tRNAscan 软件预测 tRNA 区域和 tRNA 的二级结构；通过 Rfam 软件预测 sRNA。

（5）重复序列注释 通过 RepeatMasker 软件（使用 Repbase 数据库）和 RepeatProtein-Masker 软件（使用 RepeatMasker 自带的转座子蛋白库）两种方法来预测转座子；通过 TRF（Tandem Repeat Finder）软件预测串联重复序列。

（6）基因预测 采用 Glimmer3.0 软件从组装结果中获得基因序列。

（7）基因功能注释 将基因的序列与各数据库进行比对，得到对应的功能注释信息。

（8）环形图 使用（G-C）/（G+C）的计算方法来进行 GC skew 分析，同时根据 COG 的注释结果和基因的位置信息绘出 COG 注释的基因在基因组上的分布情况。

（9）共线性分析 通过目标菌蛋白集（核酸集）与参考菌蛋白集（核酸集）两两比对，将目标菌的基因组序列根据参考菌的基因组序列进行排序构图。

（10）基因岛预测 将目标基因组与基于 SIGI-HMM 软件所预测的全部基因岛序列作为的基因岛库进行 BLAST 比对，得到目标基因组中可能的 GIs。

（11）前噬菌体预测 将目标基因组与 Prophinder 软件和 ACLAME 数据库预测出的前噬菌体座位的前噬菌体库做 BLAST 比对，从而判定目标基因组中可能的前噬菌体。

（12）CRISPR 预测 使用 CRISPRFinder 软件，识别 CRISPRs，得到 DRs 和 Spacers。

（13）启动子序列预测 截取基因簇中所有基因上游 600bp 序列，将序列与 PRODORIC 数据库比对，寻找已报道的启动子，比对软件为网站自带的 Virtual Footprint，参数默认。

（14）转录因子结合位点（TFBS）预测 截取基因簇中所有基因上游 600bp 序列，将序列与 PRODORIC 数据库、regtransbase 数据库、DPInteract 数据库进行比对。比对软件为 FIMO，参数默认。

（15）ABC-transporter 和 MFS-transporter 分析 在功能注释的结果中搜索以 ABC-transporter 和 MFS-transporter 为关键词的结果。

思考题

1. 简要说明格里菲斯转化试验。
2. 简要说明 Avery 等人的转化试验。
3. 简要说明 Fraenkel-Conrat 植物病毒重建试验。
4. 质粒特点是什么？质粒主要分为哪几类？
5. 大肠杆菌的 pBR322 质粒有何特点？在基因工程中有何重要性？
6. 结合所学诱发突变的知识，是否能找到一种仅对某一基因具有特异性诱变作用的理化诱变剂？为什么？
7. 诱变育种基本步骤有哪些？关键步骤是什么？
8. 基因突变有哪几种类型？
9. 什么是原生质体融合，试述原生质体融合育种的步骤。
10. 如何从自然界中筛选一株 α-淀粉酶产生细菌（芽孢杆菌）？
11. 测序和分析一个微生物的基因组，要做哪些工作？

第十章

微生物与基因工程

CHAPTER 10

第一节　微生物基因工程的发展

基因工程（genetic engineering）或重组 DNA 技术（recombinant DNA technology）是指对遗传信息的分子操作和施工，即把分离到的或合成的基因经过改造，插入载体中，导入宿主细胞内，使其扩增和表达，从而获得大量基因产物，或者令生物表现出新的性状。基因工程是在现代生物学、化学和化学工程学以及其他数理科学的基础上产生和发展起来的，并有赖于微生物学理论和技术的发展与运用，微生物在基因工程的兴起和发展过程中起着不可替代的作用。它的出现标志着人类已经能够按照自己意愿进行各种基因操作，大规模生产基因产物，并且去设计和创建新的基因、新的蛋白质和新的生物物种，这也是当今新技术革命的重要组成部分。

一、基因工程的发展历史

基因工程是在 20 世纪 70 年代初开始出现的。三项关键技术的建立为基因工程奠定了基础，这三项技术是：DNA 的特异切割、DNA 的分子克隆和 DNA 的快速测序。

早在 20 世纪 50 年代，阿尔伯（Arber）的实验室就已发现大肠杆菌能够限制侵染的噬菌体，60 年代末进而证明大肠杆菌细胞内存在修饰-限制系统，即给宿主自身 DNA 打上甲基化标记并切割入侵的噬菌体 DNA。1970 年史密斯（Smith）等人从流感嗜血杆菌中分离出特异切割 DNA 的限制酶。次年，内森斯（Nathans）等人用该酶切割猴病毒 SV40 DNA，最先绘制出 DNA 的限制图谱（restriction map）。1973 年史密斯和内森斯提出修饰-限制酶的命名法。限制性核酸内切酶可用以在特定位点切割 DNA，限制酶的发现使分离基因成为可能。为表彰上述科学家在发现和使用限制酶中的功绩，1978 年的诺贝尔医学奖被授予阿尔伯、内森斯和史密斯。

1973 年，科恩（Cohen）和博耶（Boyer）等将 pSC101 质粒作为载体与 R 质粒的四环素和卡那霉素的抗性基因相融合，并将重组体 DNA 转化大肠杆菌，首次实现了 DNA 的分子克隆。

1975 年桑格（Sanger）实验室建立了酶法快速测定 DNA 序列的技术。1977 年吉尔伯特

（Gilbert）实验室又建立了化学测定 DNA 序列的技术。分子克隆和测序方法的建立，使重组 DNA 技术系统得以产生。1980 年诺贝尔化学奖被授予伯格、吉尔伯特和桑格，以肯定他们在发展 DNA 重组与测序技术中的贡献。

1977 年板仓（Itakura）和博耶用人工合成的生长激素释放抑制素（Somatostatin，SMT）基因构建表达载体，并在大肠杆菌细胞内表达成功，得到第一个基因工程的产品。1982 年，在建立转基因植物和转基因动物的技术上均获得重大突破。借助土壤农杆菌 Ti 质粒可将外源基因导入双子叶植物细胞内并发生整合，从而使植株获得新的遗传性状。同年通过基因工程方法把大鼠生长激素基因注射到小鼠受精卵的雄核中，然后移植到母鼠子宫内，由此培育出巨型小鼠。仅 10 年时间，基因工程在实践中迅速成熟，日趋完善。今天基因工程技术广泛应用于工农业生产，成为人类生活中不可或缺的一部分。

2012 年，Jennifer Doudna 和 Emmanuelle Charpentier 领导的研究小组在 *Science* 发表的一篇关于 CRISPR-Cas9 系统的文章，预示着第三代基因编辑技术的崛起，当前已成为现有基因编辑和基因修饰里面效率最高、最简便、成本最低、最容易上手的技术之一。CRISPR/Cas 是一种在大多数细菌和古菌中存在的天然免疫系统，利用了插入到基因组中的病毒 DNA（CRISPR）作为引导序列，通过 CRISPR 相关酶（Cas）来切割入侵病毒基因组物质。该系统犹如一枚制导导弹，可以对入侵者的 DNA 进行精确的打击，也可通过对目标基因的“编辑”快速地获得各种优质、高产、抗病的生物新品种，目前成簇的规律性间隔的短回文重复序列（clustered regularly interspersed short palindromic repeats，CRISPR）的基因组筛选功能应用于筛选对表型有调节作用的相关基因，如对化疗药物或者毒素产生抑制的基因、影响肿瘤迁移的基因以及构建病毒筛选文库对潜在基因进行大范围筛选等。2017 年 12 月，Salk 研究所设计了 CRISPR-Cas9 系统的不成熟版本，能够在没有编辑基因组的情况下激活或关闭目标基因。展望未来，这种技术可以解决基因编辑永久性的问题。它可以为人类疾病创造新的药物，帮助农民种植抗病作物，创造新的动植物物种，甚至让灭绝的物种起死回生。CRISPR 的潜在利益非常多，但是这项技术也有其争议性（如伦理学问题）。2020 年 10 月 7 日，瑞典皇家科学院宣布将诺贝尔化学奖授予法国生物化学家 Emmanuelle Charpentier 和美国生物化学家 Jennifer Doudna，以表彰其在基因编辑方面做出的杰出贡献。

二、 微生物学与基因工程的关系

微生物和微生物学在基因工程的产生和发展中占据了十分重要的地位，可以说一切基因工程操作都离不开微生物。从以下 6 个方面可以说明：①基因工程所用克隆载体主要是用病毒、噬菌体和质粒改造而成；②基因工程所用千余种工具酶绝大多数是从微生物中分离纯化得到的；③微生物细胞是基因克隆的宿主，即使植物基因工程和动物基因工程也要先构建穿梭载体，使外源基因或重组体 DNA 在大肠杆菌中得到克隆并进行拼接和改造，才能再转移到植物和动物细胞中；④为大规模表达各种基因产物，从事商品化生产，通常都是将外源基因表达载体导入大肠杆菌或是酵母菌中以构建成工程菌，利用工厂发酵来实现的；⑤微生物的多样性，尤其是其抗高温、高盐、高碱、低温等基因，为基因工程提供了极其丰富而独特的基因资源；⑥有关基因结构、性质和表达调控的理论主要也是来自对于微生物的研究中取得的，或者是将动、植物基因转移到微生物中后进行研究而取得的，因此微生物学不仅为基因工程提供了操作技术，同时也提供了理论指导。

第二节 微生物与克隆载体

将外源 DNA 或基因片段携带入宿主细胞（host cell）的工具称为载体（vector）。载体应具备以下特征：①在宿主细胞内必须能够自主复制（具备复制原点）；②必须具备合适的酶切位点，供外源 DNA 片段插入，同时不影响其复制；③有一定的选择标记，用于筛选；最好有较高的拷贝数，便于载体的制备。

利用重组 DNA 技术分离目的基因的过程，称为基因克隆。克隆作为动词时，是指从单一祖先产生同一的 DNA 分子群体或细胞群体的过程；作为名词时是指从一个共同祖先无性繁殖下来的一群遗传上同一的 DNA 分子、细胞或个体所组成的特殊的群体。由大量的含有基因组 DNA（即某一生物的全部 DNA 序列）的不同 DNA 片段的克隆所构成的群体，称为基因文库。基因文库的构建必须通过载体才能实现，按载体的工作方式的不同可分为质粒载体、噬菌体载体、黏性质粒载体以及人工染色体载体等。

一、质粒载体

1. pBR322 质粒载体

pBR322 质粒的大小为 4361bp，美国 DNA 序列数据库（GenBank）注册号为 V01119 和 J01749，含有 30 多个单一位点，具有四环素抗性基因和氨苄青霉素抗性基因，其质粒复制区来自 pMB1。目前使用广泛的许多质粒载体几乎都是由此发展而来的。利用四环素抗性基因内部的 *Bam*H Ⅰ位点来插入外源 DNA 片段，可通过插入失活进行筛选（图 10-1）。

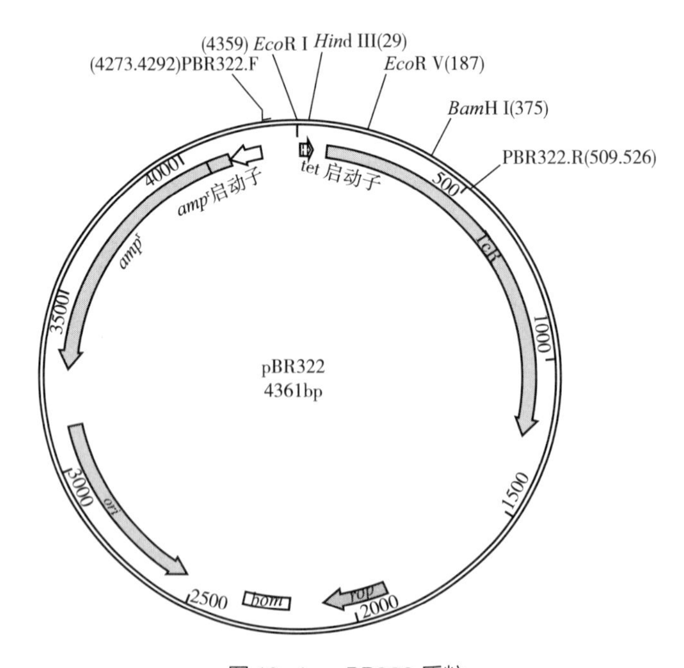

图 10-1 pBR322 质粒

2. pUC18 质粒和 pUC19 质粒载体

pUC18 和 pUC19 大小只有 2686bp，是最常用的质粒载体，其结构组成紧凑，几乎不含多余的 DNA 片段（图 10-2），GenBank 注册号为 L08752（pUC18）和 X02514（pUC19）。由 pBR322 改造而来，其中 *lacZ*（MCS）基因来自噬菌体载体 M13mp18/19。

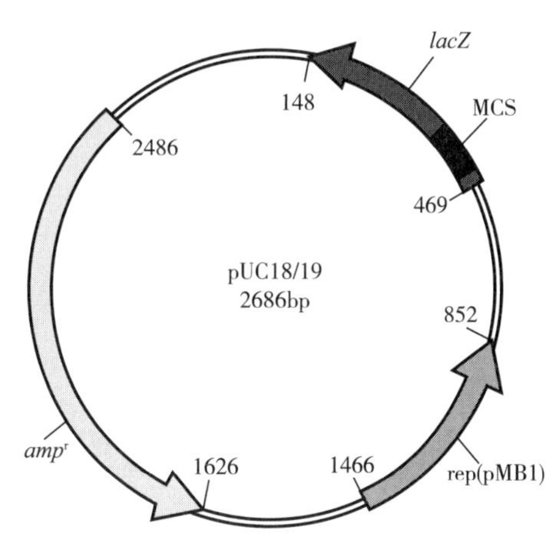

图 10-2 pUC18/19 质粒图谱

这两个质粒的结构几乎是完全一样的，只是多克隆位点的排列方向相反。这些质粒缺乏控制拷贝数的 *rop* 基因，因此其拷贝数达 500~700。pUC 系列载体含有一段 *LacZ* 蛋白氨基末端的编码序列，在特定的受体细胞中可表现 α-互补作用，因此在多克隆位点中插入了外源片段后，可通过 α-互补作用形成的蓝色和白色菌落筛选重组质粒。

二、 黏性质粒载体

λ 噬菌体只有进入裂解循环，才能大量扩增。因此，λ 噬菌体只有在特定的大肠杆菌中烈性生长，才能用做载体。这就决定了 λ 噬菌体载体必须含有裂解生长所必需的基因或 DNA 片段。去掉一部分对裂解生长非必需的 DNA 片段后，可用来装载外源 DNA 片段，这样改造后的 λ 噬菌体便可用做 λ 噬菌体载体。通过特定的酶切位点允许外源 DNA 片段插入的载体称为插入型载体（insertion vector），而允许外源 DNA 片段替换非必需 DNA 片段的载体称为置换型载体（replacement vector）。

黏性质粒（cosmid）实际是质粒的衍生物，是带有 *cos* 序列（又称 *cos* 位点）的质粒。*cos* 序列是 λ 噬菌体 DNA 中将 DNA 包装到噬菌体颗粒中所需的 DNA 序列。黏性质粒的组成包括质粒复制起点（ColE1）、抗性标记（*amp*^{r}）、*cos* 位点，因而能像质粒一样转化和增殖。它的大小一般为 5~7kb，用来克隆大片段 DNA，克隆的最大 DNA 片段可达 45kb。有的黏性质粒载体含有两个 *cos* 位点，在某种程度上可提高使用效率。

黏粒载体的主要工作原理类似 λ 噬菌体载体。在外源 DNA 片段与载体连接时，黏性质粒载体相当于 λ 噬菌体载体的左右臂，*cos* 位点通过黏末端退火后，再与外源片段相间连接成多联体。当多联体与入噬菌体包装蛋白混合时，λ 噬菌体基因蛋白的末端酶将切割两个 *cos* 位点，并将两个同方向 *cos* 位点之间的片段包装到入噬菌体颗粒中去。这些噬菌体颗粒感染大肠杆菌时，线状的重组 DNA 就像 λ 噬菌体 DNA 一样被注入细胞并通过 *cos* 位点环化，这样形成的环化分子含有完整的黏性质粒载体，可像质粒一样复制并使其宿主获得抗性。因而，带有重组黏性质粒的细菌可用含适当抗生素的培养基挑选。通过这种方式，就将外源DNA片段通过黏性质粒载体克隆到大肠杆菌中（图10-3）。

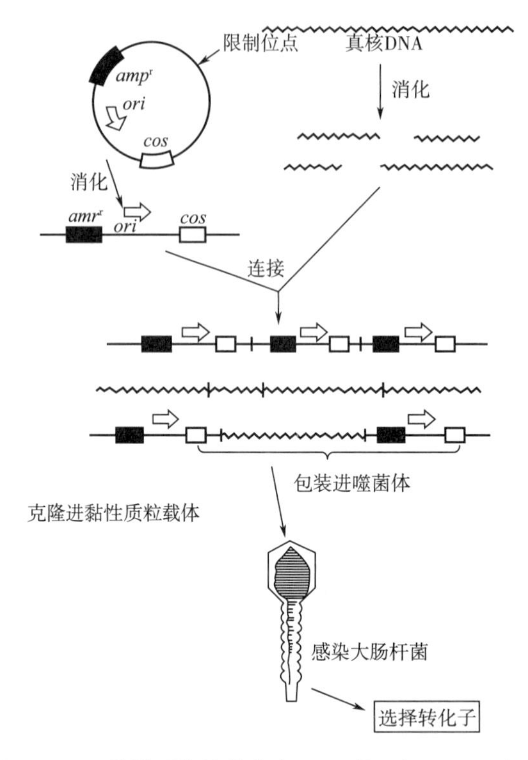

图10-3　黏性质粒载体克隆DNA的一般原理和步骤

黏性质粒的克隆能力除了与自身的大小有关外，主要取决于能包装到λ噬菌体头部的DNA的大小。噬菌体能容纳DNA的大小为38~51kb，而常用的黏性质粒载体为5~7kb，因而所能插入的外源DNA片段的大小为35~45kb。在“染色体检查”过程中，黏性质粒具有优势。

三、 人工染色体载体

利用染色体的复制元件来驱动外源DNA片段复制的载体称为人工染色体载体（artificial chromosome vector），其装载外源DNA片段的容量可以与染色体的大小媲美。酵母人工染色体载体（yeast artificial chromosome，YAC）就是模拟酵母菌染色体的复制而构建的载体，当装载外源DNA片段后在酵母菌中可像酵母菌的染色体一样复制，从而达到克隆大片段DNA的目的。细菌人工染色体载体（bacterial artificial chromosome，BAC）尽管从本质上来说仍然是质粒载体，但由于其采用了大质粒（F质粒，98kb）的复制元件，可像YAC载体一样装载大片段DNA，因此沿用了人工染色体载体这一名称。由于这些人工染色体载体模拟了染色体的复制方式，因此都能装载大片段DNA，从40kb到几百kb，甚至超过1000kb。正因为如此，它们又称大容量克隆载体（high-capacity vector）。

1. 酵母人工染色体载体

酵母人工染色体载体是利用酿酒酵母染色体的复制元件构建的载体，其工作环境也是在酿酒酵母中。酿酒酵母细胞形态为扁圆形和卵形，生长代时为 90min；含 16 条染色体，其大小为 225~1900kb，总计有 1.4×10^7bp，具有真核 mRNA 的加工活性。

YAC 载体是结构上能够模拟真正酵母染色体的线状 DNA 分子。将大片段的基因组 DNA 连接到 YAC 载体的两个“臂”上，然后将连接物通过转化的方法导入酵母菌，这样就构成了重组的 YAC。每一条臂中都携带一个选择标记以及按适当方向排列的起端粒作用的 DNA 序列。另外，其中一条臂上还携带着丝粒 DNA 序列以及复制序列（又称自主复制序列，autonomously replicating sequence，ARS）。因此在重组的 YAC 中，外源基因组 DNA 片段的一侧为着丝粒、复制序列及选择标记，另一侧为第二种选择标记。通过在选择性琼脂平板上生长的菌落可鉴定出接受并稳定保持人工染色体的酵母转化子。

2. 细菌人工染色体载体

细菌人工染色体是基于大肠杆菌的 F 质粒构建的高容量低拷贝质粒载体。F 质粒是一个约 100kb 的质粒，编码 60 多种参与复制、分配和接合过程的蛋白质。虽然 F 质粒通常以双链闭环 DNA（1~2 个拷贝/细胞）的形式存在，但它可以在大肠杆菌染色体中至少 30 个位点处进行随机整合。携带 F 质粒的细胞（以游离状态或以整合状态）可表达性菌毛，通过性菌毛 F 质粒可转移给受体细胞。

BAC 载体大小约 7.5kb，其本质实际上是一个质粒克隆载体。BAC 载体与常规克隆载体的核心区别在于其复制单元的特殊性。BAC 载体的复制单元来自 F 质粒，包括严谨型控制的复制区 *oriS*、启动 DNA 复制的由 ATP 驱动的解旋酶（RepE），以及 3 个确保低拷贝并使质粒精确分配至子代细胞的基因座（*parA*、*parB* 和 *parC*）。BAC 载体的低拷贝性可以避免嵌合体的产生，并且还可以减少外源基因的表达产物对宿主细胞的毒副作用。BAC 载体所使用的标记基因为氯霉素抗性基因，而不是常规的氨苄西林抗性基因。图 10-4 是典型的 BAC 载体 pBeloBAC11 的遗传结构图。此外，BAC 载体可以通过 α-互补的原理筛选含有插入片段的重组子，并设计了用于回收克隆 DNA 的 *Not* I 酶切位点和用于克隆 DNA 片段体外转录的 SP6 启动子和 T7 启动子。*Not* I 是识别位点十分稀少的限制性内切酶，重组 DNA 通过 *Not* I 消化后，可以得到完整的插入片段，便于测定着入片段的大小。

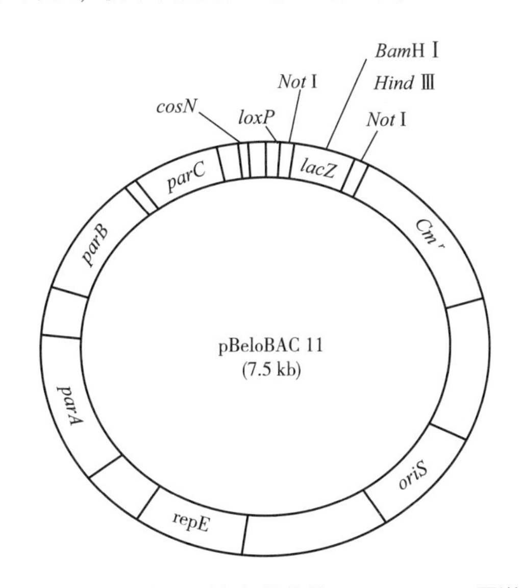

图 10-4 细菌人工染色体载体 pBeloBAC11 图谱

BAC与YAC和PAC相似，没有包装限制，因此可接受的基因组DNA大小也没有固定的限制。大多数BAC文库中克隆的平均大小约120kb，然而个别的BAC重组子中含有的基因组DNA最大可达300kb。

第三节 微生物与基因工程工具酶

在过去几十年里，生物科学取得的许多革命性进步都直接来源于对基因的进一步认识和操作。基因操作或遗传工程的主要工具就是那些可在DNA分子上催化特异性反应的酶。酶的切割位点可作为DNA物理图的特殊标记，利用限制性内切酶可产生特定大小的DNA片段并使纯化这些DNA片段成为可能，获得的限制性DNA片段可作为DNA操作中的基本介质。对DNA进行修饰的工具的出现，为重组DNA的实现创造了条件。

一、 限制性核酸内切酶

任何物种都有排除异物保护自身的防御机制，如人的免疫系统，细菌的限制与修饰系统，即限制酶（restriction enzyme）与修饰酶（modifying enzyme）组成的系统。早在20世纪50年代初，有许多学者发现了限制与修饰（restriction and modification）现象，当时被称为寄主控制的专一性（host controlled specificity）。限制酶的生物学功能一般被认为是用来保护宿主不受外来DNA的感染，可降解外来的DNA，从而阻止其复制和整合到细胞中。一般来说，与限制酶伴生的修饰酶是甲基转移酶（methyltransferase），或者说甲基化酶，能保护自身的DNA不被降解。它们与对应的限制酶识别相同的序列，但其作用不是切割DNA，而是在两条链上对某个碱基进行甲基化。

1. 限制酶的发现与命名

在20世纪60年代，人们就注意到DNA在感染宿主后会被降解的现象，从而提出限制性酶切和限制酶的概念。1968年，首次从大肠杆菌K中分离到限制酶（采用分步纯化细胞提取物，结合放射性标记和甲基化与未甲基化的DNA作为指示），但是这些酶的性质让人捉摸不定，如发挥作用时需要ATP和活性甲硫氨酸（SAM）等。更重要的是，它们有特定的识别位点但没有特定的切割位点，其中切割位点离识别位点达1000碱基对（base pair，bp）以上。就在人们感到困惑的时候，美国约翰·霍布金斯大学的H. Smith于1970年偶然发现，流感嗜血杆菌（*Haemophilus influenzae*）能迅速降解外源的噬菌体DNA，其细胞提取液可降解大肠杆菌DNA，但不能降解自身DNA，从而找到*Hind*Ⅲ限制性内切酶。该酶可识别4个位点，在识别位点的中间切割DNA的两条链。*Hind*Ⅲ限制性内切酶识别位点和切割位点如下：

5′A↓AGCTT3′

3′TTCGA↑A5′

*Eco*R Ⅰ是应用最广泛的限制性内切酶，其识别位点只有1个，即GAATTC，切割位点在识别位点5′端第1个和第2个碱基之间。*EcoR* Ⅰ限制性内切酶识别位点和切割位点如下：

5′G↓AATTC3′

3′CTTAA↑G5′

限制性内切酶的命名遵循一定的原则，主要依据来源而定，涉及宿主的种名、菌株号或生物型。命名时，依次取宿主属名第一字母、种名头两个字母、菌株号，然后再加上序号（罗马字）。如 *Hind* Ⅲ限制性内切酶，Hin 表示来源于流感嗜血杆菌，d 表示来自菌株 Rd，Ⅲ表示序号。以前在限制性内切酶和修饰酶前加 R 或 M，且菌株号和序号小写。但现在限制性内切酶名称中的 R 省略不写。

2. 限制酶的基本特性

限制酶的识别序列由 4～6bp 组成，呈回文结构（palindromic structure）。双链 DNA 中含有的两个结构相同、方向相反的序列称为回文结构，每条单链以任一方向阅读时都与另一条链以相同方向阅读时的序列是一致的，例如 5′GGTACC3′，3′CCATGG5′。回文结构序列是一种旋转对称结构，在轴的两侧序列相同而反向；当然这两个反向重复序列不一定是连续的。所有限制酶切割 DNA 后，均产生含 5′磷酸基和 3′羟基的末端。有些限制酶是在 DNA 两条链的识别序列中交错切开，形成两个突出的单链互补末端，称为黏性末端（cohesive end），例如 *Eco*R Ⅰ和 *Hind* Ⅲ；有些限制酶是在 DNA 两条链识别序列的对称轴上切开，形成的 DNA 片段具有平末端（blunt end），例如 *Hpa* Ⅰ。

Hpa Ⅰ的识别序列：

5′GTT^AAC3′

3′CAA^TTG5′

目前商业化的限制酶有 600 多种，其中纽英伦生物技术有限公司（New England Biolabs）商品化的限制酶数量最多。限制酶的数据库 REBASE（The Restriction Enzyme Database）由纽英伦生物技术有限公司维护。限制酶不仅存在于细菌中，感染单细胞真核小球藻的病毒也可产生许多限制酶。目前人们已从各类细菌中分离出许多种限制性内切酶，一些常用限制酶的识别序列及其产生菌，如表 10-1 所示。

表 10-1　常用限制酶的识别序列及其产生菌

限制酶名称	识别序列	产生菌
*Bam*H Ⅰ	G↓GATCC	淀粉液化芽孢杆菌（*Bacillus amyloliuifaciens* H）
*Eco*R Ⅰ	G↓AATTC	大肠杆菌（*Eschericha coli* Rr 13）
Hind Ⅲ	A↓AGCTT	流感嗜血杆菌（*Haemophilus influenza* Rd）
Kpn Ⅰ	GGTAC↓C	肺炎克雷伯氏杆菌（*Klebsiella pneumoniae* OK8）
Pst Ⅰ	CTGCA↓G	普罗威登斯菌属（*Providencia stuartii* 164）
Sma Ⅰ	CCC↓GGG	黏质沙雷氏菌（*Serratia marcescens* sb）
Xba Ⅰ	T↓CTAGA	黄单胞菌（*Xanthomonas badrii*）
Sal Ⅰ	G↓TCGAC	白色链霉菌（*Streptomyces albus* G）
Sph Ⅰ	GCATG↓C	暗色产色链霉菌（*Streptomyces phaeochromogenes*）
Nco Ⅰ	C↓CATGG	珊瑚诺卡氏菌（*Nocardia corallina*）

二、 甲基化酶

在真核和原核生物中存在大量的甲基化酶（methylase）。原核生物的甲基化酶作为限制与修饰系统中的一员，用于保护宿主DNA不被相应的限制酶切割。在大肠杆菌中，大多数都有3个位点特异性的DNA甲基化酶。如Dam甲基化酶可在GATC序列中的腺嘌呤N位置上引入甲基。一些限制酶（*Pvu* Ⅱ、*Bam*H Ⅰ、*Bcl* Ⅰ、*Bgl* Ⅱ、*Xho* Ⅱ、*Mbo* Ⅰ和 *Sau*3A Ⅰ）的识别位点中含GATC序列，另一些酶如 *Cla* Ⅰ（7/16）、*Xba* Ⅰ（1/16）、*Tag* Ⅰ（1/16）、*Mbo* Ⅰ（1/16）和 *Hph* Ⅰ（1/16）的部分识别序列含此序列，如平均16个Cla Ⅰ位点（NATCGATN）中就有7个该序列。

三、 DNA聚合酶

DNA聚合酶（DNA polymerase）的主要活性是催化DNA的合成（在具备模板、引物、dNTP等的情况下）。真核细胞有4种DNA聚合酶，原核细胞有3种DNA聚合酶，都与DNA链的延长有关。例如大肠杆菌DNA聚合酶Ⅰ是单链多肽，可催化单链或双链DNA的延长，DNA聚合酶Ⅱ则与低分子脱氧核苷酸链的延长有关，DNA聚合酶Ⅲ在细胞中存在的数目不多，是促进DNA链延长的主要酶。

四、 DNA连接酶

连接酶（ligase）就是将两段核酸连接起来的酶，相当于基因工程中的“糨糊”。现已发现几种不同来源或作用于不同底物的连接酶。

1. T4 DNA连接酶

T4 DNA连接酶（T4DNA ligase）的相对分子质量为6.8×10^4，催化DNA 5′磷酸基与3′羟基之间形成磷酸二酯键。反应底物为黏性末端、切口、平末端的RNA（效率低）或DNA。低浓度的聚乙二醇PEG（一般为10%）和单价阳离子（150~200mmol/LNaCl）可以提高平末端连接速率。许多试剂公司研制出5min连接的T4 DNA连接酶，在短时间内在室温下可完成黏性末端或平末端连接反应。

2. 大肠杆菌DNA连接酶

该酶是从正常的大肠杆菌中提取的，由大肠杆菌基因组中lig基因编码，分子质量为75ku。大肠杆菌DNA连接酶（E. *Coli* DNA ligase）与T4 DNA ligase活性相似，但需烟酰胺-嘌呤二核苷酸（NAD^+）参与，且其平末端连接效率极低，常用置换合成法合成互补DNA（cDNA）。做cDNA克隆时，不会将RNA连接到DNA，不连接RNA。

3. Taq DNA连接酶

Taq DNA连接酶可在两个寡核苷酸之间进行连接反应，同时必须与另一DNA链形成杂交体，相当于连接双链DNA中的缺口，作用在45~65℃，需NAD^+。可用于检测等位基因的变化以及在PCR扩增中引入寡核苷酸，但不能替代T4 DNA连接酶。

4. T4 RNA连接酶

T4 RNA连接酶可以催化单链DNA或RNA的5′磷酸与另一单链DNA或RNA的3′羟基之间形成共价连接。单链DNA或单链RNA的5′端磷酸基团可连接带3′羟基的DNA或RNA或单核苷酸pNp，因此T4 RNA连接酶可用于标记RNA的3′端、单链DNA或RNA的连接、增强T4 DNA连接酶的连接活性以及合成寡核苷酸。

五、 蛋白酶K

蛋白酶K（proteinase K）是具有高活性的丝氨酸蛋白酶，属枯草杆菌蛋白酶，由霉菌 *Tritirachium album var. limber* 产生。K是指该蛋白酶通过水解角蛋白（keratin）可以为该霉菌提供所有需要的碳源和氮源。蛋白酶K可以水解范围广泛的肽键，尤其适合水解羧基末端至芳香族氨基酸和中性氨基酸之间的肽键。成熟的蛋白酶K相对分子质量为2.9×10^4，在50℃的活力比在37℃高许多倍。由于蛋白酶K可有效地降解内源蛋白，所以能快速水解细胞裂解物中的DNA酶和RNA酶，以利于完整DNA和RNA的分离。蛋白酶K是一种常用的蛋白酶，常用于去除残留的酶类以及样品中的蛋白质。

六、 溶菌酶

溶菌酶（lysozyme）是一类水解细菌细胞壁中肽聚糖的酶，又称胞壁质酶（muramidase）或*N*-乙酰胞壁质聚糖水解酶（*N*-acetylmuramide glycanohydrlase），是一种碱性酶。在分子克隆中常用的是卵清溶菌酶，用于破碎细胞。溶菌酶（lysozyme）主要通过破坏细胞壁中的*N*-乙酰胞壁酸和*N*-乙酰氨基葡萄糖之间的β-1，4糖苷键，使细胞壁不溶性黏多糖分解成可溶性糖肽，导致细胞壁破裂内容物逸出而使细菌溶解。溶菌酶还可与带负电荷的病毒蛋白直接结合，与DNA、RNA、脱辅基酶形成复盐，使病毒失活。因此，该酶具有抗菌、消炎、抗病毒等作用。该酶广泛存在于人体多种组织中，鸟类和家禽的蛋清、哺乳动物的泪、唾液、血浆、尿、乳汁等体液以及微生物中也含此酶，其中以蛋清含量最为丰富。

第四节　基因工程的操作流程

基因工程的核心内容是基因重组、克隆和表达。基因工程的基本操作可归纳为以下主要步骤：

（1）目的基因的分离或合成　通常可以从基因文库或cDNA文库中分离克隆的基因，通过DNA聚合酶链反应（PCR）扩增基因；也可以利用基因定位诱变获得突变基因，或用化学法合成基因。

（2）外源基因与载体的体外连接　在体外，将外源基因插入到克隆载体（或表达载体）中，形成具有自主复制起点的“重组DNA分子（recombinant DNA molecule）”。

（3）外源基因导入宿主细胞并复制，由此获得基因克隆（clone）　将重组DNA分子导入微生物或动、植物细胞中。

（4）目的基因克隆的筛选和鉴定　从成千上万不同的基因克隆中筛选出目的基因克隆，并进行鉴定。

（5）克隆基因在宿主细胞中表达　控制适当条件，使克隆基因在宿主细胞中高效表达，生产出人们所需要的产品，或使生物体获得新的性状。这种获得新性状的微生物称为“工程菌”，新类型的动、植物分别称为“转基因动物”和“转基因植物”，基因工程操作过程如图10-5所示。

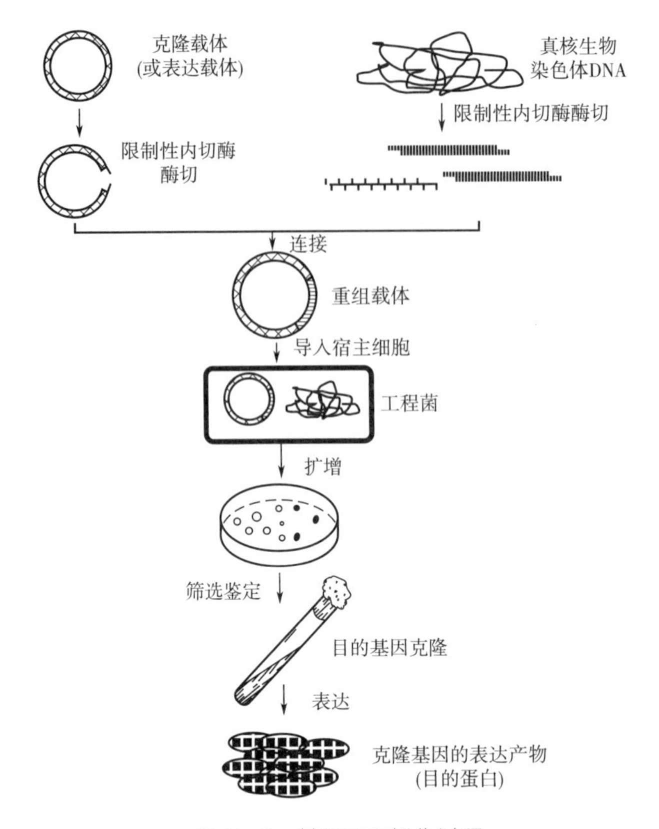

图 10-5 基因工程操作过程

一、目的基因的分离、合成与诱变

当进行基因工程研究时，首先面临的问题是如何获得目的基因，下面着重介绍获得目的基因的几种常用的方法：①从基因文库（genomic library）分离基因；②从 cDNA 文库（cDNA library）分离基因；③化学合成基因；④PCR 扩增基因；⑤利用基因定位诱变获得突变基因。

1. 从基因文库分离基因

基因文库是指包含某一生物基因组 DNA 片段的全部克隆，即将整个基因组 DNA 切成片段，并用合适的载体将全部 DNA 片段进行克隆。文库中每一个克隆只含基因组中某一特定的 DNA 片段。一个理想的基因文库应包括该生物基因组的全部遗传信息（即全部 DNA 序列）。由于真核生物基因组十分庞大，因此要求构建基因文库的库容量（即库中所含的重组体克隆数）足够大，才能筛选到所需要的目的基因。基因组越大，需要的克隆数越多。

通过构建基因文库分离目的基因需经两个步骤：

（1）由染色体 DNA 构建基因文库　构建基因文库的主要步骤（图 10-6）：①从生物组织或细胞中提取染色体 DNA。②用限制性酶进行部分水解（或利用机械剪切力）将其切成适当长度的 DNA 片段，经分级分离选出一定大小合适克隆的 DNA 片段。③选择容载量较大的克隆载体，通常采用 λ 噬菌体载体或黏粒载体，在适当位点将载体 DNA 切开。④将染色体 DNA 片段与载体 DNA 进行体外连接。⑤重组 DNA 分子直接转化细菌或用体外包装的重组 λ 噬菌体粒子感染敏感细菌细胞。最后得到携带重组 DNA 分子的细菌群体或噬菌体群体即构成基因文库。

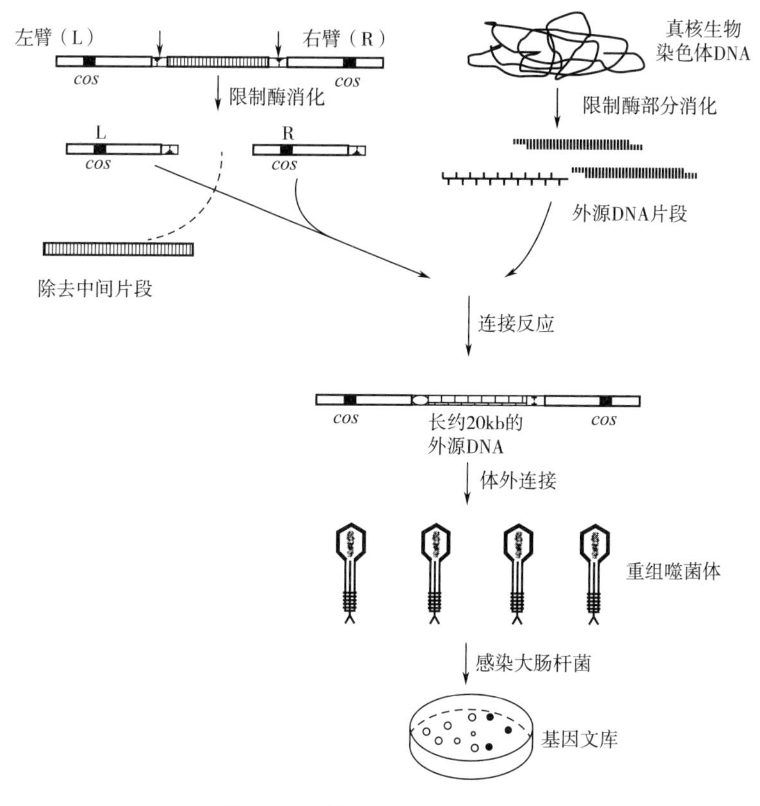

图 10-6　基因文库构建示意图

（2）从基因文库中分离目的基因　由于真核生物基因组十分庞大，而单个基因只占基因组 DNA 的很小部分。例如人类基因组的大小为 3.2×10^9kb，而一个基因编码序列大小只有 1~2kb。设想若将此基因组随机切割成单个基因大小的 DNA 片段，将会出现几十万个不同的 DNA 片段，需要从这么巨大数目的 DNA 片段中分离某一目的基因，就好比大海捞针，是一项十分艰巨的工作。

在构建基因文库之后，就需要从文库中筛选出含有目的基因的克隆。通常采用以下方法进行筛选：①利用标记的基因探针与转印在滤膜上的待测菌落克隆或噬菌斑进行 DNA 杂交；②用抗体与表达蛋白进行免疫反应；③检测表达蛋白活性。对于筛选到的阳性克隆还须做进一步的鉴定，以确定其是否为含有目的基因的克隆。

2. 从 cDNA 文库分离基因

所谓 cDNA 文库是指包含某一生物 mRNA 的全部 cDNA 克隆。cDNA 文库中的每一个克隆只含一种 mRNA 信息。cDNA 文库的特点：①文库中只含有表达基因的 cDNA。而通常细胞中大约有 15%的基因被表达，因此细胞中的 mRNA 种类比基因数少得多，相应 cDNA 文库中的重组体克隆数要比基因文库少，因而从 cDNA 文库中较易筛选到目的基因克隆。②真核生物基因的编码序列被非编码序列（内含子）隔开，只有经过转录后的 RNA 加工，才能将内含子切去。因此，真核生物基因在原核生物细胞中不能直接表达。只有将其 mRNA 反转录成 cDNA，构建 cDNA 文库，从中筛选到 cDNA 克隆，只要附上原核生物的调节和控制序列，就能在原核细胞内表达。③由于 cDNA 不含真核生物基因的启动子和内含子，因而其 DNA 序列比基因短，故可选用质粒或噬菌体载体作为克隆载体。

通过构建 cDNA 文库分离目的基因需经两个步骤：

（1）由 mRNA 构建 cDNA 文库　由 mRNA 构建 cDNA 文库的主要步骤（图 10-7）：

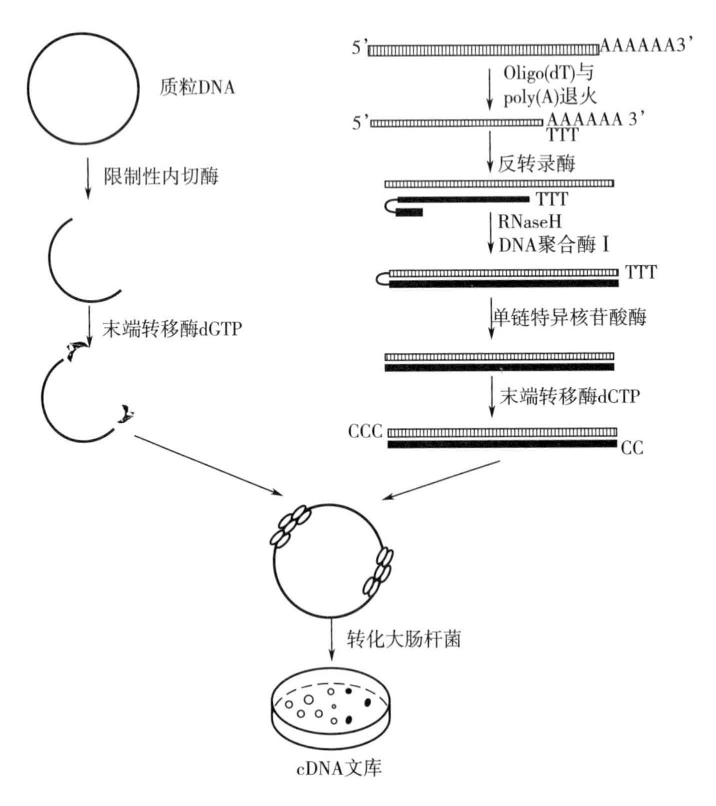

图 10-7　cDNA 文库构建的主要步骤

①从特定个体或细胞中提取 mRNA。②以此 mRNA 为模板，利用反转录酶并以寡聚（dT）或随机寡聚核苷酸为引物合成 cDNA 的第一链。③然后，以 cDNA 第一条链作为模板，利用 DNA 聚合酶Ⅰ和适当引物，即可合成 cDNA 的第二条链。引物的来源：可利用第一条 cDNA 链的自身回折作为引物；或在出去杂交分子的 mRNA 后，再加入随机引物；或利用 RNA 酶 H 部分水解 DNA-RNA 杂交分子中的 RNA 链，以留下的 RNA 小片段作为引物。④cDNA 与合适载体在体外连接。⑤重组载体导入宿主细胞或进行噬菌体的体外包装及感染。

（2）从 cDNA 文库分离目的基因　从 cDNA 文库筛选目的基因克隆的原理及实验方法与基因文库类同。

3. 基因的化学合成

DNA 的化学合成是科拉纳（Khorana）于 20 世纪 50 年代建立的。其后做了一系列的改进，并最先合成了基因片段。因此，他于 1968 年获得诺贝尔医学奖。

如果已知某种基因的核苷酸序列，或某种蛋白质的氨基酸序列，就可通过化学法合成这一基因。基因的化学合成是先合成许多寡核苷酸，彼此交错互补，然后再将它们连接起来，成为双链 DNA。化学合成法自 DNA 合成仪问世后，已实现完全自动化。目前合成的寡核苷酸长度为 150~200 个核苷酸。

DNA 合成被广泛用于基因工程的不同目的：①合成基因或基因的元件。若基因的序列较短，则可直接合成；若基因序列较长时，则可通过先合成寡核苷酸片段，然后再将其连接。现已能构建长达 2000bp 的基因序列。②合成核酸探针。③合成 DNA 引物等。化学合成基因不仅能合成天然存在的基因，而且还能合成经改造的基因，从而产生有应用价值的新的蛋白质。

4. PCR 扩增基因

DNA 的聚合酶链反应（PCR）是一种体外快速扩增特定 DNA 序列的常用技术。过去只能依靠体内克隆技术才能获得特定 DNA 序列，而现在利用 PCR 只需几小时，就可在体外将某特定基因扩增百万倍。PCR 为基因的体外扩增提供了十分简便的方法。

（1）PCR 的基本原理　进行 PCR 需合成一对寡核苷酸作为引物，它们各自与所需扩增靶 DNA 片段两条链的末端互补。PCR 循环分变性、退火、延伸 3 个步骤，如图 10-8 所示。

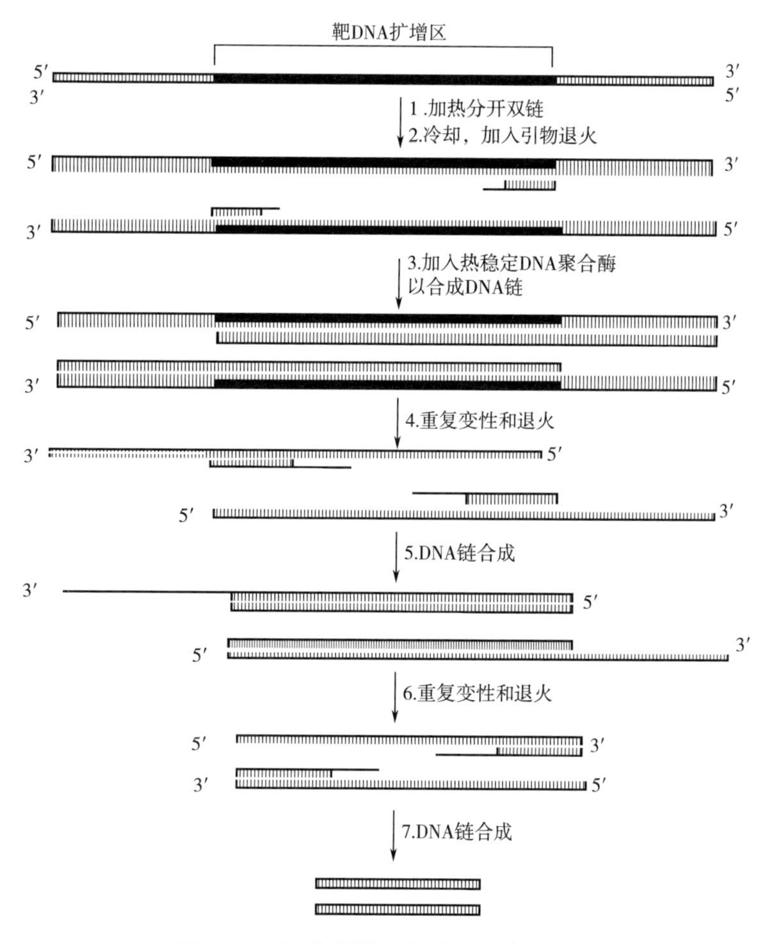

图 10-8　聚合酶链反应（PCR）的步骤

①变性（denaturation）：在高温（94℃左右）下，模板DNA热变性，双链被解开成为两条链。

②退火（annealing）：反应系统降温，使引物与模板DNA两端的碱基配对。

③延伸（extension）：DNA聚合酶使引物3′端向前延伸，合成与模板互补的DNA新链。新合成的DNA链又可作为下一个循环的模板进行复制、重复变性、退火或延伸3个步骤的操作，DNA片段呈2的指数增长，利用PCR仪，在1~2h重复25~30次循环，DNA量可扩增10^6~10^7倍。

（2）微生物的耐高温DNA聚合酶　最初PCR使用Klenow DNA聚合酶，此酶不耐高温，PCR过程中每次变性都要加热使DNA双链分开，酶便因此失活而需重新添加，操作十分不方便。

随后陆续从耐热菌中分离提取出多种耐热的DNA聚合酶。各种耐热DNA聚合酶均具有5′-3′聚合酶活力，但不一定具有3′-5′和5′-3′的外切酶活性。3′-5′外切酶活力可以消除错配，切平末端；5′-3′外切酶活力可以消除合成障碍。根据上述差异，可以将耐热DNA聚合酶分为以下三大类。

①普通耐热DNA聚合酶：一个是taq DNA聚合酶，由一种水生栖热菌yT1株分离提取出，是发现的耐热DNA聚合酶中活性最高的一种，达200000单位/mg，具有5′-3′外切酶活力，但不具有3′-5′外切酶活力，可将PCR双链产物的每一条链3′加入单核苷酸尾，故可使PCR产物具有3′突出的单A核苷酸尾；另一方面，在仅有脱氧胸苷三磷酸（dTTP）存在时，它可将平端的质粒的3′端加入单T核苷酸尾，产生3′端突出的单T核苷酸尾。应用这一特性，可实现PCR产物的T-A克隆法。另一个是Tth DNA聚合酶，从嗜热栖热菌（*Thermus thermophilus* HB8）中提取而得，该酶在高温和$MnCl_2$条件下，能有效逆转录RNA；当加入Mg^{2+}后，该酶的聚合活性大大增加，从而使cDNA合成与扩增可用一种酶催化。

②高保真DNA聚合酶：一个是pfu DNA聚合酶，是从激烈火球菌（*Pyrococcus furiosis*）中精制而成的高保真耐高温DNA聚合酶，它不具有5′-3′外切酶活力，但具有3′-5′外切酶活力，可校正PCR扩增过程中产生的错误，使产物的碱基错配率极低。PCR产物为平端，无3′端突出的单A核苷酸。另一个是VentDNA聚合酶，该酶是从栖热球菌（*Thermococcus Litoralis*）中分离出的，不具有5′-3′外切酶活力，但具有3′-5′外切酶活力，可以去除错配的碱基，具有校对功能。

③DNA序列测定中应用的耐热DNA聚合酶：一个是Bca Best DNA聚合酶，从芽孢杆菌*Bacillus caldotenax* YT-G菌株中提纯，并使其5′-3′外切酶活性缺失的DNA聚合酶。它的伸长性能优越；可抑制DNA二级结构形成，可以得到均一的DNA测序带。另一个是SacDNA聚合酶，从酸热浴流化裂片菌中分离，无3′-5′外切酶活性，可用于DNA测序，但测序反应中ddNTP/dNTP的比率要高。

5. 利用基因定位诱变获得突变基因

与传统方法用诱变剂随机发生突变不同，定位诱变（site-directed mutagenesis）是利用合成的DNA和重组DNA技术在基因精确限定的位点引入突变，包括删除、插入和置换特定的碱基序列，从而得到含变异序列的突变基因。3种主要的基因定位诱变技术介绍如下：

（1）寡核苷酸指导的定位诱变　1985年史密斯（Smith）建立了寡核苷酸指导的定位诱变技术，率先实现对基因的定向改造。寡核苷酸指导的定位诱变主要步骤（图10-9）：

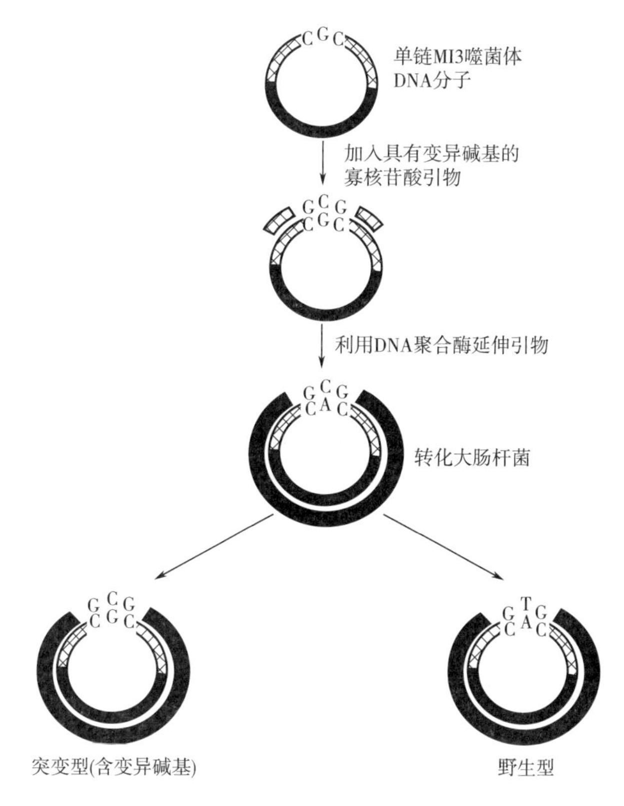

图 10-9　寡核苷酸指导的定位诱变

①制备含目的基因的单链 DNA：把目的基因插入到 M13 复制型的双链 DNA 中，转染大肠杆菌，然后从培养液中分离出重组的 M13 噬菌体，并从中提取含有目的基因的 M13 单链重组 DNA 分子。

②合成一段含有变异碱基的寡核苷酸：合成大约 20 个核苷酸作为引物，其中除极少的变异碱基外，其余序列与目的基因完全互补。

③寡核苷酸与目的基因退火：含变异碱基的寡核苷酸引物与含目的基因的 M13 单链 DNA 退火。DNA 聚合酶使寡核苷酸延伸，合成 DNA 的互补链，获得含有变异碱基的双链 M13 DNA。

④转染宿主细胞：将含变异碱基的双链 M13 DNA 转染大肠杆菌。M13 在大肠杆菌中扩增，形成噬菌斑。理论上噬菌斑中一半是野生型，另一半则含有变异基因。

⑤突变体的筛选：利用含变异碱基的寡核苷酸作为探针，通过杂交即可筛选到突变体。

（2）盒式诱变　盒式诱变（cassette mutagenesis）是指用一段人工合成具有变异序列的 DNA 片段，取代野生型基因中的相应序列。合成的 DNA 片段称为“盒”，这种诱变方式称为“盒式诱变”。

通常的做法是：在目的基因的变异部位附件找两个限制位点，然后利用合适的限制性核酸内切酶将二者之间的 DNA 序列切掉，而由一段人工合成含有变异序列的双链 DNA 取代，从而达到基因定位诱变的目的。若变异部位附近不存在限制位点，则可用寡核苷酸指导的定位诱变引入限制位点。

(3) PCR 诱变　任何基因，只要知道两端及需要变异部位的序列，就可用 PCR 诱变去改造该基因的序列。由于方法简便易行，结果准确、高效，因此 PCR 诱变已成为最常用的定位诱变方法。

PCR 诱变有以下两种方法：

①变异部位位于基因的末端：只要 5′端或 3′端引物含有变异碱基，便可使 PCR 产物（目的基因）的两端引入各种变异。例如，常在引物 5′端设计一个限制酶的位点，即可使 PCR 产物的末端引入所需要的限制位点。

②变异部位位于基因的中间：有时希望在基因中间部位产生变异序列。1988 年希古契（Higuchi）等人提出借助重组 PCR（recombinant PCR）进行定位诱变的方法，可在 DNA 片段任意部位产生定位诱变（图 10-10）。在需要诱变的位置合成一对含有变异序列的互补寡核苷酸，然后分别与 5′引物和 3′引物进行 PCR，这样便可得到两个 PCR 产物，分别含有变异序列。由于二者中间有一段序列彼此互补重叠，在重叠部位经重组 PCR 就能得到变异的 PCR 产物（即在基因的中间部位含有变异碱基）。重组 PCR 不仅可在基因任意位点引入变异，还可使不同基因片段之间发生重组连接。

如上所述，定位诱变技术具有重要应用价值，它不仅可用于基因和蛋白质结构与功能的研究，还能进行分子重设计以改造天然蛋白质，即通过改变蛋白质分子中的特异氨基酸序列，从而获得有益的蛋白质突变体。

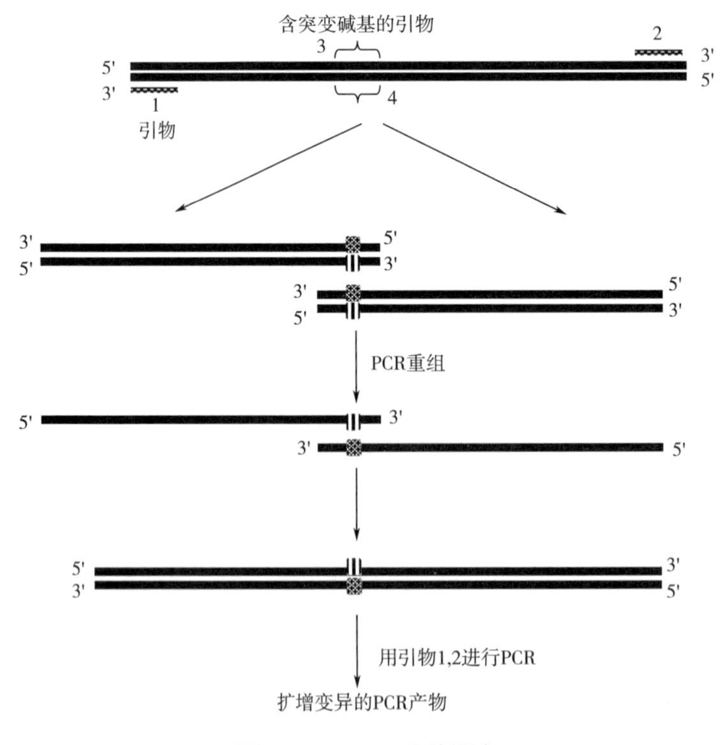

图 10-10　PCR 定位诱变

二、外源基因导入宿主细胞

1. 外源基因与载体的体外连接

在分别获得外源基因和合适的载体后，就需要将外源基因与载体进行连接，构建成为一个能在宿主细胞中自主复制的重组 DNA 分子。主要有下列四种连接方法：

（1）黏性末端连接法　若外源 DNA 与载体 DNA 都具有相同限制酶识别位点，可用同一种限制酶进行切割，二者黏性末端互补，可用 DNA 连接酶连接形成重组 DNA 分子。

（2）平末端连接法　若外源 DNA 与载体 DNA 都具有平末端，可利用 T4 DNA 连接酶将二者的平末端进行连接。但平末端连接效率通常明显低于黏性末端，而且连接后外源 DNA 不能在原处被切割下来。

（3）接头或衔接物连接法　若外源 DNA 缺乏合适的限制位点，可采用以下方法连接：①接头（linker）连接法：先用化学法合成 10~12bp 的单链寡核苷酸，它具有回文结构和限制酶识别位点，在溶液中配对形成平末端的双链接头。然后在外源 DNA 两端加上接头，再用合适的限制酶切割外源 DNA 片段两端接头和载体 DNA，使二者都产生彼此互补的黏性末端，经连接成为重组 DNA 分子。②衔接物（adaptor）连接法：用化学法合成两条互补的寡核苷酸片段，使其配对后两端具有不同的黏性末端，或一端为平末端，另一端为黏性末端。然后在外源 DNA 两端加上衔接物，无须用限制酶切割，即可与具有相容末端的载体 DNA 连接。

（4）均聚物（homomer）加尾法　若外源 DNA 与载体 DNA 都不具有合适的限制位点，则可利用末端转移酶在外源 DNA 两条链的 3′端各加均聚（A）或均聚（G）；在载体 DNA 的 3′端加上均聚（T）或均聚（C），二者末端碱基彼此配对，然后通过 DNA 聚合酶和 DNA 连接酶填补空缺并连接。

在构建重组 DNA 时，究竟采用上述哪种方法进行连接，可视工作要求而定。有时也可同时采用两种方法，例如可用两种不同限制酶分别切割外源 DNA 和载体的两端，其中一种限制酶切割后使一端形成平末端，而另一种限制酶使另一端形成相容的黏性末端，然后再分别进行平末端和黏性末端连接。

2. 克隆载体的宿主

为了保证外源基因在细胞中的大量扩增和表达，选择合适的克隆载体宿主就成为基因工程重要的问题之一。载体对克隆宿主的基本要求如下所述：

（1）能高效吸收外源 DNA　使宿主细胞形成感受态细胞（compent cell），以用于宿主细胞有效吸收外源 DNA。

（2）不具有限制修饰系统　这样才不致使导入宿主细胞内未经修饰的外源 DNA 被降解。

（3）应为重组缺陷型（recA）菌株　使外源 DNA 与宿主染色体 DNA 之间不发生同源重组。

（4）根据载体类型选择相应宿主　当用 λ 噬菌体载体或黏粒作为克隆载体，需选择 λ 的敏感宿主（*E. coli* K12 菌株）。当选用 M13 噬菌体载体作为克隆载体，则应选择含有 F 因子的雄性大肠杆菌作为宿主。

（5）根据载体的标记选择合适的宿主　若载体携带氨苄青霉素抗性基因作为选择标记，应选择对氨苄青霉素敏感的菌株作为宿主。若载体携带β-半乳糖苷酶基因，则应选择突变株*lacZ*△M15作为宿主，以便形成α互补。

（6）具有安全性　通常选用的宿主应对人、畜、农作物无害或无致病性等。若选用的重组载体携带的某一重要基因编码序列发生琥珀突变，则必须选择具有校正基因的宿主，即使重组载体离开宿主也无法存活。

3. 外源基因导入宿主细胞

将外源基因与载体经体外连接形成的“重组DNA”导入宿主细胞，才得以实现外源基因在宿主细胞中的扩增或表达。

（1）外源基因导入原核细胞　通常可通过转化、转染或感染等方式将外源基因导入原核细胞。

具体步骤如下所述。①转化或转染：含外源基因的重组质粒可通过转化导入宿主细胞；含外源基因的重组噬菌体DNA或重组噬菌粒则可通过转染导入宿主细胞。无论转化或转染都需要制备感受态细胞，通常利用氯化钙处理对数期的大肠杆菌细胞，使细胞膜的通透性发生暂时改变，成为易于吸收外源DNA的感受态细胞，然后加入含外源DNA的重组载体，并在42℃热休克处理90s，使感受态细胞有效吸收外源DNA。一般条件下转化效率可达到每微克DNA转化10^7~10^8个细胞。

②电穿孔（electroporation）法：把重组DNA与宿主细胞混合合并置于电击槽中。在极短时间（μs）内，利用高电压（kV）脉冲电击细菌细胞，使细胞膜瞬时被击穿，产生许多微孔，重组DNA通过微孔进入细胞。电穿孔法的转化率比化学法提高10~20倍，每微克质粒DNA可产生10^9个转化细胞，电穿孔法有效提高G^+菌和G^-菌的转化效率。同时也十分成功地用于酵母细胞、哺乳动物细胞和植物细胞的转化。

③λ噬菌体的体外包装与感染：λ噬菌体DNA体外包装技术是贝克勒（Beckler）和戈尔德（Gold）等于1975年最先建立的。重组λ噬菌体载体DNA或重组黏粒载体DNA，如果大小合适，与λ噬菌体的头部、尾部和有关包装蛋白混合，即可装配成完整具有感染力的λ噬菌体粒子，然后感染大肠杆菌，每微克DNA可产生10^9的噬菌斑。而如果将重组λDNA通过转染进入大肠杆菌，则每微克DNA仅能产生10^4~10^5的噬菌斑，说明感染效率比转染效率要高出10^4~10^5倍。

（2）外源基因导入酵母细胞　通常利用溶菌酶除去酵母细胞壁形成原生质体，再用氧化钙和聚乙二醇处理，重组DNA通过转化导入酵母细胞的原生质体中，最后将转化后的原生质体置于再生培养基的平板上培养。使原生质体再生出细胞壁形成完整酵母细胞。

（3）外源基因导入哺乳动物细胞

①显微注射法（microinjection）：利用显微注射仪的极细针头将外源DNA直接注入受精卵的原核中。

③脂质体法（liposome）：脂质体是双脂层组成的小泡，包含了重组DNA的脂质体可与靶细胞发生膜融合，从而把DNA带入细胞内。

③利用病毒载体：例如将改造过的反转录病毒感染靶细胞，进入细胞中的基因组RNA

被反转录酶转变为 cDNA，然后整合到宿主细胞的染色体上。此法的缺点是：反转录病毒载体容量小，只能插入小片段外源 DNA（≤10kb）。就目前技术，很难控制反转录病毒基因组与外源 DNA 在宿主染色体上的整合位置，因此具有破坏正常基因和致癌的潜在危险性。此外，也可利用腺病毒和痘病毒改造成携带外源 DNA 的载体。

（4）外源基因导入植物细胞　除了利用电穿孔法外，还有下列方法：

①用根瘤土壤杆菌转化植物细胞：将含有重组 Ti 质粒的根瘤土壤杆菌与刚再生了细胞壁的植物原生质体共培养或与植物叶片共培养，然后转移到筛选培养基上筛选转化细胞组织，并再生成转化植株，最后将转化植株移栽至土壤中。

②基因枪法或成微弹轰击（microprojectite bombardment）法：利用高压气体，将表明吸附有外源 DNA 的金属微粒高速（300~600m/s）射进植物的细胞或组织中，直接将外源 DNA 导入幼苗，此法简便、有效，故颇受欢迎和被广为应用。

三、目的基因克隆的筛选与鉴定

在构建基因文库之后，需从众多的克隆中筛选和鉴定含有目的基因的重组体克隆，这是一项重要而又繁重的工作，通常有三类方法用于目的基因的筛选，也可用作进一步的鉴定。他们分别基于载体的选择标记，目的基因的序列和基因的表达产物。

1. 载体选择标记的筛选和鉴定

常用的方法有抗生素抗性选择法、插入失活法和 α 互补 X-gal 显色法。

（1）抗生素抗性选择法　如果外源 DNA 片段插入载体但不破坏抗生素抗性基因，转化后的重组体细胞可在含该抗生素的培养基平板上长出菌落。此外，还有一些自身环化的载体和未被酶解的载体，它们的转化细胞也能在含该抗生素平板上形成菌落，只有作为对照的受体细胞不能生长。

（2）插入失活法（insertinoal inactivation）　该方法常被用于检测含有目的基因的重组体克隆。若外源 DNA 插入到载体中任何一个抗性基因编码序列内，将会导致“插入失活”。例如质粒 pBR322 中含有四环素抗性基因和氨苄青霉素抗性基因，而四环素抗性基因内含 *Bam*H Ⅰ位点，若将外源 DNA 插入此位点，然后转化大肠杆菌（tet^r，amp^r）并培养在含四环素或氨苄西林的平板上，那些含有外源 DNA 的转化细胞失去对四环素的抗性，所以不能在四环素平板上生长，但仍能在氨苄西林平板上生长；而不含外源 DNA 的转化细胞，则可在四环素或氨苄西林的平板上生长。这样就很容易筛选到含有目的基因的细菌，从而淘汰不含目的基因的细菌（图 10-11）。

（3）α 互补 X-gal 显色法　许多载体如 M13 噬菌体载体序列、pUC 质粒系列、pGEM 质粒等载体中含有 β-半乳糖苷酶（*lacZ*）的调控序列和该酶 N 端氨基酸（α 肽）的编码序列，并在这个编码区中插入了一个多克隆位点，但并没有破坏其可读框，也不影响其正常功能。大肠杆菌 *lacZ*ΔM15 突变株如 DH5α，JM101 等菌株，其细胞中含有缺失 N 端编码序列的 β-半乳糖苷酶基因（编码 ω 片段）。N 端缺失的该酶单体不能形成有活性的四聚体，α 肽可补足缺陷而恢复该酶活性，因此称为 α 互补（alpha complementation）（图 10-12）。在含有异丙基硫代-β-D-半乳糖苷（IPTG）和 5-溴-4-氯-3-吲哚-β-D-半乳糖苷（X-gal）的培养基中。IPTG 诱导产生有活性的 β-半乳糖苷酶使培养基中的生色底物 X-gal 分解，产生半乳糖

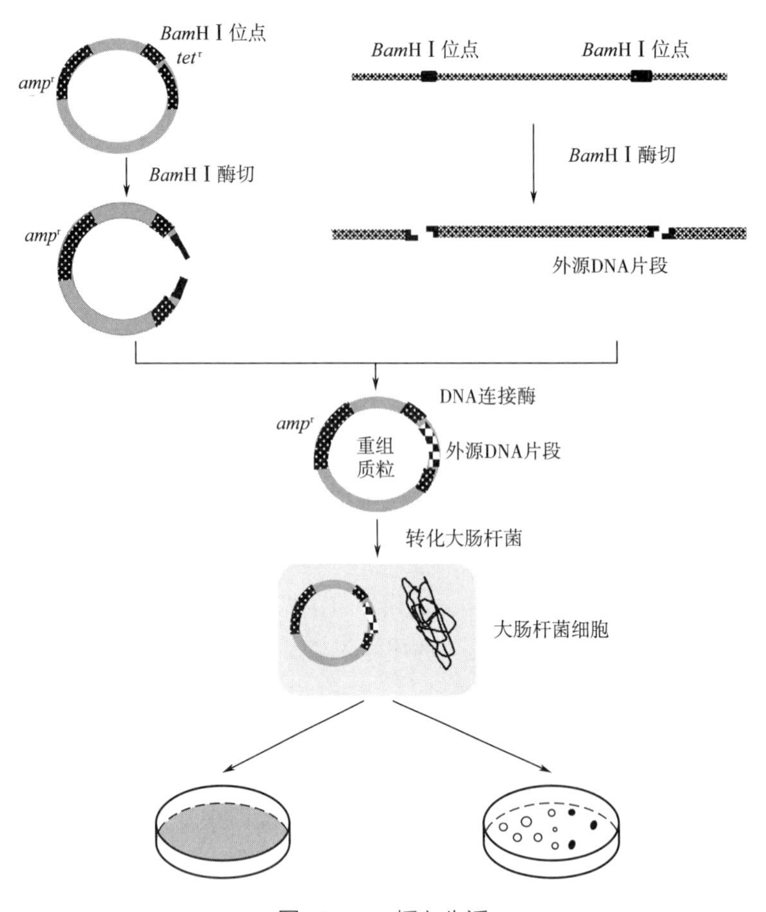

图 10-11 插入失活

和深蓝色底物（5-溴-4-氯-靛蓝），故形成蓝色菌落。当外源 DNA 插入载体的多克隆位点中，破坏了 α 肽的可读框、α 肽失活，失去互补能力，在同样的培养基上形成白色菌落，从而将二者区别开来。此法也可用于筛选重组噬菌体，即带有外源基因的重组噬菌体的噬菌斑呈白色，而不带外源基因的噬菌斑呈蓝色。

2. 目的基因序列的筛选和鉴定

（1）菌落（或噬菌斑）的原位杂交 利用一小段与所要筛选目的基因互补的 DNA 或 RNA 作为核酸探针，与待筛选的菌落（或噬菌斑）进行原位杂交（in situ hybridzation），可从文库中迅速筛选出所要的目的基因克隆。其大致过程如下：将转化细胞培养在琼脂平板上，当形成菌落（或噬菌斑）后，用硝酸纤维滤膜贴在其上，使菌落（或噬菌斑）转印到滤膜上。用碱液处理滤膜，使菌体裂解，释放出 DNA，将 DNA 变性成为单链，再经烘烤，变性 DNA 固定于滤膜上。然后，将滤膜和放射性标记的核酸探针溶液装在密封的塑料袋内进行分子杂交。通过放射自显影，含有与探针互补 DNA 的菌落，在 X 射线底片上呈现褐色斑点。通过与原平板上菌落位置对照，即可挑出含目的基因的克隆。此方法的优点是可在短时间内从巨大数量的克隆中筛选到阳性克隆（图 10-13）。

目前除用放射性标记核酸探针外，还发展了非放射性标记探针的方法，例如在探针上偶

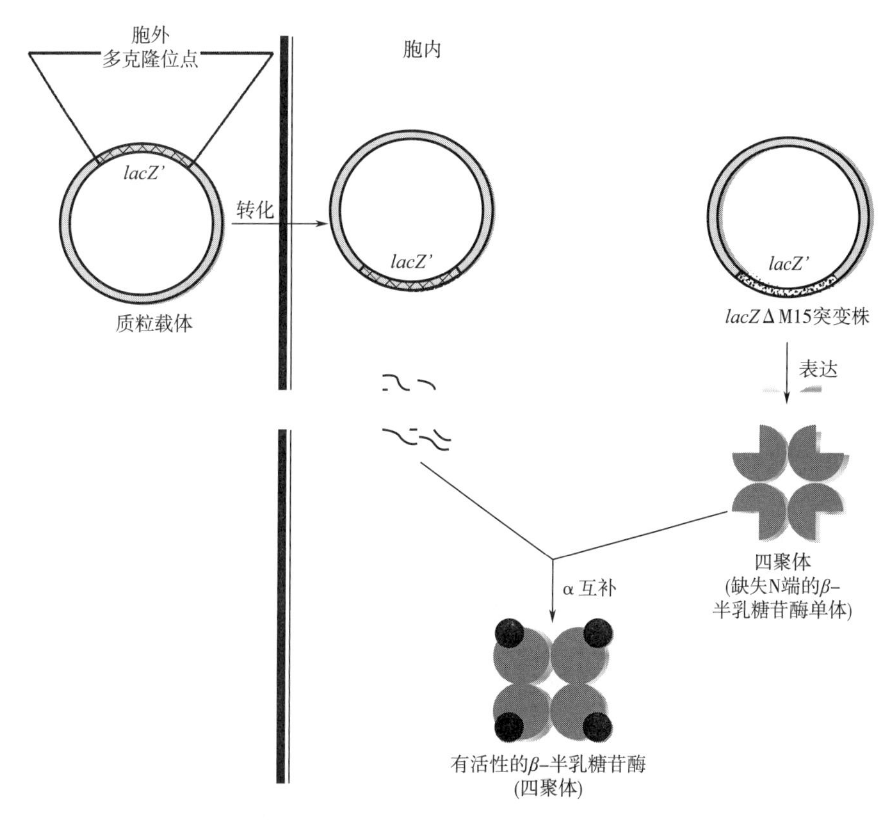

图 10-12　α 互补作用原理图

联能产生颜色反应的酶，或偶联发光物质。挑选到阳性克隆后往往还需进一步重复，并做测序鉴定。

（2）限制性图谱的鉴定　将初步筛选获得的阳性克隆进行小量培养，提取重组质粒（或重组噬菌体 DNA），然后用合适的内切酶进行酶切，通过凝胶电泳，检测插入的外源 DNA 长度或限制酶图谱是否与预期一致。

（3）DNA 序列测定　为了确证目的基因序列的正确性，必须对含目的基因克隆的 DNA 进行序列测定。

3. 基因表达产物的筛选和鉴定

（1）免疫活性测定　如果表达产物是蛋白质或肽并具有抗原性，则可与其特异抗体产生免疫反应。若用放射性标记抗体，可通过放射自显影加以检测；若用酶与抗体偶联，则可通过酶联免疫吸附分析法，根据显色反应进行检测。

（2）生物活性测定　若表达产物是酶，可测定其酶活性大小；若表达产物是酶的抑制剂，则可测定其抑制酶活性能力的大小。

（3）氨基酸序列测定　可测定经部分水解表达产物的肽谱，或表达产物氮源和 C 端的氨基酸序列，对表达产物的鉴定具有特别重要意义。

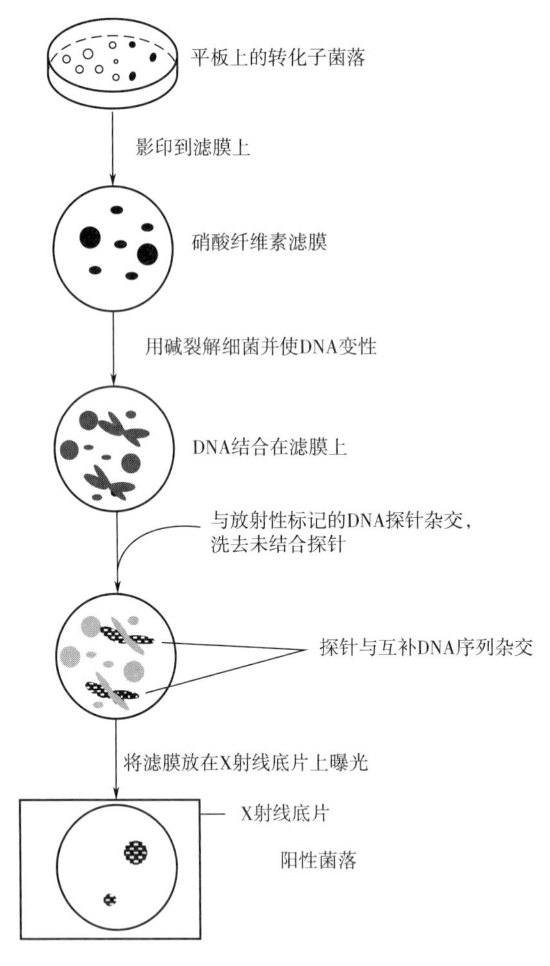

图 10-13　菌落的原位杂交

第五节　基因工程展望

基因工程是一种按人们的构思和设计，操作遗传物质，并最终实现改造生物遗传性状的新技术。基因工程对生物的改造，可以使生物像工厂似的为人类生产特殊产品，也可以使现有的动植物和微生物更符合人类的需求。例如，美国科学家用基因工程方法，把降解不同石油化合物的基因移植到一个菌株内创造了一种超级细菌，能快速分解、清除被石油污染的海域。微生物作为一个整体分解有机物的能力是惊人的，但绝大多数降解污染物的微生物都来自土壤的假单胞菌，而不同菌株分解污染物的能力及所需条件又存在很大差异。人们还试想，既然氢气在燃烧过程中，除释放能量外，产生的废物只有水，不会造成环境污染，被称为理想、清洁的燃料。那么，一些水中生长的微生物在光照下，会不断将水分解，放出氢气，然后可用容器将氢气收集起来。于是，日本一个研究所以提高光合作用微生物生产氢的效率为目标，利用基因重组技术，改良微生物，以大幅度提高生产氢气的能力，为利用微生物生产氢气尽早投入实际生产和应用创造条件。因此，环境保护工程菌的开发应包括从降解污染物菌株的筛选、目的基因分离到工程实施与技术鉴定的全过程，而基因工程菌的构建是其中心环节。

随着科技的深入发展，人类不仅能应用基因工程使作物获得抗真菌、细菌和线虫的能力，而且正在试图利用基因工程手段提高作物的抗逆性和营养价值。美国 DNA 植物技术公司的科研人员从一种细菌中发现了能产生几丁质酶的基因，这种基因能破坏真菌细胞壁中的几丁质，而几丁质酶是破坏几丁质的最有效催化剂。他们运用基因工程技术把这种基因插入了烟草植株中，于是诞生了具有抗真菌能力的新型烟草。科学家们预测未来将能利用基因工程技术将微生物固氮基因插入各种非豆科植物染色体组内，则可将空气中的氮直接转化为植物生长所需的氮，那将是农业生产的一次大的飞跃。胰岛素是由人和动物的胰脏β-胰岛细胞合成的蛋白质，是治疗胰岛素依赖型糖尿病的特效药物。1982 年，美国 Ely Lili 公司使用重组大肠杆菌生产人胰岛素，这是第一个上市的基因工程药物。另外，在疾病治疗方面不仅是构建工程疫苗，还可以构建基因工程亚单位疫苗，即通过重组 DNA 技术构建的只含有一种或几种抗原，而不含有病原体的其他遗传信息的工程菌生产的疫苗。另外，我们还要严加预防和高度警惕基因武器（gene weapon）的问世，它们具有制造成本低，杀伤力强，持续时间长，使用简便以及难防治等特点。

思考题

1. 举例说明为什么微生物和微生物学在基因工程的产生和发展中占据了十分重要的地位？

2. 在基因工程中，为什么需要克隆载体与表达载体？它们各起什么作用？各需要具备哪些基本遗传元件？

3. 由于原核生物与真核生物基因结构的不同，会妨碍哺乳动物基因在原核生物中的表达吗？可以采取什么措施加以解决？

4. 在筛选阳性克隆时，为什么采用能引起 *LacZ'* 插入失活的克隆载体比用能引起抗生素抗性基因插入失活的克隆载体更为有效？

5. 作为克隆载体必须具备的主要条件是什么？按来源可将基因克隆载体分为哪几类？并说明各自的主要特点。

6. 简述基因工程的主要应用领域。

第十一章 微生物生态

第一节　环境中的微生物

一、 微生物生态系统

微生物生态是研究微生物群体及其生境间相互作用规律的科学，是生态学的一个重要分支，涉及生物之间、生物与非生物之间的相互作用。自然界中任何环境条件下的微生物，都不是单一种群，微生物之间及其与环境之间有特定的关系，它们彼此影响，互相依存，构成微生物生态系统（microbial ecosystem）。

微生物生态系统是微生物群落及其非生物环境的动态综合体，是各种环境因子如物理、化学及生物因子对微生物区系（及自然群体）的作用，以及微生物区系对外界环境的反作用。微生物生态系统是具有一定结构和功能的开放系统。由于环境限制因子的多样性，使各个微生物系统表现出很大的差异，从而导致微生物生态系统的多样性和复杂性。一个生态系统包含许多不同的栖息地，然而总有生物群落是最适合的。尽管微生物存在于任何含有动植物的栖息地，但许多微生物栖息地不适合动植物。例如，高至地球大气层，深至地球的黑暗深处，微生物无处不在；它们栖息在沸腾的温泉、寒冷的冰湖、酸性矿水、饱和盐水、被放射性核素和重金属污染的环境，以及只含有微量水的多孔岩石内部。目前，发现的所有已知生物体均需要其他生物提供某些营养物质，而金矿菌（*Desulforudis audaxviator*）可能是一个真实的“自力更生”的微生物。*Desulforudis audaxviator* 是在南非一个矿井发现的，矿井位于地下约 3000m 处，完全与世隔绝。它利用含铀岩石产生的放射能作为能量，这种细菌能够从周围岩石和空气中获取所需的所有营养物质并完成新陈代谢过程。它们是世界上已知的唯一一个单种群生态系统，这将加深人们对微生物生态系统的重新认识。

研究微生物生态活动的规律有着重要的实践意义，例如了解微生物的生态分布及极端环境下微生物生命活动的规律，有助于开发新的微生物资源，同时也为研究生物的进化提供理论基础，还可以作为指标来评价环境条件的变化。了解微生物间及微生物与其他生物间的相互关系，有助于扩大新的微生物农药和微生物肥料的应用范围，利用微生物之间的互惠关系，以及不同菌种的混合培养来生产各种有用的微生物发酵产品，为工业生产降低成本，缩短发酵周期或提高产量等开辟新的途径。了解微生物生态系统与非生物因子的相互作用，以确定生态系统的运作模式。了解微生物在自然界物质转化过程中的作用有助于综合利用，为净化和保护环境提出理论依据和各种技术措施。

二、 土壤微生物

土壤富含矿物质、有机质、水及其他无机物质，是微生物的天然培养基。这里具有微生物所需要的一切营养物质和微生物进行生长繁殖及生命活动的各种条件。大多数微生物不能进行光合作用，需要靠有机物来生活，进入土壤中的有机物为微生物提供了良好的碳源、氮源和能源；土壤中矿质元素的含量浓度也很适于微生物的生长；土壤中的水分虽然变化较大，但基本上可以满足微生物的需要；土壤的酸碱度接近中性，缓冲性较强，适合大多数微生物生长；土壤的渗透压大都不超过微生物的渗透压；土壤空隙中充满着空气和水分，为好氧和厌氧微生物的生长提供了良好的环境。此外，土壤的保温性能好，与空气相比，昼夜温差和季节温差的变化不大。在表土几毫米以下，微生物便可免于被阳光直射致死。这些都为微生物生长繁殖提供了有利的条件。所以土壤有“微生物天然培养基”之称，这里的微生物数量最大，类型最多，是人类最丰富的“菌种资源库”。

土壤中微生物的数量和种类都很多，包含细菌、放线菌、真菌、藻类和原生动物等类群。其中细菌最多，占土壤微生物总量的70%～90%，放线菌、真菌次之，藻类和原生动物等较少。土壤微生物通过其代谢活动可改变土壤的理化性质，进行物质转化，许多土壤微生物在许多元素循环中扮演着重要的角色，如氮循环、碳循环和硫循环。因此，土壤微生物是构成土壤肥力的重要因素。土壤的营养状况、温度、深度、水分和pH等对微生物的分布影响较大。在有机质含量丰富的黑土、草甸土、磷质石灰土和植被茂盛的暗棕壤中，微生物的数量较多；而在西北干旱地区的棕钙土，华中、华南地区的红壤和砖红壤，以及沿海地区的滨海盐土中，微生物的数量少。干旱土壤是地球上最极端的环境之一，其温度可能高达60℃以上，低至-24℃以下，并且高日照低水分。尽管在这样的干旱地区几乎没有叶状植物，但它们维持着重要的微生物群落，这些微生物群落在地表附近的土壤中，在岩石内部和表面上聚集并栖息。

三、 水体微生物

水体由淡水和海水两类组成。海洋中的水量占地球水量的97%，覆盖着地表71%的面积，冰川和极地水量占2%，其余的水分别存在于湖泊和河流中。淡水和海洋环境在许多方面有所不同，包括盐度，平均温度，深度和营养成分，但二者都为微生物提供了许多优良的栖息地。广阔的水域，由于含可溶性无机盐、有机物以及具备微生物生长繁殖的相关条件，因此成为微生物栖息的第二大天然场所。

通常水体不同，其理化特性也不同，微生物的组成和数量也各异。淡水环境中，少数湖泊和河流受到污染程度较小，但有一些河流和湖泊受到农业、工业或暴雨径流的严重污染，获得有机物输入。即使在水流湍急的河流中，大量的有机物输入也会导致细菌的呼吸出现明显缺氧，从而引发蓝藻和藻类以及水生植物的大量繁殖。受污染河流一般腐生菌较多，常见的细菌有各种芽孢杆菌、弧菌和螺菌等；真菌以水生藻状菌为主，还有大量的酵母菌。除此以外，河流在丰水期和枯水期微生物的种类与组成有很大差异，有研究者发现在黄河兰州段，变形菌门在丰水期比枯水期丰度大将近1倍，蓝藻门在枯水期比丰水期丰度大近10倍。细菌群落结构的因素分析结合理化指标测定结果发现，细菌群落结构的变化对水质具一定指示作用。在流动的水体中，水的上层只有单细胞藻类和细菌生长。较深的湖泊有特征性的分层现象，通常浅水区，以蓝细菌和藻类占优势；中心湖区则以浮游的蓝细菌和藻类为主；湖底区主要微生物为异养细菌，在这样的场所，微生物活性和群落组成随含氧量的变化而改变，同时伴随着水位下降等其他因素，特别是温度和营养水平的变化，也影响着微生物的活性及多样性；湖底污泥一般含有较丰富的营养物质，因而适于以细菌为主的厌氧型自养和异养微生物的生长。与许多淡水环境相比，海洋的营养水平通常很低。光合微生物的关键无机营养素，如氮、磷和铁等尤为如此。此外，海洋中的水温比大多数淡水湖的水温要低，而且在季节上更稳定。海洋光合微生物的活动受到这些因素的限制，因此海洋中的微生物细胞总数通常比淡水环境中的低10倍左右（约为10^6/ml）。而且海洋环境由于具有盐度高、有机物含量少、温度低、深海静水压力大等特点，所以海洋微生物多是需盐、嗜冷和耐高渗透压的微生物。

四、 空气中的微生物

空气不是微生物良好的生存场所，因为空气中营养物质和水分缺乏，还有强烈的紫外线的照射，但空气中仍飘浮着许多微生物，这是由于土壤、水体、各种腐烂的有机物以及人和动植物体上的微生物由于人类生产活动或自然环境因素进入到大气中，如农业活动、动物养殖、工业生产、食品生产、污水处理及卫生填埋等都可随着气流的运动把微生物携带到空气中。微生物身小体轻能随空气或水的流动到处传播，因而微生物的分布是世界性的。微生物在空气中的分布很不均匀，尘埃量多的空气中，微生物也多。由于尘埃的自然沉降，所以越近地面的空气，其含菌量越高。一般在畜舍、公共场所、医院、宿舍、城市街道等的空气中，微生物数量最多，在海洋、高山、森林地带，终年积雪的山脉或高纬度地带的空气中，微生物数量则甚少。

空气中的微生物大多以气溶胶的形式存在，而一些病毒可以通过气溶胶进行传播。空气中的微生物主要是非病原性腐生菌，有各种球菌、芽孢杆菌、产色素细菌以及对干燥和射线有抵抗力的真菌孢子等。但在一些公共场所中，如医院，空气中的微生物还有病原菌，如葡萄球菌、结核分枝杆菌、白喉杆菌、大肠杆菌、甲型流感性感冒病毒等，对医院不同功能区域的空气微生物采样结果表明，浓度最高的是呼吸科病房，存在健康风险。可以采用撞击法或自然沉降法采样，营养琼脂培养基计数的方法测定公共场所空气中的细菌总数。

五、 极端环境微生物

极端微生物是最适合生活在极端环境中的微生物的总称。科学家们相信，极端微生物是这个星球留给人类独特的生物资源和极其珍贵的科研素材。开展极端微生物的研究，对于揭示生物圈起源的奥秘，阐明生物多样性形成的机制，认识生命的极限及其与环境的相互作用的规律等，都具有极为重要的科学意义。极端微生物中发现的适应机制，还将成为人类在太空中寻找地外生命的理论依据。极端微生物研究的成果，将大大促进微生物在环境保护、人类健康和生物技术等领域的利用。嗜热菌、嗜冷菌、嗜酸菌、嗜碱菌、嗜盐菌、嗜压菌或耐辐射菌等，它们统称为极端环境微生物或简称极端微生物。它们对极端环境的适应，是自然选择的结果，是生物进化过程的动因之一。

1. 嗜热菌

嗜热菌（thermophiles）是指最适宜生长温度在45℃以上的微生物。广泛分布在草堆、厩肥、温泉、煤堆、火山地、地热区土壤及海底火山附近等处。嗜热微生物不仅能耐受高温，而且能在高温下生长繁殖，其生存环境需要较高的温度。嗜热菌细胞膜上有高比例的长脂肪链的脂类，可使其在高温下处于液晶态。有的嗜热菌存在特殊的脂类（类固醇），使膜变得更硬，这也可反映出生命对高温的一种适应。嗜热菌主要包括一般嗜热菌（最适45~60℃）、中等嗜热菌（最适60~80℃）和极度嗜热菌（>80℃）三类。在湿热草堆和厩肥中生活着好热的放线菌和芽孢杆菌，它们的生长温度在45~65℃，有时甚至可使草堆自燃。一些人为的高温环境，如工厂的热水装置、发电厂和人造热源等处也是嗜热微生物生长的良好环境。从美国黄石公园的温泉池中发现的嗜热古菌是一种超嗜热微生物，可以在85℃时生长。所有生长温度超过100℃的嗜热微生物都来自海底，深海热液喷口是迄今为止有生命形式的温度最高的栖息地，这里有着嗜热太古菌，其最佳生长温度高于100℃。随着嗜热菌的分离和鉴定，已知的温度上限越来越高。从海底热液喷口附近的热沉积物和“黑烟”热液喷口烟囱壁上分离出的甲烷菌可在122℃生活，当然还可能有更加嗜热的微生物栖息在其他生境中等待微生物学家去挖掘。嗜热菌的代谢快、酶促反应温度高和增代时间短等特点是中温菌所不及的，在发酵工业、城市和农业废物处理等方面均具有特殊的作用，如把嗜热菌的耐热DNA多聚酶“Taq”用于多聚酶链式反应（PCR）中，使该反应在科学研究和医疗等实际领域的应用中实现了新的飞跃，但嗜热菌的良好抗热性也造成了食品保存上的困难。

2. 嗜冷菌

嗜冷微生物（psychrophile）是一种最低生长温度0℃以下，最适生长温度≤15℃，最高生长温度20℃左右的细菌。嗜冷菌的嗜冷机制主要是细胞膜含有大量不饱和脂肪酸，以保证在低温下膜的流动性和通透性。嗜冷菌分布在南北极地区、冰窖、高山、深海和土壤深处等的低温环境中。在极地地区，嗜冷藻类和细菌经常在海冰内和海冰下密集生长。除此以外，极地的雪衣藻还给永久性雪原和冰川的表面赋予了独特的颜色——微红或粉红色，因为其体内含有类胡萝卜素色素（虾青素）导致雪地表面呈明显的红色。

嗜冷菌可分为专性和兼性两种，专性嗜冷菌对20℃以下的低温环境有适应性，20℃以上即死亡，如分布在海洋深处、南北极及冰窖中的微生物；兼性嗜冷微生物易从不稳定的低温环境中分离到，其生长的温度范围较宽，最高生长温度甚至可达30℃。来自海底热液喷口的嗜热菌在海底寒冷的环境中，能够从一个喷口转移至另一个喷口。嗜冷菌是导致低温保藏食品腐败的根源，即使在冰箱温度（4℃）下妥善贮存，肉类、新鲜奶酪、未经高温消毒的乳制品都可能成为李斯特菌的食物。另外，嗜冷菌产生的嗜冷酶在低温下具有较高活性，故可利用此特性开发低温下作用的酶制剂，如洗涤剂用的蛋白酶等。

3. 嗜酸菌

通常在pH 5以下能够很好生长的微生物被称为嗜酸菌（Acidophiles）。许多真菌和细菌在pH 4甚至更低的pH条件下生长最好，如在火山附近的酸性热土中发现的*Picrophilus oshimae*在pH 0.7和60℃下生长最为理想；当pH>4时，*Picrophilus oshimae*的细胞会自发裂解。嗜酸菌分布在酸性矿水、硫磺池、酸性热泉和酸性土壤等处，氧化硫硫杆菌的生长pH

范围为 0.9~4.5，最适 pH 为 2.5，在 pH 0.5 下仍能存活，能氧化硫产生硫酸（浓度可高达 5%~10%）。氧化亚铁硫杆菌，为专性自养嗜酸杆菌，能将还原态的硫化物和金属硫化物氧化产生硫酸，还能把亚铁氧化成铁，并从中获得能量，这种菌已被广泛用于铜等金属的细菌冶金中。细菌 *Ferroplasma acidophilum* 能够在酸性极高（pH 0）的环境下生存，这种环境下的硫酸对于这类细菌来说就像是矿泉水。据悉，这种细菌是在加利福尼亚州一个金矿的有毒流出物中发现的，能够将铁作为几乎所有蛋白质的核心构件。

4. 嗜碱菌

嗜碱微生物（alkaliphiles）通常是指最适生长在 pH 9 以上的微生物，这类菌在自然环境（pH 约为 6.5）下生长缓慢，甚至不能生长。在嗜碱菌中，能在高 pH（如 11.0）条件下生长，但最适生长 pH 值并不在碱性范围的微生物，称为耐碱菌（alkalitolerants）；有些菌在 pH 中性或以下不能生长，称为专性嗜碱菌（obligate alkaliphiles）。在碱性和中性环境中均可分离到嗜碱菌，有些专性嗜碱菌可在 pH 11~12 的条件下生长，而在中性条件下却不能生长，如巴氏芽孢杆菌在 pH 11 时生长良好，而低于 pH 9 时生长困难。极端嗜碱的微生物能通常存活于高碱性的环境中，比如碱性湖泊和高碳酸盐土壤。部分嗜碱菌能够分泌水解酶，如蛋白酶和脂肪酶。这些酶能在碱性 pH 下保持活性，而这些酶被添加到洗涤剂中，能够去除衣物上的蛋白质和脂肪污渍。值得注意的是，一些极端嗜碱的微生物有的也嗜盐。嗜碱菌能够将细胞内环境稳定维持在 pH 7~8.5，从而使其在碱性的极端环境中得以生存，这很大程度上依靠着细胞质膜蛋白的调控作用。当嗜碱菌处于高 pH 环境中时，会启动 Na^+/H^+ 逆向转运，将细胞质中的 Na^+ 与胞质外的 H^+ 进行交换，保证 pH 体内平衡，细胞表面蛋白在该逆向转运中发挥着重要作用。

5. 嗜盐菌

嗜盐菌（halophiles）通常分布在自然含盐环境，如盐湖、晒盐场和人工含盐环境，如腌制海产品的表面。嗜盐菌主要包括两类：中度嗜盐菌和极端嗜盐菌。中度嗜盐菌最适生长盐浓度为 0.5~2.5mol/L；极端嗜盐菌最适生长盐浓度 2.5~5.2mol/L。大多数极端嗜盐微生物需要在 12%~23% NaCl 下才能获得最佳生长，甚至在饱和的盐浓度下缓慢生长。如盐生盐杆菌和红皮盐杆菌等，其生长的最适盐浓度高达 15%~20%；*Actinopolyspora xinjiangensis* 最适生长盐度是 10%~15%，能耐受 8%~25%的盐度。嗜盐菌是多为古细菌，它的紫膜具有质子泵和排盐的作用，目前正设法利用这种机制来制造生物能电池和海水淡化装置。除了古细菌以外，杜氏盐藻（一种单细胞真核藻类）也能够在大多数盐湖中存活。有些嗜盐菌还能产生抗生素，如红霉素糖多孢放线菌。

6. 嗜压菌

嗜压菌（barophiles）仅分布在深海底部和深油井等少数地方，这些微生物对高压的适应非常严格，它们必须生活在高静水压环境中，当它们暴露在常压下时，胞体就会破裂，而不能正常生长。例如，从深海底部压力为 101.325MPa 处，分离到一种嗜压的假单胞菌；据报道，有些嗜压菌甚至可在 141.855MPa 的压力下正常生长。由于研究嗜压菌需要特殊的加压设备，特别是不经减压作用，将大洋底部的水样或淤泥转移到高压容器内是非常困难的，这使得嗜压菌的研究工作受到一定限制。嗜压菌中的蛋白质主要表现为具有紧密的疏水核心，相对分子质量小的氨基酸以及蛋白多聚化水平上升。如掘越氏热球菌（*Pyrococcus horikoshii*）中的嗜压蛋白可以通过形成十二聚合物，使得蛋白单体更加紧凑，形成更紧实的核心结构，从而防止在高压下水渗入蛋白核心而造成损伤。

7. 抗辐射微生物

与微生物有关的辐射有可见光、紫外线、X 射线和 γ 射线，其中微生物接触最多、最频繁的是太阳光中的紫外线。抗辐射微生物（radiotolerant microorganisms）对辐射仅有抗性或耐受性，而不是“嗜好”。研究发现微生物的抗辐射能力明显高于高等动、植物。以抗 X 射线为例，病毒高于细菌，细菌高于藻类，但原生动物往往有较高的抗性。微生物具有多种防御机制，能使它免受放射线的损伤，或能在损伤后加以修复。抗辐射的微生物就是这类防御机制很发达的生物，把它们分离培养，可作为生物抗辐射机制研究的极好材料。细菌 *Halobacterium* NRC-1 是地球上抗辐射能力最强的生物，能够经受住 1.8 万 Gy（吸收剂量）辐射（通常，10Gy 辐射便可致人死亡）。*Halobacterium* NRC-1 抗辐射能力几乎是耐辐射球菌的两倍，后者最初是在 1950 年发现的，被视为辐照肉唯一的幸存者。与耐辐射球菌和 *Deinococcus peraridilitoris* 球菌一样，*Halobacterium* NRC-1 也擅长修复其自身的 DNA。*Deinococcus peraridilitoris* 球菌被称为地球上最强悍的细菌，是耐辐射球菌的“亲戚”，曾入选《吉尼斯世界纪录大全》。*Deinococcus peraridilitoris* 球菌于 2003 年在极为干旱荒凉的阿塔卡马沙漠（智利）土壤中被发现。据悉，这种球菌能够经受住寒冷、真空、干旱和辐射考验。其强大生存能力的关键在于拥有多个基因组拷贝，如果一个基因组遭到破坏，所需的片段可以从另一个基因组复制。鉴于 *D. radiodurans* 在研究生物抗辐射和 DNA 修复机制中的重要性，故对它全基因组序列的研究十分重视，并已于 1999 年破译（全长 3.28Mb）。当前，耐辐射微生物被用于处理核废料的污染，已经获得了较好的研究效果。

六、 植物内生菌

植物内生菌的概念由克洛珀（Kloepper）首次提出。1926 年，Perotti 等人在许多健康植物根组织内发现了细菌，后来逐渐发现植物内生细菌、真菌普遍存在于高等植物中。植物内生微生物通常包括细菌和真菌，称为植物内生真菌（fungal endophytes，endophytic fungi）和植物内生细菌（bacterial endophytes，endophytic bacteria）。

植物内生菌是植物组织内的正常菌群，根据对宿主植物的作用，可以将内生微生物分为三类：①中性内生微生物，该类微生物会从宿主植物中汲取部分营养或利用植物产生的代谢物生活，对宿主既没有明显的有害作用，也没有明显的有益作用。②有益内生微生物，可以给宿主植物提供有益的作用，如保护植物性免受病原体或草食生物的侵害、促进植物生长等。③潜在的内生病原微生物，在一些特殊条件，可造成植物损失或死亡。如玉米内生真菌轮枝镰孢菌（*Fusarium serticillioides*）在正常条件下还作为内生真菌寄生于玉米组织内，在特异基因表达和外界非生物因素胁迫的双重作用下表现出病害特征并大量产生烟曲霉毒素。

植物内生微生物在植物体内具有稳定的生存空间，不易受环境条件的影响，可以在植物体内独立的分裂繁殖和传递，使之成为生物防治中有潜力的微生物农药、增产菌或作为潜在的生防载体菌而加以利用。植物内生微生物的另一个方面的应用是对土壤和水体中有机污染物的生物联合修复，在重金属富集、有机物去除，降低农作物产品的污染物残留等方面都有积极作用。

七、 肠道微生物

（一） 肠道微生物与疾病

肠道微生物是指动物肠道中存在的数量庞大的微生物，这群微生物依靠动物的肠道生活，同时帮助寄主完成多种生理生化功能。肠道不仅是人体消化吸收的重要场所，同时也是最大的免疫器官，在维持正常免疫防御功能中发挥着极其重要的作用。人体肠道为微生物提供了良好的栖息环境，成人肠道内的微生物数量为10^{14}个，接近人体体细胞数量的10倍；质量达到1.2kg，接近人体肝脏的质量；其包含的基因数目约是人体自身的100倍以上，具有人体自身不具备的代谢功能。2005年，Eckburg等通过宏基因组研究发现，肠道微生物在系统发育地位上基本分属厚壁菌门（Firmicutes）、拟杆菌门（Bacteroidetes）、变形菌门（Proteobacteria）、放线菌门（Actinobacteria）、疣微菌门（Verrucomicrobia）、梭杆菌门（Fusobacteria）6大门，其中拟杆菌门和厚壁菌门为主要优势菌群。2010年，欧盟Meta HIT项目组在Nature发表了人体肠道微生物菌落的基因目录，共获得330万个人体肠道元基因组的有效参考基因，约是人体基因组的150倍。从这一基因集中估计，人体肠道中至少存在着1000~1150种细菌。不同年龄、体质量、性别及国籍的人群肠道微生物都大致可分为三种类型，即拟杆菌型（Bacteroides）、普氏菌型（Prevotella）及瘤胃球菌型（Ruminococcus）。

2006年美国基因组研究所在采用鸟枪测序法对人体肠道微生物组研究表明，肠道微生物基因组中富含参与碳水化合物、氨基酸、甲烷、维生素和短链脂肪酸代谢的基因，其中很大一部分是人体自身所不具备的，表明肠道微生物是人体代谢的重要参与者。如滥用抗生素导致的肠道微生物失调会提高肠道疾病发生的几率。一个较为经典的例子是因手术入院治疗的病人在服用广谱抗生素后易患感染性腹泻，其主要原因为肠道微生物失调而引起的伪膜性结肠炎。近年来肠道微生物和肥胖的关系受到了广泛关注。研究人员还发现，与瘦志愿者相比，肥胖志愿者肠道内拟杆菌门比例降低，放线菌门比例升高。肥胖志愿者75%肠道微生物基因来源于放线菌；而瘦志愿者42%的肠道微生物基因来源于拟杆菌门。其他研究也表明与正常个体比较，肥胖个体肠道中厚壁菌门比例较高；当肥胖个体体质量减轻时，其肠道微生物中厚壁菌门比例则与正常个体变得较为相似。另外，糖尿病已成为一项重大公共卫生问题，预计2030年全球花费治疗糖尿病的成本将超过4900亿美元。虽然人类基因组计划已经完成，但人类自身遗传密码的破译并没有帮助人们找到彻底克服糖尿病的方法，于是科学家开始将目光转向与人类共生，却具有100倍于人体基因的肠道微生物上。肠道微生物中蕴含的海量遗传信息可能是治疗糖尿病的新突破口。以2型糖尿病为例，我国华大集团等单位率先完成了肠道微生物与2型糖尿病的宏基因组关联分析，并发表于2012年的*Nature*杂志中。该研究明确了中国人群中的糖尿病患者与非糖尿病患者在肠道微生物组成上的差异，发现2型糖尿病患者均有中等程度的肠道微生态紊乱，且表现出产丁酸细菌种类的缺乏。

肠道微生物组在提高宿主免疫力、食物消化、肠道内分泌功能和神经信号调节、药物功能和代谢、内毒素清除和影响宿主代谢相关物质的产生等方面扮演重要角色。2020年Fan等发表于*Nature*的文章中描述：过去二十年间，来自观察性研究的结论让人们自然地联想到肠道菌群可能会对宿主的代谢稳态产生影响，紊乱的肠道菌群会导致多种常见代谢病的发生，包括肥胖、2型糖尿病、非酒精性肝病、代谢性心脏病和营养不良等。肠道微生物群的复杂性令人望而生畏。

（二） 微生态制剂

微生态制剂（microecologics）又称微生态调节剂，是依据微生态学理论而制成的含有大量有益菌的活菌制剂，其功能在于维持宿主的微生态平衡、调整宿主的微生态失调并兼有其他若干保健功能。微生态制剂按其主要成分的不同可分成两类：①益生菌剂，简称益生菌，由 R. B. Parker（1974 年）正式提出，是狭义的微生态制剂，是指一类通常分离自宿主相应部位的正常菌群，以一至几种高含量活菌为主体，一般经口服或黏膜途径投入，有助于改善宿主特定部位的微生态平衡并兼有若干其他有益生理活性的生物制剂。②益生素，又称益生元或双歧因子，由 G. R. Gibson（1995 年）提出，是指寡糖类（寡果糖、寡半乳糖、菊粉、寡异麦芽糖、寡木糖）等一些不被宿主消化吸收却能有选择性地促进其体内双歧杆菌等有益菌的代谢和增殖，从而改善宿主微生态平衡的有机物质。在实际商品中，微生态制剂有治疗用和保健用之分，剂型则有胶囊、微胶囊型的冻干菌粉以及片剂、水剂（口服液）、酸奶或冷饮等形式。水剂形式因不宜保存活菌等原因，不被推广。

用于益生菌剂中的主要菌种都是一些严格厌氧菌和兼性厌氧菌：①严格厌氧菌类，如两歧双歧杆菌（*Bifidobacterium bifidum*）、长双歧杆菌（*B. longum*）、青春双歧杆菌（*B. adolescentis*）、婴儿双歧杆菌（*B. infantis*）和短双歧杆菌（*B. brevis*）等；②耐氧性厌氧菌，如嗜酸乳杆菌（*Lactobacillus acidophilus*）、约氏乳杆菌（*L. johnsonii*）、鼠李糖乳杆菌（*L. rhamnosus*）、干酪乳杆菌（*L. casei*）和德氏乳杆菌保加利亚亚种（*L. delbrueckii* subsp bulgaricus）等；③兼性厌氧球菌，如粪肠球菌（*Enterococcus faecalis*），乳酸乳球菌乳脂亚种（*Lactococcus* lactis subsp lactis），乳酸乳球菌乳脂亚种（*L. lactis* subsp cremoris）和唾液链球菌嗜热亚种（*Streptococcus salivarius* subsp thermophilus）等。

一种理想的微生态制剂的必要条件是：①含一至几种高质量有效菌种；②活菌含量高，至少应达 107～1010 个/g · mL；③保质期较长，在此期限内，活菌数不低于原初的一半；④具有良好的微生态调节和（或）其他保健功能；⑤制剂具有较强的抗氧、抗胃酸和抗胆汁酸功能（可采用胶囊、微胶囊等剂型来达到）；⑥尽可能添加双歧因子类可促进外源性和内源性有益菌增殖的物质；⑦性能稳定、安全、可靠；⑧质优价廉。

近年来发展起来的粪菌移植技术就是利用健康人群粪便中的功能菌群移植到患者的肠道内，而重建患者正常功能菌群，达到治疗疾病的方法。该技术在 2012 年英国的一家研究所利用分离出的 6 种肠道细菌制成的混合制剂，实现了首次粪菌移植治疗。未来，基于测序和培养的肠道微生物检测，结合肠道菌群、古菌群、噬菌体组、病毒组和分枝菌群的机理研究，将以指数级提升我们对肠道微生物群落相互作用的认识。此外，肠道微生物组还将产生影响宿主生理学和多种病理学的多种化学物质的新知识，这可能会为使我们开辟出新的有效代谢性疾病的干预途径，为稳定全人类的代谢健康，预防或对抗常见的人类代谢疾病，提供更多治疗依据。

第二节　微生物分子生态学

微生物生态学始于 20 世纪 60 年代，它是研究微生物与微生物、微生物与其他生物、微生物与环境之间相互关系的分支学科。大多数生态系统中可培养的微生物只占一小部分，采用培养方法分析微生物群落结构会造成巨大的偏差。90 年代以核酸技术为主的分子生物学技术广泛应用，微生物生态学研究更加深入，并形成了微生物分子生态学。微生物分子生态学（molecular microbial ecology）是以微生物基因组 DNA 的序列信息为依据，通过分析样品中

DNA 分子的种类和数量来反映微生物的区系组成和群落结构。微生物分子生态学使传统微生物生态学研究领域由自然界中可培养微生物种群扩展到微生物世界的全部生命形式，包括可培养、不可培养、难培养的微生物及自然界中环境基因组等。由微生物细胞水平上的生态学研究深入到探讨各种生态学现象的分子机制研究水平，提出了微生物分子进化和分子适应等全新理念，必将使微生物生态学理论更加接近其自然本质。

一、 核酸杂交技术

基于 DNA 分子碱基互补配对的原理，用特异性的 cDNA 探针与待测样品的 DNA 或 RNA 形成杂交分子的过程。根据所用的探针和靶核酸的不同，杂交可分为 DNA-DNA 杂交、DNA-RNA 杂交、RNA-RNA 杂交三类。由于它的高度特异性和灵敏性，近年来被广泛应用于微生物生态学的研究中。随着基因工程技术的发展，新的核酸分子杂交技术不断出现和完善，目前主要为荧光原位杂交、点渍杂交等。

（一） 荧光原位杂交技术

1990 年，Nederlof 等用 3 种荧光素成功探测出了 3 种以上的靶位 DNA 序列，从而宣告了多色荧光原位杂交技术（fluorescence in situ hybridization，FISH）的问世。FISH 是根据已知微生物不同分类级别上种群特异的 DNA 序列，以利用荧光标记的特异寡聚核苷酸片段作为探针，与环境基因组中 DNA 分子杂交，检测该特异微生物种群的情况与丰度。荧光原位杂交技术是在细胞水平研究原位条件下微生物的系统发育水平及生理代谢，能够探究大多数难培养微生物的生态功能，是一项利用荧光标记的寡核苷酸或多核苷酸探针直接在染色体、细胞或组织水平定位靶序列的分子生态学技术，该技术结合了分子生物学的快速检测鉴定和显微技术的形态分析优势，能够对复杂的环境样品中难培养和未培养的微生物进行菌种鉴定、数量及细胞形态等进行分析。

FISH 与共聚焦显微镜结合使用，可以探索具有深度的微生物种群，例如生物膜中的微生物种群。除了表征栖息地中不同分类群的丰度外，FISH 还可用于测量天然样品中生物体的基因表达。近年来 FISH 技术不断改进，催化报告沉积荧光原位杂交技术（CARD-FISH）在土壤、海洋和底泥等生境中微生物的研究中得到广泛应用，灵敏度比普通 FISH 的灵敏度高出 100 倍。CARD-FISH 技术与其他技术联合使用可以获得微生物的更多信息，如 CARD-FISH 与同位素示踪技术、NanoSIMS、SEM/EDX 等的结合，成为耦合研究复杂环境中微生物物种组成及其生理功能的有力工具。

（二） 点渍杂交技术

点渍杂交技术是用点状装置将从样品中提取出来的 DNA 或 RNA 直接点在硝酸纤维素膜或尼龙膜上，用相应的探针与之杂交，检验有无目的核酸的方法。该方法简单易行、结果准确、适用范围广。有些学者应用 RNA 点渍杂交技术测定目的基因在某种特定组织或培养环境中的表达强度。

二、 DNA 指纹技术

扩增的 rDNA 限制酶切分析技术（amplified ribosomal DNA restriction analysis，ARDRA）是美国发展起来的一项现代生物鉴定技术，它依据原核生物 rDNA 序列的保守性，将扩增的 rDNA 片段进行酶切，然后通过酶切技术图谱来分析细菌间的多样性，这种方法最为突出的优点是简便性，不需要任何特殊的手段。PCR-AFLP（amplfied fragments length polymorphism）是通过DNA多聚酶链式反应扩增基因组DNA模板产生多态性的DNA片段。随机扩增多态性DNA技术（random amplified polymorphic DNA，RAPD）用于短的随机引物（大约10bp），这种引物可接合在基因组DNA的不同位置上，产生不同长度的PCR产物进一步用凝胶电泳分离。有实验证明这种方法对区分原核微生物基因组的差异既快速又灵敏。另外，还有变性梯度凝胶电泳（denaturing gradient gel electrophoresis，DGGE）和温度梯度凝胶电泳（temperature gradient gel electrophoresis，TGGE），它们都是通过实施一些变性条件改变DNA双螺旋结构，由于序列不同的DNA片段，其部分解链程度也不同，不同的结构对DNA在凝胶中迁移速率影响很大，结果不同序列的DNA片段在凝胶上得以高分辨率的分离。DGGE和TGGE在微生物分子生态学方面的应用，不仅使得人们对复杂微生态系统的解析成为可能，也使得对微生物群落动态变化的研究成为可能，通常用指纹图谱中条带数目的多少来反映微生物种群的多样性，用条带的染色强度反映不同细菌种群的丰度。

三、 宏基因组学技术

宏基因组学（metagenomics）这一概念最早是1998年由威斯康星大学植物病理学部门的Jo Handelsman等提出的。它通过直接从环境样品中提取全部微生物的DNA，构建宏基因组文库，利用基因组学的研究策略研究环境样品所包含的全部微生物的遗传组成及其群落功能。它是在微生物基因组学的基础上发展起来的一种研究微生物多样性、开发新的生理活性物质（或获得新基因）的新理念和新方法，并获得该环境中微生物的遗传多样性和分子生态学信息。后来伯克利分校的研究人员Kevin Chen和Lior Pachter将宏基因组定义为“应用现代基因组学的技术直接研究自然状态下的微生物的有机群落，而不需要在实验室中分离单一的菌株”的科学。高通量测序技术（high-throughput sequencing）的出现使得环境微生物被全貌解析成为可能，以能一次对几百万条DNA分子进行序列测定。根据发展历史、影响力、测序原理和技术不同等，高通量测序主要有以下几种：大规模平行签名测序（massively parallel signature sequencing，MPSS）、聚合酶克隆（polony sequencing）、454焦磷酸测序（454 pyrosequencing）、Illumina（Solexa）测序、ABI SOLiD测序、离子半导体测序（ion semiconductor sequencing）、DNA纳米球测序（DNA nanoball sequencing）等。高通量测序技术不仅可以进行大规模基因组测序，还可用于基因表达分析、非编码小分子RNA的鉴定、转录因子靶基因的筛选和DNA甲基化等相关研究。近年来，高通量测序技术也广泛应用于水环境、陆地、肠道、动植物等环境微生物检测，而且在环境监测、生产管理、微生物疾病控制和生态评估等方面发挥着重要意义。基因组学时代还催生了元转录组学和元蛋白质组学的蓬勃发展，并逐渐冲破了微生物学研究的技术屏障，基于宏基因组技术的研究在医疗诊断与人类健康、生物能源、生态功能、进化演替、相互作用等方面也获得了新的突破。

第三节　微生物之间的相互关系

在自然界的某一生境中，总是有许多微生物类群栖息在一起，极少可能为单一或单一类群单独存在，这就构成了微生物与微生物之间的相互关系。但由于环境因子组成及影响条件不同，在各个生境中的微生物类群组成也就很不一样。而且由于各微生物类群的起始数量、代谢能力、生存和繁殖能力、抵抗外界不利环境因子的能力、适应能力等方面的不同，微生物类群之间所构成的相互关系可以各种各样，如共栖、共生、竞争、拮抗、寄生和捕食等关系。

（一） 共栖关系

共栖关系（或互生关系）是指在一个生态系统中的两个微生物群体在一起时，通过各自的代谢活动而有利于对方，或偏利于一方的生活方式，是一种“可分可合，合比分好”的松散关系。

共栖关系（或互生关系）有两种情况，一种是一个群体得益而另一个群体并无影响，这种称为偏利共栖关系（commensalism）。如好氧性微生物和厌氧性微生物共栖时，好氧性微生物消耗环境中的氧，为厌氧性微生物的生存和发展创造厌氧的环境条件。在微藻和菌的共栖系统中，微藻产生的有机物成了细菌生长的主要营养来源，同时细菌的代谢产物也会影响到微藻的群落变化。也可以是一个微生物类群为另一个群体提供营养或生长刺激物质，促进后一群体的生长和繁育。另外也可以是一个微生物群体为另一个群体提供营养基质，如厌氧消化过程中，水解性细菌和产氢产乙酸细菌为产甲烷细菌提供生长和产甲烷的前体如 H_2、CO_2、乙酸、甲酸等。总之，这在自然界中是十分普遍的，而且对于微生物类群的演替具有重要的生态意义。另一种是两个微生物群体共栖时互为有利的现象即互利共栖关系（mutualism）。由于共栖可使双方都能较之单独生长时更好，生活力更强。这种互利可能是由于互相提供了营养物质，互相提供了生长素物质，改善了生长环境，或兼而有之。例如纤维分解微生物和固氮细菌的共栖，纤维分解菌分解纤维产生的糖类可为固氮细菌提供碳源和能源，而固氮细菌固定的氮素可为纤维分解微生物提供氮源，互为有利而促进了纤维分解和氮素固定。再如热纤梭菌在环境中常和一些非降解纤维素的细菌共栖，这些细菌可以利用热纤梭菌降解纤维素产生的葡萄糖和纤维二糖，消耗了纤维素酶合成的抑制剂，从而提高纤维素的降解效率和终产物的浓度。

（二） 共生关系

两种或两种以上生物各自不能独立生活，而必须结合在一起才能都得以生存下来的交互现象，它们之间互相依赖，各自都获得利益，在生物学上又将这种现象称为共生。微生物与微生物共生最典型的例子是地衣（lichen）。

地衣是由一种真菌与藻类或蓝细菌联合而形成的复合生物或互惠共生生物体（图 11-1），这种互惠共生就是一种真菌和一种或多种藻类或蓝细菌紧密结合，共同生长在一起互惠互利，各自通过对方获取自身所需能量和物质，完成其各自生活史。这是一种“合作共赢”的生存方式，是长期自然选择的结果。因此，地衣也赢得了“生物共生关系典范”“地球上的开路先锋”等美誉。地衣通常生长在裸露的岩石、树干、屋顶和其他生物通常不生长的裸露土壤表面。虽然地衣是一群地衣型真菌与相应藻类或蓝细菌稳定的胞外共生群落，但是它在生物圈中的系统地位便属于真菌界。地衣的形成具有特异性，但不是绝对的，多种真菌都能参与形成地衣。任何给定地衣的特征形态主要由真菌决定，许多真菌（超过 18000 个命名物种）能够形成地衣群落。

在地衣中，藻类和蓝细菌能进行光合作用合成有机物，有的还能固氮，而真菌则起保护

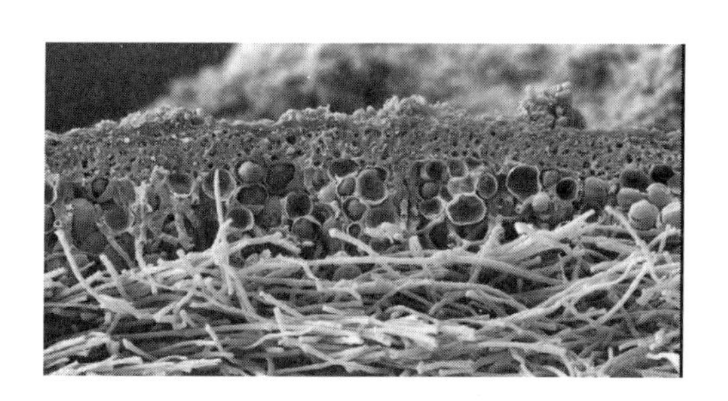

图 11-1　地衣切片的扫描电镜图

光合微生物的作用。地衣酸是由真菌分泌的复杂有机化合物，它能促进岩石或其他表面的无机营养物质的溶解和螯合，而这些无机营养物质正是光合共生物所需要的。真菌的另一个作用是保护光合共生物不被干燥。同时，真菌利用藻类合成的有机物等进行生长。因此，二者之间相互为对方提供有利条件，彼此受益，共同抵抗不良环境条件，在极其不利的环境中生长。99%的地衣物种属于子囊菌门真菌，它们主要依靠孢子（通常肉眼不可见，相当于植物的种子）繁殖后代。地衣生长速度极慢，在维护地球生态平衡和人类生产生活方面功不可没。如：近北极的石蕊等地衣种类是驯鹿过冬的食物之一；北欧的居民采集特殊地衣类群用作染料；地衣作为中药成分直接入药；地衣学家以地衣种类和分布范围作为“环境指示生物”监测空气质量；地衣次生代谢产物丰富而独特，具有潜在的药用价值和开发潜力等。

（三） 寄生关系

一种微生物通过直接接触或代谢接触，使另一种微生物寄主受害乃至个体死亡，而使它自己得益并赖以生存，这种关系称为寄生关系。寄生菌与寄主之间的专一性很强，寄生菌都限定于特定的寄主对象。作为微生物群体，寄生现象显示了一种群体调控作用。因为寄生现象的强度依赖于寄主群体的密度，而又可造成寄主群体密度的下降。寄主群体密度的下降减少了寄生菌可利用的营养源，结果又使寄生菌减少。寄生菌的减少又为寄主群体的发展创造了条件。这样循环往复，调整着寄生群体和寄主群体之间的比例关系。从寄生菌是否进入寄主体内来分，可以分为外寄生（ectoparastism）和内寄生（endoparastism）两种。外寄生即寄生菌并不进入寄主体内的寄生方式。内寄生则是寄生菌进入寄主体内的方式。

外寄生方式如黏细菌对于细菌的寄生，黏细菌并不直接接触细菌，而是在一定距离外，依靠其胞外酶溶解敏感菌群，使敏感菌群释放出营养物质供其生长繁殖。另外如纳古菌门中 *Nanoarchaeum equitans* 专门寄生在极端嗜热古生菌 *Ignicoccus hospitalis* 的表面。内寄生方式较为普遍，如病毒寄生于细菌、放线菌和蛭弧菌，蛭弧菌（*Bdellovibrio bacteriovorus*）寄生于细菌，真菌寄生于真菌、藻类等。蛭弧菌侵入宿主细菌的方式十分独特，开始时，它以很高的速度（高达 100 个细胞长度/s）猛烈碰撞宿主细胞，无鞭毛端直接附着于宿主细胞壁上，然后，菌体以 100r/s 以上的转速产生一种机械“钻孔”效应，加上蛭弧菌入侵时的收缩而进入宿主细胞的周质空间。从“钻孔”到进入只需几秒钟便可完成。在吸附至侵入开始前的 5~10min，宿主细胞出现卷曲现象，这可能因为蛭弧菌产生的胞壁酸酶等使之转化为球质体的缘故。另外，原生动物也可被细菌、真菌和其他原生动物所寄生。

（四） 拮抗现象

由于一种微生物类群生长时所产生的某些代谢产物，抑制甚至毒害了同一生境中的另外微生物类群的生存，而其本身却不受影响或危害，这种现象称为拮抗现象。这也是自然界中普遍存在的现象。

微生物之间的拮抗现象可以分为两种：一是由于一类微生物的代谢活动改变了环境条件，而使环境不适宜于其他微生物类群的生长和代谢。例如人们在腌制酸菜或泡菜时，创造厌氧条件，促进乳酸细菌的生长，进行乳酸发酵，产生的乳酸降低了环境的 pH，使得其他不耐酸的微生物不能生存而腐败酸菜或泡菜，乳酸细菌却不受影响。含硫矿尾水中，由于硫杆菌（*Thiobacillus ferrooxidans*）的活动，使 pH 大大降低，因而其他微生物也难以在这种环境中生存。二是一类微生物（如放线菌）产生某些能抑制、甚至杀死其他微生物类群的代谢产物。较普遍的是产抗生素的微生物，在环境营养丰富时可以产生抗生素。不同种类与结构的抗生素可以选择性地抑制各类微生物，但对其自身却毫无影响。

（五） 捕食关系

捕食关系是指一种微生物以另一种微生物为猎物进行吞食和消化的现象。捕食行为作为一种生态力，它可以促进并维持微生物群落结构的动态平衡和多样性。目前捕食行为策略可以分为以下三种：①表面接触性捕食。在捕食细菌消耗被捕食细菌的过程中，一直保持与被捕食者细胞膜的接触，直到完成细胞分裂；②寄生性捕食或直接侵袭。单个的捕食性细胞通过分泌水解酶来透过被捕食细胞的细胞壁从而进入细胞周质间隙或细胞质。③群体进攻。一定数目的捕食性细胞通过分泌水解酶和次级代谢产物来降解“猎物”从而获得营养物质。据报道，利用“狼群战术”进行捕食性活动的细菌会使用自身产生的抗生素来作为“武器”。因此，捕食性细菌的筛选有利于新型抗生素的挖掘。

在自然界中最典型和最大量的捕食关系是原生动物对细菌、酵母、放线菌和真菌孢子等的捕食。除此之外，还有藻类会捕食其他细菌和藻类，原生动物也捕食其他原生动物，真菌会捕食线虫等。从原生动物四膜虫（Tetrahymena）和克雷伯氏杆菌（*Klebsiella*）之间的消长关系，可见这种捕食关系调控着捕食者与被捕食者群体的大小，使它们二者都稳定在某一范围，保持着平衡。

（六） 竞争关系

竞争关系是指在一个自然环境中存在的两种或多种微生物群体共同依赖于同一营养基质或环境因素时，产生的一方或双方微生物群体在数量增殖速率和活性等方面受到限制的现象。这种竞争现象普遍存在，结果造成了强者生存，弱者淘汰。竞争营养是常可观察到的现象。尤其在环境中两种微生物类群都可利用的同一种营养基质十分有限时会更明显。如厌氧生境中，硫酸盐还原细菌和产甲烷细菌都可利用 H_2、CO_2或乙酸，但是硫酸盐还原细菌对于H_2或乙酸利用的亲和力较产甲烷细菌高。因此一般情况下硫酸盐还原细菌可以以相当的优势优先获得有限的 H_2、乙酸等基质而迅速生长繁殖，产甲烷细菌却只能处于生长劣势。一般来说，在营养基质有限的生境中，对此营养源具有高亲和力、固有生长速率高的群体，会以压倒优势取代那些亲和力低，固有生长速率低的群体，起到一种竞争排斥的作用。

环境条件的改变会导致微生物群体生长速率的改变，也会导致竞争结果的改变。厌氧反应器中乙酸浓度的改变会导致利用乙酸产甲烷的产甲烷细菌优势种群的改变。微生物群体对于不良环境的抗逆性，如抗干燥、抗热、抗酸、抗碱、抗辐射、抗盐、抗压等的差异，在环境因素发生变化时，都会导致双方竞争力变化，从而改变竞争的结果。如温度的改变也导致微生物优势种群的变化。在同一生境中，处于偏低温度时，那些适应偏低温度的种群可以迅速增殖，而那些需要较高温度才能生长的群体，由于温度不适宜而增殖较慢。当环境温度增高时，需要较高温度生长的群体可迅速增殖而成为优势种群，相反适宜于偏低温度生长的群体由于温度太高而难以迅速增殖，衰落下去。

微生物之间的竞争还表现在对于生存空间的占有，在一个空间有限的环境中，生长发育繁殖快的微生物将优先抢占生存空间，而生长速率慢的微生物的生长受到遏制和空间限制。

第四节　微生物在生态系统中的地位与作用

生态系统是指在一定时间和空间内、由生物群落及其环境组成的统一整体，各组成要素间借助能量流动、物质循环、信息传递而相互联系并相互制约，形成了具有自我调节功能的复合体。生物的成分和非生物的成分通过物质循环和能量流动互相作用、互相依存在生态系统内进行时间和空间的变化。生命中的关键营养物质是由微生物和大型生物共同循环的，但对于任何给定的营养物质，都是微生物活动占主导地位。其生物成分依据在生态系统中的作用，可划分为三大类群：生产者、消费者和分解者。微生物可以在多个方面但主要作为分解者而在生态系统中起重要作用。首先，微生物是生态系统中的初级生产者和有机物的主要分解者。光能营养和化能无机营养微生物是生态系统的初级生产者，它们具有初级生产者所具有的两个明显特征，即可直接利用太阳能、无机物的化学能作为能量来源；另一方面其积累下来的能量又可以在食物链、食物网中流动。一部分固氮微生物将大气中的氮气转化为氨作为其他生物氮源的最初来源。化能异养微生物分解生物圈内存在的动物、植物和微生物残体等复杂有机物质，并最后将其转化成最简单的无机物，再供初级生产者利用。其次，微生物是物质循环中的重要成员和物质与能量的贮存者。微生物参与所有物质循环。在一些物质的循环中，微生物是主要的成员，起主要作用；而一些过程只有微生物才能进行，起独特作用。微生物和动物、植物一样也是由物质组成和由能量维持的生命有机体。在土壤、水体中有大量的微生物生物量，贮存着大量的物质和能量。最后，微生物是地球生物演化中的先锋种类。微生物是最早出现的生物体，并进化成后来的动、植物。藻类的产氧作用，改变大气圈中的化学组成，为后来动、植物出现打下基础。

一、　微生物在能量流中的地位

在一个完整的生态系统中，能量流动始自太阳能。初级生产者借助太阳辐射能把二氧化碳和水合成细胞物质（有机质），即把部分光能转化为化学能而固定下来。次级生产者直接或间接利用这些有机质，使能量通过食物链而流动。能量流动过程中，越来越多的化学能降解为热量而散失，余下的则以物质形式积累于生态系统中。

生态系统的能量流动，通常是沿着生产者→消费者→分解者进行单方向流动，在能量流动过程中，由于存在呼吸消耗、排泄、分泌和不可食、未采食和未利用等“浪费”现象，从而使生态系统中上一营养级的能量只有小部分能够流到下一营养级，形成下一营养级的有机体（图 11-2）。实际上，在生态系统中，某一营养级的采食“浪费”部分，基本上进入腐生食物链由分解者还原，并以热能的方式返回环境。

生态系统中营养级之间的能量转化，大致 1/10 转移到下一营养级，以组成生物量；9/10被消耗掉，主要是消费者采食时的选择浪费，以及用于呼吸和排泄。如果假定湖泊中第一位的还原者是细菌的话，那么绿色植物净产量的一半均由细菌直接分解。在食物链的其他营养级能量比例较小，能量储存的总量在连续的消费者营养级上依次显著地下降，其中一部分是由于呼吸作用消耗的结果，一部分是因为能量的一半以上不能被消费者所利用，而直接传递给还原者（即分解者）；还有小部分能量作为生态系统的能量输出而丢失。这一例子当然不能直接应用到其他生态系统，但是它指出了重要位点的能流途径，提出了种群大小比例的观点，明确了细菌的突出地位。

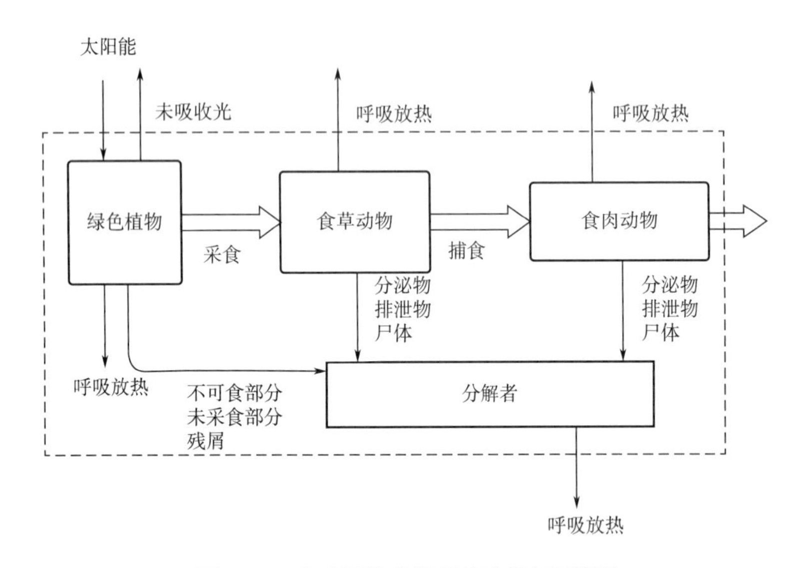

图 11-2　生态系统的能量流动路径示意图

二、 微生物在食物链中的地位

食物链（food chain）是生物群落中各种生物彼此之间由于摄食关系所形成的一种链索关系。这种摄食关系，实质上是太阳能从一种生物传递到另一种生物的关系，也就是物质和能量通过食物链而流动。食物链之间有所交叉，紧密连接成复杂的食物网。

在各种水体中，细菌和真菌在食物链中具有重要功能，它们吸收溶解有机物。有机物的大部分是由初级生产者（即浮游植物）释放入水中的。此外，在内陆和沿海水域，特别是河川，它们与含有大量动植物的陆地相邻，有机物很多不是来自初级生产者，而是来自周围陆地上的死叶片、动物粪便以及其他有机物，水体本身含有的动植物尸体及动物粪便和排泄物也是水体有机物来源。这些有机体通常被细菌极其迅速地转化为颗粒物质（即有机碎屑），然后被其他生物所消耗。这类有机物依此方式被引入食物链，否则低浓度的有机化合物就不能被利用。细菌和真菌可被多种不同的动物用作食物（图 11-3），这些动物代表了食物链的不同的营养级。首先，细菌和真菌作为初级消费者即草食性浮游动物的食物。而属于次级消费者的肉食性浮游动物，也摄取细菌和真菌作为其通常的食物，在某种意义上，是将其作为营养的补充物。随着动物个体的增大，这种补充物的重要性反而变得越来越小，对终端消费者来说这种作用甚微或几乎没有作用。

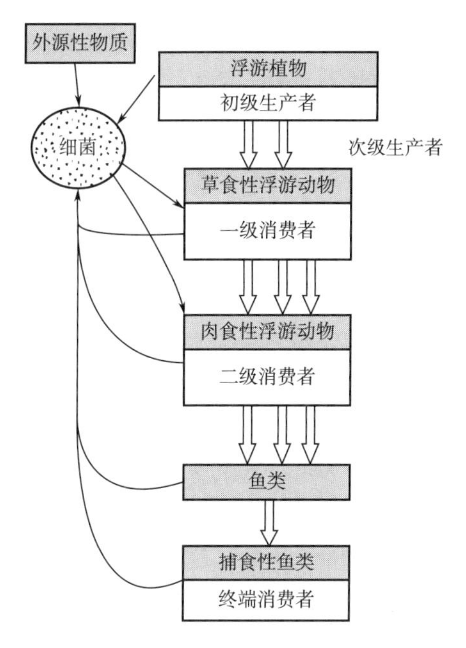

图 11-3 开阔海区食物链中细菌的地位

在海洋，细菌可利用10%~50%的初级生产者所固定的碳作为食物。水中自由生活的细菌数量可能受隶属于微型浮游生物的异养鞭毛虫的控制，这类鞭毛虫和细菌，连同自养鞭毛虫都是大多数微型浮游动物的食物。这些生物大小与大多数浮游植物的个体大小相当，且是较大型浮游动物的食物。依此方式，浮游植物通过分泌和溶解释放出的一部分有机物，又重新返回到直流的食物链中。当这类浮游植物占优势而不被浮游动物消耗掉或仅摄食很小的量时，细菌对碳化合物的转化就特别重要。例如，在夏季形成蓝细菌水华的同时，其藻丝上有大量细菌着生，并旺盛繁殖。开始为球菌，随后有杆菌和其他细菌。在絮状物的表面水域也存在数目众多的异养鞭毛虫类、纤毛虫、轮虫和甲壳动物。蓝细菌所固定的二氧化碳就由细菌传入食物链。Caron 等（1982）在马尾藻海的水华和根管藻浮膜处做了类似观察。这里，细菌和摄食细菌的原生动物也大量发生，其种群密度比水中的高 10^4 倍以上。因此，细菌在水生动物营养上起着极其重要的作用。不仅原生动物、轮虫、甲壳动物及软体动物摄食细菌，一些鱼类也食细菌。水中细菌多集聚成絮状、片状和块状等聚合体，许多动物不能吃单个细菌但可吃聚合体。可见细菌是一种营养丰富的食物。

三、 微生物与生物地球化学循环

生物地球化学循环（biogeochemical cycle）又称生物地球化学旋回。在地球表层生物圈中，生物有机体经由生命活动，从其生存环境的介质中吸取元素及其化合物（常称矿物质），通过生物化学作用转化为生命物质，同时排泄部分物质返回环境，并在其死亡之后又被分解成为元素或化合物（又称矿物质）返回环境介质中。这一个循环往复的过程，称为生物地球化学循环。

由微生物参与的生物地球化学循环对于生态学来说具有重要意义：①这种循环对于保持

生态系统中的物质和能量流动处于平衡状态是非常重要的。如果自然界中不存在异养菌，那么就不能对动物和植物尸体以及它们的分泌物进行矿化作用，地球上所有的碳都累积于这些残体上，造成生态系统中许多重要元素都无法循环，从而失去平衡。②这种循环对于动物和植物群体的生长和生存是必不可少的，因为微生物的某些代谢活动会直接影响动物和植物的生命活动。③这种循环对于消除目前自然界中越来越多的环境污染物起着重要的作用，因为微生物是自然环境自净的主要力量。④这种循环在很大程度上决定了生态系统中的生产力，因为如果没有微生物高活力地矿化有机物，释放出 CO_2，光合生物就无法进行光合作用。

（一） 微生物在碳素循环中的作用

碳素是构成各种生物体最基本的元素，没有碳就没有生命，所有的生物，包括植物、微生物和动物，都含有大量有机化合物形式的碳，如纤维素、淀粉、脂肪和蛋白质。主要的生物地球化学循环是碳素循环。在全球范围内，碳（C）以二氧化碳的形式循环通过地球上所有主要的碳库：大气、陆地、海洋、淡水、沉积物和岩石以及生物量。碳素循环包括 CO_2的固定和 CO_2的再生，在所有生命中发挥着重要作用，碳素循环不断通过减少二氧化碳形成有机物质，又不断进行呼吸作用获得能量，同时释放出 CO_2。一棵树的大量纤维素来自大气中0.04%的二氧化碳而不是来自于土壤。绿色植物和微生物通过光合作用固定自然界中的 CO_2合成有机碳化物，进而转化为各种有机物；植物和微生物进行呼吸作用获得能量，同时释放出 CO_2。动物以植物和微生物为食物，使二氧化碳的碳原子在食物链上从生物体转移到生物体，并在呼吸作用中释放出 CO_2。大部分碳保留在生物体内，死去的生物体（腐殖质）中的碳比活的生物体中的多。腐殖质是一种复杂的有机物质混合物，能抵抗快速分解，主要来源于死的植物和微生物。当动、植物和微生物尸体等有机碳化物被微生物分解时，又产生大量 CO_2。另有一小部分有机物由于地质学的原因保留下来，形成了石油、天然气、煤炭等宝贵的化石燃料，储藏在地层中。当被开发利用后，燃烧这些化石燃料，又复形成 CO_2而回归到大气中。

微生物参与了固定 CO_2合成有机物的过程，但数量和规模远不及绿色植物。而在分解作用中，则以微生物为首要。据统计地球上有 90%的 CO_2是靠微生物的分解作用而形成的。经光合作用固定的 CO_2，大部分以纤维素、半纤维素、淀粉、木质素等形式存在，不能直接被微生物利用。对于这些复杂的有机物，微生物首先分泌胞外酶将其降解成简单的有机物再吸收利用。由于微生物种类及所处条件不一，进入体内的分解转化过程也各不相同。在有氧条件下，通过好氧和兼性厌氧微生物分解，被彻底氧化为 CO_2；在无氧条件下，通过厌氧和兼性厌氧微生物的作用产生有机酸、CH_4、H_2和 CO_2等（图 11-4）。

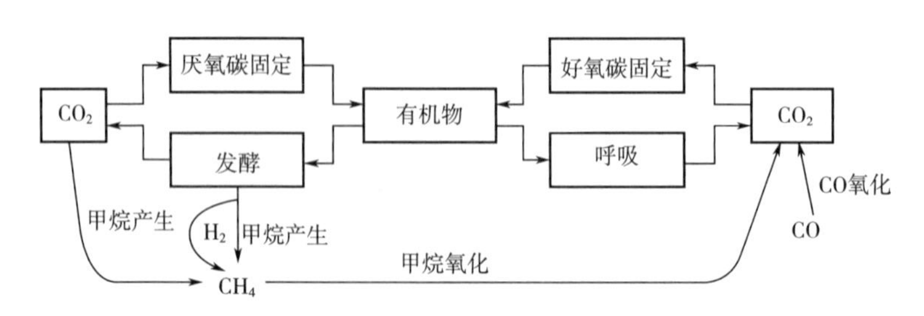

图 11-4 微生物参与的碳循环

（二）微生物在氮素循环中的作用

氮是生命的基本元素，是核酸和蛋白质的主要成分，存在多种氧化状态。虽然大气中约有78%是分子态氮，但是所有的植物、动物和大多数微生物都不能直接利用初级生产者需要的铵盐、硝酸盐等无机氮化物，在自然界中数量不多，是初级生产者最主要的生长限制因子。因此氮物质的相互转化和不断循环，在自然界中十分重要。

氮气是地球上最稳定的氮素形态，是氮的主要储层。水中的分子态氮通过细菌和蓝细菌的固氮作用合成为化合态氮；化合态氮可进一步被植物和微生物的同化作用转化为有机氮；有机氮经微生物的氨化作用释放出氨；氨在有氧条件经微生物的硝化作用氧化为硝酸，在厌氧条件下厌氧氧化为 N_2；硝酸和亚硝酸又可在无氧条件下经微生物的反硝化作用，最终变成 N_2 或 N_2O，返回至大气中，如此构成氮素生物地球化学循环，整个过程包括固氮作用、氨化作用、同化作用、硝化作用、反硝化作用以及厌氧氨氧化（图 11-5）。

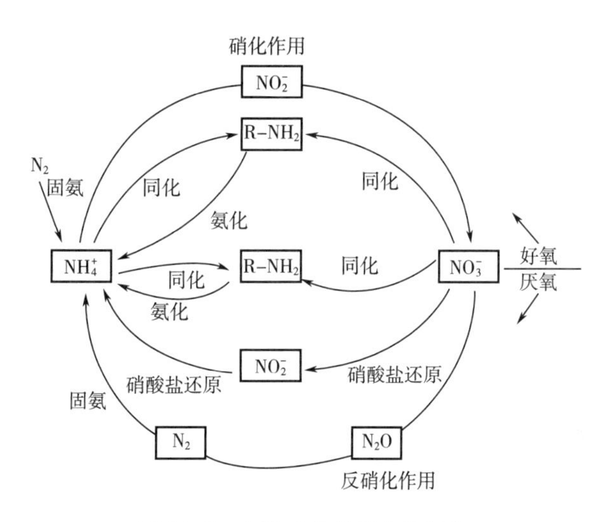

图 11-5 氮化合物的微生物转化

1. 固氮作用

自然界的固氮作用主要有两种方式：一是非生物固氮，包括雷电、火山爆发和电离辐射以及化学固氮；二是生物固氮，即通过微生物的作用固氮。在固氮生物中作用最大的是与豆科植物共生的根瘤菌属。

2. 氨化作用

微生物分解含氮有机物产生氨的过程称为氨化作用。含氮有机物的种类很多，主要是蛋白质、尿素、尿酸和壳多糖等。微生物、动物和植物都具有氨化能力。氨化作用在农业生产上十分重要，施入土壤中的各种动植物残体和有机肥料需要通过各类微生物的作用，尤其是先通过氨化作用才能成为植物能吸收和利用的养料。然而，由于氨是挥发性的，在动物密集的地区（例如畜牧场、养殖场），氨主要流失到大气中。

3. 硝化作用

在有氧的条件下，氨经亚硝酸细菌和硝酸细菌的作用转化成为硝酸，这个过程称为硝化作用。硝化作用分为两个阶段进行，第一个阶段是氨被氧化成亚硝酸盐，这个过程主要靠亚硝化细菌完成。第二个阶段是亚硝酸盐被氧化成为硝酸盐，主要靠硝化细菌完成硝化作用在自然界循环中是不可缺少的一环。尽管硝酸盐很容易被植物吸收，但它是易溶的，因此很快从淹水的土壤中淋溶或反硝化；因此，硝化作用有时对农业生产不利。

4. 同化作用

铵盐和硝酸盐是植物和微生物良好的无机氮营养物质，它们可以被植物和微生物吸收利用，合成氨基酸、蛋白质、核酸和其他含氮有机物质，分别被称为铵盐同化作用和同化性硝酸盐还原。同化性硝酸盐还原是硝酸盐被还原成亚硝酸盐和氨及氨被同化成氨基酸的过程。

5. 反硝化作用

呼吸性硝酸盐还原，又称反硝化作用或脱氮作用。反硝化作用是指在厌氧条件下，微生物将硝酸盐及亚硝酸盐还原为气态氮化物和氮气的过程，是活性氮以氮气形式返回大气的主要生物过程。反硝化作用是造成土壤氮素损失的重要原因之一，在农业上常采用松土的办法抑制反硝化作用。但是从整个氮素循环来说，反硝化作用是有利的，否则自然界的氮素循环将会中断，硝酸盐将会在水体中大量积累，对人类的健康和水生生物的生存造成很大的威胁。一方面，反硝化是一个不利的过程。例如，如果在农田中施肥的硝酸盐肥料在大雨后被淹水，缺氧条件会发生反硝化作用，这会去除土壤中的固定氮。另一方面，反硝化有助于废水处理，通过将废水中的硝酸盐转化为挥发性的氮，反硝化作用将排放水中的固定氮。

（三） 微生物在硫素循环中的作用

硫是生命有机体的重要组成部分，是生物体合成蛋白质以及某些维生素和辅酶等的必需元素。由于S的大量氧化态和S的一些自发转变，硫的微生物转化比氮的微生物转化更为复杂。虽然硫有多种氧化状态，但在自然界中只有三种状态是显著的，巯基、元素硫和硫酸盐。硫素循环可划分为脱硫作用、同化作用、硫化作用和反硫化作用。自然界中的硫和硫化氢经微生物氧化或者经由人类活动（燃烧化石燃料）形成 SO_4^{2-}；SO_4^{2-} 被植物和微生物同化还原成有机硫化物，组成其自身；动物食用植物、微生物，将其转变成动物有机硫化物；当动植物和微生物尸体的有机硫化物（主要是含硫蛋白质）被微生物分解时，以 H_2S 和S的形式返回自然界。另外，SO_4^{2-} 在缺氧环境中可被微生物还原成 H_2S。

微生物参与了硫素循环的各个过程，并在地球化学循环中起着重要的作用。

1. 脱硫作用

动植物和微生物尸体中的含硫有机物被微生物降解 H_2S 的过程称为脱硫作用。

2. 硫化作用

硫的氧化作用，是指硫化氢、元素硫或硫化亚铁等在微生物的作用下被氧化生成硫酸的过程。自然界能氧化无机硫化物的微生物主要是硫细菌。

3. 同化作用

同化作用，又称同化性硫酸盐还原，由植物和微生物引起。可把硫酸盐转变成还原态的硫化物，然后再固定到蛋白质等成分中。

4. 反硫化作用

反硫化作用，又称异化性硫酸盐还原，是指硫酸盐在厌氧条件下被微生物还原成 H_2S 的过程。

（四） 微生物在磷素循环中的作用

磷循环是指磷元素在生态系统和环境中运动、转化和往复的过程（图 11-6）。磷是所有生物生命活动极其重要的元素，是核苷酸的组成成分。此外，磷还存在于磷脂、磷酸己糖和肌醇六磷酸钙镁等化合物中。水体存在的磷形式有溶解无机磷、溶解有机磷和悬浮的颗粒磷。

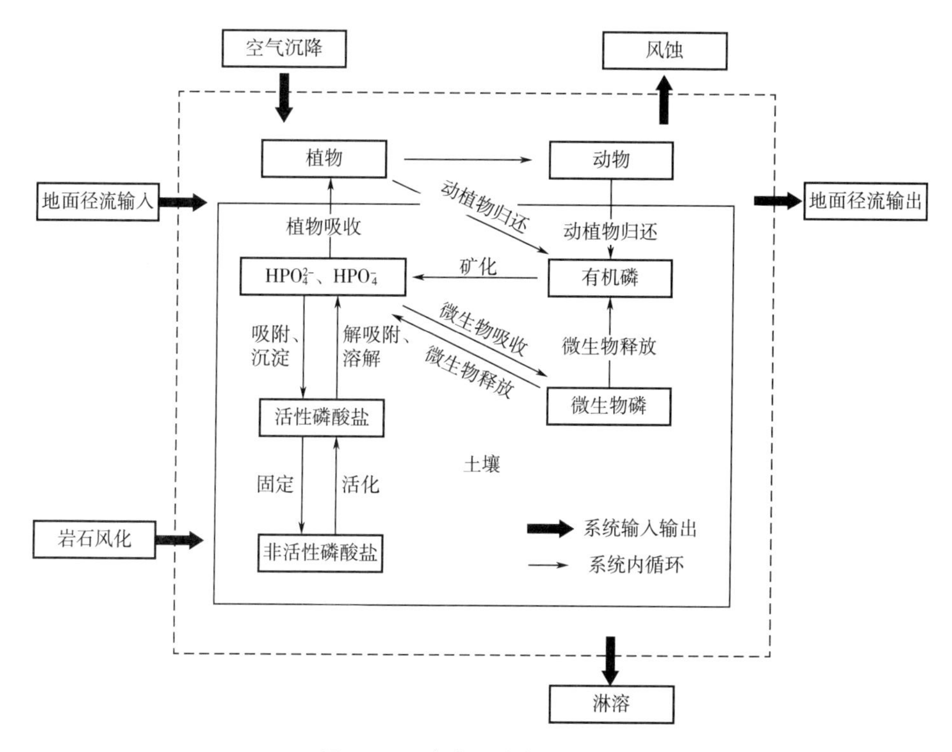

图 11-6 生态系统中的磷循环

磷元素循环主要依赖地质运动、矿物风化、水流输运、磷矿开采和海产品的捕捞等过程，磷循环中几乎不存在气体状态。很多细菌能够以多聚磷酸盐的形式将磷酸储藏在异染粒中。水体中磷的短缺可能限制细菌和真菌对有机物质的分解。因此，磷的周转时间通常很短，在夏季水温范围内，从几分钟到几天不等。很多细菌和真菌通过分解有机磷化合物释放磷酸盐，因此将之返回到物质循环中。

与氧含量相关联的水和沉积物之间的磷交换具有较大意义。在有氧条件下，磷主要参与铁和铝的磷酸盐的形成。在氧气消失之后，例如富营养湖泊在夏季和冬季分层期，铁转变成为二价形式，形成可溶性的磷酸亚铁，因此水中磷酸盐浓度增大。因为在无氧环境中经常发生细菌性的硫酸盐还原作用，所以就可经常观察到氢形成作用和磷酸盐浓度之间的密切相关。

水体有时含有大量的固态磷，如骨骼和 $Ca_3(PO_4)_2$，但很多细菌能够溶解磷酸钙，最常见的是通过生成有机酸而实现这一过程。铵化合物的形成也有助于磷酸钙的溶解。在湖泊、池塘和水库中，参与磷酸钙分解的常见微生物有假单胞菌、产气单胞菌、埃希氏菌、芽孢杆菌和细球菌等属的种类。

（五） 微生物在铁素循环中的作用

铁是地壳中的重要元素，但自然界中的铁仅有一小部分参与生物地球化学循环。铁循环主要包括高价铁（Fe^{3+}）和低价铁（Fe^{2+}）之间的氧化还原反应，涉及微生物对铁的直接和间接作用，如氧化、还原和螯合反应。铁素循环主要包括微生物与铁相互作用的三个方面：铁的氧化和沉积，铁的还原和溶解，铁的吸收。

1. 铁的氧化和沉积

铁的氧化与沉积往往连在一起，氧化、沉积铁的微生物包括嗜酸的铁氧化菌、中性 pH 铁细菌和真菌等。

嗜酸的铁氧化菌包括氧化亚铁硫杆菌、氧化亚铁铁杆菌和氧化硫亚铁杆菌，它们都具有把亚铁氧化成铁的能力。其中氧化亚铁硫杆菌不仅能氧化亚铁，还能氧化无机硫和金属硫化物，从中获得生命活动所需要的能量。

在有氧条件下，铁的氧化作用可迅速进行，形成的 Fe^{3+} 易水解形成 $Fe(OH)_3$ 沉淀。

2. 铁的还原利溶解

在积水土壤、沼泽和湖泊沉积物等厌氧环境条件下，许多微生物可以用 Fe^{3+} 作电子受体，使铁发生还原。厌氧条件下的铁还原主要由铁还原细菌完成，主要的种属包括环状芽孢杆菌、巨大芽孢杆菌、肠膜芽孢杆菌、多黏芽孢杆菌、铜绿假单胞菌、大肠埃希菌、普通变形杆菌等，其中芽孢杆菌数量丰富，分布广泛，对铁的还原具有重要作用。

微生物除能直接还原铁以外，还能间接还原铁，如微生物在厌氧条件下的代谢产物甲酸盐和单质硫可以还原三价铁；微生物生长导致的环境 pH 降低，也有利于铁的还原。

3. 铁的吸收

在自然环境中，生物可利用的铁（可溶性铁）浓度很低，许多微生物可产生一类称为铁载体（siderophore）的特异性铁螯合物，能螯合铁并输入细胞内部。通过铁螯合化合物保持铁的可溶解性和可利用性，对整个生物群落都有非常重要的意义。

（六） 其他元素的循环

自然界中还存在许多其他元素的生物地球化学循环，比如硅是地球上除氧以外最丰富的元素，主要化合物是 SiO_2。硅是某些生物细胞壁的重要组分，它的循环表现在可溶性硅与不溶性硅化合物之间的转化。陆地和水体环境中溶解形式是 $Si(OH)_4$，不溶性的是硅酸盐。某些微生物，如真核生物硅藻、硅鞭藻等可利用溶解性的硅化合物，一些真菌和细菌产生的酸可以溶解硅酸盐。另外，还有锰、钙等元素也都是生物地球化学循环中不可或缺的成分。

第五节 微生物与环境保护

环境污染是指生态系统的结构和机能受到外来有害物质的影响或破坏，超过了生态系统的自净能力，打破了正常的生态平衡，给人类健康和工农业发展都造成了严重危害。人类发展的历史是一个与自然环境相互影响和相互作用的历史。生态破坏和环境污染是目前人类面临的两大类环境问题，它们已经成为影响社会可持续发展、人类可持续生存的重大问题。在人类生活的环境中，这些环境污染物主要来自于大量的生活废弃物（粪便、垃圾和废水），工业生产形成的三废（废气、废渣和废水）及农业上使用化肥、农药的残留物等。环境污染的种类繁多、形态多样、来源复杂。从污染物的性质上可以分为化学污染（重金属、无机化合物、有机物等)、生物污染（原微生物、有害基因）和物理污染（噪声、热、辐射、振动）等。从污染物的形态或其赋存介质的形态可以分为液态污染物（污废水、废液)、气态污染物（废气)、固态污染物（固体废物、受污染土壤）和辐射污染。

一、 微生物对污水的处理

根据世界卫生组织（WHO）统计，每年发展中国家有 3 万人死于缺乏洁净的水。水源的污染危害最大、污染范围最广、种类最多。污水包括生活污水、工厂有机废水、有毒和有害污水。为了保护环境、节约水源，生活污水或工业废水必须先经处理，除去其杂质与污染物，待水质达到一定标准后，才能排入自然水体或直接供给生产和生活使用。污水处理的方法有物理法、化学法和生物法。各种方法都有其特点，可以相互配合、相互补充。目前应用最广是生物学方法，其优点是效率高、费用低、简单方便，没有二次污染。

（一） 好氧生物处理

微生物在有氧条件下，吸附环境中的有机物，并将有机物氧化分解成无机物，使污水得到净化，同时合成细胞物质。对于排放量巨大的城市生活污水，主要去除的污染物是悬浮物、溶解性有机物和氮磷。

1. 活性污泥法

活性污泥法又称曝气法，由 1914 英国人 Ardern 和 Lockett 创建，是利用含有好氧微生物的活性污泥，在通气条件下，使污水净化的生物学方法。发展至今，已成为处理有机废水最主要的方法。活性污泥是指由菌胶团形成菌、原生动物、有机和无机胶体及悬浮物组成的絮状体，是一种特殊的、复杂的生态系统，在多种酶的作用下进行着复杂的生化反应。在污水处理过程中，它具有很强的吸附、氧化和分解有机物的能力。在静止状态时，又具有良好的沉降性能。活性污泥中的微生物主要是细菌，占微生物总数的 90%~95%，常见的细菌主要有产碱杆菌属、芽孢杆菌属、黄杆菌属、动胶杆菌属、假单胞菌属、丛毛单胞菌属、大肠埃希氏杆菌等。在活性污泥中存活的原生动物有肉足虫、鞭毛虫和纤毛虫 3 类原生动物，其主要捕食对象是细菌，因此出现在活性污泥中的原生动物，在种属上和数量上是随处理水的水质和细菌的状态变化而改变的。活性污泥运行良好时，常出现的指示性原生动物——钟虫。

一般的活性污泥处理流程如图 11-7 所示：污水进入曝气池后，活性污泥中主要细菌、动胶菌等大量繁殖，形成菌胶团絮体，构成活性污泥骨架，原生动物附着上面，丝状细菌和真菌交织在一起，形成无数个颗粒状的活跃的微生物群体。曝气池内不断充气、搅拌，形成泥水混合液，当废水与活性污泥接触时，废水中的有机物在很短时间（10~30min）内被吸附到活性污泥上，可溶性物质直接进入细胞内。大分子有机物通过细胞内产生的胞外酶的作用将大分子有机物分解成为小分子物质后渗入细胞内。进入细胞内的营养物质在细胞内酶的作用下，经一系列生化反应，使有机物转化为 CO_2、H_2O 等简单无机物，同时产生能量。微生物利用呼吸放出的能量和氧化过程中产生的中间产物合成细胞物质，使菌体大量繁殖。微生物不断进行生物氧化，环境中有机物不断减少，使污水得到净化。曝气池中混合物以低生化需氧量（BOD_5）溢流入沉淀池。活性污泥通过静止、凝集及沉淀，最终分离，上清液作为处理好的水，被排放到系统外。沉淀下来的活性污泥一部分回流到曝气池与未生化处理的废水混合，一部分作为剩余污泥排除到系统外，以维持总的污泥量保持基本平衡。

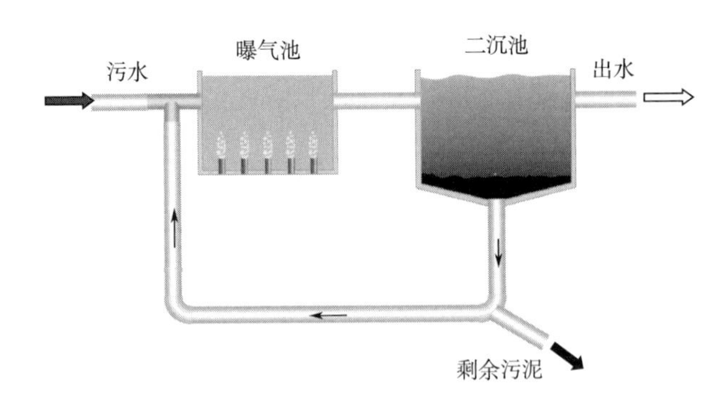

图 11-7 活性污泥流程图

2. 生物膜法

污水的生物膜法是与活性污泥法并列的一种污水好氧生物处理技术，活性污泥法中微生物絮凝体悬浮生长，而生物膜法则是附着生长。生物膜法以菌胶团为主体所形成的黏膜状物，由于膜中的微生物不断生长繁殖致使膜逐渐加厚。在膜的形成过程中有一定规律，初生、生长及老化剥落，脱落后再形成新的膜，这是生物膜的正常更新，剥落的膜随水排出。这种处理法的实质是使微生物附着在滤料或某些载体上生长繁育，并在其上形成膜状生物污泥。污水与生物膜接触，污水中的有机污染物，作为营养物质，为生物膜上的微生物所摄取，污水得到净化，微生物自身也得到繁衍增殖。

生物膜是高度亲水的物质，在污水不断在其表面更新的条件下，在其外侧总是存在着一层薄薄的污水，即附着水层；附着水层外是能自由流动的污水，称为运动水层（图 11-8）。生物膜又是微生物高度密集的物质，在膜的表面、中部和一定深度的内部生长繁殖着大量的各种类型的微生物，并形成有机污染物—细菌—原生动物（后生动物）的食物链。生物膜在其形成与成熟后，由于微生物不断增殖，生物膜的厚度不断增加，在增厚到一定程度后，在氧不能透入的里侧深部即将转变为厌氧状态，形成厌氧性膜。这样，生物膜便由好氧和厌氧两层组成。好氧层的厚度一般为 2mm 左右，有机物的降解主要是在好氧层内进行。

当“附着水”中的有机物被生物膜中的微生物吸附、吸收、氧化分解时，附着水层中有机物质浓度随之降低，由于运动水层中有机物浓度高，便迅速向附着水层转移，并不断进入生物膜被微生物分解；微生物所需要的氧是从空气—运动水层—附着水层而进入生物源，微生物分解有机物产生相关代谢产物，并最终生成无机物和 CO_2 等。

属于生物膜处理法的工艺有生物滤池（普通生物滤池、高负荷生物滤池、塔式生物滤池、曝气生物滤池）、生物转盘（图 11-9）、生物接触氧化、生物流化床、移动床生物膜反应器（MBBR）等。

（二） 厌氧生物处理

在无氧条件下，依靠兼性菌和专性厌氧菌的生物化学作用，对有机物进行生化降解的过程，称为厌氧生化处理法或厌氧消化法。高浓度有机废水或剩余活性污泥多采用厌氧生物处理。因为发酵产物产生甲烷，又称甲烷发酵。此法既能消除环境污染，又能开发生物能源，所以倍受人们重视。

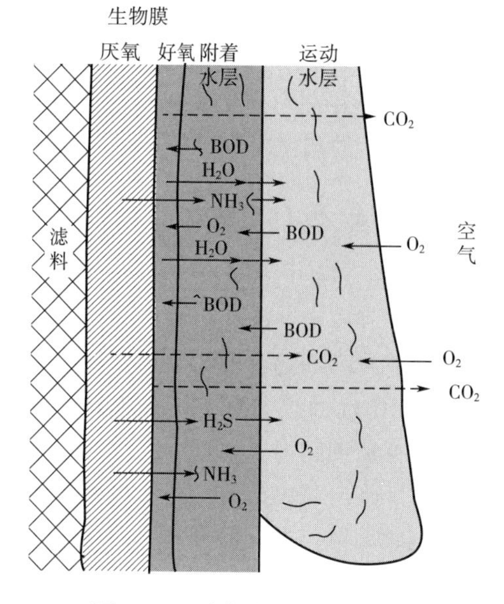

图 11-8 生物膜净化水示意图

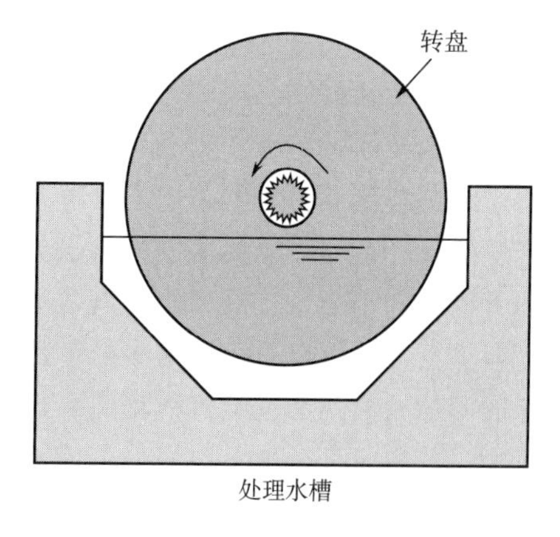

图 11-9 生物转盘法

目前厌氧生物处理技术有普通厌氧消化池（CMD）、厌氧接触氧化池、厌氧生物滤池、升流式厌氧污泥床反应器（UASB）（图 11-10）、厌氧折流板反应器（ABR）、厌氧流化床（AFB）等，近年来，还出现了一些新型反应器，如内循环反应器（IC）反应器、厌氧膨胀颗粒污泥床（EGSB）、厌氧序批式反应器（ASBR）和厌氧上流污泥床过滤器（UBF）等。其共同特点为高负荷，占地面积少，形成颗粒污泥，使水力停留时间降低的同时仍保持较高的污泥或有机物停留时间。

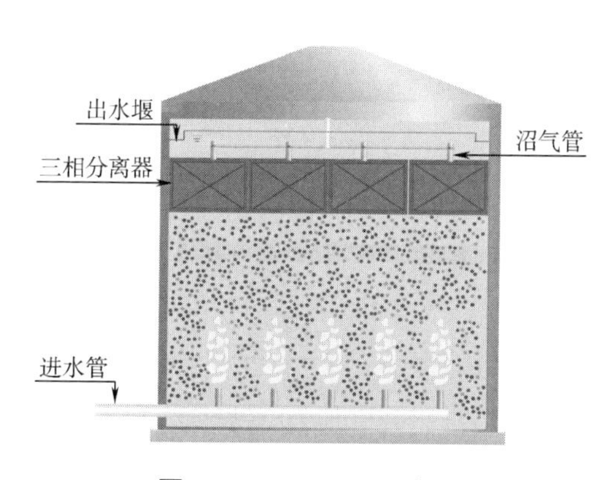

图 11-10 UASB 反应器

废水的厌氧生物处理过程是一个复杂的微生物化学过程。Bryant 提出了厌氧消化过程的“三阶段理论”。

（1）水解、发酵阶段 发酵细菌或产酸细菌将复杂有机物进行水解和酸化。

（2）产氢产乙酸阶段 产氢产乙酸菌，将丙酸、丁酸等脂肪酸和乙醇等转化为乙酸、H_2、CO_2。

（3）产甲烷阶段 产甲烷菌利用乙酸和 H_2、CO_2产生 CH_4。产甲烷菌属于古菌，严格厌氧，主要包括甲烷杆菌属、甲烷八叠球菌属和甲烷球菌属等。产甲烷菌是严格厌氧菌，故污水的厌氧处理必须在厌氧消化池中进行。发酵后的污水和污泥分别从池的上部和底部排出，所产生的沼气则由顶部排出，可作为能源加以利用。发酵池中也可产生如 H_2S、CO 等一些有毒的气体，故不能冒然进入。此法主要用于处理生污水厂的剩余污泥，也可用于工业废水处理。

（三） 氧化塘

氧化塘，又称稳定塘，是利用自然生态系统大面积、敞开式净化污水的一种处理池塘，通过细菌和藻类的共生关系来分解有机污染物的一种废水处理法。细菌利用藻类光合作用产生的氧和空气溶解在水中的氧来分解池塘内的有机污染物；藻类利用细菌氧化分解产生的无机物和小分子有机物作为营养源繁殖自身（图 11-11）。如此不断循环，使有机物逐渐减少，污水得以净化。过多的细菌和藻体易被微型动物捕食。此外，流入污水中沉淀下来的固体及衰亡的细胞沉入塘底，这些有机物被兼性厌氧菌分解产生有机酸、醇等简单有机物，其中一部分被上层好氧菌或兼性厌氧菌继续分解，另一部分波污泥中的产甲烷细菌分解成 CH_4。只要上述各个环节保持良好的平衡，氧化塘这个生态系统就能相对稳定，污水得以不断净化。效果好的氧化塘，能使污水中 BOD 去除率达到 80%~95%，磷去除率达到 90%，氮去除率 80%以上。由于供氧量低，处理同量污水同暖气池、生物转盘相比，氧化塘所需面积大、时间长，但氧化塘结构简单、投资少、操作容易。此法适宜处理生活污水以及制革、造纸、石油化工、乙烯、焦化和农药等部门的工业废水，还可养藻、养鱼、养鸭、鹅等。

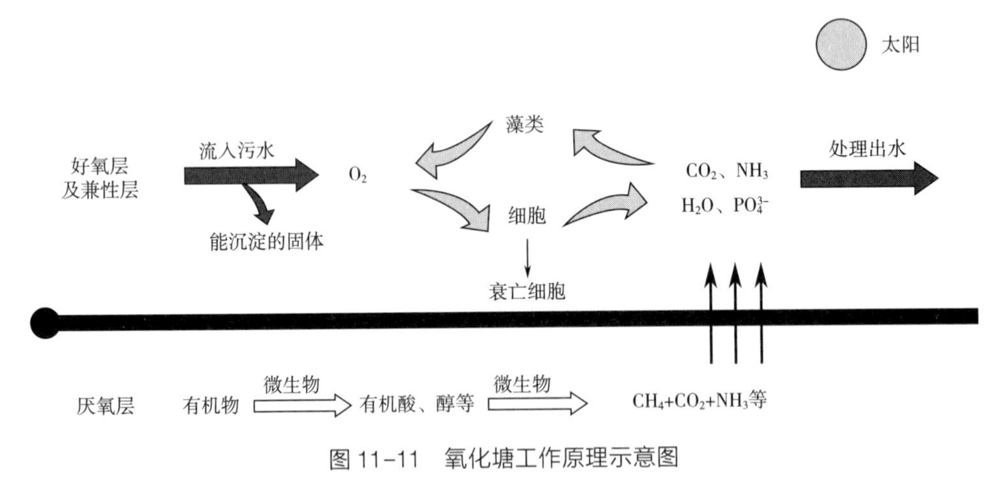

图 11-11 氧化塘工作原理示意图

二、 微生物对废气的处理

大气中污染物的来源主要涉及人为活动排放及自然过程排放，这些过程产生的主要污染物有氮氧化合物、二氧化硫、PM_{10}、$PM_{2.5}$、黑炭（BC）、有机碳（OC）、NH_3和挥发性有机物（VOCs）。其中 VOCs 由于其具有较高的化学反应活性，是臭氧产生的重要前体物质，甚至参与雾霾的形成，而为越来越多人所关注。挥发性有机物一般指常温下饱和蒸气压>70Pa、在常压下沸点在 50~260℃ 的有机化合物，主要分为烷烃、烯烃、炔烃、芳香烃、卤代烃类和含氧化合物等。

VOCs控制技术有各类热氧化，包括高温氧化、催化氧化、蓄热催化氧化、吸附浓缩，除此以外生物转化也是一种有效的手段。生物法净化有机废气（含VOCs）是在已成熟的采用微生物处理废水的基础上发展起来的，生物净化实质上是一种氧化分解过程：附着在多孔、潮湿介质上的活性微生物以废气中有机组分作为其生命活动的能源或养分，转化为简单的无机物（CO_2、H_2O）或细胞组成物质。废气的微生物处理于1957年在美国获得专利，但到20世纪70年代才开始引起重视，直到20世纪80年代才在德国、日本、荷兰等国家有相当数量工业规模的各类生物净化装置投入运行。

微生物净化气态污染物的装置有：生物过滤、生物滴滤、生物洗涤（图11-12）。废气生物反应器处理对许多一般性的空气污染物的去除率可达到90%以上。据报道，降解挥发性有机污染物的微生物有细菌、放线菌和真菌，主要以细菌为主。处理苯系有机污染物的细菌是黄杆菌属、假单胞菌属和芽孢杆菌属等。

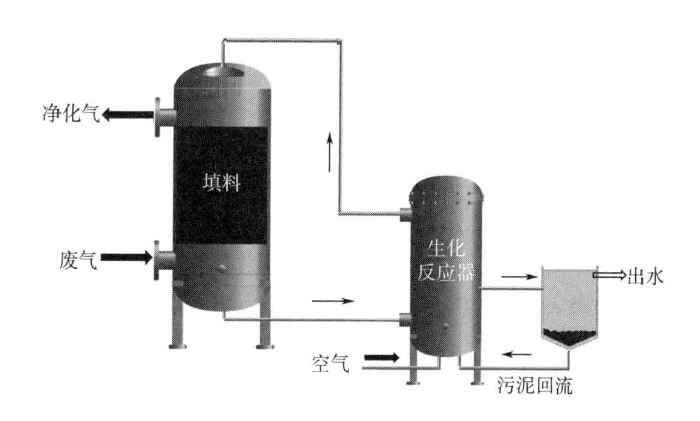

图11-12 生物洗涤器工作示意图

三、微生物对固体有机废弃物的处理

固体废弃物是指在人类生活和生产活动中产生的失去使用价值的固态和半固态废弃物。固体废弃物中，有机固体废弃物处理的方法可以采用生物法。生物法主要是利用微生物分解有机物，制作有机肥料和沼气。根据微生物与氧的关系，可分为好氧堆肥法和厌氧发酵法两大类。

好氧堆肥法是指有机弃废物，在好氧微生物作用下，达到稳定化，转变为有利于土壤性状改良和作物吸收的有机物的方法。所谓稳定化是指病原性生物的失活，有机物的分解及腐殖质的生成。从堆肥到腐殖质的整个过程中有机污染物发生复杂的分解与合成的变化，可分为3个阶段：发热阶段；高温阶段；降温腐熟保温阶段。其中在发酵过程70~80℃高温能杀死病原菌、虫卵及杂草种子，达到无害化目的。

厌氧发酵法包括厌氧堆肥法和沼气发酵。厌氧堆肥法是指在不通气条件下，微生物通过厌氧发酵将有机弃废物转化为有机肥料，使固体废物无害化的过程。堆制方式与好氧堆肥法基本相同，但此法不设通气系统、有机废弃物在堆内进行厌氧发酵，温度低，腐熟及无害化所需时间长。另外，利用固体废弃物进行沼气发酵与污水的厌氧处理情况基本相似。沼气是各种有机物质，在隔绝空气（还原条件），并在适宜的温度、pH下，经过微生物的发酵作用产生的一种可燃烧气体。由于这种气体最先是在沼泽中发现的，所以称为沼气。微生物分解有机物，产生沼气的过程，称为沼气发酵。沼气属于二次能源，并且是可再生能源。沼气是多种气体的混合物，主要成分是甲烷（50%~80%），其特性与天然气相似。沼气除直接燃烧用于炊事、烘干农副产品、供暖、照明和气焊等外，还可作内燃机的燃料以及生产甲醇、福尔马林、四氯化碳等化工原料。经沼气装置发酵后排出的料液和沉渣，含有较丰富的营养物质，可用作肥料和饲料。

四、 微生物对农药及塑料的降解

农药和塑料是自然界中原本没有的，是人工合成的产物，相应的自然界中没有相关的酶可以来降解。因此，这类物质的生物降解是一个缓慢的过程。这里我们重点关注农药和塑料的生物修复。全球有超过1000种农药用于各类防治，农药包括了各种各样的化学成分，包括含氯化合物、芳香化合物、含氮化合物和含磷化合物。其中一些物质可以被微生物用作碳和能源。如伯克霍尔德菌将2，4，6-三氯苯酚脱氯后，一种双加氧酶会破坏芳香环，产生能够进入柠檬酸循环并产生能量的化合物。

塑料是以石油基为原料，通过加聚或缩聚反应聚合而成的高分子化合物，全世界塑料工业每年生产约3亿吨塑料，其中近一半被丢弃，许多塑料在垃圾填埋场、垃圾堆和环境中长期保持不变。可生物降解的替代品——微生物塑料应运而生。聚羟基烷酸酯（PHAs）是一种常见的细菌贮存聚合物，这种易于生物降解的聚合物具有许多塑料所需的性能，因此PHAs常作为原料制成微生物塑料。但由于价格原因，微生物塑料很难撼动合成石油基塑料的地位。因此筛选高效降解菌和优化降解方式对于减少塑料污染而言具有重要意义。研究发现堆肥中降解聚乙烯醇材料的优势菌群属于芽孢杆菌科（Bacillaceae）。

五、 微生物对重金属的污染处理

随着生物技术的发展，20世纪80年代人们逐渐将低含量重金属污染治理的研究重点转向了微生物修复技术，该技术因其具有处理费用低、对环境影响小、效率高等优点，越来越受到人们的广泛关注。污染中所说的重金属一般是指汞、锅、铬、铅、砷、银、硒、锡等。重金属污染的微生物修复原理主要包括生物吸附和生物转化。

细菌对重金属的生物吸附作用机理在于细胞带有负电荷而使整个细菌表面呈现阴离子特性，以及细胞壁的分子结构也具有活性，可以增加对金属离子的吸附。真菌对重金属的吸附方式主要有两种：一是细胞壁上的活性基团（如巯基、羧基、羟基等）与重金属离子发生定量化合反应（如离子交换、配位结合或络合等）而达到吸收的目的；二是物理性吸附或形成无机沉淀而将重金属污染物沉积在自身细胞壁上。

微生物对重金属进行生物转化主要作用机理包括微生物对重金属的生物氧化和还原甲基化与去甲基化，以及重金属的溶解和有机合配位降解转化重金属，改变其毒性，从而形成某微生物对重金属的解毒机制。

思考题

1. 什么是微生物生态学？
2. 为什么说土壤是微生物的天然培养基？在土壤中，哪个区域微生物含量比较高？

3. 宏基因组学在微生物生态学研究中的优势有哪些?

4. 海底热液喷口发现了哪些有意思的微生物? 请举例说明它们的特别之处。

5. 我国饮用水标准中规定，自来水中细菌总数不得高于多少? 大肠菌群数不得超过多少?

6. 为什么说微生物无处不在?

7. 极端微生物有哪些? 试分析该极端微生物与环境的关系。

8. 在淡水湖中初级生产者有哪些? 举例说明。

9. 构成森林的碳主要来源是什么? 试述微生物在碳、氮、硫循环中的作用。

10. 固体废物好氧生物处理分哪些阶段? 各有什么作用?

11. 什么是活性污泥? 活性污泥包括哪些成分? 污水处理厂在处理时，有时会补充碳源，为什么呢?

12. 简述生物膜处理污水的原理。

13. 如何分离下列微生物（从生境、培养基、培养方法等方面考虑）：嗜热菌、嗜盐菌、嗜碱菌、乳酸菌、光合细菌、自生固氮菌。

参考文献

[1] 布莱克．微生物学：原理与探索［M］．蔡谨，译．北京：化学工业出版社，2008.

[2] 陈必链．微生物工程［M］．北京：科学出版社，2010.

[3] 陈吉．微生物技术处理固体废弃物的研究进展［J］．环境生态学，2019，1（2）：71-76.

[4] 陈向东．我国当代微生物学课程建设与教学改革研究进展——“高等院校教学专刊”序言［J］．微生物学通报，2016，43（4）：721-723.

[5] 陈永青．微生物遗传学导论［M］．上海：复旦大学出版社，1990.

[6] 陈重军．厌氧氨氧化污水处理工艺及其实际应用研究进展［J］．生态环境学报，2014，23（3）：521-527.

[7] 车振明．微生物学［M］．北京：科学出版社，2011.

[8] 戴玉成，庄剑云．中国菌物已知种数［J］．菌物学报，2010，29（5）：625-628.

[9] 杜琼，孔维宝，汪洋等．微生物学研究中的诺贝尔奖获得者及其贡献［J］．生物学通报，2014，49（8）：58-62.

[10] 高敏，岳路路，闫滨．CRISPR/Cas9 基因编辑技术在病毒领域的研究进展［J］．国际病毒学杂志，2016，23（5）：349-353.

[11] 关统伟．微生物学［M］．北京：中国轻工业出版社，2018.

[12] 关统伟，张小平．放线菌系统分类技术［M］．北京：化学工业出版社，2016.

[13] 郭成金．蕈菌生物学［M］．北京：科学出版社，2014.

[14] 韩齐，李媛媛，孙方达等．新一代测序技术在食品微生物学中的应用［J］．食品工业，2016，37（1）：278-283.

[15] 洪健，周雪平．ICTV 第八次报告的最新病毒分类系统［J］．中国病毒学，2006；21（1）：84-96.

[16] 黄汉菊．医学微生物学：第 3 版［M］．北京：高等教育出版社，2015.

[17] 黄文林．分子病毒学：第 4 版［M］．人民卫生出版社，2016.

[18] 黄秀梨，辛明秀．微生物学［M］．北京：高等教育出版社，2009.

[19] 林稚兰．微生物学［M］．北京：北京大学出版社，2011.

[20] 柳朔怡，吴尚为．分子系统学在真菌分类命名中的应用与进展［J］．微生物学免疫学进展，2015，43（1）：48-53.

[21] S. J. Flint. 病毒学原理：第 3 版［M］．刘文军，许崇凤，译．北京：科学出版社，2015.

[22] 李凡，徐志凯．医学微生物学：第 9 版［M］．北京：人民卫生出版社，2018.

[23] 李平兰．食品微生物学教程［M］．北京：中国林业出版社，2011.

[24] 李振高．土壤与环境微生物研究方法［M］．北京：科学出版社，2008.

[25] 李颖，李友国．微生物生物学：第 2 版［M］．北京：科学出版社，2019.

[26] 马溪平．厌氧微生物学与污水处理［M］．北京：化学工业出版社，2017.

［27］马用信．医学遗传学［M］．北京：科学出版社，2016.

［28］茆璇与，郭江峰．极端微生物及其相关功能蛋白研究进展［J］．生命科学，2018，30（1）：107-112.

［29］闵航．微生物学［M］．杭州：浙江大学出版社，2011.

［30］尼古拉斯·特兰德．解译法规《国际藻类、菌物和植物命名法规》读者指南［M］．北京：高等教育出版社，2014.

［31］青宁生．我国农业微生物学之主要奠基人——樊庆笙［J］．微生物学报，2011，51（4）：566-567.

［32］青宁生．我国微生物发酵科学的先驱——方乘［J］．微生物学报，2012，52（2）：268-269.

［33］青宁生．我国真菌学的开山大师——戴芳澜［J］．微生物学报，2006，46（2）：169-170.

［34］青宁生．心怀全局的农业微生物学家——陈华癸［J］．微生物学报，2013，53（12）：1353-1354.

［35］青宁生．中国微生物学先驱——伍连德［J］．微生物学报，2005，45（2）：317.

［36］青宁生．中国邮票上唯一的微生物学家——汤飞凡［J］．微生物学报，2006，46（6）：859-860.

［37］邱立友，王明道．生物科学生物技术系列——微生物学［M］．北京：化学工业出版社，2012.

［38］裘维蕃．菌物学大全［M］．北京：科学出版社，1998.

［39］任南琪．污染控制微生物学［M］．哈尔滨：哈尔滨工业大学出版社，2011.

［40］阮继生，黄英．放线菌快速鉴定与系统分类［M］．北京：科学出版社，2011.

［41］沈萍，陈向东．微生物学［M］．北京：高等教育出版社，2016.

［42］施巧琴．工业微生物育种学［M］．北京：科学出版社，2013.

［43］陶天申，杨瑞馥，东秀珠．原核生物系统学［M］．北京：化学工业出版社，2007.

［44］王伟东，洪坚平．微生物学［M］．北京：中国农业大学出版社，2015.

［45］王兴春，杨致荣，王敏，等．高通量测序技术及应用［J］．中国生物工程杂志，2012，32（1）：109-114.

［46］王兴利．重金属污染土壤修复技术研究进展［J］．化学与生物工程，2019，36（2）：1-7.

［47］辛明秀，黄秀梨．微生物学：第4版［M］．北京：高等教育出版社，2020.

［48］谢天恩，胡志红．普通病毒学［M］．北京：科学出版社，2015.

［49］徐晋麟．现代遗传学原理［M］．北京：科学出版社，2011.

［50］徐丽华，李文均，刘志恒等．放线菌系统学：原理、方法及实践［M］．北京：科学出版社，2007.

［51］徐耀先．分子病毒学［M］．武汉：湖北科学技术出版社，2000.

［52］杨汝德．现代工业微生物学实验技术［M］．北京：科学出版社，2015.

［53］莱因哈德·伦内贝格．病毒、抗体和疫苗［M］．杨毅，杨爽，王健美，译．北京：

科学出版社，2009.

[54] 杨苏声，周俊初．微生物生物学 [M]. 北京：科学出版社，2011.

[55] 杨祝良．基因组学时代的真菌分类学：机遇与挑战 [J]. 菌物学报，2013，32（6）：931-946.

[56] 姚一建，李熠．菌物分类学研究中常见的物种概念 [J]. 生物多样性，2016，24（9）：1020-1023.

[57] 余龙江．发酵工程原理与技术应用 [M]. 北京；化学工业出版社，2006.

[58] 余永年，卯晓岚．中国菌物学 100 年 [M]. 北京：科学出版社，2015.

[59] 袁红莉，王贺祥．农业微生物学及实验教程 [M]. 北京：中国农业大学出版社，2009.

[60] 张利平．微生物学 [M]. 北京：科学出版社，2012.

[61] 张忠信．病毒分类学 [M]. 北京：高等教育出版社，2006.

[62] 周德庆．微生物学教程：第 3 版 [M]. 北京：高等教育出版社，2011.

[63] Alan J，Cann. Principles of Molecular Virology [M]. 6th Edition. New York：Academic Press，2015.

[64] Andrew MQ King，Elliot Lefkowitz，Michael J. Adams，et al. Virus Taxonomy：Ninth Report of the International Committee on Taxonomy of Viruses [M]. San Diego：Elsevier/Academic，2012.

[65] Black JG. Microbiology：Principles and Explorations [M]. 6th Edition. John Wiley and Sons，Inc. 2005.

[66] Breider S，Scheuner C，Schumann P，Fiebig A，Petersen J，Pradella S，Klenk H-P，Brinkhoff T. Göker MJFim：Genome - scale data suggest reclassifications in the Leisingera - Phaeobacter cluster including proposals for *Sedimentitalea* gen. nov. and *Pseudophaeobacter* gen [J]. nov. 2014，5：416.

[67] Brown F. The Classification and Nomenclature of Viruses：Summary of results of Meeting of the International Committee on Taxonomy of Viruses in Edmonton [J]. Intervirology，1986，30（4）：181-186.

[68] Carter J，Saunders V. Virology：Principles and Applications [M]. 2nd Edition. Chichester：John Wiley & Sons Ltd.，2013.

[69] Charubin K，Modla S，Caplan JL，Papoutsakis ET. Interspecies microbial fusion and large-scale exchange of cytoplasmic proteins and RNA in a syntrophic Clostridium coculture [J]. mBio，2020，11：e02030-20.

[70] Chun J，Oren A，Ventosa A，Christensen H，Arahal DR，da Costa MS，Rooney AP，Yi H，Xu X-W，De Meyer SJIjos. Microbiology e：Proposed minimal standards for the use of genome data for the taxonomy of prokaryotes [J]. 2018，68：461-466.

[71] Dahllöf I，Baillie H，Kjelleberg S. RpoB-based microbial community analysis avoids limitations inherent in 16S rRNA gene intraspecies heterogeneity [J]. Microbiol，2000，66（8）：3376-3380.

[72] Edward K. Wagner, Martinez J. Hewlett, David C. Bloom, David Camerini. Basic Virology [M]. 3rd ed. London. Blackwell Publishing, 2007.

[73] Emms DM, Kelly SJGb. OrthoFinder: phylogenetic orthology inference for comparative genomics [J]. Genome Biology, 2019, 20: 1-14.

[74] Fan Y, Pedersen O. Gut microbiota in human metabolic health and disease [J]. Nature Reviews Microbiology, 2020.

[75] Flores E, Herrero A, Wolk CP. Is the periplasm continuous in filamentous multicellular cyanobacteria? [J]. Trends in Microbiology, 2006, 14 (10): 439-443.

[76] Gerard J. Tortora, Berdell R. Funke, Christine L. Case. Microbiology: An Introduction [M]. 12th Edition. New York: Pearson Education, Inc, 2015.

[77] Gill SR, Pop M, Deboy RT, et al. Metagenomic analysis of the human distal gut microbiome [J]. Science, 2006, 312: 1355-1359.

[78] Green M R, Sambrook J. Molecular cloning: a laboratory manual [M]. 4th ed. New York: Cold Spring Harbor Laboratory Press, 2012.

[79] Harz CO. Actinomyces bovis in neuer schimmel in den geweben des rindes [J]. Deutsche Zeitschrift Thiermedizin, 1877, 5: 125-140.

[80] Hibbett DS, Binder M, Bischoff JF, et al. A higher-level phylogenetic classification of the Fungi [J]. Mycological research, 2007, 111 (5): 509-547.

[81] J Carter, V Saunders. Virology: Principles and Applications [M]. 2nd ed. Chichester: John Wiley & Sons Ltd, 2013.

[82] Joan L. Slonczewski, John W. Foster. Microbiology: An Evolving Science [M]. 3rd Edition. New York: W. W. Norton & Company, 2013.

[83] Jungblut, PR, Schaible UE, Mollenkopf HJ, et al. Comparative proteome analysis of Mycobacterium tuberculosis and Mycobacterium bovis BCG strains: towards functional genomics of microbial pathogens [J]. Mol Microbiol, 1999, 33: 1103-1117.

[84] Kajander EO, Nanobacteria: an alternative mechanism for pathogenic intra and extracellular calcification and stone formation [J]. Proc Natl Acad Sci USA, 1998, 95 (14): 8274-8279.

[85] Khodursky AB, Peter BJ, Cozzarelli NR, et al. DNA microarray analysis of gene expression in response to physiological and genetic changes that affect tryptophan metabolism in Escheerichia coli [J]. Proc Natl Acad Sci USA, 2000, 97: 12170-12175.

[86] Kim M, Chun J: 16S rRNA gene-based identification of bacteria and archaea using the EzTaxon server. In Methods in microbiology [J]. Volume 41: Elsevier, 2014: 61-74.

[87] Kirk PM, Cannon P F, David J C, et al. Ainsworth and Bisby, s dictionary of the fungi [M]. 9th Edition. Wallingford: CAB International, 2001.

[88] Kirk PM, Cannon PF, Minter DW, et al. Dictionary of the fungi [M]. 10th ed. Wallingford: CAB International, 2008.

[89] Kumar S, Stecher G, Li M, et al. MEGA X: molecular evolutionary genetics analysis

across computing platforms [J]. Molecular biology and evolution, 2018, 35 (6): 1547-1549.

[90] Liu JK, Hyde KD, Jeewon R, et al. Ranking higher taxa using divergence times: a case study in Dothideomycetes [J]. Fungal diversity, 2017, 84: 75-99.

[91] Marland BJ, Gollwitzer ES. Host-microorganism interactions in lung diseases [J]. Nature Reviews immunology, 2014, 14: 827-835.

[92] Nouioui I, Carro L, García-López M, Meier-Kolthoff JP, Woyke T, Kyrpides NC, Pukall R, Klenk H-P, Goodfellow M. Göker MJFim: Genome-based taxonomic classification of the phylum [J]. Frontiers in Microbiology, 2018, 9: 2007.

[93] Ochman H, Moran NA. Genes lost and genes found: evolution of bacterial pathogenesis and symbiosis [J]. Science, 2001, 292: 1096-1098.

[94] Oliveira CA, Alves VMC, Marriel IE, et al. Phosphate solubilizing microorganisms isolated from rhizosphere of maize cultivated in an oxisol of the Brazilian Cerrado Biome [J]. Soil Biol Biochem, 2008, 41 (9): 1782-1787.

[95] Roberts RJ, Vincze T, Posfai J, et al. REBASE-a database for DNA restriction and modification: enzyme, genes and genomes [J]. Nucleic Acids Res, 2010, 38: 234-236.

[96] Sambrook J, Russell D W. Molecular cloning: a laboratory manual [M]. 3rd ed. New York: Cold Spring Harbor Laboratory Press, 2001.

[97] Sambrook J, Russell D W. 分子克隆实验指南 [M]: 第3版. 黄培堂, 译. 北京: 科学出版社, 2002.

[98] Sander K. Ernst Haeckel's ontogenetic recapitulation: irritation and incentive from 1866 to our time [J]. Ann Anat, 2002, 184 (6): 523-33.

[99] Sun D L, Jiang X, Wu Q L, et al. Intragenomic heterogeneity of 16S rRNA genes causes overestimation of prokaryotic diversity [J]. Appl Environ Microbiol, 2013, 79 (19): 5962-5969.

[100] Whittaker RH. New concepts of kingdoms of organisms [J]. Science, 1969, 163 (3863): 150-160.

[101] Wildy P. Classification and Nomenclature of Viruses: 1st Report of the International Committee on Nomenclature of Viruses Classification and Nomenclature of Viruses. Monographs in Virology [M]. Berlin: Karger Publisher, 1971.

[102] Willey JM, Sherwood LM, Woolverton CJ, et al. Microbiology [M]. Boston: McGraw-Hill, Higher Education, 2008.

[103] Woese CR, Kandler O, Wheelis ML. Towards a natural system of organisms: proposal for the domains Archaea, Bacteria, and Eucarya [J]. Proc Natl Acad Sci U S A. 1990, 87 (12): 4576.

[104] Wu GD, Chen J, Hoffmann C, et al. Linking Long-Term Dietary Patterns with Gut Microbial Enterotypes [J]. Science, 2011, 334: 105-108.

[105] Zhao RL, Li GJ, Sánchez-Ramírez S, et al. A six-gene phylogenetic overview of Basidiomycota and allied phyla with estimated divergence times of higher taxa and a phyloproteomics perspective [J]. Fungal diversity, 2017, 84: 43-74.